リ ー 群 論

リー群論

伊勢幹夫
竹内　勝　著

岩波書店

まえがき

本書は岩波講座「基礎数学」のうち，Lie 群論入門を意図した「Lie 群 I」第 2 版と，対称空間論入門を試みた「Lie 群 II」をそれぞれ前篇，後篇として 1 冊にまとめたものである．

「Lie 群 I」第 1 版は，1977 年に惜しまれて急逝された故伊勢幹夫氏が執筆されたものであるが，1984 年の第 2 版発行に際して編集者より依頼されて，私が第 1 版で省略されていた証明を多少補った．

「Lie 群 II」も伊勢氏が執筆されることになっていたが，伊勢氏多忙のため私が代って執筆した．伊勢氏の I の最後の節は例外型単純 Lie 環を扱っており，これは II において伊勢氏自身の結果である例外型対称有界領域の実現を説明するための準備と思われたが，残念ながら II においてはこれを記述することができなかった．そのためこの節は「Lie 群」全体のなかで孤立したものとなってしまったので，第 2 版ではこの節を割愛した．

読者が本書によって Lie 群と幾何学に興味を持たれ，さらにその勉学の道へと進まれるならば，たいへん幸せである．

1991 年春　待兼山にて

竹内　勝

目　　次

前　　篇

前篇まえがき

前篇はもともとLie群に関する入門を意図して書かれたものである．しかし現実にはこれは入門書のための疎稿にすぎない．著者は前篇の内容の若干の部分をごく最近実際に講義し，その折の講義ノートに多少の手を加えて原稿を作製した．ただ，時間の制約もあり加うるに著者自身の経験および準備の不足が禍いして不本意な内容のままになってしまった．

Lie群論は現在rigidにでき上っていて，数百頁をこえる浩瀚な専門書，または座右において参照するいわゆるhandbook式の書物はすでに何種類か存在する．しかしそれらはもちろん初学者向きのものではない．それ以外のLie群に関する書物は大雑把にいって2種類に分けることができると思われる．第一の種類に属するのは‘Lie群とLie環との対応’——いわゆるLieの理論といわれるもの——を厳密に解説した書物である．第二の種類に属するのは，‘Lie環’のみを論じた書物である．Lie環論は純代数的理論であるために多くの体系的な単行本が現在利用できる．しかし，Lie環は(Lieの理論を通じて) Lie群を調べるための手段であるから，Lie群に関する最小の基本事項の了解なしにこれを学ぶことはあまり意味がない．この二つの種類を含めたLie群の書物はしばしば大部のものとなりがちである．

そこで前篇では，体系的な教科書であることは止めることにした．Lieの理論に当る第1章では正確な証明は他の参考書を引用することにしてほとんど結論と例のみを述べることになった．それ以後では主なテーマの一つをコンパクトLie群の構造におくことにした．そのために必要な事項も説明の都合上順序を思いきって逆にした部分もある．また長い証明はこれも参考書に譲って割愛した．その他変則的な内容や構成についてこれ以上弁明するのは無駄であろうと思う．読者がこれによってLie群とはどのようなものかを瞥見し，他の本格的な書物を読まれるための一助ともなれば目的は達せられる．

なお本文の欠を補うため末尾にあげた文献をそのつど引用することにした．

伊　勢　幹　夫

記　号

(i)　$\boldsymbol{Z}$: 整数全体のなす集合($\boldsymbol{N}$: 自然数全体のなす $\boldsymbol{Z}$ の部分集合), $\boldsymbol{R}$: 実数全体のなす集合, $\boldsymbol{C}$: 複素数全体のなす集合, とする. $\boldsymbol{F}$ で $\boldsymbol{R}$ または $\boldsymbol{C}$ を表わす. これは加法群と考えるが, $\boldsymbol{F}^*=\boldsymbol{F}-\{0\}$ は乗法群と考える. また, $\boldsymbol{F}^n, \boldsymbol{Z}^n$ はそれぞれ $\boldsymbol{F}, \boldsymbol{Z}$ の n 個の直積である. $(\boldsymbol{F}^*)^n$ も同様.

(ii)　行列については慣例に従う. trace, det, I_n ($=n$ 次の恒等変換, または単位行列) 等々. 係数が $\boldsymbol{F}$ の (n, m) 行列を $X=(x_{ij})_{1\leq i\leq n, 1\leq j\leq m}$ と記し, その全体(のなすベクトル空間)を $\boldsymbol{M}(n, m;\ \boldsymbol{F})$ と書く. とくに $n=m$ なるとき $\boldsymbol{M}(n, n;\ \boldsymbol{F})=\boldsymbol{M}(n, \boldsymbol{F})$ と簡略化する. また, $\boldsymbol{M}(n, \boldsymbol{F})$ の対角型行列についてはその対角成分が $a_1, \cdots, a_n$ であるとき, $\mathrm{diag}\,(a_1, \cdots, a_n)$ と略記する.

(iii)　ベクトル空間について. その直和は $\dot{+}$ と記す. また, ベクトル空間 V の双対空間は V^* と書く. また, id は種々の場合を通じて恒等変換を表わす. さらに, 群あるいは環などの表現については (ρ, V) と記す. ここに V は表現空間, ρ は V 上の表現を示す.

(iv)　多様体 M はつねに第2可算公理を満たすものとする. M 上の C^∞ 関数の全体を $C^\infty(M)$, C^∞ ベクトル場全体を $\mathfrak{X}(M)$ と記す. M の点 p における接空間を $T_p(M)$ と書く.

その他の記号, 術語については, おおむね“岩波 数学辞典 第2版”の用語に従う.

第1章　Lie 群の概念，とくに線型 Lie 群

Lie 群には，その基底多様体が実多様体か複素多様体かに応じて，実 Lie 群，複素 Lie 群の区別がある．そのどちらも重要であるが，両者ともその理論構成はほとんど同じである．そこで一般論としては一応実 Lie 群について述べるが，それはそのまま複素 Lie 群にも適用される場合が多いので，とくに断らないことにする．ただし，半単純 Lie 群のように後にやや詳しく説明するが(第3章)，或る意味では複素 Lie 群の方がより基本的なこともある．両者の間に区別すべき論点がある場合を除いて，単に 'Lie 群' といえば，一応実 Lie 群を意味するものと理解されたい．本章では 'Lie 群と Lie 環との対応' の意味を具体的な実例である線型 Lie 群の場合に解説することから始める．

§1.1　閉線型 Lie 群，とくに典型群

以下，$\boldsymbol{M}(n, \boldsymbol{F})$ ($\boldsymbol{F}$ は実数体 $\boldsymbol{R}$ または複素数体 $\boldsymbol{C}$) は $\boldsymbol{F}$ 上の n 次の正方行列全体のなす n^2 次元のベクトル空間と考え，しばしばそれらの成分によって $\boldsymbol{F}^{n^2}$ と同一視する．たとえば，それらの位相は Euclid 空間としての**ノルム**(norm) $\|X\|$:

$$\|X\|^2 = \operatorname{trace}({}^t\bar{X}X) = \sum_{i,j=1}^{n} |x_{ij}|^2$$

によって与えられる．ここに $X \in \boldsymbol{M}(n, \boldsymbol{F})$ の (i, j) 成分を x_{ij}，すなわち $X=(x_{ij})$ であるとする．これは通例のノルムの条件を満たす．すなわち，$\|X+Y\| \leqq \|X\|+\|Y\|$, $\|XY\| \leqq \|X\| \cdot \|Y\|$, $\|\lambda X\| = |\lambda| \cdot \|X\|$ $(\lambda \in \boldsymbol{F})$, $\|X\| \geqq 0$ であって $\|X\|=0$ ならば $X=0$. $\boldsymbol{M}(n, \boldsymbol{F})$ の正則行列全体のなす群を $GL(n, \boldsymbol{F})$ で表わし，これを**実または複素一般線型群**(real or complex general linear group of degree n)という．すると，$GL(n, \boldsymbol{F})$ は $\boldsymbol{M}(n, \boldsymbol{F})$ 上の連続関数 $\det: X \to \det X$ に関して逆像 $\det^{-1}(0)$ の補集合であるから $\boldsymbol{M}(n, \boldsymbol{F})$ の開集合となり，その意味での位相をもつ．$GL(n, \boldsymbol{F})$ は行列の積による群構造の他に上記のノルムによる位相を併せて

考えるものとする．したがって $GL(n, \boldsymbol{F})$ は位相群(注意1.4)である．今後 $GL(n, \boldsymbol{F})$ の部分群がこの位相に関して閉集合である場合を考える．すなわち，いま $\{g_m\} \subset G$ $(m=1, 2, \cdots)$，$\lim_{m\to\infty} g_m = g \in GL(n, \boldsymbol{F})$，換言すれば $\lim_{m\to\infty} \|g_m - g\| = 0$ であるとき，つねに $g \in G$ となるものとする．このような閉部分群 G を n 次の(実または複素)閉線型群と呼ぶ．ただし複素閉線型群 G の場合は後に説明する線型 Lie 環 $\mathfrak{g}$ が複素部分空間になることを要請せねばならない．この G が実は $GL(n, \boldsymbol{F})$ の位相から引きおこされた位相(相対位相)に関して多様体の構造をもつことを示したい．(それを最初に指摘したのは von Neumann である．) その前に閉線型群の基本的な例を挙げることにする．それらは本講を通じて重要な役割を果たすからであるが，実際つぎに述べる一連の群が**典型群**(classical group)と呼ばれるのはそのためである．

例 1.1 $GL(n, \boldsymbol{R})$，$GL(n, \boldsymbol{C})$ はもちろんそれ自身閉線型群と考えるが，それらの閉部分群としてつぎの群が古くから著名である．

(i) $SL(n, \boldsymbol{R}) = \{g \in GL(n, \boldsymbol{R}) \mid \det g = 1\}$．この実閉線型群は，**実特殊線型群**(real special linear group of degree n)という．同様に複素閉線型群として，$SL(n, \boldsymbol{C}) = \{g \in GL(n, \boldsymbol{C}) \mid \det g = 1\}$ を**複素特殊線型群**(complex special linear group of degree n)という．

(ii) $O(n, \boldsymbol{R}) = \{g \in GL(n, \boldsymbol{R}) \mid {}^t g g = I_n\}$．これは，**実直交群**(real orthogonal group of degree n)という．また $O(n, \boldsymbol{C}) = \{g \in GL(n, \boldsymbol{C}) \mid {}^t g g = I_n\}$ を**複素直交群**(complex orthogonal group of degree n)という．さらに，

(ii)$_1$ $SO(n, \boldsymbol{R}) = O(n, \boldsymbol{R}) \cap SL(n, \boldsymbol{R})$，$SO(n, \boldsymbol{C}) = O(n, \boldsymbol{C}) \cap SL(n, \boldsymbol{C})$ とおいて，それぞれ**実または複素特殊直交群**(real or complex special orthogonal group of degree n)という．

(iii) $Sp(n, \boldsymbol{R}) = \{g \in GL(2n, \boldsymbol{R}) \mid {}^t g J_n g = J_n\}$，$Sp(n, \boldsymbol{C}) = \{g \in GL(2n, \boldsymbol{C}) \mid {}^t g J_n g = J_n\}$ とおく．ここに $J_n = \begin{bmatrix} 0 & I_n \\ -I_n & 0 \end{bmatrix}$ $(\in GL(2n, \boldsymbol{R}))$ である．これらはそれぞれ**実または複素シンプレクチック群**(real or complex symplectic group of degree n)と呼ばれる．これらの群は実は‘4元数’と密接な関係があり，それを用いる方が明快に説明できるのである．(この事実については本講座中の“2次形式”を参照.)

(iv) $U(n) = \{g \in GL(n, \boldsymbol{C}) \mid {}^t \bar{g} g = I_n\}$．これは**ユニタリ群**(unitary group of degree n) と呼ばれる．さらに，

(iv)$_1$　$SU(n)=U(n)\cap SL(n,\boldsymbol{C})$．　これは**特殊ユニタリ群**(special unitary group of degree n)である．

(v)　$Sp(n)=U(2n)\cap Sp(n,\boldsymbol{C})$．これは**ユニタリ・シンプレクチック群**(unitary symplectic group of degree n)と呼ばれる．——

その他，アフィン変換群，一般 Lorentz 群(第3章参照)等，重要な閉線型群はいろいろあるが，必要に応じてそのつど紹介する．以上に列挙した群が $GL(N,\boldsymbol{F})$ ($N=n$ または $2n$) の閉部分群であることは，それらの群がすべて方程式系で定義されていることから明らかであろう．ただし，(iv)，(v)の場合は

$$\boldsymbol{M}(N,\boldsymbol{C})=\left\{\begin{bmatrix}A & -B\\ B & A\end{bmatrix}\middle|\, A,B\in\boldsymbol{M}(N,\boldsymbol{R})\right\}\subset\boldsymbol{M}(2N,\boldsymbol{R}),$$

$$GL(N,\boldsymbol{C})=\boldsymbol{M}(N,\boldsymbol{C})\cap GL(2N,\boldsymbol{R})\subset GL(2N,\boldsymbol{R})$$

と同一視したとき，$GL(2N,\boldsymbol{R})$ のなかで実係数方程式系で定義されている．その意味でこれらは実閉線型群なのである．さらにこれらの群はいずれも各種の2次形式に関連しており，代数学とくに代数群論の立場からも重要な群である．(さらに係数体を $\boldsymbol{R}$ や $\boldsymbol{C}$ の代りに局所体に置き換えて得られる‘線型代数群’の研究が広く行なわれるようになったのは比較的近年のことである．これらについては，岩波基礎数学選書中の“2次形式”を参照.)

典型群はすべて行列空間の中の或る種のアフィン代数多様体と $GL(N,\boldsymbol{F})$ との共通部分とみなすこともできるが，$GL(n,\boldsymbol{F})$ の各元 X に対して $\boldsymbol{M}(n+1,\boldsymbol{F})$ の元

$$\begin{bmatrix}X & 0\\ 0 & (\det X)^{-1}\end{bmatrix}$$

を対応させることにすれば，この対応は1対1であって，その全体は明らかに $\boldsymbol{M}(n+1,\boldsymbol{F})$ の中で代数方程式系によって与えられるから代数多様体である．すなわち，$\boldsymbol{M}(n,\boldsymbol{F})\dotplus\boldsymbol{M}(1,\boldsymbol{F})=\{X\in\boldsymbol{M}(n+1,\boldsymbol{F})\mid x_{i,n+1}=x_{n+1,i}=0\ (1\leqq i\leqq n)\}$ とおけば，この対応で同一視したとき

$$GL(n,\boldsymbol{F})=SL(n+1,\boldsymbol{F})\cap(\boldsymbol{M}(n,\boldsymbol{F})\dotplus(\boldsymbol{M}(1,\boldsymbol{F}))$$

となる．よって典型群はアフィン代数多様体である．

つぎに，閉線型群 G に対応する線型 Lie 環 $\mathfrak{g}$ なるものを導入する．そのため

に行列の指数関数 $\exp X$ $(X\in \boldsymbol{M}(n,\boldsymbol{F}))$ を用いねばならない．要領は $n=1$ の場合の通常の指数関数のときと同様で，上述のノルムの収束の意味で

$$\exp X=\sum_{k=0}^{\infty}\frac{1}{k!}X^k=\lim_{m\to\infty}\left(\sum_{k=0}^{m}\frac{1}{k!}X^k\right)$$

とおくのである．右辺の(　)の中を $S_m(X)$ とすれば，$\{S_m(X)\}$ $(m=1,2,\cdots)$ がノルムに関して Cauchy 列をなすことがノルムの性質と

$$\exp x=\sum_{k=0}^{\infty}\frac{1}{k!}x^k \qquad (x\in\boldsymbol{R})$$

が絶対収束することから示されるからである．$\exp X$ に関してつぎの諸性質が成立し，通常の指数関数の拡張になっている点が以後の議論に有効なのである．

補題 1.1 (i) $\exp O_n=I_n$ (O_n は n 次の零行列).

(ii) $\exp {}^t\bar{X}={}^t\overline{(\exp X)}$.

(iii) $XY=YX$ ならば $\exp(X+Y)=\exp X\cdot\exp Y$,

$\exp(-X)=(\exp X)^{-1}$.

(iv) $A\in GL(n,\boldsymbol{F})$ に対して $\exp(AXA^{-1})=A(\exp X)A^{-1}$.

(v) $\det(\exp X)=\exp(\operatorname{trace} X)$.

証明 (i), (ii), (iv) は定義から容易に示される．(iii) の $n=1$ の場合は通常の指数関数 $\exp x$ の性質である．$n\geqq 2$ の場合は第1式は

$$\left\|\sum_{k=0}^{2m}\frac{1}{k!}(X+Y)^k-\left(\sum_{k=0}^{m}\frac{1}{k!}X^k\right)\left(\sum_{k=0}^{m}\frac{1}{k!}Y^k\right)\right\|$$

$$\leqq \sum_{\substack{k,l\leqq 2m\\ \max(k,l)>m}}\frac{1}{k!l!}\|X\|^k\|Y\|^l$$

が成り立つことと $\exp(x+y)=\exp x\cdot\exp y$ $(x,y\in\boldsymbol{R})$ より得られる．これと(i)から，第2式が従う．(v)は $\boldsymbol{F}=\boldsymbol{C}$ の場合に示せば充分である．このとき適当な $A\in GL(n,\boldsymbol{C})$ によって

$$X=A\begin{bmatrix}\lambda_1 & & *\\ & \ddots & \\ 0 & & \lambda_n\end{bmatrix}A^{-1}$$

と書けるから，(iv)より

$$\det(\exp X)=\exp(\lambda_1+\cdots+\lambda_n)=\exp(\operatorname{trace} X)$$

を得る．▌

以上の諸性質の中，当面必要となるのは(iii)である．実際，任意のパラメータ $t, s\ (\in \boldsymbol{F})$ に対して，tX と sX とは交換可能であるから

$$\exp(t+s)X = \exp tX \cdot \exp sX$$

がつねに成り立つ．したがって(v)を考慮すれば，対応 $t \to \exp tX$ は $\boldsymbol{F}$ より $GL(n, \boldsymbol{F})$ の中への(連続的)群準同型写像を与える．これは以後頻出するので，この写像の像である $GL(n, \boldsymbol{F})$ の部分群を

$$\mathrm{Exp}(X) = \{\exp tX \mid t \in \boldsymbol{F}\}$$

と書くことにし，これを X を基とする**1径数部分群**(one-parametric subgroup)という．これは本講を通じて基本的な概念であり，次節において一般の Lie 群の場合にも拡張される．実際，いま閉線型群 G に対して

$$\mathfrak{g} = \{X \in \boldsymbol{M}(n, \boldsymbol{F}) \mid \mathrm{Exp}(X) \subset G\}$$

とおくと，つぎの著しい事実が成り立つ．

定理 1.1　(i)　$\mathfrak{g}$ は $\boldsymbol{M}(n, \boldsymbol{F})$ の部分空間である．

(ii)　$\mathfrak{g}$ は交換子積(いわゆる Poisson 括弧) $[X, Y] = XY - YX$ によって閉じている，すなわち $X, Y \in \mathfrak{g}$ ならばつねに $[X, Y] \in \mathfrak{g}$ である．——

このように条件(i), (ii)を満たす $\boldsymbol{M}(n, \boldsymbol{F})$ の部分集合 $\mathfrak{g}$ を**線型 Lie 環**(linear Lie algebra)というのである．すなわち，定理は閉線型群 G には，上記の意味で線型 Lie 環 $\mathfrak{g}$ が対応することを述べている．$\boldsymbol{M}(n, \boldsymbol{F})$ 自身はもちろんその意味で $GL(n, \boldsymbol{F})$ に対応している．以下，定理 1.1 を示すとともに G と $\mathfrak{g}$ との間の関係を順次明らかにしよう．

証明　(i)については，$|t|$ が充分小なる t に対してつぎの式が成り立つことが本質的である：

$$\exp t(X+Y) = \lim_{m\to\infty}\left(\exp\frac{tX}{m}\cdot\exp\frac{tY}{m}\right)^m.$$

同様に(ii)については，

$$\exp t^2[X, Y] = \lim_{m\to\infty}\left\{\exp\frac{tX}{m}, \exp\frac{tY}{m}\right\}^{m^2}$$

を用いる．(ここに $\{A, B\} = ABA^{-1}B^{-1}$ の意味である．) これらの式は下の公式より得られる．さて G は閉部分集合であったから右辺の極限は G の元である．よって $\mathfrak{g}$ は線型 Lie 環をなす．典型群の場合には，これは個別に確認され

る．▌

補題 1.2　ノルムが充分小なる $A, B\in \boldsymbol{M}(n, \boldsymbol{F})$ に対して，つぎの公式がある：

(i)　$\exp(A+B) = \lim_{m\to\infty}\left(\exp\frac{1}{m}A\cdot\exp\frac{1}{m}B\right)^m,$

(ii)　$\exp([A, B]) = \lim_{m\to\infty}\left\{\exp\frac{1}{m}A, \exp\frac{1}{m}B\right\}^{m^2},$

(iii)　$\exp A\cdot\exp B = \exp\left\{(A+B)+\frac{1}{2}[A, B]+\frac{1}{12}[A, [A, B]]+\cdots\right\}.$ ——

最後の等式は Campbell-Hausdorff の公式と呼ばれる．以上はいずれも一般の Lie 群において成り立つのである．(i), (ii) は後に一般の場合に証明する(注意 1.1)．(iii) の証明は巻末文献 [B 7] を参照．

以下，G の単位元 $e=I_n$ の連結成分を G^0 と書く．$g\in G$ に対して $\tau_g(g')=gg'$ $(g'\in G)$ とすれば G の他の連結成分はすべて $gG^0=\tau_g(G^0)$ の形である．また G^0 はその閉包 $\bar{G}^0$ と一致するから閉集合である．さらに G 自身の位相同型：$g\to g^{-1}$ により G^0 の像 $(G^0)^{-1}$ は e を含み，かつ連結であるから G^0 と一致する．同様に，任意の $g\in G^0$ に対して $\tau_g: G^0\to G^0$ を考えると $\tau_g(G^0)\ni gg^{-1}=e$，かつ $\tau_g(G^0)$ も連結であるから $\tau_g(G^0)=G^0$．同様にして，$gG^0g^{-1}=G^0$ なることも示される．すなわち **G^0 は G の正規閉部分群**であり G^0 に関する剰余類は gG^0 の形をなしている．そこで以下 G^0 に多様体の構造を導入する．

まず G の線型 Lie 環 $\mathfrak{g}$ に対して，$\mathrm{Exp}(X)\subset G^0$ $(X\in\mathfrak{g})$ は明らかであるから $\mathfrak{g}$ は閉線型群 G^0 の線型 Lie 環でもあることを注意しておく．そこでいま，$\mathfrak{g}$ の一組の基底 $\{X_1, \cdots, X_d\}$ を特定し，$\boldsymbol{F}^d$ の座標を $(u_1, \cdots, u_d)$ と記すことにして，対応

$$\boldsymbol{F}^d \ni (u_1, \cdots, u_d) \longleftrightarrow \sum_{i=1}^d u_iX_i\in\mathfrak{g}$$

によって，$\boldsymbol{F}^d$ と $\mathfrak{g}$ とを同一視する．上の対応によって決まる $\mathfrak{g}$ の零元 0 の近傍 U_ε をつぎのように与える：

$$U_\varepsilon = \left\{\sum_{i=1}^d u_iX_i\in\mathfrak{g}\ \middle|\ \left(\sum_{i=1}^d |u_i|^2\right)^{1/2}<\varepsilon\right\}\qquad(\varepsilon>0).$$

これに対して，$\varepsilon>0$ を充分小にとるとき U_ε 上において

$$\exp: X=\sum_{i=1}^d u_iX_i \longrightarrow \exp X\quad(\in G^0)$$

が C^∞ 同型写像または複素解析的同型写像になるような多様体構造を G^0 に与えることができることを示さねばならない．写像 exp の関数行列式を求めることも容易であるが，より直接的に exp の逆写像 log をつぎのように定義することができる．いま，$g \in GL(n, \boldsymbol{F})$ は条件

$$\|g-I_n\| < 1$$

を満たすものとし，このとき

$$\log g = \sum_{m=1}^{\infty} (-1)^{m-1}\frac{1}{m}\cdot(g-I_n)^m \qquad (\in \boldsymbol{M}(n, \boldsymbol{F}))$$

とおく．実際

$$\sum_{m=1}^{\infty} \frac{1}{m}\|g-I_n\|^m = -\log(1-\|g-I_n\|)$$

であるから右辺は収束し，初等的な計算によって

$$\exp(\log g) = g$$

となることが証明される．とくに $\|g-I_n\|<1/2$ のときは上記のノルムの等式より $\|\log g\|<\log 2$ となる．逆に $X \in \boldsymbol{M}(n, \boldsymbol{F})$ が条件

$$\|X\| < \log 2$$

を満たすときは

$$\|\exp X-I_n\| \leqq \exp\|X\|-1 < 1$$

より $\log(\exp X)$ が定義されて

$$\log(\exp X) = X$$

となる．したがって，

$$V = \left\{X \in \boldsymbol{M}(n, \boldsymbol{F}) \,\middle|\, \|X-I_n\|<\frac{1}{2}\right\} \qquad (\subset GL(n, \boldsymbol{F})),$$

$$U = \log V \qquad (\subset \boldsymbol{M}(n, \boldsymbol{F}))$$

とおけば，exp は U から V への位相同型(C^∞ 同型または複素解析的同型)を与え，その逆写像は log によって与えられる．よって $\varepsilon>0$ を充分小にとるとき，exp は U_ε から G の中への位相同型を与える．このとき，U_ε の像 $U_e=\exp(U_\varepsilon)$ は G の開集合である．これは後に一般の場合に示すが(定理 1.5)，われわれの典型群の場合には個別に確認される．たとえば $G=SL(n, \boldsymbol{F})$ の場合には，$U_\varepsilon \subset U\cap\mathfrak{g}$，各 $X \in U_\varepsilon$ に対して $|\mathrm{trace}\, X|<2\pi$ を満たすように ε をとれば充分である．

したがって U_e を $(u_1, \cdots, u_d)$ を局所座標系とする e の近傍と考えることができる．この U_e は各 $g \in G$ に対して $U_g = \tau_g(U_e)$ とおくことによって G 全体に近傍系 $\{U_g \mid g \in G\}$ を与え，それが G に(ゆえに G^0 にも)多様体の構造を与え，この構造に関して群演算が C^∞ 級または複素解析的となることが確認できるのである．すなわち，$\dim \mathfrak{g} = d$ は多様体 G の次元を与え，$\mathfrak{g}$ は e における接空間 $T_e(G)$ と同一視される．実際，

$$\lim_{t\to 0} \frac{1}{t}(\exp tX - I_n) = X \quad (\in \mathfrak{g})$$

が成り立つことに注意すればよい．G は $\{U_g\}$ によって覆われるが，G^0 の多様体としての構造はその群構造を併合しているために単位元 e の近傍のみによって決定する．たとえばつぎの性質がある．

補題 1.3 (Schreier)　$G^0 = \bigcup_{m=1}^{\infty} U_e^{(m)}$，ただし $U_e^{(m)} = \{g = g_1^{\pm 1} \cdots g_m^{\pm 1} \mid g_i \in U_e \ (1 \leqq i \leqq m)\}$ (± 1 は両方とも考える)．

証明　何となれば右辺は明らかに e を含む開集合であるが，右辺は部分群 G' ($\subset G^0$) をなすことがわかる．そこで代数的な意味で G^0 の G' に関する剰余類 $gG' = \tau_g(G')$ を考えれば，これまた開集合である．ゆえにそれらの合併集合の補集合として最初の G' は実は閉集合でもある．よって $G^0 = G'$ を得る．すなわち一般に，開部分群は同時に閉部分群なのである．(証明からわかるように，補題 1.3 は一般の連結位相群についても成り立ち，'Schreier の定理' と通称される．定理 1.2(ii) 参照.) ∎

例 1.2　実または複素一般線型群 $GL(n, \boldsymbol{R})$, $GL(n, \boldsymbol{C})$ に対応する線型 Lie 環がそれぞれ $\boldsymbol{M}(n, \boldsymbol{R})$, $\boldsymbol{M}(n, \boldsymbol{C})$ であることはいうまでもない．ただし前者は連結ではなく，e 成分は $GL^+(n, \boldsymbol{R}) = \{g \in GL(n, \boldsymbol{R}) \mid \det g > 0\}$ で，もう一つの連結成分は $\det g < 0$ となる g の全体である．例 1.1 に列挙した閉線型群 G に対応する線型 Lie 環 $\mathfrak{g}$ を決定することは比較的容易である．これらを総称して**典型 Lie 環**という．以下において対応する線型 Lie 環を対応するドイツ文字の小文字を用いて表わす．したがって

$$\mathfrak{gl}(n, \boldsymbol{F}) = \boldsymbol{M}(n, \boldsymbol{F})$$

と書く．

(i)　$\mathfrak{sl}(n, \boldsymbol{R}) = \{X \in \boldsymbol{M}(n, \boldsymbol{R}) \mid \operatorname{trace} X = 0\}$,

$$\mathfrak{sl}(n, \boldsymbol{C}) = \{X \in \boldsymbol{M}(n, \boldsymbol{C}) \mid \mathrm{trace}\, X=0\}.$$

これらは補題1.1(v)を用いれば直ちに証明できる．また明らかに $d=n^2-1$.

(ii) $\mathfrak{o}(n, \boldsymbol{R}) = \{X \in \boldsymbol{M}(n, \boldsymbol{R}) \mid {}^tX+X=0\}$,

$\mathfrak{o}(n, \boldsymbol{C}) = \{X \in \boldsymbol{M}(n, \boldsymbol{C}) \mid {}^tX+X=0\}$.

(実際，$O(n, \boldsymbol{F})$ の連結成分の数は2であって，e 成分が $SO(n, \boldsymbol{F})$ である.) このことは補題1.1(ii), (iii)からでる．$d=n(n-1)/2$ となる.

(iii) $\mathfrak{sp}(n, \boldsymbol{R}) = \{X \in \boldsymbol{M}(2n, \boldsymbol{R}) \mid {}^tXJ_n+J_nX=0\}$,

$\mathfrak{sp}(n, \boldsymbol{C}) = \{X \in \boldsymbol{M}(2n, \boldsymbol{C}) \mid {}^tXJ_n+J_nX=0\}$.

これも同様にして得られる．$d=2n^2+n$.

以下も全く類似の方法でそれぞれの線型 Lie 環が決まる.

(iv) $\mathfrak{u}(n) = \{X \in \boldsymbol{M}(n, \boldsymbol{C}) \mid {}^t\bar{X}+X=0\}, \quad d = n^2$.

(iv)$_1$ $\mathfrak{su}(n) = \{X \in \boldsymbol{M}(n, \boldsymbol{C}) \mid {}^t\bar{X}+X=0,\ \mathrm{trace}\, X=0\} = \mathfrak{u}(n) \cap \mathfrak{sl}(n, \boldsymbol{C})$,

$d = n^2-1$.

(v) $\mathfrak{sp}(n) = \{X \in \boldsymbol{M}(2n, \boldsymbol{C}) \mid {}^tXJ_n+J_nX={}^t\bar{X}+X=0\} = \mathfrak{u}(2n) \cap \mathfrak{sp}(n, \boldsymbol{C})$,

$d = 2n^2+n$. ——

以上において考えた対象を定義として明確に述べておく.

定義1.1 $GL(n, \boldsymbol{F})$ の閉部分群，すなわち代数的な意味での部分群であって，同時に $GL(n, \boldsymbol{F})$ の位相(つまり，ノルム $\|X\|$ によって与えられる)に関して閉集合となる G を実または複素**閉線型 Lie 群**(closed linear Lie group)という．ただし，複素閉線型 Lie 群 G の場合はその線型 Lie 環 $\mathfrak{g}$ が $\boldsymbol{M}(n, \boldsymbol{C})$ の複素部分空間であるものとする.

実は後に，G が閉集合であるという条件を仮定しないで，一般に**線型 Lie 群**の概念を考える．つまり次節に述べる意味での $GL(n, \boldsymbol{F})$ の 'Lie 部分群' をそういうのである．(§1.2および§1.4とくに定理1.6を参照.)

§1.2 Lie 群と Lie 環との対応(いわゆる Lie の理論)

一般の(実)Lie 群(Lie 環)の概念は，前節における(実)閉線型 Lie 群(線型 Lie 環)の概念を具体例として，つぎの如く定義を与える．すなわち，群 G が同時に C^∞ 多様体の構造をもち，その意味で群演算 $(g, g') \to g^{-1}g'$ が多様体間の写像 $G \times G \to G$ として C^∞ 級となるものとする．(実は，これより多様体も演算も必然的に実解析的となるのである——注意1.4参照.）ただし，G は必ずしも連結とはせず，**連結成分は高々可算個**である場合も含めて考える．換言すれば，G は第2可算公理を満たすものと仮定する．このとき一般に G を **Lie 群**であるという．とくに G が連結である場合は重要であるが，連結 Lie 群を**解析的群**(analytic group)と呼ぶことがある(Chevalley [B 2] 以後)．二つの Lie 群 G_1, G_2 に対してその直積 $G_1\times G_2$ が自然に定義されて Lie 群になる．また，一般の(抽象的な) **Lie 環** $\mathfrak{g}$ とは，有限次元の実(または複素)ベクトル空間であって，同時につぎの如き **Poisson 括弧**または**交換子積**といわれる‘積’の定義された，或る種の非結合的分配環(non-associative distributive algebra)を意味する．すなわち，任意の $X, Y\in\mathfrak{g}$ に対してその‘積’を $[X, Y]$ と書く(ベクトル場の Poisson 括弧にならって)．そのときつぎの条件を仮定する：

(i) $[X, Y] = -[Y, X]$ $(X, Y\in\mathfrak{g})$，とくに $[X, X] = 0$,

(ii) $[aX, Y] = [X, aY] = a[X, Y]$ $(X, Y\in\mathfrak{g};\ a\in \boldsymbol{F})$,

(iii) $[X+X', Y] = [X, Y]+[X', Y]$ $(X, X', Y\in\mathfrak{g})$,

(iv) $[X, [Y, Z]]+[Y, [Z, X]]+[Z, [X, Y]] = 0$ $(X, Y, Z\in\mathfrak{g})$.

このうち，(iv)の条件は **Jacobi 律**(Jacobi's identity)と呼ばれる．

Lie 群 G と Lie 環 $\mathfrak{g}$ との関係は閉線型 Lie 群(環)の場合とほとんど同様である．ただし，行列の演算を利用できないため，一般の Lie 群の議論は多少抽象的とならざるを得ないが大綱においては本質的な相違はないと考えてよい．以下 Lie 群 G は多様体として d 次元であるとし，その単位元 e の連結成分 G^0 のみを考えれば充分である．それは任意の $g\in G$ に対して $gG^0g^{-1}\subset G^0$ であるから G^0 は G の正規部分群であり，また補題1.3の証明中に述べたように G の G^0 に関する任意の左剰余類 gG^0 は左移動 τ_g により多様体として G^0 と C^∞ 同型，かつ G のすべての連結成分は，明らかにこれらの左剰余類によって与えられるからである．Lie 群の多様体としての特性は，その等質性(homogeneity)にある．すなわち G の任意の元 g に対して，τ_g によって e の近傍の性質，構造がそのまま g の近傍に C^∞ 同型に移されるからである．その事情をより幾何学的に表現するために，多様体 G の C^∞ ベクトル場の集合 $\mathfrak{X}(G)$ を問題にする．いま単位元 e における任意の接ベクトル $X_e\in T_e(G)$ はつぎのようにして G 全体の C^∞ ベクトル場 $X\in\mathfrak{X}(G)$ に延長される．実際，G の各点 g において

$$X_g = d\tau_g(X_e) \qquad (\in T_g(G))$$

とおく．すると G 上全体でベクトル場 $X=\bigcup_{g\in G} X_g$ が得られるが，これはもちろん，$d\tau_g$ $(g\in G)$ で不変であるから，これを**左不変ベクトル場**という．左不変ベクトル場 X は C^∞ ベクトル場である．これを示すには，X が左不変であるから単位元 e の近傍において示せば充分である．e の近傍 U 上の局所座標 $(u_1, \cdots, u_d)$ で $u_i(e)=0$ $(1\leqq i\leqq d)$ となるものをとって，U 上で

$$X_g = \sum_{i=1}^{d} x_i(g)\left(\frac{\partial}{\partial u_i}\right)_g$$

と局所表示する．G の積演算が C^∞ 級であるから，適当な e の近傍 $V\subset U$ をとれば，各 $g, h\in V$ に対して

$$u_i(gh) = F_i(u_1(g), \cdots, u_d(g), u_1(h), \cdots, u_d(h)) \qquad (1\leqq i\leqq d)$$

と表わされる．ここで $F_i(y_1, \cdots, y_{2d})$ は $\boldsymbol{R}^{2d}$ の 0 の近傍の C^∞ 関数である．各 $g\in V$ に対して，$X_g=d\tau_g(X_e)$ より

$$\begin{aligned} x_i(g) &= X_g u_i = X_e(u_i\circ\tau_g) \\ &= \sum_{k=1}^{d}(X_e u_k)\frac{\partial F_i}{\partial y_{d+k}}(u_1(g), \cdots, u_d(g), 0, \cdots, 0) \end{aligned}$$

となるから，各 x_i は V 上で C^∞ 関数である．したがって X は e の近傍において C^∞ ベクトル場である．

逆に G 上に左不変なベクトル場 $X\in\mathfrak{X}(G)$ が与えられれば，その単位元 e における値 X_e $(\in T_e(G))$ が確定し，X 自身は上述の過程によって X_e から得られることは明白である．この意味において今後 G 上の左不変なベクトル場全体を $\mathfrak{g}$ と書くことにすると，

$$\mathfrak{g}\ni X \longleftrightarrow X_e\in T_e(G)$$

なる 1 対 1 の対応が生じ，両者を d 次元ベクトル空間として自然に同一視することができる．一方，さらに $\mathfrak{g}\subset\mathfrak{X}(G)$ とみなしたとき，$X, Y\in\mathfrak{g}$ に対してベクトル場としての Poisson 括弧 $[X, Y]$ $(\in\mathfrak{X}(G))$ を考えると，明らかにこのベクトル場も左不変である：

$$d\tau_g([X, Y]) = [d\tau_g(X), d\tau_g(Y)] = [X, Y] \qquad (g\in G).$$

したがって，$[X, Y]\in\mathfrak{g}$．ベクトル場としての $[X, Y]$ は当然，二つの基本的な性質：歪対称性($[X, Y]=-[Y, X]$)および Jacobi 律を満たすから，$\mathfrak{g}$ はかくし

て d 次元 Lie 環となる．これを **G の Lie 環**というのである．とくに G が閉線型 Lie 群のとき，その線型 Lie 環はこの節の意味の G の Lie 環と自然な仕方で同一視され，その(行列としての)Poisson 括弧はこの節の意味の(ベクトル場としての)Poisson 括弧と一致することが確かめられる．

G に対応する Lie 環 $\mathfrak{g}$ を閉線型 Lie 群の場合と同様の方法で把握することが可能である．そのためにはやはり，G の‘1 次元連結 Lie 部分群’(すなわち，1 径数部分群)の概念を用いねばならない．そこで，その前に一般に G の Lie 部分群，$\mathfrak{g}$ の Lie 部分環の概念を導入しておく必要がある．

定義 1.2　Lie 群 H が Lie 群 G の **Lie 部分群**であるとは，つぎの二つの条件をともに満たす場合をいう：

(i)　H は G の代数的な意味での部分群である．

(ii)　H は G の部分多様体である．すなわち包含写像 $\iota: H \to G$ は到るところ正則(regular)な C^∞ 写像である．

同様に，ベクトル空間 $\mathfrak{h}$ が Lie 環 $\mathfrak{g}$ の **Lie 部分環**であるとは，つぎの二つの条件を満たすことを意味する：

(i)′　$\mathfrak{h}$ は $\mathfrak{g}$ の部分空間である．

(ii)′　$[\mathfrak{h}, \mathfrak{h}] \subset \mathfrak{h}$ となる．すなわち任意の $X, Y \in \mathfrak{h}$ に対して $[X, Y] \in \mathfrak{h}$ となる．——

このとき $\mathfrak{h}$ 自身一つの Lie 環である．‘Lie 環’は代数的な概念であるから，普通の環(または多元環)において常用される基本的な用語や概念はそのまま Lie 環論においても用いられる．たとえば，Lie 部分環 $\mathfrak{h}$ はさらに

(iii)′　$[\mathfrak{h}, \mathfrak{g}] \subset \mathfrak{h}$，すなわち，$X \in \mathfrak{h}$，$Y \in \mathfrak{g}$ ならば $[X, Y] \in \mathfrak{h}$

なる条件を満たすとき**イデアル**(ideal)と呼び，とくに $\mathfrak{z} = \{X \in \mathfrak{g} \mid [X, \mathfrak{g}] = \{0\}\}$ なるイデアルを**中心**(center)と称するなどである．また，逆に二つの Lie 環 $\mathfrak{g}_1$, $\mathfrak{g}_2$ が与えられたとき，そのベクトル空間としての直和 $\mathfrak{g} = \mathfrak{g}_1 \dotplus \mathfrak{g}_2$ は自然に Lie 環の構造をもつ，すなわち $X_i, Y_i \in \mathfrak{g}_i$ $(i=1, 2)$ に対して

$$[(X_1, X_2), (Y_1, Y_2)] = ([X_1, Y_1], [X_2, Y_2])$$

とおくのである．このようにして得られた Lie 環 $\mathfrak{g}$ の中で $\mathfrak{g}_i$ $(i=1, 2)$ はイデアルとして含まれると考えることができる．等々．(なお第3章参照.)　これらの概念の実例は必要に応じて述べることにする．

例 1.3 前節に例1.1として挙げた典型群はすべて $GL(N, \boldsymbol{F})$ の Lie 部分群である．同様に例1.2に列挙した Lie 環はすべて $\mathfrak{gl}(N, \boldsymbol{F})$ の Lie 部分環である．もちろん，ここで $\boldsymbol{F}=\boldsymbol{C}$ の場合は，上記にならって複素多様体のカテゴリーのなかで複素 Lie 群，複素 Lie 部分群などが定義されて，その意味でこうなるのである．

例 1.4 後に述べる(例1.11)ところの Lie 環 $\mathfrak{g}$ の自己同型群 $\mathrm{Aut}(\mathfrak{g})$，$\mathfrak{g}$ の微分作用素環 $\mathfrak{d}(\mathfrak{g})$ などはそれぞれ $GL(\mathfrak{g})$，$\mathfrak{gl}(\mathfrak{g})$ の Lie 部分群，Lie 部分環の重要な実例である．ただし，一般に N 次元実または複素ベクトル空間 V の正則1次変換全体のなす群 $GL(V)$ および1次変換全体のなすベクトル空間 $\mathfrak{gl}(V)$ は，V の基底の一組を定めると

$$GL(V) = GL(N, \boldsymbol{F}),$$
$$\mathfrak{gl}(V) = \mathfrak{gl}(N, \boldsymbol{F})$$

と同一視されるが，右辺の構造によってそれぞれ Lie 群，Lie 環の構造を導入したものを $GL(V)$，$\mathfrak{gl}(V)$ と書くのである．これらの構造は基底のとり方によらずに定まる．——

しかし，実はこれらはすべて，より一般の定理1.5の実例にすぎないのである．さらに Lie 群 G の部分群 H が Lie 部分群となるための条件に関する山辺の定理についても後述する．

つぎに，G の Lie 部分群 H と $\mathfrak{g}$ の Lie 部分環 $\mathfrak{h}$ との対応関係を叙述する順序である．そのために閉線型 Lie 群の場合と同様**指数写像**(exponential mapping) $\exp$: $\mathfrak{g}\to G$ の概念を利用することが必要でかつ簡明である．まず加法群として $\boldsymbol{R}$ 自身が1次元連結 Lie 群であることに注意する．その座標を t で表わせば，$\boldsymbol{R}$ の Lie 環の生成元は $D=d/dt$ であるとみなすことができるから，$\boldsymbol{R}$ の Lie 環 $\boldsymbol{R}D$ と $\boldsymbol{R}$ とを同一視する．これに対して，$\boldsymbol{R}$ より $\mathfrak{g}$ の中への線型対応として，$\mathfrak{g}$ の一つの元 X に対し

$$\eta_X:\ s \longrightarrow sX \qquad (s\in\boldsymbol{R})$$

を考える．$\boldsymbol{R}$ は単連結な Lie 群 $\boldsymbol{R}$ の Lie 環であるから，これを利用して後に述べる定理1.4(iii)の意味で Lie 群の間の‘準同型写像’ $\xi_X: \boldsymbol{R}\to G$ に‘延長’しようというのである．すなわち $(d\xi_X)_0=\eta_X$．ここでつぎの定義をしておくことが必要となる．

定義 1.3　二つの Lie 群 G, G' において写像 $\rho: G \to G'$ が Lie 群として**準同型** (homomorphism) であるとは，ρ が代数的な意味で準同型であって，かつ ρ が C^∞ 写像であることをいう．同様に ρ が**同型** (isomorphism) であるとは，ρ がさらに代数的に同型であって，かつ C^∞ 同型であることをいう．

同様に，二つの Lie 環 $\mathfrak{g}, \mathfrak{g}'$ についても，'多元環としての' 準同型，同型の概念が考えられる．すなわち，$\eta: \mathfrak{g} \to \mathfrak{g}'$ が Lie 環としての**準同型**であるとは，η が線型写像であって $\eta([X, Y]) = [\eta(X), \eta(Y)]$ $(X, Y \in \mathfrak{g})$ を満たすことをいう．さらに η が線型同型であるとき，η は Lie 環としての**同型**であるといわれる．すると，上述の $\eta_X: \boldsymbol{R} \to \mathfrak{g}$ が Lie 環としての準同型であることは明白であろう．(以下，群や環に関する基本的な用語は断りなしに自由に使う.)　——

さて上述の問題に戻れば，Lie 環としての準同型 $\eta_X: \boldsymbol{R} \to \mathfrak{g}$ に対して準同型 $\xi_X: \boldsymbol{R} \to G$ を構成するために，X を G 上の左不変なベクトル場としてこれを e の座標近傍 U においてそこでの局所座標系 $(u_1, \cdots, u_d)$ で $u_i(e) = 0$ $(1 \leqq i \leqq d)$ となるものを用いて表現する．すなわち U の各点 u においては X を

$$X_u = \sum_{i=1}^{d} x_i(u) \left(\frac{\partial}{\partial u_i} \right)_u ; \qquad x_i(u) \in C^\infty(U)$$

と書いて，その係数関数よりなるベクトル値関数を

$$\boldsymbol{x}(u) = (x_1(u), \cdots, x_d(u))$$

のように記すのが便利である．実際，U の値をとる未知関数 $\xi(t) = (\xi_1(t), \cdots, \xi_d(t))$ $(\in U;\ t \in \boldsymbol{R})$ に対して微分方程式系：

$$\frac{d\xi(t)}{dt} = \boldsymbol{x}(\xi(t)); \qquad \xi(0) = e.$$

すなわち，成分ごとに書けば

$$\frac{d\xi_i(t)}{dt} = x_i(\xi(t)); \qquad \xi_i(0) = 0 \qquad (1 \leqq i \leqq d)$$

を考察する．この方程式は充分小なる $\delta > 0$ に対して $|t| < \delta$ なるとき，一意的な C^∞ 解をもつことが微分方程式論の初等的部分によって保証されている．したがってこの一意的な解 ξ を ξ_X と書くことが許される．ξ_X は一応 $(-\delta, \delta)$ において定義され U の値をとる，すなわち

$$\xi_X:\ (-\delta, \delta) \longrightarrow U \quad (\subset G)$$

であるが実は

$$\xi_X(s+t) = \xi_X(s)\xi_X(t) \quad (\in G)$$

なる関係式が，充分小なる $\delta'>0$ をとると $|s|, |t|<\delta'$ なる任意の s, t について成り立つ．実際これは上の微分方程式系の解の一意性から従う．すなわち s は固定して t に関する方程式と考えると，$\xi_X(s+t)$ は上述の方程式において初期条件を e の代りに $\xi_X(s)$ とした場合の(一意的な)解である．一方

$$\frac{d}{dt}\xi_X(s)\xi_X(t) = d\tau_{\xi_X(s)}\left(\frac{d}{dt}\xi_X(t)\right) = d\tau_{\xi_X(s)}(X_{\xi_X(t)})$$
$$= X_{\xi_X(s)\xi_X(t)}$$

であるから，これも同じ方程式の解であるからである．よって任意の実数 $t\in \boldsymbol{R}$ に対しては $|t/m|<\delta$ となるような正の整数 m をとって，

$$\xi_X(t) = \xi_X\left(\frac{t}{m}\right)^m \quad (\in U^m\subset G)$$

とおけば，任意の t に対して一意的に $\xi_X(t)\in G$ が決定する．しかも，$\xi_X: \boldsymbol{R}\to G$ が準同型であることは定義から当然である．この $\xi_X(\boldsymbol{R})$ は G の 1 次元連結 Lie 部分群であり $(d\xi_X)_0=\eta_X$ となるので，通例 X を基とする G の **1 径数部分群** (one-parametric subgroup) と呼ばれる．閉線型 Lie 群の場合の 1 径数部分群はその具体的な実例であって，$\xi_X(t)=\exp tX$ であるが，むしろ一般の場合は閉線型 Lie 群の場合の類似を追って導入したのである．実際，上記微分方程式系の解であることから，任意の $t\in \boldsymbol{R}$ に対して

$$\xi_{tX}(1) = \xi_X(t)$$

であることが判る．このことからこの両者をやはり $\exp tX$ と書くことにし，$\exp X=\xi_X(1)$ によって定まる写像 $\exp: \mathfrak{g}\to G$ を指数写像というのである．そして $\xi_X(\boldsymbol{R})$ もやはり $\mathrm{Exp}(X)$ で表わす．

定理 1.2 (i) $\mathfrak{g}$ の基底の一組を $\{X_1, X_2, \cdots, X_d\}$ として対応: $X=\sum_{i=1}^{d} u_iX_i \leftrightarrow (u_1, \cdots, u_d)\in \boldsymbol{R}^d$ によって $\mathfrak{g}$ に座標系を特定しておくとき，指数写像 exp を通じて $(u_1, \cdots, u_d)$ は G の単位元 e の或る近傍 U に局所座標系を与える．(その意味は下に説明する.)

(ii) 連結 Lie 群 G の任意の元 g は，その Lie 環 $\mathfrak{g}$ の有限個の元 $X, Y, \cdots, Z$ を用いて

$$g=\exp X\cdot\exp Y\cdots\exp Z$$

と表わすことができる．(ただし，一意的ではない．) ——

定理の後半(ii)は前半から従う．それは Schreier の定理(補題1.3)が G においても全く同様に成立するからである．そこで(i)を示せばよい．すなわち，いま基底 $\{X_i\}$ と $\mathfrak{g}$ の元 $X=\sum_{i=1}^{d}u_iX_i$ に対して

$$|X|=\left(\sum_{i=1}^{d}|u_i|^2\right)^{1/2}$$

とおけば写像 exp の定義より，$\mathfrak{g}$ の零元0での関数行列式は0ではない．それは，$\xi_X(t)$ が満たす方程式そのものが exp の微分 $d(\exp)$ を表わしているからである．実際，$d(\exp)_0(X_i)=(X_i)_e$ $(1\leqq i\leqq d)$ となることは明白であろう．そこで，充分小なる正数 ε をとれば

$$U_\varepsilon=\left\{X=\sum_{i=1}^{d}u_iX_i\,\middle|\,|X|<\varepsilon\right\}$$

なる $\mathfrak{g}$ の0近傍 U_ε は exp によって1対1，かつ正則に G の中へ写像される．その像を U_e と書けば，$U=U_e$ は単位元 e の近傍であって，

$$U=\{\exp X\,|\,|X|<\varepsilon\}$$

である．以上の議論は U に U_ε $(\subset\mathfrak{g})$ の座標系をそのまま適用できることを示している．すなわち，上記の X に対して，

$$x_k\left(\exp\sum_{i=1}^{d}u_iX_i\right)=u_k\qquad(1\leqq k\leqq d)$$

とおいて，$(x_1,\cdots,x_d)$ を U における局所座標系とすることができる．

このようにして導入された e の近傍の座標系：

$$\{U;(x_1,\cdots,x_d)\}$$

を(第1種の)**標準座標系** (canonical coordinates system) という．

以下の種々の議論では，指数写像 exp の性質が基本的な役割を果たす．それは Lie 環と Lie 群との間の橋渡しであるから当然である．そのうち，とくに後で用いる事実をあげる．

補題 1.4　$G,\mathfrak{g}$ およびその間の指数写像 $\exp:\mathfrak{g}\to G$ は上の通りとして，1径数部分群 $\mathrm{Exp}(X)$ の性質のうち，つぎの公式が重要である：

(i)　$\exp tX\cdot\exp tY=\exp\left\{t(X+Y)+\frac{t^2}{2}[X,Y]+O(t^3)\right\},$

(ii) $\{\exp tX, \exp tY\} = \exp\{t^2[X, Y]+O(t^3)\}$,

(iii) $\exp tX\cdot\exp tY\cdot\exp(-tX) = \exp\{tY+t^2[X, Y]+O(t^3)\}$.

ただし，ここに $O(t)$ は通例の Landau の記号の一般化で，ベクトル空間 $\mathfrak{g}$ に適当に基底をとり，その各係数(あるいはノルム)について評価を考えるという意味である．——

この補題 1.4 の公式 (i)-(iii) はすべて明らかにつぎの補題の主張する公式の特別の場合である．

補題 1.4* $\mathfrak{g}$ の有限個の元 $Z_1, \cdots, Z_m$ に対してつぎの公式が成り立つ：

$$\exp tZ_1\cdots\exp tZ_m = \exp\left\{t\cdot\sum_{i=1}^{m} Z_i+\frac{t^2}{2}\cdot\sum_{i<j}[Z_i, Z_j]+O(t^3)\right\}.$$

証明 これは要するに G の値をとる t の関数の Taylor 展開に他ならない．もちろん $|t|$ は充分小とするので両辺の値も単位元の近傍に限られる．すなわち，いまベクトル空間 $\mathfrak{g}$ の基底 $\{X_1, \cdots, X_d\}$ とそれに対応する e の近傍の標準座標系 $\{U; (x_1, \cdots, x_d)\}$ をとり，左辺の x_i $(1\leqq i\leqq d)$ における値を t の関数として展開し，標準座標の性質：

$$x_k\left(\exp\sum_{i=1}^{d} u_iX_i\right) = u_k \qquad (1\leqq k\leqq d)$$

を用いて両辺を比較すればよい．そこで座標関数 x_k の代りに一般に $f\in C^\infty(U)$ をとり，一応 m 変数の関数

$$F(t_1, \cdots, t_m) = f(\exp t_1Z_1\cdots\exp t_mZ_m)$$

を考え，それを原点 $0=(0, \cdots, 0)$ の周りで Taylor 展開した後に $t_1=\cdots=t_m=t$ とおく．すると $F(t, \cdots, t)=F(t)$ はつぎのように展開される：

$$F(t) = F(0)+t\cdot\sum_{i=1}^{m}(D_iF)(0)+\frac{t^2}{2}\cdot\sum_{i,j=1}^{m}(D_iD_jF)(0)+O(t^3).$$

ただし，ここに $D_i=\partial/\partial t_i$ $(1\leqq i\leqq m)$ である．そこでさらに右辺を計算するためにつぎの関係式を利用したい：

$$(D_iF)(0) = (Z_if)(e),$$
$$(D_iD_jF)(0) = (D_jD_iF)(0) = (Z_iZ_jf)(e) \qquad (1\leqq i\leqq j\leqq m).$$

第1式は指数写像の定義そのものである．第2式は

$$(Z_iZ_jf)(e) = \partial^2/\partial s\partial tf(\exp sZ_i\exp tZ_j)|_{(s,t)=(0,0)} = (D_iD_jF)(0) \qquad (i<j),$$

$$(Z_i^2 f)(e) = \partial^2/\partial s\partial t f(\exp(s+t)Z_i)|_{(s,t)=(0,0)} = (D_i^2 F)(0).$$

また，さらに

$$\sum_{i=1}^{m} Z_i^2 + 2\cdot\sum_{i<j} Z_i Z_j = \left(\sum_{i=1}^{m} Z_i\right)^2 + \sum_{i<j}[Z_i, Z_j]$$

であって，一般に $(Z^2 x_k)(e)=0$ $(1\leqq k\leqq d)$ が成り立つことに注意すれば $\left(\text{この場合は } Z=\sum_{i=1}^{m} Z_i\right)$，上記の $F(t)$ の展開式を $f=x_k$ に適用するとき，

$$F(t) = t\cdot\sum_{i=1}^{m}(Z_i x_k)(e) + \frac{t^2}{2}\cdot\sum_{i<j}([Z_i, Z_j]x_k)(e) + O(t^3)$$

となる．そこで $|t|$ が充分小なる t に対して

$$Z(t) = \sum_{k=1}^{d} x_k(\exp tZ_1\cdots\exp tZ_m)X_k$$

とおけば，上の結果はこれが結局

$$Z(t) = t\cdot\sum_{i=1}^{m} Z_i + \frac{t^2}{2}\cdot\sum_{i<j}[Z_i, Z_j] + O(t^3)$$

となることを意味する．▌

注意 1.1 ここで補題 1.2 の (i), (ii) が $|A|, |B|$ が充分小なる $A, B\in\mathfrak{g}$ に対して成り立つことを証明しておこう．補題 1.4 (i) より，任意の $X, Y\in\mathfrak{g}$ に対して

$$\exp\frac{t}{m}X\cdot\exp\frac{t}{m}Y = \exp\left\{\frac{t}{m}(X+Y) + \frac{t^2}{2m^2}[X, Y] + O\left(\frac{t^3}{m^3}\right)\right\}$$

が成り立つ．したがって

$$\left(\exp\frac{t}{m}X\cdot\exp\frac{t}{m}Y\right)^m = \exp\left\{t(X+Y) + \frac{t^2}{2m}[X, Y] + mO\left(\frac{t^3}{m^3}\right)\right\}$$

となるから，$|t|$ が充分小なる t に対して

$$\lim_{m\to\infty}\left(\exp\frac{t}{m}X\cdot\exp\frac{t}{m}Y\right)^m = \exp t(X+Y)$$

を得る．これから (i) が得られる．同様に，補題 1.4 (ii) を用いて (ii) が得られる．

補題 1.4 の公式の他にも指数写像に関する重要な性質はいろいろある．

例 1.5 Lie 群 G の Lie 環 $\mathfrak{g}$ が二つの部分ベクトル空間 $\mathfrak{m}, \mathfrak{m}'$ の直和となっているとき，すなわち $\mathfrak{g}=\mathfrak{m}\dotplus\mathfrak{m}'$ ならば，$\mathfrak{m}, \mathfrak{m}'$ の零元 0 の近傍 W, W' を適当にとれば，G の単位元の或る近傍 V が存在して，対応

$$\varphi:\ (Z, Z') \longrightarrow \exp Z\cdot\exp Z' \quad (\in G)$$

によって $W \times W'$ と V とは C^∞ 同型となる．これは $\mathfrak{g}$ の基底 $\{X_1, \cdots, X_d\}$ を，分解 $\mathfrak{g}=\mathfrak{m}\dot{+}\mathfrak{m}'$ に応じてとって $X_i \in \mathfrak{m}$ $(1 \leqq i \leqq r = \dim \mathfrak{m})$，$X_j \in \mathfrak{m}'$ $(r+1 \leqq j \leqq d)$ としておき，これに関して標準座標 $(x_1, \cdots, x_d)$ を考えるのである．すると，$Z \in W$，$Z' \in W'$ を

$$Z = \sum_{i=1}^{r} u_i X_i, \qquad Z' = \sum_{j=r+1}^{d} u_j X_j$$

と書いて，

$$\exp Z \cdot \exp Z' = \exp\left(\sum_{i=1}^{d} x_i X_i\right)$$

と表わすことができる．このとき，$x_i = x_i(u_1, \cdots, u_d)$ $(1 \leqq i \leqq d)$ は原点の近くで C^∞ 関数であり原点 $(0, \cdots, 0)$ における関数行列式が 1 となるからである．これは $\mathfrak{g}$ が二つの部分空間の直和の場合であったが，有限個の部分空間の直和の場合も同様である．ゆえに，とくに $\mathfrak{g}$ の一組の基底 $\{X_1, \cdots, X_d\}$ そのものに対して

$$\mathfrak{g} = \mathfrak{m}_1 \dot{+} \cdots \dot{+} \mathfrak{m}_d; \qquad \mathfrak{m}_i = \boldsymbol{R} \cdot X_i \quad (1 \leqq i \leqq d)$$

とみなすことにすれば，G の単位元の或る近傍 V の元 g は一意的に

$$g = \exp t_1 X_1 \cdots \exp t_d X_d; \qquad t_i \in \boldsymbol{R} \quad (1 \leqq i \leqq d)$$

と書くことができる．すなわち $(t_1, \cdots, t_d)$ は V における局所座標系を与える．このようにして得られた座標系：

$$\{V ; (t_1, \cdots, t_d)\}$$

を**第 2 種の標準座標系**と呼ぶ．これもしばしば用いられる．——

以下において，Lie 群 G とその Lie 環 $\mathfrak{g}$ とが与えられているとき，G の連結 Lie 部分群 H と $\mathfrak{g}$ の Lie 部分環 $\mathfrak{h}$ との間に 1 対 1 の対応関係があることを説明しよう．まず H に対してその Lie 環を $\mathfrak{h}$ とすれば，H は G の部分多様体であるから，包含写像 $\iota: H \to G$ の微分 $d\iota$ は各点において 1 対 1 である．そこで $\mathfrak{h} = T_e(H)$ は $T_e(G)$ の部分空間と考えることができるが，同時に $d\iota$ は Poisson 括弧を保つから左不変な G 上のベクトル場の集合と考えても $[\mathfrak{h}, \mathfrak{h}] \subset \mathfrak{h}$ となる．すなわち，$\mathfrak{h}$ は $\mathfrak{g}$ の Lie 部分環である．逆に，$\mathfrak{g}$ の Lie 部分環 $\mathfrak{h}$ が与えられれば，$\mathfrak{h} \subset \mathfrak{X}(G)$ とみなして $[\mathfrak{h}, \mathfrak{h}] \subset \mathfrak{h}$ となるのであるから，$\mathfrak{h}$ はベクトル場のいわゆる包合系 (involutive system) をなす．ここで，Frobenius-Chevalley の積分多様体の存在定理を用いる．(志賀浩二“多様体論”，または文献 [A 3], [B 2] 参照.)

すなわち，$\mathfrak{h}$ に対応して G の各点 g を通る極大連結積分多様体 H_g がただ一つ存在する．さらにこれらは次の著しい性質をもつ：f を多様体 M から G への C^∞ 写像で $f(M)\subset H_g$ なるものとすれば，f は M から H_g への C^∞ 写像である．とくに単位元 e を通る極大連結積分多様体 H_e を考えると，これは G の部分群である．実際，上記の一意性から，$g\in H_e$ ならば $\tau_g(H_e)=H_g$ であって，一方これは H_e に一致するはずだからである．そこでこの部分群構造をもった G の部分多様体 H_e をあらためて H と書く．

H は連結 Lie 部分群であること，すなわち H の群演算は (H の中で) C^∞ 級であることが証明される．実際，$M=H\times H$ として M から G への C^∞ 写像 f を

$$f(g,h) = g^{-1}h \qquad (g,h\in H)$$

によって定義すれば，$f(M)\subset H$ であるから，上記の性質から群演算 $H\times H\to H$ は C^∞ 写像となる．このとき定義から明らかなように，H の Lie 環は $\mathfrak{h}$ に一致している．(以上の議論は微分方程式系の解の存在定理に基づいているのであって $\dim\mathfrak{h}=1$ の場合については $\mathrm{Exp}(X)$ の存在としてすでに述べた.)

定理 1.3 Lie 群 G の連結 Lie 部分群 H と G の Lie 環 $\mathfrak{g}$ の Lie 部分環 $\mathfrak{h}$ とは上の意味で1対1に対応し，その対応関係はつぎのように具体的に与えられる．すなわち，

(i) H に対して $\mathfrak{h}$ は

$$\mathfrak{h} = \{X\in\mathfrak{g}\,|\,\mathrm{Exp}(X)\subset H\},$$

(ii) $\mathfrak{h}$ に対して H は

$$H = \{\exp X\cdot\exp Y\cdots\exp Z\,|\,X, Y, \cdots, Z\in\mathfrak{h}\}$$

として得られる．——

上の (ii) の意味で H は $\mathfrak{h}$ から**生成される**，または $\mathfrak{h}$ は H を**生成する** (generate) という．

証明 はじめに，G の Lie 部分群 H の Lie 環の元 X に対して，X を基とする H の1径数部分群 $\exp_H tX$ は X を基とする G の1径数部分群 $\exp tX$ と一致していることに注意しておこう．それは一般の Lie 群に対する $\xi_X(t)=\exp tX$ の特徴づけ：$(d\xi_X)_0=\eta_X$ より従う．

さて，$\mathfrak{h}$ を $\mathfrak{g}$ の任意の Lie 部分環とし，上で議論した $\mathfrak{h}$ から定義される G の連結 Lie 部分群を H とするとき，上述のように H の Lie 環 $\mathfrak{h}'$ は $\mathfrak{h}$ と一

致する．逆に，H を G の任意の連結 Lie 部分群とし，H の Lie 環 $\mathfrak{h}$ から定義される連結 Lie 部分群を H' とする．定理 1.2 (ii) から H は $\exp_H \mathfrak{h}$ で生成され，H' は $\exp_{H'} \mathfrak{h}$ で生成されるが，はじめの注意より H, H' はともに $\exp \mathfrak{h}$ で生成される．したがって H と H' は部分群としては一致する．一方，定理 1.2 (i) とはじめの注意より，H と H' の単位元の近傍は C^∞ 同型である．よって H と H' は Lie 部分群として一致する．以上で 1 対 1 に対応することが示された．

以上の議論から (ii) と，各 $X \in \mathfrak{h}$ に対して $\mathrm{Exp}(X) \subset H$ となることは明白であろう．$X \in \mathfrak{g}$ が $\mathrm{Exp}(X) \subset H$ を満たせば $X \in \mathfrak{h}$ となることを示すには，写像

$$\boldsymbol{R} \ni t \longrightarrow \exp tX \in H$$

が C^∞ 写像であることを示せばよいが，これは上述の極大連結積分多様体の性質から従う．∎

注意 1.2　これまでの議論はあくまで固定された Lie 群 G を出発点としていたが，逆に一般の抽象的な Lie 環 $\mathfrak{g}$ を与えたとき，それを Lie 環とする Lie 群 G の存在定理も識られている ([B 6], [B 7] 参照)．また，いわゆる Ado の定理によれば任意の $\mathfrak{g}$ は必ず或る線型 Lie 環 $\mathfrak{g}' \subset \boldsymbol{M}(n, \boldsymbol{F})$ に同型であることが保証される ([B 7] 参照)．これを用いれば，$\mathfrak{g}'$ は上記定理 1.3 (ii) の意味で $GL(n, \boldsymbol{F})$ の Lie 部分群 G' を生成する．したがって $\mathfrak{g}$ を Lie 環とする Lie 群の存在も保証される．

注意 1.3　定理 1.3 で問題にしているのは G の連結 Lie 部分群 H であった．必ずしも連結でない Lie 部分群 H の場合には，その単位元 e の連結成分 H^0 を考えるのである．H^0 はもちろん G の連結 Lie 部分群であるから，その Lie 環 $\mathfrak{h}$ を H の Lie 環というのである．ただし，これは部分多様体として H が与えられている場合のことであるが，G の離散部分群も '0 次元の Lie 部分群' とみなすことがある．ここに**離散部分群** (discrete subgroup) Γ とは G の代数的部分群で離散部分集合となるもののことである．

離散部分群 Γ は閉集合である．この証明のために，Γ の閉包を $\bar{\Gamma}$ とし，$g \in \bar{\Gamma} - \Gamma$ が存在すると仮定して矛盾を導こう．G の単位元 e の近傍 U で $U \cap \Gamma = \{e\}$ となるものをとり，さらに g の近傍 V で $V^{-1}V \subset U$ となるものをとる．$g \in \bar{\Gamma}$ だから $\Gamma \cap V \neq \phi$ であるが，実はこれは 1 点のみからなる．実際，$\gamma, \gamma' \in \Gamma \cap V$ とすれば $\gamma^{-1}\gamma' \in U \cap \Gamma = \{e\}$，よって $\gamma = \gamma'$ となるからである．一方，$g \in$

$\bar{\Gamma}-\Gamma$ だから $\Gamma\cap V$ は無限集合である．これは矛盾である．さらに，離散部分群 Γ はつねに可算である．実際，上記の e の近傍 U をとり，さらに e の近傍 $V\subset U$ で $VV^{-1}\subset U$ を満たすものをとれば，$\{\gamma V\mid \gamma\in\Gamma\}$ は交わりのない開集合の族となる．よって，Γ が可算でなければ G の位相の第2可算性に矛盾するからである．離散部分群の重要性は次節§1.3でも明らかにされる．

例 1.6　一般に連結 Lie 群 G とその Lie 環 $\mathfrak{g}$ があって $\mathfrak{g}$ が二つのイデアル $\mathfrak{g}_i$ $(i=1,2)$ の直和になっている場合：$\mathfrak{g}=\mathfrak{g}_1\dotplus\mathfrak{g}_2$ を考える．この場合 $\mathfrak{g}_i$ は定理1.3に従って G の連結 Lie 部分群 G_i $(i=1,2)$ を生成する．(G_i は補題1.4(iii)より G の正規部分群となる.) この際，$G=G_1\cdot G_2$，すなわち G の各元 g が $g=g_1g_2$ $(g_i\in G_i)$ と書けることは一般に成り立つが，G が G_1 と G_2 の直積：$G=G_1\times G_2$ になるとは限らない．一般には $G_1\cap G_2=\Gamma$ は G の正規離散部分群となるにすぎない．例として，まず $G=GL^+(n,\boldsymbol{R})$，$\mathfrak{g}=\mathfrak{gl}(n,\boldsymbol{R})$ をとる．このとき

$$\mathfrak{g}=\mathfrak{g}_1\dotplus\mathfrak{g}_2;\quad \mathfrak{g}_1=\{a\cdot I_n\mid a\in\boldsymbol{R}\},\quad \mathfrak{g}_2=\mathfrak{sl}(n,\boldsymbol{R})$$

となり $\mathfrak{g}_i$ $(i=1,2)$ は $\mathfrak{g}$ のイデアルである：$[\mathfrak{g}_i,\mathfrak{g}]\subset\mathfrak{g}_i$ $(i=1,2)$．一方，これらの生成する Lie 部分群はそれぞれ

$$G_1=\{a\cdot I_n\mid a\in\boldsymbol{R}^+\},\quad G_2=SL(n,\boldsymbol{R})$$

となる．ここで $\boldsymbol{R}^+=\{x\in\boldsymbol{R};\ x>0\}$ と書いた．明らかに $G_1\cap G_2=\{I_n\}$ となり $G=G_1\cdot G_2$ は直積になっている．(ちなみに，$SL(n,\boldsymbol{R})$ は単連結ではないが，その普遍被覆群(§1.3参照) $\widetilde{SL(n,\boldsymbol{R})}$ は，線型 Lie 群に決して同型にならない Lie 群の例として識られている.) つぎに，$G=GL(n,\boldsymbol{C})$，$\mathfrak{g}=\mathfrak{gl}(n,\boldsymbol{C})$ をとる．このとき実係数のときと同様に

$$\mathfrak{g}=\mathfrak{g}_1\dotplus\mathfrak{g}_2;\quad \mathfrak{g}_1=\{a\cdot I_n\mid a\in\boldsymbol{C}\},\quad \mathfrak{g}_2=\mathfrak{sl}(n,\boldsymbol{C})$$

となることは全く上の場合と同じであるが，これらの生成する Lie 部分群 $G_1=\{a\cdot I_n\mid a\in\boldsymbol{C}^*\}$，$G_2=SL(n,\boldsymbol{C})$ については

$$G_1\cap G_2=\{a\cdot I_n\mid a\in\boldsymbol{C}^*,\ a^n=1\}$$

であって，これは1の n 乗根全体のなす有限群である．

注意 1.4　Lie 群 G の定義において，われわれは G が C^∞ 多様体で群演算も C^∞ 級であるとした．しかし実はこれは便宜的に緩い仮定をおいたのであって，これらの仮定から G には一意的に実解析多様体(C^ω 多様体)の構造が導入され，群演算もそれに関して実解析的(C^ω 級)となることが証明される．この点につい

ては Pontrjagin の古典的な本 [B 6] が詳しい．この本では C^∞ 級より弱く C^3 級の条件が仮定されているのみであるが，これをもっと緩和できるかどうかが問題であった．つまり，いま，Lie 群 G の定義において G を多様体とせず単なる位相空間とし，群演算は連続という仮定だけにした場合，この G を**位相群**という．位相群より条件が強く G は C^0 多様体（位相多様体）で群演算が連続という場合に，これが自然に Lie 群の構造をもつための条件を求めよ，というのがいわゆる Hilbert の第5の問題といわれた問題で 1952 年頃解決された．

上述の問題に類似した事実が他にもいろいろ識られている．たとえば二つの Lie 群 G_1, G_2 の間の連続準同型は必然的に解析的準同型となる（[B 7]）．この定理は $G_1=\boldsymbol{R}^n$，$G_2=\boldsymbol{R}^m$（ともに加法群と考える）の場合には，線型代数で周知の，連続準同型はつねに線型写像（したがってもちろん解析的）という結果の一般化とみることができる．とくに二つの Lie 群は位相群として同型なら Lie 群として同型である．大雑把にいえば，Lie 群においては‘連続性’から‘解析性’が従うことがしばしばある．

§1.3 普遍被覆群

G を d 次元連結 Lie 群，$\mathfrak{g}$ をその Lie 環とする．$\mathfrak{g}$ は G の単位元の近傍の状態で決まるものであるから，同一の（または互いに同型な）$\mathfrak{g}$ を Lie 環とする Lie 群は必ずしも G のみではないであろう．それは複数存在するのが普通である．（例 1.7，例 1.9 参照．）そのような Lie 群全体は以下に述べるような方法で得られる．

まず多様体 G の普遍被覆多様体を $\tilde{G}$ とし，被覆射影を $\pi:\tilde{G}\to G$ とする．すなわち，被覆変換群を Γ（これは G の基本群 $\pi_1(G)$ に同型である）としたとき，商空間の意味で $\tilde{G}/\Gamma=G$ である．この $\tilde{G}$ は単連結 C^∞ 多様体であるが，実は‘自然に’群構造が定義されて Lie 群となる．さらに π は Lie 群としての準同型，Γ は π の核としての $\tilde{G}$ の離散正規部分群となる．このように，単連結 Lie 群 $\tilde{G}$ で，その核が離散部分群であるような $\tilde{G}$ から G の上への準同型 π が与えられているものを，G の**普遍被覆群**という．基本的な結論をまとめて述べるとつぎの定理となる．

定理 1.4 （i） 任意の Lie 環 $\mathfrak{g}$ に対して，それを Lie 環とする単連結な Lie

群 $\tilde{G}$ が(同型を除いて)ただ一つ存在する．

(ii) $\mathfrak{g}$ を Lie 環とする任意の連結 Lie 群 G は必ず $G \cong \tilde{G}/\Gamma$ の形として得られる．

(iii) さらに Lie 環 $\mathfrak{g}_i$ $(i=1,2)$ とそれに対応する単連結 Lie 群を G_i $(i=1,2)$ とする．いま $\mathfrak{g}_1$ より $\mathfrak{g}_2$ の中への準同型 $\mathring{\rho}$ が与えられれば，$\tilde{G}_1$ より $\tilde{G}_2$ の中への Lie 群としての準同型 ρ がつぎの意味で一意的に定まる．すなわち

$$(d\rho)_e = \mathring{\rho} \qquad (e \text{ は } G_1 \text{ の単位元}). \text{ ——}$$

この定理の厳密な証明は多くの本で省略されているが [B 2], [B 3], [B 6] には記述されている．ここではその証明のあらましを述べることにする．

まず $\tilde{G}$ の群構造の定義を説明しよう．そのため，普遍被覆多様体としての $\tilde{G}$ をつぎのように決めることにしておく．すなわち，$\tilde{G}$ は G の単位元 e を始点とする道(path)の連続的変形に関する同値類の集合とする．それに対応して Γ は e を始点，終点とする閉じた道の同値類のなす部分集合と考えるものとする．まず π は各道の同値類にその終点を対応させることであったから，この場合は $\pi^{-1}(e)=\Gamma$ である．そこで，Γ から任意の元 $\tilde{e}$ をとり，これを固定して $\tilde{G}$ の‘単位元’と呼ぶ．つぎに，$\tilde{g}_1, \tilde{g}_2 \in \tilde{G}$ を任意にとり $\pi(\tilde{g}_1)=g_1$, $\pi(\tilde{g}_2)=g_2 \in G$ とする．積 $\tilde{g}_1\tilde{g}_2 \in \tilde{G}$ は $\pi^{-1}(g_1 g_2)$ の元として与えねばならない．いま $\tilde{g}_i$ $(i=1,2)$ を代表する一つの道をとり α_i $(i=1,2)$ とする．これに対して $g_1(\alpha_2)$ を考えると，これは g_1 を始点とし $g_1 g_2$ を終点とする道であるから，α_1 と $g_1(\alpha_2)$ とを合成して得られる道は e を始点とし，$g_1 g_2$ を終点とする．この道を含む同値類を $\tilde{g}_1\tilde{g}_2$ とおく．また，$\tilde{g} \in \tilde{G}$ に対してその逆元 $\tilde{g}^{-1} \in \tilde{G}$ はやはり $\pi^{-1}(g^{-1})$ の元として与えられるが，それは $\tilde{g}$ を代表する道 α に対して $g^{-1}(\alpha)$ の逆の道を含む同値類として定義すればよい．このようにして $\tilde{G}$ に群構造を与えるためには，さらに二，三検証すべき点がある．実際，第一に群演算が道の選び方によらず同値類のみで決まること，第二に群演算が群の公理を満たすことである．しかし，これらはみな容易である．そして，π が群としての準同型であり $\Gamma=\pi^{-1}(e)$ であることも定義の中に含まれている．より重要な論点は群演算が C^∞ 級となる事実であるが，これも π が局所的に C^∞ 同型であることより導かれる．

このような群 $\tilde{G}$ の中で離散正規部分群 Γ はつぎの性質をもつ．

補題 1.5 Γ は $\tilde{G}$ の中心に含まれる $\tilde{G}$ の正規部分群である．

証明 $\tilde{a}\in\Gamma$ を任意にとり，$\tilde{G}$ の間の C^∞ 写像 $\kappa(\tilde{a})$ を，

$$\kappa(\tilde{a})(\tilde{g})=\tilde{g}\tilde{a}\tilde{g}^{-1}\qquad(\tilde{g}\in\tilde{G})$$

によって定義すると，$\kappa(\tilde{a})(\tilde{G})\subset\Gamma$ となる．$\tilde{G}$ は連結であるから，$\kappa(\tilde{a})(\tilde{G})$ も連結であって $\kappa(\tilde{a})(\tilde{e})=\tilde{a}$ を含む．一方，Γ は $\tilde{G}$ の離散な部分集合であるから $\kappa(\tilde{a})(\tilde{G})=\{\tilde{a}\}$ でなければならない．したがって $\tilde{a}$ は $\tilde{G}$ の中心に属する．∎

逆に，単連結な Lie 群 $\tilde{G}$ に対して，その中心に含まれる任意の離散（正規）部分群 Γ を考えると，それはつねに閉部分群であって商群 $\tilde{G}/\Gamma=G$ が得られる．Γ は $\tilde{G}$ に右から自由に働くからファイバー・バンドルの理論から周知の如く G もまた多様体の構造をもち，したがって G は Lie 群となることが示される．このとき射影 $\pi:\tilde{G}\to G$ は Lie 群としての準同型である．このようにして $\tilde{G}$ から得られる G はすべて同一の（同型な）Lie 環をもつ．すなわち，$d\pi$ によって $\tilde{G}$ の Lie 環 $\tilde{\mathfrak{g}}$ と G の Lie 環 $\mathfrak{g}$ とは同型になる．

定理 1.4 (iii) はさらに強く次の形で証明される：

(iii)′ G_1 を単連結 Lie 群，G_2 を Lie 群，G_1, G_2 の Lie 環をそれぞれ $\mathfrak{g}_1, \mathfrak{g}_2$ とする．いま $\mathfrak{g}_1$ から $\mathfrak{g}_2$ への準同型 $\mathring{\rho}$ が与えられれば，G_1 から G_2 への Lie 群としての準同型 ρ で $(d\rho)_e=\mathring{\rho}$ となるものが一意的に定まる．——

$G=G_1\times G_2$ から各成分への射影準同型を $\pi_i: G\to G\ (i=1,2)$ とする．$\mathring{\rho}$ が準同型であることより，G の Lie 環 $\mathfrak{g}=\mathfrak{g}_1\dot{+}\mathfrak{g}_2$ の部分空間

$$\mathfrak{h}=\{(X,\mathring{\rho}(X))\,|\,X\in\mathfrak{g}_1\}$$

は Lie 部分環となる．$\mathfrak{h}$ で生成される連結 Lie 部分群を $H\subset G$ とする．G_1 の単連結性を用いて，π_1 の H への制限 $\sigma: H\to G_1$ は同型であることが示される．$\rho=\pi_2\circ\sigma^{-1}: G_1\to G_2$ が求めるものである．ρ の一意性は Schreier の定理より従う．

また (iii)′ より，与えられた連結 Lie 群 G に対してその普遍被覆群 $\tilde{G}$ は一意的であることが導かれる．

さて，定理 1.4 (i) の $\tilde{G}$ の存在は，たとえば前述の Ado の定理を仮定すれば，$\mathfrak{g}$ を Lie 環とする連結 Lie 群 G の存在が保証されるから，G の普遍被覆多様体（群）$\tilde{G}$ をとればよい．その一意性は (iii) より従う．(ii) はすでに示したことから明らかである．

定義 1.4 二つの連結 Lie 群 G_1, G_2 はそれぞれの普遍被覆群 $\tilde{G}_1, \tilde{G}_2$ が同型な

Lie 群であるとき，互いに**局所同型**(locally isomorphic)であるという．その意味は，G_i $(i=1,2)$ の単位元 e_i $(i=1,2)$ の適当な開近傍 U_i $(i=1,2)$ を選んだとき，或る C^∞ 同型写像 $\varphi: U_1 \to U_2$ が存在して任意の $a, b \in U_1$ に対して $ab \in U_1 \Longleftrightarrow \varphi(a)\varphi(b) \in U_2$，かつこのとき $\varphi(ab)=\varphi(a)\varphi(b)$ となることをいう．——

定理1.4により G_1 と G_2 とが互いに局所同型であることは，実はそれぞれの Lie 環 $\mathfrak{g}_1$ と $\mathfrak{g}_2$ とが互いに同型であることとも同値である．約言すれば，Lie 環 $\mathfrak{g}$ は Lie 群 G の単位元の近傍の構造のみを反映している．

例 1.7　もっとも簡単な場合は，G が連結可換群の場合である．

(i)　$\boldsymbol{R}$ 自身は加法群として1次元 Lie 群であることが自明であるから，その直積として $\boldsymbol{R}^d$ $(d\geqq 1)$ も連結可換 Lie 群である．これを **d 次元ベクトル群**と呼ぶ．$\pi_1(\boldsymbol{R}^d)=\{0\}$ であるから $\boldsymbol{R}^d$ の普遍被覆群も $\boldsymbol{R}^d$ 自身である．ここで $\boldsymbol{R}^d$ の Lie 環は自然にまた $\boldsymbol{R}^d$ 自身と同一視されることに注意する．実際 $\boldsymbol{R}^d$ の座標を $(x_1, \cdots, x_d)$ とすれば，$\{X_i\}_{1\leqq i\leqq d}$ $(X_i=\partial/\partial x_i)$ が Lie 環の基底を与えることは明らかであるから，その一般の元は $\sum_{i=1}^{d} \xi_i X_i$; $\xi_i \in \boldsymbol{R}$ $(1\leqq i\leqq d)$ の形となる．それと $(\xi_1, \cdots, \xi_d) \in \boldsymbol{R}^d$ とを同一視することにするのである．

(ii)　つぎに，$\boldsymbol{R}^*=\boldsymbol{R}-\{0\}$ は乗法群として1次元 Lie 群である．したがって $\boldsymbol{R}^*$ の直積 $(\boldsymbol{R}^*)^d$ も可換 Lie 群であり，その Lie 環は(i)の場合と同様に $\boldsymbol{R}^d$ で与えられる．この際，exp は本来の指数関数 $\exp: \boldsymbol{R}\to\boldsymbol{R}^+$ と一致するわけである．すなわち

$$\exp(\xi_1, \cdots, \xi_d) = (\exp \xi_1, \cdots, \exp \xi_d).$$

$(\boldsymbol{R}^*)^d$ は連結ではなく，その単位元の連結成分は $(\boldsymbol{R}^+)^d$ で与えられる．(それは単連結である.)　もちろん上の exp は $\boldsymbol{R}^d$ と $(\boldsymbol{R}^+)^d$ との Lie 群としての同型対応を与えるものであり，両者は Lie 群として同型である．

(iii)　最後に，d 次元トーラス $T^d=\boldsymbol{R}^d/\boldsymbol{Z}^d$ を考える．$\tilde{T}^d=\boldsymbol{R}^d$ であって，$\pi_1(T^d)\cong\boldsymbol{Z}^d$ であるから，$\boldsymbol{R}^d$ の群構造は自然に T^d の可換群としての構造を与える．すなわち T^d は連結コンパクト可換 Lie 群であり，その普遍被覆群がベクトル群 $\boldsymbol{R}^d$ である．$T^d=G$ の Lie 環を $\mathfrak{g}$ とすると，$\mathfrak{g}=\boldsymbol{R}^d$ と同一視できる．実際このとき，射影 π は exp と一致するのである．それは $\tilde{G}\cong\boldsymbol{R}^d$ となることより $\tilde{G}$ の Lie 環 $\tilde{\mathfrak{g}}$ は，$(d\pi: \tilde{\mathfrak{g}}\to\mathfrak{g}$ により.$)$ $\mathfrak{g}$ に同型であって(i)により $\boldsymbol{R}^d$ で与えられることによる．以下，Lie 群としての T^d を **d 次元トーラス群**と呼ぶ．

連結可換 Lie 群 G は上記 (i), (iii) の形の群の直積でつきる．なぜならば，G の Lie 環を $\mathfrak{g}$ とすれば，一般に任意の $X, Y \in \mathfrak{g}$ および $t, s \in \boldsymbol{R}$ に対して

$$\exp tX \cdot \exp sY = \exp sY \cdot \exp tX$$

が成り立つ．これより容易に(補題 1.4 (ii) 参照) $[X, Y]=0$ が得られる．このような Lie 環 $\mathfrak{g}$ を**可換**であるという．逆に $\mathfrak{g}$ が可換ならば上記の式が成立する．この証明のために，$g \in G$ に対して，G の C^∞ 自己同型 ι_g と $Ad(g) \in GL(\mathfrak{g})$ を

$$\iota_g(g') = gg'g^{-1} \qquad (g' \in G),$$
$$Ad(g) = (d\iota_g)_e$$

によって定義し，$X \in \mathfrak{g}$ に対して $ad(X) \in \mathfrak{gl}(\mathfrak{g})$ を

$$ad(X)Y = [X, Y] \qquad (Y \in \mathfrak{g})$$

によって定義すると，一般に次の関係が成り立つ(補題 2.1, 2.2 を参照)．

(a) $\iota_g(\exp X) = \exp(Ad(g)X)$,

(b) $\exp(ad(X)) = Ad(\exp X)$.

さて，$X, Y \in \mathfrak{g}$ が $[X, Y]=0$ を満たすとすれば，

$$\begin{aligned} \exp tX \cdot \exp sY \cdot (\exp tX)^{-1} &= \iota_{\exp tX}(\exp sY) \\ &= \exp(sAd(\exp tX)Y) && ((a)\text{ から}) \\ &= \exp\{s(\exp tad(X))Y\} && ((b)\text{ から}) \\ &= \exp sY && ([X, Y]=0\text{ から}) \end{aligned}$$

となるから，上記の式が示された．したがって定理 1.2 (ii) により G も可換となる．しかもこの際，$\xi(t)=\exp tX \cdot \exp tY$ は 1 径数部分群で $(d\xi)_0=X+Y$ を満たすので

$$\exp t(X+Y) = \exp tX \cdot \exp tY \qquad (X, Y \in \mathfrak{g};\ t \in \boldsymbol{R})$$

が得られるから，exp は $\mathfrak{g} \to G$ なる上への C^∞ 準同型 ($\mathfrak{g}=\boldsymbol{R}^d$ を加法群と考えて) を与える．それは Schreier の定理による．その核を Γ とすれば $\mathfrak{g}/\Gamma(=\boldsymbol{R}^d/\Gamma) \cong G$ である．そこで Γ は加法群であるから $\mathfrak{g}=\boldsymbol{R}^d$ の基底 $\{X_1, \cdots, X_d\}$ を最初の $\{X_1, \cdots, X_n\}$ が Γ の生成元となるようにとることにすれば，

$$\Gamma = \left\{ \sum_{i=1}^{n} m_i X_i \,\middle|\, m_i \in \boldsymbol{Z}\ (1 \leqq i \leqq n) \right\}$$

である．そこで

$$\boldsymbol{R}^n = \left\{ \sum_{i=1}^{n} \xi_i X_i \,\middle|\, \xi_i \in \boldsymbol{R}\ (1 \leqq i \leqq n) \right\}$$

および

$$\boldsymbol{R}^{d-n}=\left\{\sum_{j=n+1}^{d}\xi_j X_j \,\middle|\, \xi_j\in\boldsymbol{R}\ (n+1\leqq j\leqq d)\right\}$$

を $\mathfrak{g}$ の Lie 部分群と考えると，Lie 群として $\mathfrak{g}=\boldsymbol{R}^n\times\boldsymbol{R}^{d-n}$ と直積に分解される．ゆえに，

$$G\cong\mathfrak{g}/\Gamma\cong(\boldsymbol{R}^n/\Gamma)\times\boldsymbol{R}^{d-n}=T^n\times\boldsymbol{R}^{d-n}.$$

例 1.8　G が典型群の場合を考える．まず $SU(n)$ $(n\geqq 2)$，$Sp(n)$ $(n\geqq 1)$ は単連結である．$SU(2)$，$Sp(1)$ はそれぞれ S^3 に C^∞ 同型であるから当然である．以下は n に関する帰納法による．たとえば，$SU(n)$ は $\boldsymbol{C}^n$ に働くから，その自然な基底 $e_i=(0,\cdots,\overset{i}{\breve{1}},\cdots,0)$　$(1\leqq i\leqq n)$ の最初の e_1 を固定する部分群は自然に $SU(n-1)$ に同型になる．その意味で $SU(n-1)$ を $SU(n)$ の閉部分群と考え，商多様体 (等質空間) $SU(n)/SU(n-1)$ をつくればこれは

$$S^{2n-1}=\left\{(z_1,\cdots,z_n)\in\boldsymbol{C}^n \,\middle|\, \sum_{i=1}^{n}|z_i|^2=1\right\}$$

と同一視され C^∞ 同型である．(等質空間については例 1.10 を参照.)　そこで $n\geqq 2$ に対しては完全系列：

$$\pi_1(SU(n-1))\longrightarrow\pi_1(SU(n))\longrightarrow\pi_1(S^{2n-1})$$

と帰納法の仮定から，$\pi_1(SU(n))=\{0\}$ となる．$Sp(n)$ の場合も同様にして，$\boldsymbol{C}^{2n}$ の単位球面 S^{4n-1} に対して $Sp(n)/Sp(n-1)\cong S^{4n-1}$ となることを利用して，$\pi_1(Sp(n))=\{0\}$ が示される．つぎに，$U(n)$ $(n\geqq 1)$ は単連結ではない．実際，$U(1)=\{z\in\boldsymbol{C}\mid |z|=1\}\cong T^1$ であるが，$n\geqq 2$ の場合には直ちにわかるように Lie 群 $U(n)$ は多様体の直積 $T^1\times SU(n)$ に C^∞ 同型である．また $O(n,\boldsymbol{R})$ $(n\geqq 2)$ は連結ではないが，その単位元の成分 $SO(n,\boldsymbol{R})$ については $SO(2,\boldsymbol{R})$ はやはり T^1 に同型である．それは

$$\begin{bmatrix}\cos\theta & -\sin\theta\\ \sin\theta & \cos\theta\end{bmatrix}\longrightarrow \exp\sqrt{-1}\cdot\theta \qquad (\theta\in\boldsymbol{R})$$

が同型対応 $SO(2,\boldsymbol{R})\cong U(1)$ を与えるからである．$n\geqq 3$ の場合，上と同じ論法で $SO(n,\boldsymbol{R})/SO(n-1,\boldsymbol{R})\cong S^{n-1}$ となる．しかし，$\pi_1(SO(2,\boldsymbol{R}))\neq\{0\}$ であるから，$\pi_1(SO(n,\boldsymbol{R}))=\{0\}$ は導けない．実際，それは位数 2 の群で，その普遍被覆群については以下に述べる．——

(なお，以上はすべてコンパクトな典型群の場合であったが，非コンパクト典型群の場合は，第2章において述べる Cartan-岩沢の定理を経由してコンパクト典型群の場合に帰着させて考えればよいのである.)

例 1.9(スピノル群) 以下 $G=SO(n, \boldsymbol{R})$ $(n\geqq 3)$ についてその普遍被覆群 $\tilde{G}$ を具体的に構成する. (§2.1 で説明する随伴表現の項を参照.) それは古典的で n 次のスピノル群と呼ばれるものに他ならない. その構成法の概略を説明する. (詳細については田坂隆士"2 次形式"参照.) スピノル群を構成するためには，実数体上の Clifford 環なる 2^n 次元の結合的多元環 $\mathfrak{D}$ をまず導入する必要がある. そのために $\mathfrak{D}$ の $n+1$ 次元部分空間 V_1 とその基底 $\{e_0, e_1, \cdots, e_n\}$ とを特定し，各 e_i $(0\leqq i\leqq n)$ の間に $\mathfrak{D}$ の中での乗法規則をつぎのように定める:

$$e_0e_0 = e_0, \qquad e_0e_i = e_ie_0 = e_i, \qquad e_ie_i = -e_0 \quad (i\neq 0),$$
$$e_ie_j+e_je_i = 0 \qquad (i\neq j;\ i, j\neq 0).$$

そこで，さらに，$N=\{1, \cdots, n\}$ としてその任意の(順序づけられた)部分集合 $A=\{i_1, \cdots, i_m\}$ $(i_1<\cdots<i_m)$ に対して，$\mathfrak{D}$ の中の 1 次独立な次数 m の元 e_A なるものを

$$e_A = e_{i_1}\cdots e_{i_m}$$

とする. これら $\binom{n}{m}$ 個の元で張られる $\boldsymbol{R}$ 上の部分空間を $\mathfrak{D}^{(m)}$ と書くと，$\mathfrak{D}$ はすなわちそれらの直和

$$\mathfrak{D} = \mathfrak{D}^{(0)}\dotplus\mathfrak{D}^{(1)}\dotplus\mathfrak{D}^{(2)}\dotplus\cdots\dotplus\mathfrak{D}^{(n)}$$

であるものとする. ただし，ここで $\mathfrak{D}^{(0)}=\boldsymbol{R}\cdot e_0$，$\mathfrak{D}^{(0)}\dotplus\mathfrak{D}^{(1)}=V_1$ である. また $\mathfrak{D}^{(1)}$ を V とおく. したがって $\mathfrak{D}$ の一般の元を

$$x = c_0e_0+\sum_{\substack{A\subset N\\ A\neq\phi}} c_Ae_A \qquad (c_0, c_A\in\boldsymbol{R})$$

の如く表わすことができる. つぎに $\mathfrak{D}$ における一般の乗法規則は分配，結合法則を認めたうえで，上のように定義する. すなわち上の $A=\{i_1, \cdots, i_m\}$ $(i_1<\cdots<i_m)$，$e_A\in\mathfrak{D}^{(m)}$ と $B=\{j_1, \cdots, j_l\}$ $(j_1<\cdots<j_l)$，$e_B\in\mathfrak{D}^{(l)}$ とに対して，

$$e_A\cdot e_B = e_{i_1}\cdots e_{i_m}e_{j_1}\cdots e_{j_l}$$

とおく. 右辺は上記の乗法規則にしたがえばある $\pm e_C$ となる. これは高々次数 $m+l$ の元である. かくして得られた単位元をもつ環 $\mathfrak{D}$ を n 次の(**実**) **Clifford 環**と呼ぶ. $\mathfrak{D}$ の元のうち偶数次のものの全体を $\mathfrak{D}_+$ と書く. これはもちろん $\mathfrak{D}$

の部分環であって，

$$\mathfrak{D}_+ = \mathfrak{D}^{(0)} \dotplus \mathfrak{D}^{(2)} \dotplus \mathfrak{D}^{(4)} \dotplus \cdots.$$

つぎに $\mathfrak{D}$ の単位元 e_0 に関して逆元を考えることができるから，逆元をもつ $\mathfrak{D}$, $\mathfrak{D}_+$ の元の全体をそれぞれ $\mathfrak{D}^*, \mathfrak{D}_+{}^*$ とする．$\mathfrak{D}_+{}^* = \mathfrak{D}_+ \cap \mathfrak{D}^*$ であり $\mathfrak{D}^*$ は乗法群，$\mathfrak{D}_+{}^*$ はその部分群である．すると，$\mathfrak{D}$ と $\mathfrak{D}^*$ との間に以下のような関係がある．まず任意の $x \in \mathfrak{D}$ に対して行列の場合にならって指数写像 exp: $\mathfrak{D} \to \mathfrak{D}^*$ が

$$\exp x = \sum_{k=0}^{\infty} \frac{1}{k!} x^k$$

として定義される．それは x に $\mathfrak{D}$ の1次変換 $\theta(x)$: $\theta(x)y = xy$ $(y \in \mathfrak{D})$ を対応させて考えればよい．θ は $\mathfrak{D}$ から $\mathfrak{D}$ の1次変換全体のなす多元環 $\mathfrak{L}(\mathfrak{D})$ の中への多元環としての同型であることが示されるから，x の代りに $\theta(x) \in \mathfrak{L}(\mathfrak{D})$ を考え $\exp\theta(x) \in GL(\mathfrak{D})$ を元に戻して，$\exp x = \theta^{-1}(\exp\theta(x))$ とすればよいのである．これによって普通の行列の場合と同様の議論が可能なことが判る．したがって当然 $\exp x \in \mathfrak{D}^*$ も明白である．また $x \in \mathfrak{D}^*$ に対して $\mathfrak{D}$ の正則1次変換 $Ad(x)$ を

$$Ad(x)y = xyx^{-1} \qquad (y \in \mathfrak{D})$$

とおく．いま $\mathfrak{D}_+{}^*$ の部分群 G^* を

$$G^* = \{x \in \mathfrak{D}_+{}^* \mid Ad(x)V \subset V\}$$

とおく．この場合 $\mathfrak{D}^*$ は $\mathfrak{D}$ の開集合であり，G^* は定義より $\mathfrak{D}^*$ の閉部分群となる．実は G^* は Lie 群であり，その指数写像は上述の exp で記述される．そこで G^* の元 x に対して，$Ad(x)$ の V 上への制限として得られる正則1次変換を $\pi(x) \in GL(V)$ とおく．すると Ad が準同型であるから，π も G^* から $GL(V)$ の中への準同型となる．この π を G^* の**ベクトル表現**と名づける．V の基底 $\{e_1, \cdots, e_n\}$ に関してベクトル表現を

$$\pi(x)e_i = \sum_{j=1}^{n} a_{ji} e_j \qquad (a_{ij} \in \boldsymbol{R})$$

と行列表示してみれば，(a_{ij}) は実は直交行列である．実際，一般には

$$\pi(x)\left(\sum_{i=1}^{n} x_i e_i\right) = \sum_{j=1}^{n}\left(\sum_{i=1}^{n} a_{ji} x_i\right) e_j$$

となるから，$Ad(x)$ が環 $\mathfrak{D}$ の自己同型になっていることより

$$Ad(x)\left(\sum_{i=1}^n x_ie_i\right)^2 = \left(Ad(x)\sum_{i=1}^n x_ie_i\right)^2 = -\sum_{j=1}^n\left(\sum_{i=1}^n a_{ji}x_i\right)^2 e_0$$

となる．ゆえに $\sum_{j=1}^n\left(\sum_{i=1}^n a_{ji}x_i\right)^2=\sum_{i=1}^n x_i^2$，すなわち $(a_{ij})\in O(n, \boldsymbol{R})$．よって，$\pi$ は $G^*\to O(n, \boldsymbol{R})$ なる準同型であるが，任意の直交変換が対称変換の積として表わされるという性質(Cartan の定理)から，この π は上への写像であることが証明される．一方，この準同型 π の核に属する $x\in G^*$ とは，V のすべての元と交換可能であるような元であるが，$\mathfrak{D}$ は V から生成されているから，x は $\mathfrak{D}$ の中心 $\mathfrak{Z}$ に属する．Clifford 環の構造から実は容易に

$$G^*\cap\mathfrak{Z} = \boldsymbol{R}^*\cdot e_0 = \boldsymbol{R}^*$$

であることが確認できる．そこで，Lie 群の群拡大

$$1 \longrightarrow \boldsymbol{R}^* \longrightarrow G^* \xrightarrow{\pi} O(n, \boldsymbol{R}) \longrightarrow 1$$

が得られる．目的の群 $\tilde{G}$ はさらに G^* の部分群として導入するのである．それにはまず $\mathfrak{D}$ の1次変換 β を各 $e_A=e_{i_1}\cdots e_{i_m}\in\mathfrak{D}^{(m)}$ に対して $\beta(e_A)=e_{i_m}\cdots e_{i_1}=(-1)^{m(m-1)/2}\cdot e_A\in\mathfrak{D}^{(m)}$ によって定め，さらにこれにより $\alpha(x)=x\beta(x)$ $(x\in\mathfrak{D})$ とおいて $\alpha(x)$ なる元を定義する．簡単な計算によって $x\in G^*$ なるとき $\alpha(x)\in\boldsymbol{R}^*\cdot e_0=\boldsymbol{R}^*$ となってしかも $\alpha: G^*\to\boldsymbol{R}^*$ は準同型になることが判る．そこで

$$\tilde{G} = \{x\in G^* \mid \alpha(x)=1\}$$

とおく．これは G^* のコンパクト連結な部分群で，実は $\pi(\tilde{G})=SO(n, \boldsymbol{R})$，かつ π の核は $\{\pm 1\}$ となる．すなわち，次の完全系列を得る．

$$1 \longrightarrow \{\pm 1\} \longrightarrow \tilde{G} \xrightarrow{\pi} SO(n, \boldsymbol{R}) \longrightarrow 1.$$

$\tilde{G}$ は Lie 群であり $G=SO(n, \boldsymbol{R})$ の被覆群となるが，$\pi_1(G)$ の位数が2であるから $\tilde{G}$ は単連結なのである．この $\tilde{G}$ を Spin$(n, \boldsymbol{R})$ と書いて，これを n 次の**スピノル群**と呼ぶ．

§1.4　Lie 群の閉部分群

本節の主目標は典型群の場合の §1.1 の議論の一般 Lie 群への拡張である．すなわち

定理 1.5 (Cartan)　Lie 群 G の閉部分群 H は必ず G の Lie 部分群の構造をもつ．すなわち，H が G の閉集合であることと，代数的な意味での部分群であ

ることから，H にその位相が H の相対位相と一致するような部分多様体の構造が導入されて，それに関して H は Lie 部分群となる．しかもこのような Lie 部分群構造は一意的である．——

定理 1.5 の証明の方針は，本質的には閉線型 Lie 群の場合と同じである．まず，

$$\mathfrak{h} = \{X \in \mathfrak{g} \mid \mathrm{Exp}(X) \subset H\} \quad (\subset \mathfrak{g})$$

とおく．注意 1.1 により一般の Lie 群の指数写像 exp についても補題 1.2 の公式 (i), (ii) がそのまま成り立つ．H は閉部分群であったから，定理 1.1 の場合と全く同じ理由によって $\mathfrak{h}$ は $\mathfrak{g}$ の Lie 部分環となる．そこで $\mathfrak{h}$ が生成する連結 Lie 部分群を H' として，これが H の e 成分 H^0 と位相群として一致することを証明しようというのである．(定義から $H' \subset H$ となることは明白である.) ここで，H' は内部位相，H^0 は相対位相に関して連結位相群となっているから，両者が一致することを示せばよい．(ここで H の連結成分は可算個であることに注意.) そのためには，U' が H' の中で e の一つの近傍であるとき，U' が同時に H の中で e の近傍となっていることを示せば充分である．Schreier の定理(補題 1.3) が成り立つからである．その証明には多少デリケートな技巧を必要とする．

実際，これは位相に関する命題であるから，例 1.5 に説明したように $\mathfrak{g}$ において $\mathfrak{h}$ の補空間 $\mathfrak{m}$ を一つ定め，ベクトル空間としての直和分解 $\mathfrak{g} = \mathfrak{h} \dotplus \mathfrak{m}$ を決める．それに応じて $\mathfrak{g}$ の基底 $\{X_i\}$ およびそれに関する $\mathfrak{g}$ の元 X のノルム $|X|$ などを固定しておく．以下，近傍といえば，‘充分小で有界なもの’としておく．また $U' = \exp W'$ (W' は $\mathfrak{h}$ の零元の近傍) としてよい．いま，U' が G の相対位相の意味で H の単位元 e の近傍ではないと仮定して矛盾を導く．すなわち，このとき，G の位相の意味で e に収束する点列 $\{g_m\} \subset H - U'$ が存在するはずである．$\{g_m\}$ は G の e 近傍には属しているから，例 1.5 に従って，

$$g_m = \exp Y_m \cdot \exp Z_m, \qquad Y_m \in W' \subset \mathfrak{h}, \qquad Z_m \in \mathfrak{m}$$

と一意的に分解することができるが，$\exp Y_m \in U'$ $(\subset H)$ であるから，$\exp Z_m \in H$ であって仮定により $Z_m \neq 0$ としてよい．($Z_m = 0$ ならば $g_m = \exp Y_m \in U'$ となる.) そこで，H に属する点列 $\{h_m\}$; $h_m = \exp Z_m$ $(\lim_{m\to\infty} |Z_m| = 0)$ についてさらに検討する．上にも注意したように $\{Z_m\}$ は $\mathfrak{m}$ の零元の有界な近傍 W に属してい

るものとしてよいから，適当な正整数列 $\{r_m\}$ を選べば，（$Z_m \neq 0$ であるから）

$$r_m Z_m \in W, \qquad (r_m+1) Z_m \notin W$$

とすることができて，$\{r_m Z_m\}$ は有界列だから(部分列をとることにして)，$\lim_{m\to\infty} r_m Z_m = Z \in \mathfrak{m}$ が存在するとしてよい．このとき $\lim_{m\to\infty}(r_m+1)Z_m = Z$ でもあるから $Z \neq 0$ でなければならない．

つぎに，この Z に対して $Z \in \mathfrak{h}$，すなわち $\mathrm{Exp}(Z) \subset H$ を示せば $Z \in \mathfrak{m} \cap \mathfrak{h} = \{0\}$ となって矛盾が生ずる．そこで任意の実数 t に対して $\exp tZ \in H$ がいえればよいが，H が閉部分群であること，および $t \to \exp tZ$ が連続準同型であることを利用すれば，結局証明を要する場合は $t = 1/p$ ($p \in \boldsymbol{N}$) なるときに限られることが容易に確かめられるであろう．そこで $r_m = s_m p + t_m$ ($s_m, t_m \in \boldsymbol{Z}$; $0 \leqq t_m < p$) とおけば

$$\exp \frac{1}{p} r_m Z_m = (\exp s_m Z_m)\left(\exp \frac{t_m}{p} Z_m\right).$$

ここで $m \to \infty$ とすれば，$\exp(1/p) r_m Z_m \to \exp(1/p) Z$ であるが右辺の第1項は(h_m の s_m 乗であるから)つねに H に属し，第2項については $|Z_m| \to 0$，$t_m/p < 1$ であるから e に収束する．H が閉集合である事実を再び用いて結局 $\exp(1/p)Z \in H$．よって $\exp W'$ は H の中で e の近傍を与え，H^0 は H' に位相群として一致する．

注意 1.5　上記 Cartan の定理は G が‘実’Lie 群のとき閉部分群 H も‘実’Lie 部分群になることを主張しているのであって，G が複素 Lie 群の場合に H が複素多様体になるというわけではない．$G = \boldsymbol{C}^*$，$H = T^1$ (1次元トーラス群)の場合などいくらも例はある．H が複素 Lie 部分群となるためには $\mathfrak{h}$ が $\mathfrak{g}$ の複素部分空間であることを要請しなければならない．

例 1.10　Lie 群 G とその一つの閉部分群 H があれば，商空間 G/H は射影 $G \to G/H$ と作用 $G \times G/H \to G/H$ が C^∞ 写像となるような自然な多様体の構造をもち，**等質空間** (homogeneous space) と呼ばれる．これは G に H が右から C^∞ 同型として働き，単位元以外は固定点をもたないから，射影 $\pi: G \to G/H$ は主ファイバー・バンドルの構造をもち G/H は底空間(H が構造群，G が全空間)として多様体構造が決まるのである．(すでに例 1.8 において G/H が球面になる場合を挙げた.)

まずG/Hには商位相を導入する．Hが閉部分群であるからG/Hは Hausdorff 空間になり，射影写像$\pi:G\to G/H$は連続開写像である．Hの Lie 環を$\mathfrak{h}$とし，前定理の証明中のように補空間$\mathfrak{m}$をとっておく．G/Hに多様体の構造を入れるには以下の局所切断面の存在が基本的である：$\mathfrak{m}$の0の近傍UとG/Hの原点Hの近傍Vが存在して，

(i) $\exp U$はGの部分多様体で，$\exp$はUと$\exp U$との間のC^∞同型を惹きおこす；

(ii) πは$\exp U$とVの間の位相同型を惹きおこす．

これを示すために，例1.5のように$\mathfrak{m}$の0の近傍$U_\mathfrak{m}$と$\mathfrak{h}$の0の近傍$U_\mathfrak{h}$をとって$U_\mathfrak{m}\times U_\mathfrak{h}$が$G$の$e$の近傍と$C^\infty$同型になるようにする．前定理より$H$は相対位相で Lie 部分群になったから，適当な$G$の$e$の近傍$W$をとって$W\cap H=\exp U_\mathfrak{h}$とできる．$\mathfrak{m}$の0の近傍$U$として，その閉包$\bar{U}$がコンパクトで，$\bar{U}\subset U_\mathfrak{m}$かつ$(\exp\bar{U})^{-1}(\exp\bar{U})\subset W$を満たすものをとり，$V=\pi(\exp(U))$とおく．これらが(i)，(ii)を満たすことを示すには，πが$\exp(\bar{U})$上で1対1であることを示せば充分である．$X_1, X_2\in\bar{U}$に対して$\pi(\exp X_1)=\pi(\exp X_2)$であるとすると，$(\exp X_2)^{-1}(\exp X_1)\in W\cap H=\exp U_\mathfrak{h}$となるから，ある$Y\in U_\mathfrak{h}$によって$(\exp X_2)^{-1}(\exp X_1)=\exp Y$と書ける．したがって

$$\exp X_1=\exp X_2\cdot\exp Y \qquad (X_1, X_2\in U_\mathfrak{m},\ Y\in U_\mathfrak{h})$$

となるが，分解の一意性より$X_1=X_2$，よって$\exp X_1=\exp X_2$でなければならない．

さて，各$g\in G$に対してG/Hの開集合$g\cdot V$から$\mathfrak{m}$の開集合Uへの位相同型ψ_gを

$$\psi_g(g\cdot\pi(\exp X))=X \qquad (X\in U)$$

によって定義する．このとき族$\{(g\cdot V,\psi_g)\mid g\in G\}$が$G/H$上に求むる多様体構造を定めることは見易い．——

とくにHが正規閉部分群の場合$G/H=\bar{G}$は再び群構造をもつ．これは上の多様体構造と共立して Lie 群となる．これをGのHによる**商 Lie 群**(quotient Lie group)という．このときHの Lie 環$\mathfrak{h}$は$\mathfrak{g}$のイデアルとなり（これは補題1.4(iii)より従う），G, Hが連結ならばその逆も正しい（例1.7のなかの議論を参照）．一般に$\mathfrak{h}$がイデアルならば商ベクトル空間$\mathfrak{g}/\mathfrak{h}=\bar{\mathfrak{g}}$は自然に Lie 環の構

造をもつ．(上記の場合 $\bar{\mathfrak{g}}$ は $\bar{G}$ の Lie 環となる.) これを**商 Lie 環**といい，§3.1 で具体的な重要な例が扱われる．

例 1.11 (自己同型群)　Lie 環 $\mathfrak{g}$ の**自己同型** (automorphism) σ とは $\mathfrak{g}$ の正則1次変換であって条件

$$\sigma([X, Y]) = [\sigma(X), \sigma(Y)] \qquad (X, Y \in \mathfrak{g})$$

を満たすものをいう．したがってその全体は明らかに $GL(\mathfrak{g})$ の部分群をなすから，それを $\mathrm{Aut}(\mathfrak{g})$ と書いて $\mathfrak{g}$ の**自己同型群**と呼ぶ．$\mathfrak{g}$ の一組の基底 $\{X_1, \cdots, X_d\}$ をとって固定すると，上の Poisson 括弧を保つという条件は，

$$[X_i, X_j] = \sum_{k=1}^{d} c_{ij}{}^k X_k \qquad (1 \leqq i, j \leqq d)$$

としたとき

$$[\sigma(X_i), \sigma(X_j)] = \sum_{k=1}^{d} c_{ij}{}^k \sigma(X_k)$$

で与えられる．そこで，

$$\sigma(X_i) = \sum_{p=1}^{d} \sigma_i{}^p X_p \qquad (1 \leqq i \leqq d)$$

とおくと，上式は σ に対応する $(\sigma_i{}^p)$ に関する方程式系：

$$\sum_{p,q=1}^{d} c_{pq}{}^r \sigma_i{}^p \sigma_j{}^q = \sum_{k=1}^{d} c_{ij}{}^k \sigma_k{}^r$$

を満たすことと同値で，これが $\sigma \in \mathrm{Aut}(\mathfrak{g})$ を特徴づける．これより $\mathrm{Aut}(\mathfrak{g})$ が $GL(\mathfrak{g})$ の閉集合となることは明らかである．そこで定理 1.5 により $\mathrm{Aut}(\mathfrak{g})$ は $GL(\mathfrak{g})$ の Lie 部分群となる．つぎに $\mathrm{Aut}(\mathfrak{g})$ の Lie 環を $\mathfrak{gl}(\mathfrak{g})$ の Lie 部分環として決定する．すなわち $\mathrm{Exp}(D) \subset \mathrm{Aut}(\mathfrak{g})$ なる $\mathfrak{g}$ の1次変換 D を特徴づければよい．そこで $\sigma_t = \exp tD \in \mathrm{Exp}(D)$ に対して $D(X) = (d/dt)\sigma_t(X)|_{t=0}$ $(X \in \mathfrak{g})$ であったから，任意の $X, Y \in \mathfrak{g}$ に対して

$$\begin{aligned} D([X, Y]) &= \frac{d}{dt}[\sigma_t(X), \sigma_t(Y)]\Big|_{t=0} \\ &= [D(X), Y] + [X, D(Y)], \end{aligned}$$

すなわち，D は必然的に条件

$$D([X, Y]) = [D(X), Y] + [X, D(Y)] \qquad (X, Y \in \mathfrak{g})$$

を満たす．このような $\mathfrak{g}$ の1次変換を**微分作用素** (derivation) といい，その全

体のなす部分ベクトル空間を $\mathfrak{d}(\mathfrak{g})$ と記す．$\mathfrak{d}(\mathfrak{g})$ は直ちにわかるように

$$[\mathfrak{d}(\mathfrak{g}), \mathfrak{d}(\mathfrak{g})] \subset \mathfrak{d}(\mathfrak{g})$$

を満たすから $\mathfrak{gl}(\mathfrak{g})$ の Lie 部分環となっている．実はこの $\mathfrak{d}(\mathfrak{g})$ は $\mathrm{Aut}(\mathfrak{g})$ の Lie 環そのものに一致するのである．すなわち，任意の微分作用素 $D \in \mathfrak{d}(\mathfrak{g})$ に対して，微分作用素の条件を繰り返して用いれば，

$$\frac{1}{m!}D^m([X, Y]) = \sum_{\substack{k+l=m \\ k, l \geqq 0}} \frac{1}{k!l!}[D^k(X), D^l(Y)]$$

であるから，$m \to \infty$ としたときの両辺の収束に多少の注意をすれば，直ちに任意のパラメータ t に対して

$$(\exp tD)[X, Y] = [(\exp tD)X, (\exp tD)Y]$$

となることが確かめられよう．よって，D は $\mathrm{Aut}(\mathfrak{g})$ の Lie 環の元であることが示された．——

注意 1.6 前定理(定理1.5)は Lie 群 G の(代数的な意味での)部分群 H が与えられたとき，それが Lie 部分群となるための一つの充分条件を H の位相的な性質——H が閉集合なること——で与えたわけである．この機会に H が連結 Lie 部分群となるための必要充分条件を与える山辺の定理(倉西-山辺の定理ということもある)に触れておこう．

定理 1.6 (山辺) Lie 群 G の部分群 H は G の位相に関して弧状連結なるとき，連結 Lie 部分群の構造をもつ．——

連結 Lie 部分群は G の位相に関して当然弧状連結になっているから，この定理はその意味で連結 Lie 部分群の特徴づけを与えている．元の証明は後に後藤守邦により初等化され，参考書 [A 4] に詳しく紹介されている．証明のアイデアは定理1.5の場合に類似しているが，条件が弱いためによりいっそう技巧的である．以下には，H の Lie 環となるべき $\mathfrak{h}$ の導入法だけを説明する．(H は閉集合ではないので補題1.2の公式のような簡便な手段は使えないのである．)

H の中の道とは $[0,1] \to H$ なる連続写像のことであるが，仮定によって，H の各点は単位元 e と道によって結ぶことができる．そこでいま，1径数部分群 $\mathrm{Exp}(X)$ $(X \in \mathfrak{g})$ を考え，e の任意の近傍 $U \subset G$ に対して，e を始点とする H の中の道 $h(t)$; $t \in [0,1]$ が存在して

$$h(t) \in (\exp tX)U \qquad (t \in [0,1])$$

となるという条件を考える．このような $X(\in\mathfrak{g})$ の全体を $\mathfrak{h}$ とおくのである．(H が閉集合のときは，単に $\mathrm{Exp}(X)\subset H$ なる条件ですんだ.) この $\mathfrak{h}$ が実際に Lie 部分環をなすことを示すことすら簡単ではない．そして $\mathfrak{h}$ の生成する Lie 部分群がちょうど H に一致することを証明する方法も定理 1.5 の場合と似ているがより困難である．

しかし，少し弱い次の形の定理ならば証明が簡単であるので，ここでその証明を与えておく．これでも応用上重要な以下の事実を導くことができる．

(i) Riemann 多様体の制限ホロノミー群は連結 Lie 群になる．

(ii) Lie 群 G のその Lie 環がそれぞれ $\mathfrak{g}', \mathfrak{g}''$ である連結 Lie 部分群 G', G'' の交換子群 $[G', G'']$ は連結 Lie 部分群になって，その Lie 環は $[\mathfrak{g}', \mathfrak{g}'']$ に一致する．

ここで $[G', G'']$ は $\{\{g', g''\} \mid g'\in G', g''\in G''\}$ で生成される G の部分群を表わし，$[\mathfrak{g}', \mathfrak{g}'']$ は $\{[X', X''] \mid X'\in\mathfrak{g}', X''\in\mathfrak{g}''\}$ で張られる G の Lie 環 $\mathfrak{g}$ の部分空間を表わす．($[G', G'']$ は一般に閉部分群でない.)

定理 1.6* (Freudenthal) Lie 群 G の部分群 H は，G の C^1 級の区分的に滑らかな曲線に関して弧状連結であるとき，連結 Lie 部分群の構造をもつ．

証明 以下簡単のため G の C^1 級の区分的に滑らかな曲線を単に‘曲線’ということにする．G の曲線 $x(t)$ の接ベクトルを (これは高々有限個の t で 2 価となるが) $x'(t)$ で表わす．H に含まれる曲線 $x(t)$ $(0\leqq t\leqq 1)$ で $x(0)=e$, $x'(0)=X$ となるものが存在するような $X\in T_e(G)=\mathfrak{g}$ の全体を $\mathfrak{h}$ で表わす．まず，$\mathfrak{h}$ が $\mathfrak{g}$ の Lie 部分環になることを証明しよう．

$X\in\mathfrak{h}$, $s\in\boldsymbol{R}$ とする．$x(t)$ $(0\leqq t\leqq 1)$ を H に含まれる曲線で $x(0)=e$, $x'(0)=X$ となるものとすると，$y(t)=x(st)$ は H に含まれる曲線で $y(0)=e$, $y'(0)=sX$ となるから $sX\in\mathfrak{h}$. $X, Y\in\mathfrak{h}$ とする．$x(t), y(t)$ $(0\leqq t\leqq 1)$ を H に含まれる曲線でそれぞれ $x(0)=e$, $x'(0)=X$, $y(0)=e$, $y'(0)=Y$ となるものとすると，$z(t)=x(t)y(t)$ は H に含まれる曲線で $z(0)=e$, $z'(0)=x'(0)+y'(0)=X+Y$ となるから $X+Y\in\mathfrak{h}$. また $w(t)=x(\sqrt{t})y(\sqrt{t})x(\sqrt{t})^{-1}y(\sqrt{t})^{-1}$ は H に含まれる曲線で $w(0)=e$, $w'(0)=[X, Y]$ となる (補題 1.4 (ii)) から，$[X, Y]\in\mathfrak{h}$. よって $\mathfrak{h}$ は Lie 部分環である．

$\mathfrak{h}$ で生成される G の連結 Lie 部分群を H' で表わす．$H=H'$ を示せば充分である．$h\in H$ を任意にとる．仮定から H に含まれる曲線 $x(t)$ $(0\leqq t\leqq 1)$ で $x(0)=e$，$x(1)=h$ となるものが存在する．このとき，各接ベクトル $x'(t)$ は $\mathfrak{h}$ の定める左不変な包合系に接する．実際，固定した t に対して $y(s)=x(t)^{-1}x(t+s)$ とおけば，$y(s)$ は H に含まれる曲線で $y(0)=e$，$y'(0)=d\tau_{x(t)}{}^{-1}x'(t)$ を満たすから，$x'(t)\in d\tau_{x(t)}\mathfrak{h}$ となるからである．H' はこの包合系の e を通る極大連結積分多様体であったから各 $x(t)$ は H' に属する．したがってとくに $h\in H'$ となる．よって $H\subset H'$ が示された．逆の $H'\subset H$ を示すために，$\mathfrak{h}$ の一組の基底 $\{X_1,\cdots,X_n\}$ をとり，$x_k(t)$ $(0\leqq t\leqq 1)$ を H に含まれる曲線で $x_k(0)=e$，$x_k'(0)=X_k$ $(1\leqq k\leqq n)$ となるものとする．必要ならば $x_k(t)$ を $x_k(\varepsilon)^{-1}x_k(\varepsilon+t)$ $(\varepsilon>0$ は充分小$)$ にとりかえて，各 $x_k(t)$ は $t=0$ の近傍で定義されていて，$t=0$ で C^1 級であるとしてよい．そこで $\boldsymbol{R}^n$ の 0 の近傍 U から G への C^1 写像 f を

$$f(t_1,\cdots,t_n)=x_1(t_1)\cdots x_n(t_n)$$

によって定義すると，$f(U)\subset H'$ で H' が極大連結積分多様体だから，f は U から H' への C^1 写像になる．しかも $\{X_1,\cdots,X_n\}$ は $\mathfrak{h}$ の基底であるから f は 0 において正則である．したがって U を充分小さくとれば，f は U から H' の e の近傍への C^1 同型になる．よって Schreier の定理より H' は $f(U)$ で生成されるが，定義より $f(U)\subset H$ であるから，$H'\subset H$ が示された．▌

第2章　コンパクト Lie 群と半単純 Lie 群

Lie 群 G がコンパクト多様体である場合を考える．（このとき G の連結成分は有限個となることに注意する.）前章に述べたトーラス群はそのもっとも簡単な例であるが，その他に典型群の中では $U(n)$, $SU(n)$, $O(n, \boldsymbol{R})$, $SO(n, \boldsymbol{R})$, $Sp(n)$ などはすべてコンパクト Lie 群である．それは，それらが行列集合のノルムに関する有界閉集合であることから明らかであろう．われわれのおもな目標は G の構造，とくにその Lie 環 $\mathfrak{g}$ の代数的性質を決定することにある．このような Lie 群，コンパクト Lie 群は各方面への応用上も重要であるが理論的な意味からも以下で述べるように Lie 群論の中で本質的な役割を果たすのである．(定理 3.7, 定理 3.9 参照.)

§2.1　コンパクト Lie 群の Lie 環

まず最初に一般の Lie 群 G の内部自己同型なる概念を必要とする．すなわち G の元 g に対して写像

$$\iota_g:\ x \longrightarrow gxg^{-1} \qquad (x \in G)$$

を考えると，明らかに $\iota_{gg'}=\iota_g\circ\iota_{g'}$ かつ $\iota_{g^{-1}}=\iota_g^{-1}$ であって，それが(つぎの補題 2.1 の意味で)惹きおこす $\mathfrak{g}$ の自己同型を $Ad(g)$ $(=d\iota_g)$ と書く．ι_g を G の**内部自己同型** (inner automorphism) というのである．ここで，一般につぎの事実が成り立つことを注意しておく．

補題 2.1　いま G_i $(i=1,2)$ を Lie 群，$\mathfrak{g}_i$ $(i=1,2)$ をそれらの Lie 環とする．G_1 より G_2 の中への準同型(または同型) ρ が与えられたとき，その微分 $d\rho=\mathring{\rho}$ は $\mathfrak{g}_1$ より $\mathfrak{g}_2$ の中への準同型(または同型)を与える．さらに，任意の $X\in\mathfrak{g}_1$ に対して

$$\rho(\exp_{G_1} X) = \exp_{G_2} \mathring{\rho}(X)$$

が成り立つ．すなわちつぎの可換な図式が成り立つ．

$$\begin{array}{ccc} G_1 & \xrightarrow{\rho} & G_2 \\ {\scriptstyle \exp_{G_1}}\uparrow & & \uparrow{\scriptstyle \exp_{G_2}} \\ \mathfrak{g}_1 & \xrightarrow[\mathring{\rho}]{} & \mathfrak{g}_2 \end{array}$$

証明　前半は容易であって，$X, Y \in \mathfrak{g}_1$ に対してそれらを $\mathfrak{X}(G_1)$ の元と考えたとき，$d\rho([X, Y]) = [d\rho(X), d\rho(Y)]$ が $\mathfrak{X}(G_2)$ の中で成り立つ．ゆえに，$d\rho(X)$ がつねに左不変なることを示せばよいが，それは $\tau_{\rho(g)} \circ \rho = \rho \circ \tau_g$，$d\tau_g(X) = X$ より直ちに得られる．後半を示すためには $\rho(\exp_{G_1} tX) = \zeta_X(t)$ がまた G_2 の1径数群であることに注意する．そこで，$(d\zeta_X)_0$ を求めると，

$$(d\zeta_X)_0 = (d\rho \circ d\xi_X)_0 = d\rho(d\xi_X)_0 = d\rho(X).$$

すなわち，第1章の指数写像の定義よりこれは

$$\zeta_X(t) = \exp_{G_2} t \cdot d\rho(X)$$

なることを意味する．▮

そこで，前の ι_g および $Ad(g)$ に関する議論に戻って，上の補題2.1より

$$\iota_g(\exp X) = g(\exp X)g^{-1} = \exp(Ad(g)X) \qquad (X \in \mathfrak{g}).$$

しかも，$g \to Ad(g)$ は明らかに $G \to GL(\mathfrak{g})$ なる Lie 群 G の準同型である．これを G の**随伴表現** (adjoint representation) という．補題2.1をさらに Ad に適用して，Ad の微分 $d(Ad)$ をとれば，$\mathfrak{g} \to \mathfrak{gl}(\mathfrak{g})$ なる Lie 環の準同型を惹きおこす．それを $X \to ad(X)$ と書き，やはり ad を $\mathfrak{g}$ の**随伴表現**という．(ここで表現という言葉を用いたが，Lie 群の表現はつねに Lie 群としての準同型 $\rho: G \to GL(V)$，Lie 環の表現はつねに Lie 環としての準同型 $\rho: \mathfrak{g} \to \mathfrak{gl}(V)$ を意味するものとする.) したがって，

$$ad([X, Y]) = [ad(X), ad(Y)] \qquad (X, Y \in \mathfrak{g}),$$
$$Ad(\exp X) = \exp ad(X) \qquad (X \in \mathfrak{g})$$

であるが，実は

$$ad(X)Y = [X, Y] \qquad (X, Y \in \mathfrak{g})$$

となるのである．実際，

補題 2.2　$X, Y \in \mathfrak{g}$ に対してパラメータ t に関して ($\mathfrak{g}$ に値をとる関数として)

$$Ad(\exp tX)Y = Y + t \cdot [X, Y] + O(t^2)$$

なる Taylor 展開が成り立つ．——

証明は補題1.4の公式(iii)と Ad の定義より直ちに従う．

ここで重要な事実は，随伴表現の核はそれぞれ $G, \mathfrak{g}$ の中心であることである．すなわち，G の随伴表現 Ad の場合には $Z=\{g\in G \mid Ad(g)=I_d\}$ とおけば，各 $g\in Z$ に対して，$g(\exp X)g^{-1}=\exp X$ $(X\in\mathfrak{g})$ であるから，G が連結である限り Schreier の定理(定理1.2(ii))により，g は G のすべての元と可換である．逆にそのような $g\in G$ に対しては $\exp(Ad(g)tX)=\exp tX$ $(t\in \boldsymbol{R}, X\in\mathfrak{g})$ となるから $Ad(g)=I_d$．$\mathfrak{g}$ の随伴表現 ad の場合には $\mathfrak{z}=\{X\in\mathfrak{g} \mid ad(X)=0\}$ とおけば，$\mathfrak{z}=\{X\in\mathfrak{g} \mid [X, Y]=0\ (Y\in\mathfrak{g})\}$，つまり $\mathfrak{z}$ は $\mathfrak{g}$ の中心である．

そこで，最初へ戻って，われわれは連結コンパクト Lie 群 G の Lie 環 $\mathfrak{g}$ の構造を随伴表現を用いて考察する．そのためにまず順序として G の表現 (ρ, V) についての基礎的事項を復習しておかねばならない．

補題 2.3 コンパクト Lie 群 G の任意の表現 (ρ, V) (V は実または複素ベクトル空間) は完全可約である．したがって (ρ, V) は既約成分 (ρ_i, V_i) の直和に一意的に分解される：

$$(\rho, V)=(\rho_1, V_1)\dotplus\cdots\dotplus(\rho_k, V_k).$$

換言すれば，分解 $V=V_1\dotplus\cdots\dotplus V_k$ に即して V の基底をとれば任意の $g\in G$ に対して

$$\rho(g)=\begin{bmatrix}\rho_1(g) & & 0\\ & \ddots & \\ 0 & & \rho_k(g)\end{bmatrix}$$

の形となり，各 (ρ_i, V_i) は G の既約表現である．ここで，任意の $\rho(G)$ 不変な部分空間 $W\subset V$ に対して $\rho(G)$ 不変な部分空間 W' が存在して $V=W\dotplus W'$ となるとき，(ρ, V) は**完全可約**，自明でない $\rho(G)$ 不変な部分空間が存在しないとき，(ρ, V) は**既約**であるというのである．Lie 環の表現についても同様である．

証明 V の基底 $\{e_1, \cdots, e_n\}$ $(n=\dim V)$ を任意にとり V の一般の元 v を $v=\sum_{j=1}^{n} v_je_j$ ($v_j\in\boldsymbol{R}$ または $\in\boldsymbol{C}$) 等と書くと，通常の内積 $(u, v)=\sum_{j=1}^{n}\bar{u}_jv_j\left(u=\sum_{j=1}^{n}u_je_j\right)$ が定義され $\|v\|=(v, v)^{1/2}>0$ $(v\neq 0)$ である．そこで，コンパクト線型群 $\rho(G)=\bar{G}$ に関して不変な V 上の内積 $\langle u, v\rangle$ $(u, v\in V)$ を

$$\langle u, v\rangle=\int_G(\rho(g)u, \rho(g)v)\,dg$$

によって導入する．ここで，dg は G 上の両側不変な Haar 測度である．(参考文献 [A 3], [B 2], [B 6] 等を参照.) dg の不変性から，任意の $g\in G$ に対して，

$$\langle\rho(g)u,\rho(g)v\rangle=\langle u,v\rangle\qquad(u,v\in V)$$

が成り立つ．そこで，いま W が V の部分空間であって $\bar{G}$ 不変: $\bar{G}(W)\subset W$ であるとする．これに対して W の直交補空間を $W^{\perp}$，すなわち

$$W^{\perp}=\{u\in V\mid\langle u,v\rangle=0\ (v\in W)\}$$

とおけば，内積 $\langle\ ,\ \rangle$ の $\bar{G}$ 不変性より $W^{\perp}$ もまた $\bar{G}$ 不変，すなわち $\bar{G}(W^{\perp})\subset W^{\perp}$ となり，しかも $V=W\dot{+}W^{\perp}$ (直和) となる．これはすなわち完全可約性を意味する．∎

したがって，連結コンパクト Lie 群 G の表現 (ρ,V) の既約分解が補題 2.3 の如く与えられたとき，その微分 $(d\rho,V)$ をとれば $\mathfrak{g}$ の表現が得られるがこれまた同一の既約分解をもつ．それは補題 2.1 より明らかである．すなわち $d\rho=\mathring{\rho}$ に対しても

$$(\mathring{\rho},V)=(\mathring{\rho}_1,V_1)\dot{+}\cdots\dot{+}(\mathring{\rho}_k,V_k)$$

となる．ここに $d\rho_i=\mathring{\rho}_i$ $(1\leqq i\leqq k)$ と書いている．さて，そこで以上の一般事項を $\rho=Ad$ に適用する．この場合，$\mathring{\rho}=ad$ となるが，表現空間 V は $\mathfrak{g}$ であるから上述の如く既約成分に分解する．それを少し変更して下の如く書くことにする:

$$\mathfrak{g}=\mathfrak{g}_0\dot{+}\mathfrak{g}_1\dot{+}\cdots\dot{+}\mathfrak{g}_m,\qquad\mathfrak{g}_i\text{ は既約}\quad(i>0).$$

ただし，$\mathfrak{g}_0$ だけは特別で ad の零固有空間全体とする．つまり

$$\begin{aligned}\mathfrak{g}_0&=\{X\in\mathfrak{g}\mid ad(Y)X=0\ (Y\in\mathfrak{g})\}\\&=\{X\in\mathfrak{g}\mid[X,\mathfrak{g}]=\{0\}\}.\end{aligned}$$

これは $\mathfrak{g}$ の中心である，すなわち $\mathfrak{g}_0=\mathfrak{z}$．また，換言すれば，$\mathfrak{g}_0$ は ad の1次元の既約成分すべての直和であるといってもよい．一方，各 $\mathfrak{g}_i$ $(i>0)$ については，それが ad の不変部分空間であることより

$$[\mathfrak{g},\mathfrak{g}_i]\subset\mathfrak{g}_i,\qquad\text{とくに}\quad[\mathfrak{g}_i,\mathfrak{g}_i]\subset\mathfrak{g}_i,\quad[\mathfrak{g}_j,\mathfrak{g}_i]=\{0\}\quad(i\neq j)$$

となる．上記の分解に戻って，各 $\mathfrak{g}_i$ は $\mathfrak{g}$ のイデアルであるが，さらに $[\mathfrak{g}_i,\mathfrak{g}_i]=\mathfrak{g}_i$ $(i>0)$ となる点が重要である．実際もし $[\mathfrak{g}_i,\mathfrak{g}_i]\subsetneqq\mathfrak{g}_i$ であるとすれば $[\mathfrak{g}_i,\mathfrak{g}_i]$ は Jacobi 律を用いると再び $\mathfrak{g}$ のイデアル (ゆえに $\mathfrak{g}_i$ のイデアルでもある) となり，$\mathfrak{g}_i$ が ad の既約成分であることから $[\mathfrak{g}_i,\mathfrak{g}_i]=\{0\}$，したがって $[\mathfrak{g},\mathfrak{g}_i]=\{0\}$ となる．これは $\mathfrak{g}_0\cap\mathfrak{g}_i=\{0\}$ に反することになる．いま述べたように，$\mathfrak{g}_i$ が ad に関

して既約であるということは $\mathfrak{g}_i$ が自明でないイデアルをもたないことを意味する．一般に，このような自明でないイデアルをもたない Lie 環で可換でないもの（すなわち 次元>1 なるもの）を**単純** (simple) であるといい，単純イデアルの直和となる Lie 環を**半単純** (semi-simple) であるという．また，一般に Lie 環 $\mathfrak{g}$ に対して $\mathfrak{g}^{(1)}=[\mathfrak{g},\mathfrak{g}]$ は Jacobi 律から $\mathfrak{g}$ のイデアルとなるが，これを $\mathfrak{g}$ の**導来部分環** (derived subalgebra) という．

以上の説明からわれわれは随伴表現 ad の既約分解についてつぎのように要約することができる：コンパクト Lie 群 G の Lie 環 $\mathfrak{g}$ は上述のようにイデアルの直和 $\mathfrak{g}_0\dot{+}\mathfrak{g}_1\dot{+}\cdots\dot{+}\mathfrak{g}_m$ に分解されるが，

$$\mathfrak{g}=\mathfrak{z}\dot{+}[\mathfrak{g},\mathfrak{g}],\qquad [\mathfrak{g},\mathfrak{g}]=\mathfrak{g}_1\dot{+}\cdots\dot{+}\mathfrak{g}_m,\qquad \mathfrak{z}=\mathfrak{g}_0,$$

すなわち，$\mathfrak{g}$ はその中心 $\mathfrak{z}$ と導来部分環 $[\mathfrak{g},\mathfrak{g}]=\mathfrak{g}^{(1)}$ との直和に分解され，$\mathfrak{g}^{(1)}$ は $\mathfrak{g}$ の半単純イデアルとなる．そこでつぎの定義をおく．

定義 2.1　Lie 群 G（または Lie 環 $\mathfrak{g}$）が**可約** (reductive) であるとは，随伴表現 Ad（または ad）が完全可約なることを意味する．——

上述の証明をたどれば以下のことが判る：

（i）　コンパクト Lie 群は可約である．

（ii）　連結 Lie 群が可約ならば，その Lie 環は可約であり，その逆も成り立つ．

（iii）　半単純 Lie 環の導来部分環 $\mathfrak{g}^{(1)}=[\mathfrak{g},\mathfrak{g}]$ は $\mathfrak{g}$ に一致する．

（iv）　Lie 環 $\mathfrak{g}$ が可約ならば，$\mathfrak{g}$ は可換なイデアル $\mathfrak{z}$ と半単純イデアル $\mathfrak{g}^{(1)}$ との直和：$\mathfrak{g}=\mathfrak{z}\dot{+}\mathfrak{g}^{(1)}$ となる．このとき，$\mathfrak{z}$ は $\mathfrak{g}$ の中心，$\mathfrak{g}^{(1)}$ は $\mathfrak{g}$ の導来部分環 $[\mathfrak{g},\mathfrak{g}]$ に一致する．

実は (iv) の逆が成立する：

（v）　Lie 環 $\mathfrak{g}$ が可換なイデアル $\mathfrak{z}$ と半単純イデアル $\mathfrak{g}^{(1)}$ との直和：$\mathfrak{g}=\mathfrak{z}\dot{+}\mathfrak{g}^{(1)}$ ならば $\mathfrak{g}$ は可約である．——

これを証明するには，$\mathfrak{g}^{(1)}=\mathfrak{g}_1\dot{+}\cdots\dot{+}\mathfrak{g}_m$ を単純イデアルへの分解とするとき，$\mathfrak{g}$ の任意のイデアル $\mathfrak{h}$ は $\mathfrak{g}_i$ のうちのいくつかと $\mathfrak{z}$ の部分空間 $\mathfrak{z}'$ との直和：

$$\mathfrak{h}=\mathfrak{z}'\dot{+}\mathfrak{g}_{i_1}\dot{+}\cdots\dot{+}\mathfrak{g}_{i_n}$$

であることを示せば充分である．$\mathfrak{h}$ は $\mathfrak{g}_{i_1},\cdots,\mathfrak{g}_{i_n}$ を含み，$\mathfrak{g}_{j_1},\cdots,\mathfrak{g}_{j_s}$ を含まないとせよ．各 $\mathfrak{h}\cap\mathfrak{g}_{j_k}$ は $\mathfrak{g}_{j_k}$ のイデアルで $\mathfrak{g}_{j_k}$ とは一致しないから $\mathfrak{h}\cap\mathfrak{g}_{j_k}=\{0\}$ であるが，$[\mathfrak{h},\mathfrak{g}_{j_k}]\subset\mathfrak{h}\cap\mathfrak{g}_{j_k}$ だから $[\mathfrak{h},\mathfrak{g}_{j_k}]=\{0\}$．したがって $\mathfrak{h}\subset\mathfrak{z}\dot{+}\mathfrak{g}_{i_1}\dot{+}\cdots\dot{+}\mathfrak{g}_{i_n}$ とな

るから，$\mathfrak{z}'=\mathfrak{h}\cap\mathfrak{z}$ として上記の分解が得られる．

例 2.1　$G=GL(n, \boldsymbol{F})$ および $\mathfrak{g}=\mathfrak{gl}(n, \boldsymbol{F})$ は可約である．

実際，$\mathfrak{z}=\{a\cdot I_n \mid a\in\boldsymbol{F}\}$，$\mathfrak{g}^{(1)}=\mathfrak{sl}(n, \boldsymbol{F})$ とすれば，$\mathfrak{g}=\mathfrak{z}\dot{+}\mathfrak{g}^{(1)}$ であって，初等的な行列の計算で $\mathfrak{g}$ のイデアルは $\mathfrak{z}$ と $\mathfrak{g}^{(1)}$ だけであることが判るからである．(ただし，それらが対応する Lie 部分群 $Z=\{a\cdot I_n \mid a\in\boldsymbol{F}^*\}$，$G^{(1)}=SL(n, \boldsymbol{F})$ については $G=ZG^{(1)}$ ではあるが，必ずしも G は Z と $G^{(1)}$ との直積とはならないことは例1.6で注意した.) ——

実はこの例2.1より一般につぎの事実が識られていて，幾何学的な応用上重要である．

定理 2.1 (Cartan)　$\mathfrak{g}\subset\mathfrak{gl}(V)$ は複素線型 Lie 環であるとして，包含表現 $\mathfrak{g}\to\mathfrak{gl}(V)$ が完全可約であるとする．このとき $\mathfrak{g}$ は可約である．——

上記の例2.1では $\mathfrak{gl}(n, \boldsymbol{C})$ は明らかに上述の意味で既約であるから，この定理の特別の場合である．実はこの定理は実線型 Lie 環についても成り立つのであるが，ここでは複素線型 Lie 環についてだけ証明を与えておこう．

証明にはつぎの第3章，とくに§3.1に述べる可解 Lie 環や Levi 分解に関する二，三の事項を利用しなければならない．定理2.1は以下本書で用いられないので，§3.1を読まれてから以下を読まれてもよい．まず $\mathfrak{g}$ の根基 $\mathfrak{r}$(§3.1)に注目する．これが実は $\mathfrak{g}$ の中心 $\mathfrak{z}$ になることが判れば，Levi 分解(定理3.1)と上述の(v)よりわれわれの定理の主張が得られる．

そのためには，$[\mathfrak{r}, \mathfrak{g}]=\{0\}$ を示せば充分である．いま (ρ, W) を包含表現 $\mathfrak{g}\to\mathfrak{gl}(V)$ の一つの既約成分として

$$\mathfrak{g}'=\rho(\mathfrak{g}), \qquad \mathfrak{a}'=\rho(\mathfrak{r})$$

とおくと，$\mathfrak{g}'\subset\mathfrak{gl}(W)$ は既約な複素線型 Lie 環である．また $\mathfrak{a}'$ は $\mathfrak{g}'$ の可解なイデアルであるから，$\mathfrak{g}'$ の根基 $\mathfrak{r}'$ に含まれる．したがって $\rho([\mathfrak{r}, \mathfrak{g}])=[\mathfrak{a}', \mathfrak{g}']\subset[\mathfrak{r}', \mathfrak{g}']$ となるから，はじめから $\mathfrak{g}\subset\mathfrak{gl}(V)$ は既約であると仮定してよい．ここでつぎの純代数的な補題が必要となる：

補題 2.4　Lie 環 $\mathfrak{g}$ とそのイデアル $\mathfrak{h}$ が与えられているとする．(ρ, V) は $\mathfrak{g}$ の表現であって ρ を $\mathfrak{h}$ へ制限して得られる $\mathfrak{h}$ の表現 (ρ, V) について，その一つの同時固有空間を V_λ とする．すなわち $\lambda\in\mathfrak{h}^*$ であって

$$V_\lambda=\{v\in V \mid \rho(H)v=\lambda(H)v\ (H\in\mathfrak{h})\}$$

であるとする．このとき実は，V_λ はすべての $\rho(X)$ $(X\in\mathfrak{g})$ で不変である：$\rho(\mathfrak{g})V_\lambda\subset V_\lambda$.

証明 $H\in\mathfrak{h}$, $X\in\mathfrak{g}$ に対して $H_n=(-ad(X))^nH\in\mathfrak{h}$ $(n\geqq 0)$ とおく．まず，各 $v\in V_\lambda$, $H\in\mathfrak{h}$, $X\in\mathfrak{g}$ に対して

$$(\mathrm{a})_n\quad \rho(H)\rho(X)^nv=\sum_{k=0}^{n}\binom{n}{k}\lambda(H_k)\rho(X)^{n-k}v\qquad(n\geqq 0)$$

が成り立つことを n についての帰納法で証明しよう．$(\mathrm{a})_0$ は明らかに成り立つから，$(\mathrm{a})_n$ が成り立つとする．

$$\begin{aligned}\rho(H)\rho(X)^{n+1}v&=\rho(H)\rho(X)\rho(X)^nv\\&=\rho(X)\rho(H)\rho(X)^nv+\rho([H,X])\rho(X)^nv\end{aligned}$$

であるが，$(\mathrm{a})_n$ より

$$\begin{aligned}\text{右辺の第1項}&=\rho(X)\sum_{k=0}^{n}\binom{n}{k}\lambda(H_k)\rho(X)^{n-k}v\\&=\sum_{k=0}^{n}\binom{n}{k}\lambda(H_k)\rho(X)^{n-k+1}v.\end{aligned}$$

また，$H_1=[H,X]\in\mathfrak{h}$ と $X\in\mathfrak{g}$ に対する $(\mathrm{a})_n$ より

$$\begin{aligned}\text{右辺の第2項}&=\sum_{k=0}^{n}\binom{n}{k}\lambda((-ad(X))^kH_1)\rho(X)^{n-k}v\\&=\sum_{k=0}^{n}\binom{n}{k}\lambda(H_{k+1})\rho(X)^{n-k}v.\end{aligned}$$

これらを加えれば $(\mathrm{a})_{n+1}$ を得る．

さて補題を証明するために $v\in V_\lambda$, $X\in\mathfrak{g}$ を任意にとって $\rho(X)v\in V_\lambda$ を示す．$v\neq 0$ としてよいから，ある $m\in\boldsymbol{N}$ が存在して $v,\rho(X)v,\cdots,\rho(X)^{m-1}v$ は1次独立であるが $v,\rho(X)v,\cdots,\rho(X)^mv$ は1次従属となる．$v,\rho(X)v,\cdots,\rho(X)^{m-1}v$ で張られる V の部分空間を U とすれば，(a) より U は $\rho(\mathfrak{h})$ 不変である．容易に判るように

$$(\mathrm{b})\qquad \mathrm{trace}\,\rho(H)|_U=m\lambda(H)\qquad(H\in\mathfrak{h})$$

が成り立つ．ここで $|_U$ とは U 上に制限するという意味である．また U の定義より $\rho(X)$ は U を不変にする．したがって各 $H\in\mathfrak{h}$, 各 $k\in\boldsymbol{N}$ に対して

$$\begin{aligned}\mathrm{trace}\,\rho(H_k)|_U&=\mathrm{trace}\,[\rho(H_{k-1}),\rho(X)]|_U\\&=\mathrm{trace}\,[\rho(H_{k-1})|_U,\rho(X)|_U]=0\end{aligned}$$

となる．よって (b) より $\lambda(H_k)=0$ を得る．ゆえに (a) より

$$\rho(H)\rho(X)^n v = \lambda(H)\rho(X)^n v \qquad (n\geqq 0,\ H\in\mathfrak{h})$$

となる．とくに $n=1$ とおけば，これは $\rho(X)v\in V_\lambda$ を意味する．▮

この補題をわれわれの場合に適用する．まず $\mathfrak{r}$ は可解イデアルであるから第3章の複素可解 Lie 環に関する Lie の定理(定理3.2)により $\lambda\in\mathfrak{r}^*$ および $v\in V$ $(v\neq 0)$ が存在して，$Z(v)=\lambda(Z)v$ $(Z\in\mathfrak{r})$ となる．そこで

$$V_\lambda=\{v\in V\mid Z(v)=\lambda(Z)v\ (Z\in\mathfrak{r})\}\ (\neq\{0\})$$

とおけば上の補題によって $X(V_\lambda)\subset V_\lambda$ $(X\in\mathfrak{g})$ でなければならない．したがって $\mathfrak{g}$ の既約性から $V_\lambda=V$，これは $Z=\lambda(Z)\,\mathrm{id}$ $(Z\in\mathfrak{r})$ を意味する．$\mathfrak{g}$ はもちろん，任意のスカラー変換と可換であり，ゆえに $[\mathfrak{r},\mathfrak{g}]=\{0\}$ となる．よって定理が証明された．——

順序が前後したが，ここで Lie 群 G (または Lie 環 $\mathfrak{g}$) の随伴群の定義を述べておく必要がある．

定義 2.2　連結 Lie 群 G の随伴表現 Ad の像は $GL(\mathfrak{g})$ ($\mathfrak{g}$ は G の Lie 環) の部分群であるが，それを $Ad(G)$ と書き G の**随伴群** (adjoint group) という．随伴表現の核は G の中心 Z であるから，群としては $G/Z\cong Ad(G)$ である．Z は明らかに G の閉部分群であるから例1.10の意味で $Ad(G)$ は連結 Lie 群 (実は $GL(\mathfrak{g})$ の Lie 部分群) となる．このことは $\mathfrak{g}$ の随伴表現 ad から説明する方がより簡単である．実際，その像 $ad(\mathfrak{g})$ は当然 $\mathfrak{gl}(\mathfrak{g})$ の Lie 部分環であるから，その生成する $GL(\mathfrak{g})$ の Lie 部分群を $Ad(\mathfrak{g})$ と書き，$\mathfrak{g}$ の**随伴群**という．また，$Ad(\mathfrak{g})$ の元を $\mathfrak{g}$ の**内部自己同型** (inner automorphism) という．(これは複素 Lie 環の場合も同様である.)　$G, \mathfrak{g}$ がこのように与えられたとき

$$Ad(\exp X)=\exp ad(X) \qquad (X\in\mathfrak{g})$$

なる関係式は，群として $Ad(G)=Ad(\mathfrak{g})$ なることを示している．したがって，$Ad(\mathfrak{g})$ をもって 'Lie 群' $Ad(G)$ の定義とする．

$\mathfrak{g}$ が半単純の場合には $\mathfrak{g}$ の中心 $\mathfrak{z}=\{0\}$ であるから (単純の場合がそうだから)，$\mathfrak{g}\cong ad(\mathfrak{g})$ である．この事実は半単純 Lie 環論でしばしば必要となる．なお，一般の $\mathfrak{g}$ の場合に，Jacobi 律は $ad(X)$ がつねに微分作用素であることを意味している．これを**内部微分作用素** (inner derivation) と呼ぶが，その全体すなわち $ad(\mathfrak{g})$ は微分作用素全体のなす Lie 環 $\mathfrak{d}(\mathfrak{g})$ (例1.11) の Lie 部分環となる．した

がって随伴群 $Ad(\mathfrak{g})$ は，実は $\mathfrak{g}$ の自己同型群 $\mathrm{Aut}(\mathfrak{g})$ の連結 Lie 部分群である．

§2.2 コンパクト Lie 群の極大トーラス部分群

連結コンパクト Lie 群の構造を解明するために，その極大トーラス部分群の性質その他が必要となる．その意味は第3章以下において明瞭になるが，本節の主題はその前提として連結コンパクト Lie 群 G の極大トーラス部分群の基本的な性質を述べる．われわれの目的は，§3.2 における複素半単純 Lie 環 $\mathfrak{g}_C$ の構造——とくに root 空間分解——を通じて G の Lie 環の構造を決定することなのであるが，本節では暫時その点は先に延ばして，基本的事項を解説するにとどめる．

さて連結コンパクト Lie 群 G の大域的な構造を調べるために，その連結可換 Lie 部分群を考察するのであるが，その Lie 環はもちろん G の Lie 環 $\mathfrak{g}$ の可換 Lie 部分環である．われわれはそれらの連結可換 Lie 部分群のうち，極大なものにとくに注目するのである．いま，G の極大連結可換 Lie 部分群の一つをとってそれを T とする．T の閉包 $\bar{T}$ も明らかにまた連結可換閉部分群となるから定理1.5によって $\bar{T}$ は Lie 部分群である．よって $\bar{T}=T$．したがって，T は連結コンパクト可換 Lie 部分群である．よってトーラス群である．そこで T を G の**極大トーラス部分群**と呼ぶのである．実際 T は G のトーラス部分群のなかで極大なものである．T の Lie 環 $\mathfrak{t}$ は $\mathfrak{g}$ の極大可換 Lie 部分環であり，逆に $\mathfrak{g}$ の極大可換 Lie 部分環は極大トーラス部分群を生成することは上記の議論から明らかであろう．つぎにその例を具体的に示しておく．

例 2.2 (i) $G=U(n)\ (n\geqq 1)$．このとき，一つの極大トーラス部分群は

$$T^n=\{\mathrm{diag}\,(t_1,\cdots,t_n)\mid t_i\in \boldsymbol{C}^*,\ \ |t_i|=1\ (1\leqq i\leqq n)\}$$

で与えられる．ゆえに，$G'=SU(n)$ の場合には，それは当然

$$T^{n-1}=\left\{\mathrm{diag}\,(t_1,\cdots,t_n)\;\middle|\; t_i\in \boldsymbol{C}^*,\ |t_i|=1,\ \prod_{i=1}^{n} t_i=1\right\}$$

となる．

(ii) $G=SO(n,\boldsymbol{R})\ (n\geqq 2)$．このとき一つの極大トーラス部分群 T は下記で与えられる．ただし $n=2l\ (l\geqq 1)$ の場合と $n=2l+1\ (l\geqq 1)$ の場合とに分ける必要がある．前者の場合には

$$T = T^l = \left\{ \begin{bmatrix} T_{\theta_1} & & 0 \\ & \ddots & \\ 0 & & T_{\theta_l} \end{bmatrix} \middle| T_{\theta_i} = \begin{bmatrix} \cos 2\pi\theta_i & -\sin 2\pi\theta_i \\ \sin 2\pi\theta_i & \cos 2\pi\theta_i \end{bmatrix} (1 \leqq i \leqq l) \right\}.$$

ただし，ここで各 θ_i $(1\leqq i\leqq l)$ は $0\leqq\theta_1, \cdots, \theta_l<1$ の範囲を動くものとする．(換言すれば各 T_{θ_i} は1次元トーラス群をなす.) 後者の場合には，上記の T^l を利用して，

$$T = \left\{ \begin{bmatrix} 1 & 0 \\ 0 & t \end{bmatrix} \middle| t \in T^l \right\} \cong T^l$$

とおくことにすればよい．

(iii)　$G=Sp(n)$ $(n\geqq 1)$．このとき一つの極大トーラス部分群はつぎのように与えられる：

$$T^n = \{\mathrm{diag}\,(t_1, \cdots, t_n, t_1{}^{-1}, \cdots, t_n{}^{-1}) \mid |t_i|=1\ (1\leqq i\leqq n)\}. \qquad ——$$

以上にみられる通り，われわれは一つの極大トーラス部分群のみを列挙したが，それはつぎの定理の (ii) によって合理化されるのである．

定理 2.2 (Cartan-Weyl-Hopf)　連結コンパクト Lie 群 G において，つぎの諸性質が成り立つ：

(i)　$G=\exp\mathfrak{g}$，すなわち G の任意の元 g は $g=\exp X$ $(X\in\mathfrak{g})$ と書ける．

(ii)　G の任意の二つの極大トーラス部分群 T, T' は互いに共役 (conjugate) である．すなわち或る元 $g\in G$ によって $T'=gTg^{-1}$ となる．また，G は極大トーラス部分群全体の合併である．

(iii)　G の任意の極大トーラス部分群は極大可換部分群となる．さらにより一般に，G の任意のトーラス部分群 S に対してその中心化群 $C(S)$ は必ず連結閉部分群である．——

定義 2.3　連結コンパクト Lie 群 G の極大トーラス部分群の次元は上述の定理 2.2 (ii) によって一定であるから以後これを l と書き，G の**階数** (rank) という．それを $\mathrm{rank}\, G=l$ と記す．その意味は§3.2以下において解明されるであろう．

補題 2.5 (Kronecker)　任意の n 次元トーラス群 T^n において，その Lie 環の元 X で，$g=\exp X$ としたとき，g の生成する部分群 $\{g^m | m\in \boldsymbol{Z}\}$ の閉包が T^n に一致するようなものが存在する．この場合 $\mathrm{Exp}(X)$ の閉包は T^n に一致する．この際，g を T^n の**準生成元**，X を T^n の**無限小生成元**と呼ぶのである．

——

以下，$n=2$ のときこの補題の意味を図示する：

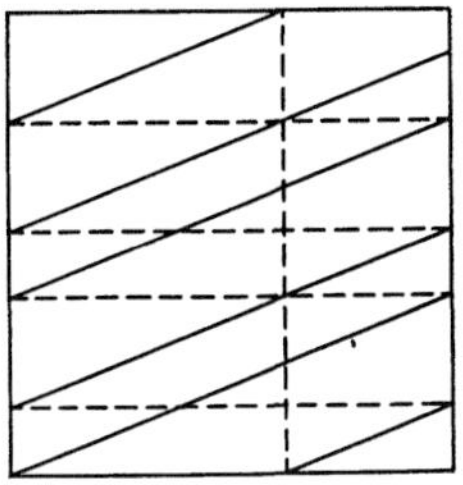

この辺の長さ 1 の正方形において左辺と右辺，上辺と下辺の対応する点を同一視しているのである．(斜線の部分をトーラスの **Kronecker 線**と呼ぶ.)

証明 $T^n=\boldsymbol{R}^n/\boldsymbol{Z}^n$, $\boldsymbol{e}_i=(0,\cdots,\overset{i}{\check{1}},\cdots,0)\in\boldsymbol{R}^n$ とおき，n 個の無理数 $\alpha_1,\cdots,\alpha_n$ を $\{1,\alpha_1,\cdots,\alpha_n\}$ が有理数体上 1 次独立であるように一組選んでおく．そこで

$$\alpha=\sum_{i=1}^{n}\alpha_i\boldsymbol{e}_i=(\alpha_1,\cdots,\alpha_n)\quad(\in\boldsymbol{R}^n)$$

を T^n の Lie 環の元とみなして X とおく．さらにこれに対して

$$\begin{aligned}\Gamma&=\left\{m\alpha+\sum_{i=1}^{n}m_i\boldsymbol{e}_i\,\middle|\,m,m_i\in\boldsymbol{Z}\right\}\\&=\{(m\alpha_1+m_1,\cdots,m\alpha_n+m_n)\mid m,m_i\in\boldsymbol{Z}\}\end{aligned}$$

として，$\bar{\Gamma}=\boldsymbol{R}^n$ なることを示せば充分である．すなわち，これは $\boldsymbol{R}^n$ におけるつぎの数論的な事実を意味する：$\boldsymbol{x}=(x_1,\cdots,x_n)\in\boldsymbol{R}^n$ を任意に与え，$\varepsilon>0$ をも任意に選ぶとき，適当な整数 $m\in\boldsymbol{Z}$, $(m_1,\cdots,m_n)\in\boldsymbol{Z}^n$ をとれば，

$$|m\alpha_i+m_i-x_i|<\varepsilon\qquad(1\leqq i\leqq n)$$

が成り立つ．(これが古典的な **Kronecker の近似定理**といわれるものである.)

いま，$\bar{\Gamma}\supset\boldsymbol{Z}^n$なることに注意すれば，$\boldsymbol{R}^n\neq\bar{\Gamma}$ とすると，$\boldsymbol{R}^n/\bar{\Gamma}$ はまた一つのトーラス群となるが，これが実は 1 点からなる 0 次元トーラスであることを示せばよい．そのためには，$\boldsymbol{R}^n/\bar{\Gamma}$ の任意の指標 χ，すなわち $\boldsymbol{R}^n/\bar{\Gamma}\to\boldsymbol{R}/\boldsymbol{Z}=T^1$ なる連続準同型写像がつねに自明になることを証明すれば充分である．そこで自然な射影 $\pi:\boldsymbol{R}^n\to\boldsymbol{R}^n/\bar{\Gamma}$, $\tilde{\omega}:\boldsymbol{R}\to\boldsymbol{R}/\boldsymbol{Z}=T^1$ がともに連続準同型写像であることを念頭におき，つぎの図式を考えることが本質的な論点である：

$$
\begin{array}{ccc}
U_1 \subset \boldsymbol{R}^n & \xrightarrow{\pi} & \boldsymbol{R}^n/\Gamma \\
\nu\downarrow \quad \nu\downarrow & & \downarrow\chi \\
U_0 \subset \boldsymbol{R} & \xrightarrow[\tilde{\omega}]{} & \boldsymbol{R}/\boldsymbol{Z} \supset U
\end{array}
$$

ここで，$\chi\circ\pi$: $\boldsymbol{R}^n\to T^1$ は連続準同型で，$\tilde{\omega}$ も同様であるが，局所的には $\tilde{\omega}$ は同型であるから，$\boldsymbol{R}, T^1$ の単位元の近傍 U_0, U を充分小に選べば，$\tilde{\omega}$ の逆写像として，局所的な連続準同型 μ: $U\to U_0$; $\tilde{\omega}\circ\mu=\mathrm{id}$ の存在が保証される．したがって，$\boldsymbol{R}^n$ においても原点0の近傍 U_1 を適当にとれば合成写像: $\nu=\mu\circ\chi\circ\pi$: $U_1\to\boldsymbol{R}$ はまた局所的に $\nu(x+y)=\nu(x)+\nu(y)$ を満たす．かくして得られた ν は自然に $\boldsymbol{R}^n\to\boldsymbol{R}$ への連続準同型に一意的に延長することが可能である．それを再び ν と記すことにすると，これは線型代数学で周知のように $\boldsymbol{R}^n$ 上の1次形式となり，上の図式はこの ν に関して可換であって $\tilde{\omega}\circ\nu=\chi\circ\pi$ となる．それらは両辺とも $\boldsymbol{R}^n\to T^1$ なる連続準同型であって，U_1 上で一致しているからである．一方 $\pi(\alpha)=\pi(\boldsymbol{e}_i)=0$ $(1\leqq i\leqq n)$ であるから，$\nu(\alpha), \nu(\boldsymbol{e}_i)\in\boldsymbol{Z}$ となる．そこで $\nu(\alpha)=m$, $\nu(\boldsymbol{e}_i)=m_i$ $(1\leqq i\leqq n)$ とおけば，ν の線型性と $\alpha=\sum_{i=1}^{n}\alpha_i\boldsymbol{e}_i$ と書けることより

$$m=\sum_{i=1}^{n}m_i\alpha_i$$

となる．$\{1, \alpha_1, \cdots, \alpha_n\}$ は有理数体上1次独立であったから，これは $m=m_i=0$ $(1\leqq i\leqq n)$ を意味する．したがって $\chi\equiv0$. ∎

定理 2.2 の証明　(i)　この証明には G の積演算を与える写像 $p_{(k)}$: $g\to g^k$ $(k\geqq1)$ が本質的である．実際，まず，つぎの補題はそれ自身としての興味もあろう．

補題 2.6 (Hopf)　コンパクト連結 Lie 群 G において，つねに $p_{(k)}(G)=G$ が成り立つ．換言すれば，G 上の方程式

$$x^k=g \qquad (g\in G \text{ は与えられた任意の元})$$

は必ず解をもつ．

証明　写像 $p_{(k)}$ が上へのそれになっていることを補題は主張している．これの証明のために写像度に関する定理: f を同じ次元の二つの向きづけられたコンパクト連結多様体の間の C^∞ 写像とするとき，f の写像度 $\deg(f)$ が0でないならば f は上への写像である(例えば[A 3]を参照)——を用いる．上記の定理より

$\deg(p_{(k)})>0$ を示せば充分である．そのために $p_{(k)}$ の微分 $dp_{(k)}$ をまず求める．すなわち G の任意の点 a において，

$$(dp_{(k)})_a:\ T_a(G) \longrightarrow T_{a^k}(G)$$

を計算する．これらの接空間は左移動 τ_a, τ_{a^k} の微分 $d\tau_a, d\tau_{a^k}$ により $T_e(G)=\mathfrak{g}$ と同一視しておくのが便利である．一方任意の $X\in\mathfrak{g}$ に対して，これを左不変なベクトル場としてみるならば $X_a=d\tau_a(X)$，$X_{a^k}=d\tau_{a^k}(X)$ であるから，これを念頭において $p_{(k)}$ の微分を求めると，

$$(dp_{(k)})_a(d\tau_a(X)) = d\tau_{a^k}\{(I_d+A+A^2+\cdots+A^{k-1})X\}$$

となる．ただしここで $A=Ad(a^{-1})$ の意味である．そこでいま右辺の括弧の中の $\mathfrak{g}$ の1次変換：

$$P_{(k)}(a) = I+A+A^2+\cdots+A^{k-1} \qquad (I=I_d)$$

を問題にすればよい．われわれは $\det P_{(k)}(a)\geqq 0$ がつねに（任意の $a\in G$ に対して）成り立つことを示そう．そのためにまず A の固有値はすべて絶対値1の複素数であることを注意しておく．実際，G の随伴表現は $\mathfrak{g}$ の複素化 $\mathfrak{g}_C$ 上の $Ad(G)$ 不変な正定値 Hermite 内積 $\langle\ ,\ \rangle$ に関してユニタリ群 $U(\mathfrak{g}_C)=U(d)$ を考えたとき，その中への写像になっている．（補題2.3の証明参照．）ところが $A\in U(d)$ の固有値は絶対値1の複素数であるからである．そこで，$g\in G$ に対して $Ad(g^{-1})$ の特性多項式：

$$\psi(g\,;s) = \det(sI_d-Ad(g^{-1}))$$

（$s\in\boldsymbol{R}$ はパラメータを表わす）を考えると，その係数は $g\in G$ の連続関数であって，s が充分大なるときはもちろん $\psi(g\,;s)>0$ となるが，$\psi(g\,;s)=0$ の根はすべて絶対値1の複素数であるから，s に関する連続性より $s>1$ なるときつねに $\psi(g\,;s)>0$ でなければならない．つぎに s に関する行列係数の多項式

$$P_{(k)}(a\,;s) = s^{k-1}I_d+s^{k-2}A+\cdots+sA^{k-2}+A^{k-1},$$
$$P_{(k)}(a\,;1) = P_{(k)}(a)$$

を導入する．明らかに

$$(sI_d-A)P_{(k)}(a\,;s) = s^kI_d-A^k,$$
$$P_{(k)}(a\,;s)(sI_d-A) = s^kI_d-A^k$$

であるから両辺の行列式をとって，

$$\psi(a\,;s)\cdot\det P_{(k)}(a\,;s) = \psi(a^k\,;s^k).$$

ここに $s>1$ ならば $\psi(a;s)>0$, $\psi(a^k;s^k)>0$ であるから $\det P_{(k)}(a;s)>0$. したがって再び s に関する連続性を用いて $s=1$ のとき $\det P_{(k)}(a)\geqq 0$ でなければならないことが証明された.

一方, G の向きを一つ定めて, dg を G の左不変な正の体積要素とすると, $(p_{(k)}{}^*dg)_{a^k}=J(p_{(k)})_a(dg)_a$ となり, $J(p_{(k)})_a$ は写像 $p_{(k)}$ の a における関数行列式であって上で計算した $\det P_{(k)}(a)$ に他ならない. τ_a, τ_{a^k} は G の向きを保つ C^∞ 同型であるからである. とくに $a=e$ のときは $\det P_{(k)}(e)=k^d>0$ であることに注意すれば

$$\int_G p_{(k)}{}^*dg = \int_G J(p_{(k)})dg > 0$$

となる. すなわち

$$\deg(p_{(k)}) = \left(\int_G p_{(k)}{}^*dg\right)\Big/\left(\int_G dg\right) > 0. \qquad \blacksquare$$

そこで定理 2.2 の命題 (i) の証明に戻る. いま単位元 e の近傍を適当にとると, すなわち, たとえば標準座標系の導入される近傍をとってそれを U とすることにすれば, U の各点は或る 1 径数部分群上にあるので $p_{(k)}(U)\supset U$ がすべての $k\in N$ に対して成立することは明らかであろう. (すなわち任意の $g\in U$ に対して $x^k=g$ を満たす $x\in U$ をとることができる.)

以上の事実を念頭において, つぎに G の任意の元 x をとり, そのべき(巾)よりなる点列 $\{x^m\mid m\in N\}$ を考えると G はコンパクトであるから, G の中で収束する部分列をもつはずである. すなわち或る自然数の系列: $m_1<m_2<\cdots$, が存在して

$$\lim_{i\to\infty} x^{m_i} = x_0 \quad (\in G)$$

なる極限点 x_0 が存在する. ゆえに $i\to\infty$ とするとき, $x^{m_i-m_{i-1}}$ は単位元 e に収束することになる. これより U に含まれる x^k $(k\in N)$ なる元があるはずであり, しかも x の適当な近傍 $V(x)$ をとれば, この k に対して

$$p_{(k)}(V(x))\subset U$$

とすることができる. このようにして G の各元 x に対して上述の方法でその近傍 $V(x)$ と自然数 k とを対応させることが可能であり, もちろん $G=\bigcup_x V(x)$ である. ここで G はコンパクトであったから, G は有限個の $V(x_i)$ $(1\leqq i\leqq m)$ で

覆われることになる．そこで，$V(x_i)=V_i$ とおけば

$$G = V_1 \cup \cdots \cup V_m.$$

ここで各 V_i において $p_{(k_i)}(V_i) \subset U$ となる自然数 k_i が選べるのであったから

$$k_1 \cdots k_m = k^*, \qquad k_i \bar{k}_i = k^* \quad (\bar{k}_i \in N)$$

と書くことにする．これらの自然数の定義より明らかに

$$p_{(k^*)}(V_i) \subset p_{(\bar{k}_i)}(U) \qquad (1 \leqq i \leqq m).$$

一方，$U \subset p_{(k_i)}(U)$ が成り立つのであったから，

$$p_{(\bar{k}_i)}(U) \subset p_{(k^*)}(U) \qquad (1 \leqq i \leqq m).$$

したがって結局，これら二つの包含関係を合せて

$$p_{(k^*)}(V_i) \subset p_{(k^*)}(U) \qquad (1 \leqq i \leqq m)$$

となるが，G は V_i で覆われているから，実は $p_{(k^*)}(G) \subset p_{(k^*)}(U)$．また補題 2.6 より $p_{(k^*)}(G)=G$．ゆえに結局

$$p_{(k^*)}(U) = G$$

を得る．これはすなわち，任意の G の元 g に対して $x^{k^*}=g$ を満たす $x \in U$ なる元が存在することを意味するが，x は或る 1 径数部分群の上にあるから g も同様である．よって $\exp \mathfrak{g}=G$ が証明された．

(ii) (Hunt) T, T' の無限小生成元をそれぞれ X, X' ($\in \mathfrak{g}$) とする．これに対してまず

$$[Ad(g_0)X, X'] = 0$$

なる G の元 g_0 の存在を示そうというのである．実際，もしこれが成り立てば，任意の実数 t, s に対して $[Ad(g_0)(tX), sX']=0$ となるから，これは $\iota_{g_0}(\exp tX)$, $\exp sX'$ が互いに交換可能な 1 径数部分群であることを意味する．すなわち G の二つの部分群 $g_0 \operatorname{Exp}(X) g_0^{-1}$ と $\operatorname{Exp}(X')$ とは互いに可換である．したがって，それらの閉包である閉部分群 $g_0 T g_0^{-1}$ と T' とについても同様である．それらはともに極大トーラス部分群であったから実は両者は一致して $g_0 T g_0^{-1}=T'$ でなければならない．これがすなわち (ii) の主張である．

そこで上記の等式を満たす g_0 の存在を示すために，われわれは G 上の連続関数 η をつぎの式によって導入する：

$$\eta(g) = \langle Ad(g)X, X' \rangle \qquad (g \in G).$$

ここに，$\langle\ ,\ \rangle$ は以前補題 2.3 の証明中に用いた内積と同様であって，われわれ

の場合はそれを G の随伴表現 $(Ad, \mathfrak{g})$ に適用し，$Ad(G)$ で不変な $\mathfrak{g}$ 上の内積であるとする．したがって任意の $g \in G$ に対して $\langle Ad(g)X, Ad(g)Y\rangle = \langle X, Y\rangle$ $(X, Y \in \mathfrak{g})$ であるから，これを書き直して(つまり，$\exp tZ = g_t$，$Z \in \mathfrak{g}$ とおき t に関して微分して $t=0$ とおく)

$$\langle ad(Z)X, Y\rangle + \langle X, ad(Z)Y\rangle = 0,$$

あるいは

$$\langle [Z, X], Y\rangle + \langle X, [Z, Y]\rangle = 0 \qquad (X, Y, Z \in \mathfrak{g})$$

を得る．(この式が必要なのである.) 一方，G はコンパクトであるから，連続関数 η は或る元 $g_0 \in G$ において最大値をとる．すなわち，

$$\max_G \eta = \eta(g_0)$$

となる．この g_0 を用いて新たに s $(\in \boldsymbol{R})$ を変数とする関数 η_Z を

$$\eta_Z(s) = \eta((\exp sZ)g_0) = \langle Ad(\exp sZ)\cdot Ad(g_0)X, X'\rangle$$

によって定義する．すると，この関数は $s=0$ において極大となるはずであるから，$s=0$ における微係数は 0 でなければならない．そこで実際にこれを計算してみると

$$\begin{aligned}\left.\frac{d}{ds}\eta_Z(s)\right|_{s=0} &= \langle [Z, Ad(g_0)X], X'\rangle \\ &= \langle [Ad(g_0)X, X'], Z\rangle\end{aligned}$$

であって，これが任意の $Z \in \mathfrak{g}$ に対して 0 に等しい．これは $[Ad(g_0)X, X'] = 0$ を意味する．

最後に，G の任意の元は (i) によって或る 1 径数部分群上にあるから，その部分群を含む極大トーラス部分群が存在する．実際，1 径数部分群は連結であるから，それを含む極大連結可換 Lie 部分群である極大トーラス部分群が最初の 1 径数部分群を含むことより保証されている．よって，極大トーラス部分群の一つを T とすれば，上で証明した共役性により

$$G = \bigcup_g gTg^{-1}$$

となる．

(iii)　(Hopf)　いま，S を G の任意のトーラス部分群とし，S の中心化群 $C(S)$ を考察するのであるが，定義より $C(S) = \{g \in G \mid gh = hg\ (h \in S)\}$ であるか

らもちろん G の閉部分群である．その連結性を示すために任意の $g \in C(S)$ に対して g と S を含むトーラス部分群 T' が存在することを示そう．S と g との生成する可換部分群の閉包を A とおく．A はコンパクト可換 Lie 部分群である．その e 成分を A^0 とせよ．A^0 はトーラス部分群であるから補題 2.5 に従って A^0 の準生成元 g' をとる．一方，A/A^0 は有限群であるから $g^m \in A^0$ となる $m \in N$ が存在するが，これを用いて，$g'' \in A^0$ なる元を

$$x = gg'' \quad \text{とおくとき} \quad x^m = g'$$

となるように選ぶことができる．この $x \in G$ は (i) より $x = \exp X$ ($X \in \mathfrak{g}$) と書ける．x の生成する部分群の閉包 B は当然 A^0 を含むから，したがって $g = xg''^{-1}$ をも含む．さらにトーラス部分群 $T' = \overline{\mathrm{Exp}\,(X)}$ は B を含むものであるから A^0 と g を含むことになる．しかも定義より $A^0 \supset S$ であるから T' は S と g を含む．

とくに S が極大トーラス部分群 T であるとき，$C(T) = T$ である．それは実際，上の議論から $C(T)$ の任意の元 g に対して g と T とを含むトーラス部分群 T' が存在するが，T の極大性より $T' = T$ となって $g \in T$ を得るからである．これは T が極大可換部分群であることを意味する．▌

なお，上記の定理の (i) は写像度に関する定理を用いて証明したが，対称空間の理論(後篇，第2章を参照)を用いれば簡単に証明できるので，ここにそれを述べておく．

G に両側不変な Riemann 計量を導入すれば，G は Riemann 対称空間になって，e から出る測地線はすべて $\exp tX$ ($X \in \mathfrak{g}$) の形をしている．また Riemann 対称空間は完備であるから任意の $g \in G$ と e は測地線で結べる．したがって任意の $g \in G$ は $g = \exp X\,(X \in \mathfrak{g})$ と書ける．

§2.3 半単純 Lie 群と半単純 Lie 環

コンパクト Lie 群 G の Lie 環 $\mathfrak{g}$ はその中心 $\mathfrak{z}$ と導来部分環 $\mathfrak{g}^{(1)} = [\mathfrak{g}, \mathfrak{g}]$ との(イデアルとしての)直和に分解される．後者は単純イデアルの直和，すなわち半単純であることが示された(§2.1)．中心 $\mathfrak{z}$ は可換であるから，$\mathfrak{g}^{(1)}$ およびそれの生成する Lie 部分群 $G^{(1)}$ ($\subset G$) の性質がつぎの問題となる．一般に Lie 群 G はその Lie 環 $\mathfrak{g}$ が半単純(単純)のとき**半単純**(**単純**)であるという．以下に，半

単純 Lie 環 (Lie 群) の構造を説明する.

以下, $\mathfrak{g}$ は一応任意の Lie 環とし ($\dim \mathfrak{g}=d$), その上の対称双1次形式 Φ を

$$\Phi(X, Y) = \mathrm{trace}\,(ad(X)ad(Y)) \qquad (X, Y \in \mathfrak{g})$$

によって導入する. それに対応する2次形式を単に $\Phi(X)$ と書く. すなわち $\Phi(X)=\Phi(X, X)$. この Φ は Lie 環 $\mathfrak{g}$ の性質を調べる上で基本的な役割を果たすので, 以後発見者にちなんで **Killing 形式**と呼ぶ. この双1次形式の重要性はとくに半単純 Lie 環 (群) 論において著しいが, その一つの理由はこの場合には随伴表現: $X \to ad(X)$ が忠実 (faithful), すなわち $\mathfrak{g} \cong ad(\mathfrak{g})$ となることによる. 実際, それを例示する.

例 2.3 $\mathfrak{g}=\mathfrak{sl}(n, \boldsymbol{F})$ $(n \geqq 2)$ のとき, $\Phi(X, Y)=2n\cdot\mathrm{trace}\,(XY)$. $\mathfrak{g}=\mathfrak{o}(n, \boldsymbol{F})$ $(n \geqq 3)$ のとき, $\Phi(X, Y)=(n-2)\cdot\mathrm{trace}\,(XY)$. $\mathfrak{g}=\mathfrak{sp}(n, \boldsymbol{F})$ $(n \geqq 1)$ のとき, $\Phi(X, Y)=(2n+2)\cdot\mathrm{trace}\,(XY)$. (これらを示すためには, Φ の定義によって複素係数の場合を示せばよい. 読者自ら試みられたい.) ——

Killing 形式に関してつぎの性質は基本的である.

補題 2.7 (i) $\Phi([X, Y], Z)+\Phi(Y, [X, Z])=0 \qquad (X, Y, Z \in \mathfrak{g})$,

あるいは, $\mathfrak{g}$ が Lie 群 G の Lie 環であるとき

$$\Phi(Ad(g)Y, Ad(g)Z) = \Phi(Y, Z) \qquad (g \in G;\ Y, Z \in \mathfrak{g}).$$

さらに, 一般に任意の $\sigma \in \mathrm{Aut}\,(\mathfrak{g})$ に対して

$$\Phi(\sigma(Y), \sigma(Z)) = \Phi(Y, Z) \qquad (Y, Z \in \mathfrak{g})$$

が成り立つ.

(ii) $\mathfrak{g}=\mathfrak{g}_1 \dotplus \mathfrak{g}_2$ (イデアルの直和) であるとき, $\mathfrak{g}_1$ と $\mathfrak{g}_2$ とは Φ に関して直交する. すなわち

$$\Phi(\mathfrak{g}_1, \mathfrak{g}_2) = \{0\}.$$

したがって, $\mathfrak{g}_i$ の Killing 形式を Φ_i $(i=1, 2)$ とするとき, $\mathfrak{g}_1, \mathfrak{g}_2$ のそれぞれの基底に関する行列表示の意味で $\Phi=\Phi_1 \dotplus \Phi_2$ と分解する.

(iii) $\mathfrak{h}$ を $\mathfrak{g}$ のイデアル, $\mathfrak{h}$ の Killing 形式を $\Phi_{\mathfrak{h}}$ とするとき

$$\Phi(X, Y) = \Phi_{\mathfrak{h}}(X, Y) \qquad (X, Y \in \mathfrak{h}).$$

証明 (i) 最初の式は, 一般に行列 A, B に対して $\mathrm{trace}\,(AB)=\mathrm{trace}\,(BA)$ であることだけからでる. 第二の式は G が連結の場合は (Schreier の定理により) $g=\exp X$ の場合に示せばよい. すなわち公式 $Ad(\exp X)=\exp ad(X)$ と例

1.11 の論法とを組合わせれば第一の式よりでる．しかし，$Ad(g)$ は $\mathfrak{g}$ の自己同型であるから，これは第三の式の特別の場合である．そこで，$\sigma \in \mathrm{Aut}(\mathfrak{g})$ を任意にとり，これが自己同型であることを書き直せば，$\sigma\cdot ad(X)=ad(\sigma(X))\cdot\sigma$ $(X\in\mathfrak{g})$ となる．したがって，

$$ad(\sigma(Y))=\sigma\cdot ad(Y)\cdot\sigma^{-1},\qquad ad(\sigma(Z))=\sigma\cdot ad(Z)\cdot\sigma^{-1}.$$

すなわち，

$$ad(\sigma(Y))ad(\sigma(Z))=\sigma\cdot\{ad(Y)ad(Z)\}\cdot\sigma^{-1}.$$

両辺のトレースをとれば，求める式を得る．

(ii)　$X_i\in\mathfrak{g}_i$ $(i=1,2)$ とする．$[\mathfrak{g}_1,\mathfrak{g}_2]=\{0\}$ より任意の $Y\in\mathfrak{g}$ に対して

$$ad(X_1)\cdot ad(X_2)\,Y=0$$

となることは明らかである．すなわち，$ad(X_1)ad(X_2)=0$. ゆえに $\Phi(X_1,X_2)=0$. したがって $X=X_1+X_2$,　$Y=Y_1+Y_2$ $(X_i,\,Y_i\in\mathfrak{g}_i)$ に対して

$$\Phi(X,\,Y)=\Phi_1(X_1,\,Y_1)+\Phi_2(X_2,\,Y_2)$$

が成り立つ．

(iii)　$ad(X),ad(Y)$ が $\mathfrak{h}$ を不変にすることから明らかである．∎

最初の目標とする定理は例 2.3 のつぎの形での一般化である．

定理 2.3 (Cartan)　Lie 環 $\mathfrak{g}$ が半単純なるための必要かつ充分な条件は $\mathfrak{g}$ の Killing 形式 Φ が非退化 (non-degenerate) なることである．

注意 2.1　例 2.3 に挙げた典型 Lie 環はこの定理とその Killing 形式の形から半単純なることがわかるのである．さらにそれらは $\mathfrak{o}(4,\boldsymbol{F})$ を除いて単純 Lie 環であることが知られている．(注意 3.7 を参照.) ——

さて，上の Cartan の定理の証明であるが，これも短くはない．§3.1 の結果 (注意 3.2, 定理 3.4) が必要である．まず，$\mathfrak{g}$ が半単純とする．$\mathfrak{g}$ は単純イデアルの直和であるから上の補題 2.7 (ii) により $\mathfrak{g}$ は単純としてよい．このとき

$$\mathfrak{h}=\{X\in\mathfrak{g}\,|\,\Phi(X,\mathfrak{g})=\{0\}\}$$

とおけば，やはり同じ補題の (i) により $\mathfrak{h}$ は $\mathfrak{g}$ のイデアルである．したがって，$\mathfrak{h}=\mathfrak{g}$ または $\mathfrak{h}=\{0\}$ となる．前者の場合は Φ は恒等的に 0 となり，定理 3.4 に反する．実際，$[\mathfrak{g},\mathfrak{g}]=\mathfrak{g}$ より $\mathfrak{g}$ は可解ではないからである．後者の場合には Φ は非退化である．そこで逆に Φ が非退化とする．このとき $\mathfrak{g}$ は $\{0\}$ 以外の可換イデアル $\mathfrak{a}$ をもたないことを示そう．それは §3.1 (注意 3.2) で説明するように，

$\mathfrak{g}$ が半単純なることと同値であるからである．いま $\mathfrak{a}$ を $\mathfrak{g}$ の可換なイデアルとし，$X\in\mathfrak{a}$，$Y\in\mathfrak{g}$ を任意にとると，これに対して $ad(X)ad(Y)(\mathfrak{g})\subset\mathfrak{a}$ であるから

$$\Phi(X, Y) = \operatorname{trace}(ad(X)ad(Y))|_{\mathfrak{a}}$$

となる．一方，X, Y の他に $Z\in\mathfrak{a}$ を任意にとると，$[X,[Y,Z]]=0$ であるから，$ad(X)ad(Y)|_{\mathfrak{a}}=0$．ゆえに，$\Phi(X, Y)=0$ $(X\in\mathfrak{a}, Y\in\mathfrak{g})$ となるから，Φ が非退化ならば $\mathfrak{a}=\{0\}$ とならざるをえない．

仮定した事項の説明を継続することは第3章に譲って，上記定理から直ちに従うつぎの重要な系を述べておく．

定理 2.3 の系 半単純 Lie 環 $\mathfrak{g}$ の微分作用素は必ず内部微分作用素である．

証明 D を $\mathfrak{g}$ の任意の微分作用素とする．$\mathfrak{g}$ の(非退化) Killing 形式 Φ を用いて，

$$\operatorname{trace}(D\cdot ad(X)) = \Phi(Z, X) \qquad (X\in\mathfrak{g})$$

によって $Z\in\mathfrak{g}$ を決めることができる．この Z に対して，$D=ad(Z)$ となることを示そうというのである．それは Φ の非退化性より任意の $X, Y\in\mathfrak{g}$ に対して

$$\Phi(D(X), Y) = \Phi(ad(Z)X, Y)$$

が成立することと同値である．そこで，この式の左辺を計算すると，$[D, ad(X)]=ad(D(X))$ が成り立つから，

$$\begin{aligned}\Phi(D(X), Y) &= \operatorname{trace}\{ad(D(X))ad(Y)\}\\ &= \operatorname{trace}\{[D, ad(X)]\cdot ad(Y)\}\\ &= \operatorname{trace}\{D\cdot[ad(X), ad(Y)]\}\\ &= \operatorname{trace}\{D\cdot ad([X, Y])\}\\ &= \Phi(Z, [X, Y])\\ &= \Phi([Z, X], Y)\\ &= \Phi(ad(Z)X, Y)\end{aligned}$$

となる．▌

例1.11によれば，Lie 環 $\mathfrak{g}$ の自己同型群 $\mathrm{Aut}(\mathfrak{g})$ の Lie 環 $\mathfrak{d}(\mathfrak{g})$ は $\mathfrak{g}$ の微分作用素の全体である．$\mathfrak{g}$ が半単純の場合には上の結果により $\mathfrak{d}(\mathfrak{g})=ad(\mathfrak{g})$ なのであるが，一方，$ad(\mathfrak{g})$ は $\mathrm{Aut}(\mathfrak{g})$ の Lie 部分群である随伴群 $Ad(\mathfrak{g})$ の Lie 環であった．(§2.1参照.) したがってこの場合(必ずしも連結でない) $\mathrm{Aut}(\mathfrak{g})$ の Lie 環は $ad(\mathfrak{g})$ $(\cong\mathfrak{g})$ となることがわかったのである．この事実は重要である．すな

わち $Ad(\mathfrak{g})$ は $\mathrm{Aut}(\mathfrak{g})$ の単位元の連結成分なのである.

以上は単に半単純な Lie 環が Killing 形式で特徴づけられることを説明したのであるが, さらに $\mathfrak{g}$ がコンパクト Lie 群 G の Lie 環である場合を考察する. つぎの定理は G のコンパクト性という‘位相的性質’が $\mathfrak{g}$ の‘代数的性質’によって特徴づけられる, という点に重要性がある.

定理 2.4 (Weyl) 実半単純 Lie 環 $\mathfrak{g}$ についてつぎの諸条件はすべて同値である:

(i) $\mathfrak{g}$ に対応する単連結 Lie 群を $\tilde{G}$ とすると, $\tilde{G}$ はコンパクトである. したがって, $\mathfrak{g}$ を Lie 環とする任意の Lie 群 G は(定理 1.4 により $\tilde{G}$ の商群であるから)コンパクトである.

(ii) $Ad(\mathfrak{g})$ $(\cong Ad(\tilde{G}))$ はコンパクトである.

(iii) $\Phi(X)=\Phi(X,X)$ は負定値2次形式である.

さらに, この場合 $\tilde{G}$ の中心 $\tilde{Z}$ は有限群である.

例 2.4 $\mathfrak{g}=\mathfrak{su}(n)$ $(n\geqq 2)$ のとき $\Phi(X)=-2n\cdot\mathrm{trace}\,({}^t\bar{X}X)$, $\mathfrak{g}=\mathfrak{o}(n,\boldsymbol{R})$ $(n\geqq 3)$ のとき, $\Phi(X)=-(n-2)\cdot\mathrm{trace}\,({}^tXX)$, $\mathfrak{g}=\mathfrak{sp}(n)$ $(n\geqq 1)$ のとき, $\Phi(X)=-(2n+2)\cdot\mathrm{trace}\,({}^t\bar{X}X)$ である. これらがすべて負定値であることは明白である. $\mathrm{trace}\,({}^t\bar{X}X)=\|X\|^2>0$ $(X\neq 0)$ であったことを想起すればよい. ——

まず (i)$\Longrightarrow$(ii) は $Ad(\mathfrak{g})$ の Lie 環が $ad(\mathfrak{g})$ $(\cong\mathfrak{g})$ なることと, §1.3 の被覆群の一般論から明らかである. すなわち, 射影 $\pi:\tilde{G}\to Ad(\tilde{G})=Ad(\mathfrak{g})$ が上への写像であるから $Ad(\mathfrak{g})$ もコンパクトである. つぎに, (ii)$\Longrightarrow$(iii) については, $Ad(\mathfrak{g})$ がコンパクトならば, $\mathfrak{g}$ 上に群 $Ad(\mathfrak{g})$ で不変な内積 $\langle X, Y\rangle$ を考えると, これは $ad(\mathfrak{g})$ でもつぎの意味で不変である:

$$\langle ad(Z)X, Y\rangle+\langle X, ad(Z)Y\rangle=0 \qquad (X, Y, Z\in\mathfrak{g}).$$

すなわち $ad(Z)$ は内積 $\langle\ ,\ \rangle$ に関して歪対称であるから, 線型代数で周知の如く $ad(Z)$ の固有値はすべて純虚数であるが, $Z\neq 0$ ならばこのなかに 0 でないものが存在する. したがって

$$\Phi(Z)=\mathrm{trace}\,(ad(Z)^2)<0 \qquad (Z\neq 0)$$

となる. また (iii)$\Longrightarrow$(ii) については, $\mathfrak{g}$ の任意の自己同型 σ が $\mathfrak{g}$ の Killing 形式 Φ を不変にすること(補題 2.7 (i))から $\mathrm{Aut}(\mathfrak{g})$ は(負)定値2次形式 Φ に関する直交群 $O(\Phi)=O(d,\boldsymbol{R})$ の閉部分群となる(例 1.11). したがってコンパクト群

である．一方，$Ad(\mathfrak{g})$ は $\mathrm{Aut}(\mathfrak{g})$ の単位元の連結成分であるから，やはりコンパクトとなる．最後に (ii)⟹(i) を示そう．それには連結半単純コンパクト Lie 群 G の基本群 $\pi_1(G)$ は有限であることを示せば充分である．この事実の証明はいくつかあるが，ここでは対称空間の理論(後篇を参照)を用いた幾何学的証明を述べよう．

まず，向きづけ可能なコンパクト Riemann 対称空間 (M, g) に対してこれを Riemann 対称対 (H, K) (H は (M, g) に等長変換で作用するコンパクト連結 Lie 群)によって $M=H/K$ と表示したとき，M 上の微分形式が調和形式であることと H 不変であることとは同値であることを示そう．調和形式 ω に対して，H の正規化された Haar 測度 dh を用いて

$$\omega_0 = \int_H h\cdot\omega dh$$

(ここに $h\cdot\omega$ は H の自然な作用を表わす)とおく．ω_0 も調和形式であるが，H が連結であることから ω は ω_0 にコホモロガスであることが判る．したがって Hodge の定理より $\omega=\omega_0$ となるが，定義より ω_0 は H 不変であるから ω も H 不変である．逆に ω が H 不変ならば $d\omega=0$ である(後篇，第2章，問題7)．d の随伴作用素 δ は符号を除いて $*d*$ に一致するが，$*\omega$ は H 不変だから同じ理由で $d*\omega=0$．したがって $\delta\omega=0$ となる．これらは ω が調和形式であることを意味する．

さて，われわれの問題に戻ろう．補題1.5より $\pi_1(G)$ は可換群であるから

$$H_1(G, \boldsymbol{Z}) \cong \pi_1(G)/[\pi_1(G), \pi_1(G)] \cong \pi_1(G).$$

したがって G の第1 Betti 数が0になることを示せば充分である．そこで§2.2の最後の議論のように G 上に両側不変 Riemann 計量 g を導入して，Riemann 対称空間 (G, g) を考える．この場合 $H=G\times G$，$K=\{(a, a)\,|\,a\in G\}$ によって $G=H/K$ と表示される．したがって，上述した事実から G の第1 Betti 数は G 上の両側不変な1次微分形式のなす空間 A^G の次元に等しい．左不変ベクトル場の場合と同様な対応によって，A^G は

$$(\mathfrak{g}^*)^G = \{\omega\in\mathfrak{g}^*\,|\,\omega(Ad(g)X)=\omega(X)\ (g\in G, X\in\mathfrak{g})\}$$

と同一視される．ところが Φ は負定値であったから，各 $\omega\in\mathfrak{g}^*$ に

$$\Phi(X, Y) = \omega(Y) \qquad (Y\in\mathfrak{g})$$

で定まる $X\in\mathfrak{g}$ を対応させることによって $\mathfrak{g}^*$ は $\mathfrak{g}$ と線型同型になるが，G が連結であることに注意すれば，この対応で $(\mathfrak{g}^*)^G$ は $\mathfrak{g}$ の中心 $\mathfrak{z}$ に移ることが判る．ところが $\mathfrak{z}=\{0\}$ であったから $A^G=\{0\}$，したがって G の第1 Betti 数は0である．▮

定義 2.4 定理2.4に基づいて Killing 形式 Φ が負定値であるような実半単純 Lie 環を**コンパクト**であるという．ゆえに，例2.4に挙げた典型 Lie 環はみなコンパクトである．

§2.4 非コンパクト半単純 Lie 群の構造

以上でコンパクト Lie 群の議論は，Lie 環へ移ることになり，そこではとくにコンパクト半単純 Lie 群が本質的であることが判った．そこでつぎに，コンパクトでない半単純 Lie 群(さらには可約 Lie 群)の構造についてもっとも基本的と思われる部分を付け加えて本章の締めくくりとする．とくに Cartan-岩沢の定理の原形ともいうべき実例と一般の定式化とを述べておく．

まず，理解の便利のために，$GL(n,\boldsymbol{R})$ の場合から説明するのが都合がよい．そのために $GL(n,\boldsymbol{R})$ の二つの部分多様体：

$$T^+(n,\boldsymbol{R}) = \{g=(g_{ij})\in GL(n,\boldsymbol{R})\,|\,g_{ij}=0\ (i>j),\ g_{ii}>0\},$$
$$P(n,\boldsymbol{R}) = \{g\in GL(n,\boldsymbol{R})\,|\,{}^tg=g,\ g>0\ (\text{正定値})\}$$

を考える．前者は同時に閉 Lie 部分群であって，その Lie 環は上半三角行列の全体のなすベクトル空間：

$$\mathfrak{t}^+(n,\boldsymbol{R}) = \{X=(x_{ij})\in \boldsymbol{M}(n,\boldsymbol{R})\,|\,x_{ij}=0\ (i>j)\}$$

である．また後者については対称行列全体のなすベクトル空間：

$$\mathfrak{s}(n,\boldsymbol{R}) = \{X\in \boldsymbol{M}(n,\boldsymbol{R})\,|\,{}^tX=X\}$$

を考える．いずれの場合にも指数写像 exp によって

$$\exp:\ \mathfrak{t}^+(n,\boldsymbol{R}) \longrightarrow T^+(n,\boldsymbol{R}),\qquad \mathfrak{s}(n,\boldsymbol{R}) \longrightarrow P(n,\boldsymbol{R})$$

となることは線型代数の簡単な問題にすぎないが，これはさらに C^∞ 同型であることも逆写像 log を考えれば明らかであろう．すなわち $T^+(n,\boldsymbol{R})$，$P(n,\boldsymbol{R})$ はともに多様体として $\boldsymbol{R}^m$ $(m=n(n+1)/2)$ に C^∞ 同型である．これらに対して，つぎの事実が成り立つことを注意したい．

補題 2.8 $GL(n,\boldsymbol{R})$ は下に述べる通りの方法で一意的に分解される：

(a)　$GL(n,\boldsymbol{R})=O(n,\boldsymbol{R})\cdot P(n,\boldsymbol{R})$,

(b)　$GL(n,\boldsymbol{R})=O(n,\boldsymbol{R})\cdot T^+(n,\boldsymbol{R})$.

しかもこの分解は C^∞ 多様体としての直積を与える．(分解の順序は逆になってもよい.) ——

実際，分解(b)は線型代数で周知の Gram-Schmidt の正規直交化法をそのまま書き直したものにすぎない．そこで分解(a)について述べる．いま $GL(n,\boldsymbol{R})$ の任意の元 g に対して ${}^t gg$ を考えると，これは明らかに正定値対称行列であるから適当な $h\in O(n,\boldsymbol{R})$ をとれば対角化されて，$h({}^t gg)h^{-1}=\mathrm{diag}(\lambda_1{}^2,\cdots,\lambda_n{}^2)$ $(\lambda_i>0)$ の形に書ける．したがって $p=({}^t gg)^{1/2}\in P(n,\boldsymbol{R})$ を

$$p=h\cdot\mathrm{diag}(\lambda_1,\cdots,\lambda_n)\cdot h^{-1}$$

で定義し，さらに $k=gp^{-1}$ とおく．すると ${}^t kk=p^{-1}({}^t gg)p^{-1}=I_n$ となるから，$k\in O(n,\boldsymbol{R})$．ゆえに $g=kp$ となるが，この分解の定義から，対応 $(k,p)\to kp$ が $O(n,\boldsymbol{R})\times P(n,\boldsymbol{R})\to GL(n,\boldsymbol{R})$ なる C^∞ 同型を与えることはほとんど明白であろう．

以上の分解を $SL(n,\boldsymbol{R})$ に制限して考えると，

$(\mathrm{a})_1$　$SL(n,\boldsymbol{R})=SO(n,\boldsymbol{R})\cdot P_1(n,\boldsymbol{R})$;　$P_1(n,\boldsymbol{R})=P(n,\boldsymbol{R})\cap SL(n,\boldsymbol{R})$,

$(\mathrm{b})_1$　$SL(n,\boldsymbol{R})=SO(n,\boldsymbol{R})\cdot T_1{}^+(n,\boldsymbol{R})$;　$T_1{}^+(n,\boldsymbol{R})=T^+(n,\boldsymbol{R})\cap SL(n,\boldsymbol{R})$

となる．ここで，$O(n,\boldsymbol{R}), SO(n,\boldsymbol{R})$ はコンパクト部分群であり，$T_1{}^+(n,\boldsymbol{R})$，$P_1(n,\boldsymbol{R})$ は多様体として $\boldsymbol{R}^{m-1}$ $(m=n(n+1)/2)$ に C^∞ 同型である．これらの分解から $O(n,\boldsymbol{R})$ (または $SO(n,\boldsymbol{R})$) が $GL(n,\boldsymbol{R})$ (または $SL(n,\boldsymbol{R})$) の極大コンパクト部分群であることが導かれる．実際，$K\supset O(n,\boldsymbol{R})$ が $GL(n,\boldsymbol{R})$ のコンパクト部分群であるとすれば

$$K=O(n,\boldsymbol{R})\cdot(K\cap T^+(n,\boldsymbol{R}))$$

と書けるが，$K\cap T^+(n,\boldsymbol{R})=\{I_n\}$ となるからである．この事実は，$T^+(n,\boldsymbol{R})$ のコンパクト部分群が $\{I_n\}$ 以外に存在しないことから導かれる．

注意 2.2　補題 2.8(a) をもう少し一般化することができることが分っている．すなわち，典型群を特別の場合として含む或る種の実代数群 $G\subset GL(n,\boldsymbol{R})$ に対して自己随伴性 (self-adjointness) なる性質を仮定する．すなわち

$${}^t G=G$$

となる場合を考えるのである．このような G に対しては，任意の $g\in G$ に対し

て ${}^t gg \in G$ であるから，前と同じ議論が成立して $({}^t gg)^{1/2}=p \in G$ なることが G が代数群であるという事実を用いて示される．したがって，$k=gp^{-1} \in G$ となり，

$$g = kp;\quad k \in K = G \cap O(n, \boldsymbol{R}),\qquad p \in P = G \cap P(n, \boldsymbol{R}) = \exp \mathfrak{m},$$

ここで $\mathfrak{m}=\mathfrak{g} \cap \mathfrak{s}(n, \boldsymbol{R})$，なる分解が得られる．$K$ はやはり G の極大コンパクト部分群であり，P は $\mathfrak{m}$ に C^∞ 同型で，多様体として

$$G \cong K \times \mathfrak{m}$$

となる．この証明は後篇，補題 3.2 を見られたい．——

一般の連結半単純 Lie 群 G についても，G の中心が有限群のときは，同様の性質が示される．

定理 2.5 G を連結半単純 Lie 群でその中心が有限群であるものとする．

(a) (Cartan) $G=K \exp \mathfrak{m}$，ここで K は G の極大コンパクト部分群，$\mathfrak{m}$ は K の Lie 環 $\mathfrak{k}$ の Killing 形式に関する直交補空間 $\mathfrak{m}=\{X \in \mathfrak{g} \mid \Phi(X, \mathfrak{k})=\{0\}\}$ である．さらに $K \times \mathfrak{m} \ni (k, X) \to k \exp X \in G$ は多様体としての C^∞ 同型である．

(b) (岩沢) $G=K \cdot A \cdot N$，ここで K は G の極大コンパクト部分群，A は G の閉可換部分群，N は同じく閉巾零部分群であって $S=A \cdot N$ とおくとこれまた G の閉可解部分群で N を正規部分群として含む．(用語：巾零，可解については第 3 章を参照.) 以上の分解は一意的で，多様体としては $G \cong K \times S$, $S \cong A \times N$. S, A, N はいずれも単連結であって，その構造は第 3 章(Chevalley の定理)に説明するように Euclid 空間に C^∞ 同型である．とくに A はベクトル群に同型である．S は G の**岩沢部分群**と呼ばれる．——

たとえば $G=SL(n, \boldsymbol{R})$ の場合に対応する部分集合，部分群は

$$K = SO(n, \boldsymbol{R}),\qquad \exp \mathfrak{m} = P_1(n, \boldsymbol{R}),$$

$$\mathfrak{m} = \mathfrak{s}_0(n, \boldsymbol{R}) = \{X \in \boldsymbol{M}(n, \boldsymbol{R}) \mid {}^t X = X,\ \operatorname{trace} X = 0\},$$

$$S = T_1{}^+(n, \boldsymbol{R}),$$

$$A = \left\{\operatorname{diag}(a_1, \cdots, a_n) \,\middle|\, a_i > 0,\ \prod_{i=1}^n a_i = 1\right\} \cong (\boldsymbol{R}^+)^{n-1},$$

$$N = \left\{\begin{bmatrix} 1 & & * \\ & \ddots & \\ 0 & & 1 \end{bmatrix}\right\}$$

である．

ここでは(a)の証明を与える．一般に実半単純 Lie 環 $\mathfrak{g}$ に対して，回帰的(すなわち $\sigma^2=\mathrm{id}$) な自己同型 σ であって

$$\mathfrak{k} = \{X \in \mathfrak{g} \mid \sigma(X)=X\},$$
$$\mathfrak{m} = \{X \in \mathfrak{g} \mid \sigma(X)=-X\}$$

とおくとき $\Phi|_{\mathfrak{k}}$ は負定値，$\Phi|_{\mathfrak{m}}$ は正定値となるものが存在する(定理3.9)．このとき $\mathfrak{g}=\mathfrak{k}\dot{+}\mathfrak{m}$ (ベクトル空間としての直和)，$\mathfrak{m}=\{X \in \mathfrak{g} \mid \Phi(X, \mathfrak{k})=\{0\}\}$ となる．$ad: \mathfrak{g}\to\mathfrak{gl}(\mathfrak{g})$ を随伴表現とし

$$\hat{\mathfrak{g}} = ad(\mathfrak{g}), \quad \hat{\mathfrak{k}} = ad(\mathfrak{k}), \quad \hat{\mathfrak{m}} = ad(\mathfrak{m})$$

とおく．また $\hat{G}=Ad(\mathfrak{g})\subset GL(\mathfrak{g})$ とし，$\hat{\mathfrak{k}}$ で生成される $\hat{G}$ の連結 Lie 部分群を $\hat{K}$ で表わす．つぎに

$$\langle X, Y\rangle = -\Phi(X, \sigma Y) \qquad (X, Y \in \mathfrak{g})$$

とおくと，上記の Killing 形式 Φ の性質より $\langle\ ,\ \rangle$ は $\mathfrak{g}$ 上の内積になる．さらに各 $\phi \in \mathrm{Aut}(\mathfrak{g})$ に対して

(1)　$\langle\phi(X), Y\rangle = \langle X, \sigma^{-1}\phi^{-1}\sigma(Y)\rangle \qquad (X, Y \in \mathfrak{g}),$

したがって，とくに $\phi(\mathfrak{k})=\mathfrak{k}$，すなわち $\sigma\phi=\phi\sigma$ ならば

(2)　$\langle\phi(X), \phi(Y)\rangle = \langle X, Y\rangle \qquad (X, Y \in \mathfrak{g}),$

また各 $Z \in \mathfrak{m}$ に対して

(3)　$\langle[Z, X], Y\rangle = \langle X, [Z, Y]\rangle \qquad (X, Y \in \mathfrak{g})$

が成り立つことが確かめられる．そこで $\langle\ ,\ \rangle$ に関する正規直交基底を一組とって $GL(\mathfrak{g})=GL(d, \boldsymbol{R})$ と同一視すれば(1), (2), (3)より

$$\hat{K} \subset \hat{G}\cap O(d, \boldsymbol{R}), \quad \hat{\mathfrak{k}} = \hat{\mathfrak{g}}\cap \mathfrak{o}(d, \boldsymbol{R}),$$
$$\hat{\mathfrak{m}} = \hat{\mathfrak{g}}\cap \mathfrak{s}(d, \boldsymbol{R}),$$
$${}^t\mathrm{Aut}(\mathfrak{g}) = \mathrm{Aut}(\mathfrak{g})$$

が成り立つ．$\mathrm{Aut}(\mathfrak{g})$ は $GL(d, \boldsymbol{R})$ の実代数群だから注意2.2より分解:

$$\mathrm{Aut}(\mathfrak{g}) = (\mathrm{Aut}(\mathfrak{g})\cap O(d, \boldsymbol{R}))\exp\hat{\mathfrak{m}}$$

を得る．$\mathrm{Aut}(\mathfrak{g})$ の単位元の連結成分 $\hat{G}$ に移って $\hat{G}$ の分解

$$\hat{G} = (\hat{G}\cap O(d, \boldsymbol{R}))\exp\hat{\mathfrak{m}}$$

を得る．したがって $\hat{G}\cap O(d, \boldsymbol{R})$ は連結で，またその Lie 環は $\hat{\mathfrak{k}}$ に一致していたから，実は $\hat{K}=\hat{G}\cap O(d, \boldsymbol{R})$ である．結局 $\hat{G}$ の分解:

(4)　$\hat{G} = \hat{K}\exp\hat{\mathfrak{m}}$

を得た．$GL(n, \boldsymbol{R})$ の場合と同様に，$\exp\hat{\mathfrak{m}}$ がコンパクト群を含まないことより $\hat{K}$ が $\hat{G}$ の極大コンパクト部分群であることが証明される．したがって $\hat{G}$ については求める分解が得られた．

分解(4)を用いてわれわれの群 G についての分解定理を証明しよう．$\mathfrak{k}$ で生成される G の連結 Lie 部分群を K^0，G の中心を Γ とし，K^0 と Γ から生成される G の部分群を K で表わす．ここで Γ は上への準同型 $Ad: G \to \hat{G}$ の核であることに注意しよう．K^0 の Ad による像は $\hat{K}$ に一致するから K についても同じである．したがって $K/\Gamma \cong \hat{K}$ となるから，Γ の有限性より K は G のコンパクト Lie 部分群となり，K^0 は K の単位元の連結成分に一致する．したがって K の Lie 環は $\mathfrak{k}$ に一致する．まず，

$$\varphi(k, X) = k \exp X \qquad (k \in K, X \in \mathfrak{m})$$

によって定義される C^∞ 写像 $\varphi: K \times \mathfrak{m} \to G$ は全単射であることを示そう．任意の $g \in G$ をとる．分解(4)より

$$Ad(g) = \hat{k} \exp \hat{X} \qquad (\hat{k} \in \hat{K},\ \hat{X} \in \hat{\mathfrak{m}})$$

と書ける．これに対して $k \in K^0$ と $X \in \mathfrak{m}$ が存在して $Ad(k) = \hat{k}$，$ad(X) = \hat{X}$ と書ける．このとき

$$Ad(k \exp X) = \hat{k} \exp \hat{X} = Ad(g)$$

となるから，$\gamma \in \Gamma$ が存在して $\gamma k \exp X = g$ となる．$\gamma k \in K$ だから，これは φ が全射であることを示している．つぎに $k_1, k_2 \in K$，$X_1, X_2 \in \mathfrak{m}$ に対して

$$k_1 \exp X_1 = k_2 \exp X_2$$

であるとすれば，$Ad(k_1) \exp ad(X_1) = Ad(k_2) \exp ad(X_2)$ $(Ad(k_1), Ad(k_2) \in \hat{K}$, $ad(X_1), ad(X_2) \in \hat{\mathfrak{m}})$ となるから分解(d)の一意性から $ad(X_1) = ad(X_2)$，したがって $X_1 = X_2$ となる．よって $k_1 = k_2$ も得られる．これは φ が単射であることを示している．

したがって，分解(4)が C^∞ 同型であることと，$Ad: G \to \hat{G}$ が局所 C^∞ 同型であることを考慮に入れれば，φ が C^∞ 同型であることがわかる．K が G の極大コンパクト部分群であることは前と同様である．

注意 2.3 Mostow によれば，定理 2.5 は G が連結でなくとも連結成分が有限個であれば成り立つ．たとえば，$GL(n, \boldsymbol{R})$（補題 2.8 の場合），$O(n, \boldsymbol{C})$ などいずれも二つの連結成分をもつ．上記定理は G の位相的性質がその極大コンパ

クト部分群 K のそれに帰着させられることを示している．すなわち，多様体としての G は

$$G \cong K \times \boldsymbol{R}^m.$$

例として，応用上重要な実半単純 Lie 環 $\mathfrak{g}$ の自己同型群 $\mathrm{Aut}(\mathfrak{g})$ の分解定理をあげておこう．$\mathfrak{g}=\mathfrak{k}\dotplus\mathfrak{m}$ を定理 2.5 (a) の証明中のような分解，

$$K = \{\phi \in \mathrm{Aut}(\mathfrak{g}) | \phi(\mathfrak{k}) = \mathfrak{k}\}$$

とおくと

(i) $\mathrm{Aut}(\mathfrak{g}) = K\cdot \exp ad(\mathfrak{m})$

と一意的に分解されて，$\mathrm{Aut}(\mathfrak{g})$ は $K\times\mathfrak{m}$ に C^∞ 同型である．

実際，定理 2.5 (a) の証明中に示したように

$$\mathrm{Aut}(\mathfrak{g}) = (\mathrm{Aut}(\mathfrak{g}) \cap O(d, \boldsymbol{R})) \exp \hat{\mathfrak{m}}$$

と分解できたが，同証明中の (2) より $K\subset \mathrm{Aut}(\mathfrak{g}) \cap O(d, \boldsymbol{R})$ が成り立ち，逆に $\phi \in \mathrm{Aut}(\mathfrak{g}) \cap O(d, \boldsymbol{R})$ を任意にとれば，同証明中の (1) より ${}^t\phi=\sigma^{-1}\phi^{-1}\sigma$．一方，$\phi \in O(d, \boldsymbol{R})$ より ${}^t\phi=\phi^{-1}$ であるから $\sigma\phi=\phi\sigma$．すなわち $\phi \in K$ を得る．したがって

$$K = \mathrm{Aut}(\mathfrak{g}) \cap O(d, \boldsymbol{R})$$

となるからである．

同様にして，以下のように複素半単純 Lie 環 $\mathfrak{g}_C$ の複素自己同型群 $\mathrm{Aut}(\mathfrak{g}_C)$ の分解定理が得られる：$\mathfrak{g}_u$ を $\mathfrak{g}_C$ のコンパクトな実 Lie 部分環で

$$\mathfrak{g}_C = \mathfrak{g}_u \dotplus \sqrt{-1}\,\mathfrak{g}_u, \qquad \mathfrak{g}_u \cap \sqrt{-1}\,\mathfrak{g}_u = \{0\}$$

となるものとする．

$$K = \{\phi \in \mathrm{Aut}(\mathfrak{g}_C) | \phi(\mathfrak{g}_u) = \mathfrak{g}_u\} \cong \mathrm{Aut}(\mathfrak{g}_u)$$

とおくと

(ii) $\mathrm{Aut}(\mathfrak{g}_C) = K\cdot \exp ad(\sqrt{-1}\,\mathfrak{g}_u)$

と一意的に分解されて，$\mathrm{Aut}(\mathfrak{g}_C)$ は $K\times\mathfrak{g}_u$ に C^∞ 同型になる．

これの証明には，$\mathfrak{g}_C$ を実ベクトル空間とみなしての一般線型群を $GL((\mathfrak{g}_C)_{\boldsymbol{R}})$ と表わすとき，$\mathrm{Aut}(\mathfrak{g}_C)$ は $GL((\mathfrak{g}_C)_{\boldsymbol{R}})$ の実代数群とみなせることを用いて同様の議論を行えばよい．

上記の分解の単位元の連結成分をとれば，分解：

(iii) $Ad(\mathfrak{g}_C) = K^0\cdot \exp ad(\sqrt{-1}\,\mathfrak{g}_u)$

を得る．ただし

$$K^0 = \{\phi \in Ad(\mathfrak{g}_C) \mid \phi(\mathfrak{g}_u) = \mathfrak{g}_u\} \cong Ad(\mathfrak{g}_u)$$

であって，K^0 は K の単位元の連結成分に一致する．これは $Ad(\mathfrak{g}_C)$ に対する Cartan 分解(定理 2.5(a))に他ならない．

第3章　Lie 環論の概要

第2章でもしばしば述べてきたように Lie 群 G の構造，性質はおおむねその Lie 環 $\mathfrak{g}$ の代数的構造を通じて考究される．(すなわち Lie の理論.) したがって当然ながら Lie 環論の詳細は Lie 群論にとって本質的に重要な意味をもつ．また第2章に解説した理論を継続し，定理のいくつかに証明を与えるためにも一般の Lie 環の構造に関する議論から始めなければならない．

§3.1　可解 Lie 環と Levi 分解

最初に述べておく必要があるのはつぎの Levi 分解である．すなわち一般の Lie 環 $\mathfrak{g}$ に対して以下に説明するように，$\mathfrak{g}$ の根基と呼ばれる最大の可解イデアル $\mathfrak{r}$ が存在して，この根基 $\mathfrak{r}$ に対してつぎの基本的な分解が成り立つ．

定理 3.1 (Levi)　$\mathfrak{g}$ に対して或る半単純 Lie 部分環 $\mathfrak{s}$ が存在して，$\mathfrak{g}$ はベクトル空間としての直和:

$$\mathfrak{g} = \mathfrak{s} \dot{+} \mathfrak{r}, \qquad \mathfrak{s} \cap \mathfrak{r} = \{0\}$$

と分解される．($[\mathfrak{s}, \mathfrak{r}] \subset \mathfrak{r}$ であるからこのような分解を**半直和**という.) これを $\mathfrak{g}$ の一つの **Levi 分解**という．——

$\mathfrak{g}$ の Levi 分解は一意的ではない．しかし実際他の Levi 分解: $\mathfrak{g} = \mathfrak{s}' \dot{+} \mathfrak{r}$ があれば，$\mathfrak{g}$ の或る自己同型 σ が存在して $\sigma(\mathfrak{s}) = \mathfrak{s}'$ となる (Mal'cev-Chevalley).

定理 3.1 の証明は後に与えるが，ここでは簡単な実例を二，三示しておこう．ただし，Levi 分解は Lie 環論一般にとって基本的な定理であり，種々の定理の証明にも利用されるが，応用上，とくに Lie 群を用いる立場からはさして重要ではないようである．しかし伝統を尊重して，一通り説明する．

例 3.1　(i)　$\mathfrak{g}$ が可約 Lie 環の場合，§2.1 に述べた通り，$\mathfrak{g} = \mathfrak{z} \dot{+} \mathfrak{g}^{(1)}$ であって，これが Levi 分解を与える．すなわち $\mathfrak{r} = \mathfrak{z}$, $\mathfrak{s} = \mathfrak{g}^{(1)}$ でこの場合は分解はイデアルの直和である．

(ii)　G を $\boldsymbol{n}$ **次のアフィン変換群**，$\mathfrak{g}$ をその Lie 環とする．すなわち

$$G=\left\{\begin{bmatrix}1 & * & \cdots & * \\ 0 & & & \\ \vdots & & * & \\ 0 & & & \end{bmatrix}\in GL(n+1,\boldsymbol{F})\right\}$$

であるから，

$$\mathfrak{g}=\left\{\begin{bmatrix}0 & * & \cdots & * \\ 0 & & & \\ \vdots & & * & \\ 0 & & & \end{bmatrix}\in \boldsymbol{M}(n+1,\boldsymbol{F})\right\}$$

である．この場合，根基 $\mathfrak{r}$ および一つの半単純 Lie 部分環 $\mathfrak{s}$ はそれぞれつぎで与えられる．

$$\mathfrak{r}=\left\{\begin{bmatrix}0 & * & \cdots & * \\ 0 & a & & 0 \\ \vdots & & \ddots & \\ 0 & 0 & & a\end{bmatrix}\middle| a\in\boldsymbol{F}\right\},$$

$$\mathfrak{s}=\left\{\begin{bmatrix}0 & 0 & \cdots & 0 \\ 0 & & & \\ \vdots & & X & \\ 0 & & & \end{bmatrix}\middle| \operatorname{trace} X=0\right\}\cong\mathfrak{sl}(n,\boldsymbol{F}).$$

Levi 分解および根基の概念を確定するためには，可解，巾零などの Lie 環の概念を説明しておかねばならない．一般に Lie 環 $\mathfrak{g}$ が与えられたとき，その部分環(実はイデアル)の2種類の減少列:

$$\mathfrak{g}^{(1)}=[\mathfrak{g},\mathfrak{g}],\quad \mathfrak{g}^{(2)}=[\mathfrak{g}^{(1)},\mathfrak{g}^{(1)}],\quad \cdots,\quad \mathfrak{g}^{(k)}=[\mathfrak{g}^{(k-1)},\mathfrak{g}^{(k-1)}],\quad \cdots$$

および

$$\mathfrak{g}_{(1)}=[\mathfrak{g},\mathfrak{g}],\quad \mathfrak{g}_{(2)}=[\mathfrak{g},\mathfrak{g}_{(1)}],\quad \cdots,\quad \mathfrak{g}_{(k)}=[\mathfrak{g},\mathfrak{g}_{(k-1)}],\quad \cdots$$

を導入する．それらが Lie 部分環であること，および $\mathfrak{g}^{(k)}\subset\mathfrak{g}_{(k)}$ $(k=1,2,\cdots)$ なることは明らかである．さらに，これらは $\mathfrak{g}$ のイデアルとなることは Jacobi 律を用いて(k に関する帰納法によって)容易に確かめられよう: $[\mathfrak{g},\mathfrak{g}^{(k)}]\subset\mathfrak{g}^{(k)}$, $[\mathfrak{g},\mathfrak{g}_{(k)}]\subset\mathfrak{g}_{(k)}$ $(k=1,2,\cdots)$.

定義 3.1 $\mathfrak{g}^{(m)}=\{0\}$ となる $m>0$ があるとき，$\mathfrak{g}$ は**可解** (solvable)，また $\mathfrak{g}_{(m)}=\{0\}$ となる $m>0$ があるとき，$\mathfrak{g}$ は**巾零** (nilpotent) であるという．$\mathfrak{g}^{(k)}\subset\mathfrak{g}_{(k)}$ であったから，$\mathfrak{g}$ が巾零ならば可解であり，またもちろん可換であれば $\mathfrak{g}_{(1)}=\{0\}$

であるから巾零である．

例 3.2 $\mathfrak{gl}(n, \boldsymbol{F})$ の Lie 部分環として，

$$\mathfrak{t}^{\pm}(n, \boldsymbol{F}) = \{X=(x_{ij}) \in \mathfrak{gl}(n, \boldsymbol{F}) \mid x_{ij}=0,\ i>j\ (\text{あるいは}\ i<j)\},$$

$$\mathfrak{t}_0^{\pm}(n, \boldsymbol{F}) = \{X \in \mathfrak{t}^{\pm}(n, \boldsymbol{F}) \mid x_{ii}=0\ \ (1 \leqq i \leqq n)\}$$

とおくとき，$\mathfrak{t}^{\pm}(n, \boldsymbol{F})$ は $\mathfrak{g}=\mathfrak{gl}(n, \boldsymbol{F})$ の可解 Lie 部分環であり，$\mathfrak{t}_0^{\pm}(n, \boldsymbol{F})$ は巾零 Lie 部分環である．さらに $\mathfrak{t}_0^{\pm}(n, \boldsymbol{F})$ は $\mathfrak{t}^{\pm}(n, \boldsymbol{F})$ の導来部分環に一致することも容易に確認できる．

注意 3.1 (i) $\mathfrak{g}$ が可解ならば，$\mathfrak{g}$ は $\{0\}$ 以外に可換なイデアル $\mathfrak{a}$ をもつ．(ii) $\mathfrak{g}$ が巾零ならば，$\mathfrak{g}$ の中心 $\mathfrak{z}$ は $\{0\}$ ではない．(iii) $\mathfrak{g}^{(1)}$ が巾零ならば $\mathfrak{g}$ は可解である．

実際，(i) については $\mathfrak{g}^{(m-1)} \neq \{0\}$，$\mathfrak{g}^{(m)}=\{0\}$ のとき $\mathfrak{a}=\mathfrak{g}^{(m-1)}$ とおけばよい．また (ii) については同様に $\mathfrak{g}_{(m-1)} \neq \{0\}$，$\mathfrak{g}_{(m)}=\{0\}$ のとき $\mathfrak{g}_{(m-1)} \subset \mathfrak{z}$ である．(iii) はつぎの例 3.3 の特別の場合である．——

一般に，Lie 環 $\mathfrak{g}$ とそのイデアル $\mathfrak{h}$ が与えられたとき，商ベクトル空間 $\mathfrak{g}/\mathfrak{h}=\bar{\mathfrak{g}}$ が自然に Lie 環の構造をもつことはすでに注意した通りである．これについて，いわゆる‘準同型定理’，‘第 2 同型定理’など，普通の環について周知の定理がそのまま成立する事情も同様である．

例 3.3 Lie 環 $\mathfrak{g}$ のイデアル $\mathfrak{h}$ と，それによる商 Lie 環 $\mathfrak{g}/\mathfrak{h}$ を考えるとき，$\mathfrak{g}/\mathfrak{h}$, $\mathfrak{h}$ がともに可解ならば，$\mathfrak{g}$ も可解である．すなわち，可解性に関してはいわゆる拡大 (extension) の原理が成り立つ．これは準同型 $\pi: \mathfrak{g} \to \mathfrak{g}/\mathfrak{h}$ が交換子積を保つことから明らかである．すなわち $m>0$, $l>0$ が存在して $\mathfrak{g}^{(m)} \subset \mathfrak{h}$, $\mathfrak{h}^{(l)}=\{0\}$ とすれば，$\mathfrak{g}^{(m+l)}=\{0\}$ となることは明らかである．

巾零性に関する拡大の原理は以下の意味で成り立つ：$\mathfrak{h}$ が $\mathfrak{g}$ の中心に含まれるイデアルで $\mathfrak{g}/\mathfrak{h}$ が巾零ならば $\mathfrak{g}$ も巾零である．——

さて，ここで与えられた Lie 環 $\mathfrak{g}$ の可解イデアルを考察の対象とする．その中で最大の可解イデアルの存在を示さねばならない．

補題 3.1 任意の Lie 環 $\mathfrak{g}$ は最大の可解イデアル $\mathfrak{r}$ をもつ．それを $\mathfrak{g}$ の**根基** (radical) と呼ぶ．($\mathfrak{r}$ は結局，すべての可解イデアルの合併集合である.)

証明 $\mathfrak{g}$ の可解イデアルの中，次元の最大のものの一つをとり，それを $\mathfrak{r}$ と記す．そこでいま，任意の可解イデアル $\mathfrak{r}'$ をとり $\mathfrak{r}' \subset \mathfrak{r}$ を示せばよい．そのために

$\mathfrak{h}=\mathfrak{r}+\mathfrak{r}'$（ベクトル空間 $\mathfrak{g}$ の中での和）とおくと，もちろん $\mathfrak{h}$ は $\mathfrak{g}$ のイデアルであって，さらに可解である．実際，第2同型定理によって，

$$\mathfrak{h}/\mathfrak{r} \cong \mathfrak{r}'/\mathfrak{r}\cap\mathfrak{r}'$$

であり，右辺は可解であるから，上記例3.3によって，$\mathfrak{h}$ もまた可解となり，しかも $\mathfrak{h}\supset\mathfrak{r}$. ゆえに $\mathfrak{h}=\mathfrak{r}$. したがって，$\mathfrak{r}'\subset\mathfrak{r}$ であることが確認された．∎

注意 3.2　Lie 環 $\mathfrak{g}$ が半単純であることと，その根基 $\mathfrak{r}$ が $\{0\}$ であるということとは同値である．実際，$\mathfrak{g}$ が半単純ならば，

$$\mathfrak{g} = \mathfrak{g}_1\dot{+}\cdots\dot{+}\mathfrak{g}_m \qquad \mathfrak{g}_i\text{: 単純イデアル}$$

と分解される．$\pi_i:\mathfrak{g}\to\mathfrak{g}_i$ $(1\leqq i\leqq m)$ を各成分への射影とすれば，π_i は Lie 環の準同型である．したがって $\mathfrak{r}_i=\pi_i(\mathfrak{r})$ は $\mathfrak{g}_i$ の可解なイデアルである．$\mathfrak{g}_i$ は単純であるから，$\mathfrak{r}_i=\{0\}$ または $\mathfrak{r}_i=\mathfrak{g}_i$ となる．ところが $[\mathfrak{g}_i,\mathfrak{g}_i]=\mathfrak{g}_i$ であるから $\mathfrak{r}_i=\mathfrak{g}_i$ は生じなくて，$\mathfrak{r}_i=\{0\}$ $(1\leqq i\leqq m)$ となる．したがって $\mathfrak{r}=\{0\}$ である．逆に $\mathfrak{r}=\{0\}$ とする．$\mathfrak{g}$ の任意のイデアル $\mathfrak{h}$ に対して

$$\mathfrak{h}^\perp = \{X\in\mathfrak{g}\,|\,\Phi(X,\mathfrak{h})=\{0\}\} \qquad (\Phi\text{ は }\mathfrak{g}\text{ の Killing 形式})$$

とおくと，$\mathfrak{h}^\perp$ は $\mathfrak{g}$ のイデアルである．さらに $\mathfrak{h}\cap\mathfrak{h}^\perp$ も $\mathfrak{g}$ のイデアルで，その上で Φ は0になる．よって補題2.7 (iii) と定理3.4より $\mathfrak{h}\cap\mathfrak{h}^\perp$ は可解なイデアルである．したがって仮定 $\mathfrak{r}=\{0\}$ より $\mathfrak{h}\cap\mathfrak{h}^\perp=\{0\}$，よって

$$\mathfrak{g} = \mathfrak{h}\dot{+}\mathfrak{h}^\perp \qquad (\text{直和})$$

を得た．これは $\mathfrak{g}$ が可約であることを意味する．したがって定義2.1の後の (iv) より $\mathfrak{g}$ は可換イデアル $\mathfrak{z}$ と半単純イデアル $\mathfrak{g}^{(1)}$ の直和となるが，ふたたび $\mathfrak{r}=\{0\}$ より $\mathfrak{z}=\{0\}$，すなわち $\mathfrak{g}=\mathfrak{g}^{(1)}$ は半単純であることが得られた．

さらに，$\mathfrak{g}$ が半単純であることは，$\mathfrak{g}$ が $\{0\}$ 以外の可換なイデアルをもたないこととも同値である．実際，$\mathfrak{g}$ が半単純でないとすれば，$\mathfrak{r}\neq\{0\}$ であるから，$m>0$ が存在して $\mathfrak{r}^{(m-1)}\neq\{0\}$ かつ $\mathfrak{r}^{(m)}=\{0\}$ となる．このとき $\mathfrak{a}=\mathfrak{r}^{(m-1)}$ は $\{0\}$ でない可換なイデアルである．逆に $\{0\}$ でない可換なイデアル $\mathfrak{a}$ が存在すれば，$\mathfrak{a}\subset\mathfrak{r}$ であるから $\mathfrak{r}\neq\{0\}$，よって $\mathfrak{g}$ は半単純でない．――

つぎに述べるのは可解 Lie 環についての基本的な定理である．

定理 3.2 (Lie)　複素可解 Lie 環 $\mathfrak{g}$ とその任意の表現 (ρ, V) $(\dim_C V=n)$ が与えられたとき，V の $\rho(\mathfrak{g})$ 不変部分空間の減少列：

$$V = V_1\supset V_2\supset\cdots\supset V_n \qquad (\dim_C V_i=n-i+1)$$

が存在する．換言すれば，V の基底 $\{v_1, \cdots, v_n\}$ を適当に選べば $\lambda_i \in \mathfrak{g}^*$ $(1 \leqq i \leqq n)$ が存在して，任意の $X \in \mathfrak{g}$ はこの基底に関してつぎのように表現される：

$$\rho(X) = \begin{bmatrix} \lambda_1(X) & & * \\ & \ddots & \\ 0 & & \lambda_n(X) \end{bmatrix} \in \mathfrak{t}^+(n, \boldsymbol{C}).$$

したがってとくに

$$\rho(X)v_1 = \lambda_1(X)v_1 \qquad (X \in \mathfrak{g}).$$

証明 まず，$\rho(\mathfrak{g})$ 不変な1次元部分空間が存在することを $\dim_C \mathfrak{g} = d\ (\geqq 1)$ に関する帰納法で証明する．$d=1$ のときは自明であるから，$d \geqq 2$ とする．まず $\mathfrak{g}$ の可解性によって $\mathfrak{g}$ の可解なイデアル $\mathfrak{h}$ で $\dim_C \mathfrak{h} = d-1$ なるものを選ぶことができる．($\mathfrak{h} \supset \mathfrak{g}^{(1)}$ なる $d-1$ 次元部分空間 $\mathfrak{h}$ をとればよい．) ゆえに $X_0 \notin \mathfrak{h}$ なる $X_0 \in \mathfrak{g}$ が存在する．このとき帰納法の仮定から

$$\rho(H)w_0 = \lambda_0(H)w_0 \qquad (H \in \mathfrak{h})$$

となる $w_0 \in V$ $(w_0 \neq 0)$ と $\lambda_0 \in \mathfrak{h}^*$ が存在する．すなわち補題2.4の記法で $V_{\lambda_0} \neq \{0\}$ である．よって補題2.4より $\rho(X_0)V_{\lambda_0} \subset V_{\lambda_0}$ である．したがって $v_1 \in V_{\lambda_0}$ $(v_1 \neq 0)$ と $t \in \boldsymbol{C}$ が存在して $\rho(X_0)v_1 = tv_1$ となる．このとき任意の $X = sX_0 + H \in \mathfrak{g}$ $(s \in \boldsymbol{C},\ H \in \mathfrak{h})$ に対して

$$\begin{aligned} \rho(X)v_1 &= s\rho(X_0)v_1 + \rho(H)v_1 = stv_1 + \lambda_0(H)v_1 \\ &= (st + \lambda_0(H))v_1 \end{aligned}$$

となる．すなわち，$\boldsymbol{C}v_1$ は $\rho(\mathfrak{g})$ 不変な1次元部分空間である．

さて，上の $v_1 \in V$ をとれば，ρ は $\bar{V} = V/\boldsymbol{C}v_1$ 上の表現 $\bar{\rho}$ を惹きおこす．$\bar{\rho}$ に上記を適用すれば，$\bar{v}_2 \in \bar{V}$ $(\bar{v}_2 \neq 0)$ が存在して $\boldsymbol{C}\bar{v}_2$ は $\bar{\rho}(\mathfrak{g})$ 不変になる．射影 $V \to \bar{V}$ で $\bar{v}_2$ に移る $v_2 \in V$ を一つとる．以下同様にして順次に構成される $\{v_1, \cdots, v_n\}$ が求める基底になる．▌

系 複素可解 Lie 環の表現 (ρ, V) が既約ならば，$\dim_C V = 1$. ——

つぎに巾零 Lie 環の構造を調べよう．

補題 3.2 V を $\boldsymbol{F}$ 上の有限次元ベクトル空間とする．$X \in \mathfrak{gl}(V)$ が V の巾零な1次変換ならば $ad(X) \in \mathfrak{gl}(\mathfrak{gl}(V))$ は $\mathfrak{gl}(V)$ の巾零な1次変換である．

証明 $Y \in \mathfrak{gl}(V)$ に対して $ad(X)^m Y$ は $\pm X^i Y X^j$ $(i+j=m)$ なる形の元の和である．X は巾零な1次変換だから $n \in \boldsymbol{N}$ が存在して $X^n = 0$ となるから，任意

の $Y\in\mathfrak{gl}(V)$ に対して $ad(X)^{2n-1}Y=0$ となる．よって $ad(X)$ も巾零である．∎

定理 3.3 (Engel) $\mathfrak{g}\subset\mathfrak{gl}(V)$ を線型 Lie 環で $\mathfrak{g}$ の各元が V の巾零な1次変換であるものとする．このとき $\mathfrak{g}$ は V に不変元をもつ．すなわち $v\in V$ $(v\neq 0)$ が存在して

$$X\cdot v=0 \qquad (X\in\mathfrak{g})$$

となる．

証明 $\dim\mathfrak{g}=d\geqq 0$ に関する帰納法で証明する．$d=0$ のときは自明である．$d\geqq 1$ とし，$\mathfrak{h}$ を次元 l $(l\leqq d-1)$ の $\mathfrak{g}$ の Lie 部分環とする．各 $X\in\mathfrak{h}$ に対して $ad_{\mathfrak{g}}X$ は $\mathfrak{h}$ を不変にするから，$\mathfrak{g}/\mathfrak{h}$ の1次変換 $\rho(X)$ を惹きおこす．仮定と補題3.2から各 $\rho(X)$ は $\mathfrak{g}/\mathfrak{h}$ の巾零な1次変換である．$\rho(\mathfrak{h})$ に帰納法の仮定を適用すれば，$\rho(\mathfrak{h})$ は $\mathfrak{g}/\mathfrak{h}$ に不変元をもつ．すなわち，$Y\in\mathfrak{g}$, $Y\notin\mathfrak{h}$ が存在して

$$[X, Y]\in\mathfrak{h} \qquad (X\in\mathfrak{h})$$

となる．よって $\mathfrak{h}$ は $l+1$ 次元 Lie 部分環 $\boldsymbol{F}Y+\mathfrak{h}$ のイデアルになる．この操作を続ければ $d-1$ 次元のイデアルに到達するから，はじめから $\mathfrak{g}$ には $d-1$ 次元のイデアル $\mathfrak{h}$ が存在するとしてよい．

$X_0\in\mathfrak{g}$, $X_0\notin\mathfrak{h}$ をとる．帰納法の仮定から $v_0\in V$ $(v_0\neq 0)$ が存在して

$$X\cdot v_0=0 \qquad (X\in\mathfrak{h})$$

となる．したがって補題2.4の記法で $V_0\neq\{0\}$ である．よって，補題2.4より $X_0\cdot V_0\subset V_0$ となる．X_0 は V_0 の巾零な1次変換を惹きおこすから，$v\in V_0$ $(v\neq 0)$ が存在して $X_0\cdot v=0$ となる．一方，V_0 の定義から $\mathfrak{h}\cdot v=\{0\}$ であるから結局 $\mathfrak{g}\cdot v=\{0\}$ を得た．∎

系1 Lie 環 $\mathfrak{g}$ が巾零であるためには，各 $X\in\mathfrak{g}$ に対して $ad(X)$ が $\mathfrak{g}$ の巾零な1次変換であることが必要充分である．

証明 必要なことは巾零性の定義から明らかであろう．充分であることを $\mathfrak{g}$ の次元に関する帰納法で証明しよう．各 $X\in\mathfrak{g}$ に対して $ad(X)$ が $\mathfrak{g}$ の巾零な1次変換であるとする．$ad(\mathfrak{g})\subset\mathfrak{gl}(\mathfrak{g})$ に定理3.3を適用すれば，$\mathfrak{g}$ の中心 $\mathfrak{z}$ は $\{0\}$ ではないことが判る．したがって $\mathfrak{g}/\mathfrak{z}$ は $\dim\mathfrak{g}/\mathfrak{z}<\dim\mathfrak{g}$ なる Lie 環で上記の条件を満たすから，帰納法の仮定より $\mathfrak{g}/\mathfrak{z}$ は巾零である．よって拡大原理(例3.3)より $\mathfrak{g}$ も巾零になる．∎

補題3.2と系1より直ちにつぎの系が得られる．

系 2　$\mathfrak{g}\subset\mathfrak{gl}(V)$ を定理の条件を満たす Lie 環とすれば，$\mathfrak{g}$ は巾零である．——

さらに注意 3.1(iii) の逆が成り立つ．すなわち，

系 3　$\mathfrak{g}$ が可解な Lie 環ならば導来部分環 $\mathfrak{g}^{(1)}=[\mathfrak{g},\mathfrak{g}]$ は巾零である．

証明　各 $X\in\mathfrak{g}^{(1)}$ に対して $ad_{\mathfrak{g}^{(1)}}X$ は $\mathfrak{g}^{(1)}$ の巾零な 1 次変換であることを確かめれば，上記は系 1 より従う．$\boldsymbol{F}=\boldsymbol{R}$ の場合，$\mathfrak{g}$ の複素化 $\mathfrak{g}_C$ (§3.2 を参照) も可解だから Lie の定理 (定理 3.2) より各 $X\in\mathfrak{g}$ に対して $ad_{\mathfrak{g}_C}X$ は上半三角行列の行列表示をもつ．したがって各 $X\in\mathfrak{g}^{(1)}$ に対して $ad_{\mathfrak{g}}X$ は $\mathfrak{g}$ の巾零な 1 次変換である．よって $ad_{\mathfrak{g}^{(1)}}X$ も $\mathfrak{g}^{(1)}$ の巾零な 1 次変換である．$\boldsymbol{F}=\boldsymbol{C}$ の場合も同様である．▮

さて，定理 2.3 (半単純 Lie 環の判定条件) を示すためには，つぎに述べる可解 Lie 環の Killing 形式 Φ による判定条件が必要であった．

定理 3.4 (Cartan)　Lie 環 $\mathfrak{g}$ が可解であるための必要充分条件は，

$$\Phi(X,[Y,Z])=0 \qquad (X,Y,Z\in\mathfrak{g})$$

がつねに成り立つことである．すなわち $\Phi(\mathfrak{g},\mathfrak{g}^{(1)})=\{0\}$．したがってとくに Φ が恒等的に 0 であれば $\mathfrak{g}$ は可解である．——

$\mathfrak{g}$ は与えられた任意の可解 Lie 環であるとし，$X\in\mathfrak{g}$, $X'\in\mathfrak{g}^{(1)}$ とする．そこで，つぎの補題を必要とする．

補題 3.3　$ad(X)ad(X')$ は巾零 1 次変換である．したがって，$\Phi(X,X')=0$.

証明　上記の定理 3.3 の系 3 の証明と同様に $ad(X)$ は上半三角行列，$ad(X')$ は対角成分が 0 の上半三角行列の表示をもつからである．▮

逆に，$\Phi(\mathfrak{g},\mathfrak{g}^{(1)})=\{0\}$ であるとする．例 3.3 の拡大原理を使うことにし，$\mathfrak{g}^{(1)}$ が可解であることを示せば $\mathfrak{g}$ も可解となる．$\mathfrak{g}/\mathfrak{g}^{(1)}$ は可換であるからである．$\Phi(\mathfrak{g}^{(1)},\mathfrak{g}^{(1)})=\{0\}$ であるから，補題 2.7(iii) より $\mathfrak{g}^{(1)}$ の Killing 形式は恒等的に 0 となる．よって最初から $\mathfrak{g}$ の Killing 形式は恒等的に 0 であると仮定して $\mathfrak{g}$ が可解であることを導けばよいわけである．それには線型 Lie 環に関する‘基本補題’と呼ばれるつぎの補題が必要となる．

補題 3.4　$\mathfrak{a},\mathfrak{b}$ を $\mathfrak{gl}(V)$ の部分空間で $\mathfrak{b}\subset\mathfrak{a}$ なるものとし，

$$\mathfrak{c}=\{X\in\mathfrak{gl}(V)\mid[X,\mathfrak{a}]\subset\mathfrak{b}\}$$

とおく．$X\in\mathfrak{c}$ が

$$\mathrm{trace}\,(XY)=0 \qquad (Y\in\mathfrak{c})$$

を満たせば X は V の巾零な1次変換である.

証明 $\boldsymbol{F}=\boldsymbol{C}$ のときに証明すれば充分である.

$$X = S+N, \quad [S, N] = 0, \quad S \text{ は半単純}, \ N \text{ は巾零}$$

を X の Jordan 分解(例えば佐武一郎: 線型代数学, 裳華房, を参照)とする. S は半単純だから, V の基底 $\{e_i\}$ が存在して

(a) $S\cdot e_i = \lambda_i e_i \qquad (\lambda_i \in \boldsymbol{C})$

となる. $\mathfrak{gl}(V)$ の基底 $\{E_{ij}\}$ を $E_{ij}e_k=\delta_{jk}e_i$ によって定義すれば

$$ad(S)E_{ij} = (\lambda_i-\lambda_j)E_{ij}$$

となるから $ad(S) \in \mathfrak{gl}(\mathfrak{gl}(V))$ も半単純である. また N は巾零だから補題3.2より $ad(N) \in \mathfrak{gl}(\mathfrak{gl}(V))$ も巾零である. 明らかに $[ad(S), ad(N)]=ad([S, N])=0$ だから

$$ad(X) = ad(S)+ad(N)$$

は $ad(X)$ の Jordan 分解である. とくに, 定数項が0である($\boldsymbol{C}$ 係数の)多項式 F が存在して $ad(S)=F(ad(X))$ と書けることに注意しておく.

さて補題を証明するには $S=0$ を示せばよい. そのために, $\boldsymbol{C}$ を $\boldsymbol{R}$ 上のベクトル空間とみて, $\{\lambda_i\}$ で $\boldsymbol{R}$ 上張られる $\boldsymbol{C}$ の部分空間を $\mathscr{F}$ とし, $\mathscr{F}=\{0\}$ であることを示そう. それには任意の $f \in \mathscr{F}^*$ をとったとき $f=0$ であることを示せば充分である. $T \in \mathfrak{gl}(V)$ を

(b) $T\cdot e_i = f(\lambda_i)e_i$

によって定義すると

$$ad(T)E_{ij} = (f(\lambda_i)-f(\lambda_j))E_{ij}$$

である. $\lambda_i-\lambda_j=\lambda_h-\lambda_k$ ならば $f(\lambda_i)-f(\lambda_j)=f(\lambda_h)-f(\lambda_k)$, $\lambda_i-\lambda_j=0$ ならば $f(\lambda_i)-f(\lambda_j)=0$ だから, 定数項が0である多項式 P が存在して $P(\lambda_i-\lambda_j)=f(\lambda_i)-f(\lambda_j)$ $(i\neq j)$ となる. このとき, $ad(T)=P(ad(S))$ が成り立つ. したがって, 上述の注意と $ad(X)\mathfrak{a}\subset\mathfrak{b}$ より $ad(T)\mathfrak{a}\subset\mathfrak{b}$, すなわち $T \in \mathfrak{c}$ を得る. よって仮定と(a), (b)から

$$0 = \mathrm{trace}\,(XT) = \sum \lambda_i f(\lambda_i),$$

したがって

$$0 = f(\mathrm{trace}\,(XT)) = \sum f(\lambda_i)^2$$

となる. $f(\lambda_i) \in \boldsymbol{R}$ だから各 $f(\lambda_i)=0$, すなわち $f=0$ を得た. ▮

さて，定理 3.4 の証明を完結しよう．$\mathfrak{g}$ を $\Phi(\mathfrak{g},\mathfrak{g})=\{0\}$ なる Lie 環とする．$\mathfrak{g}/\mathfrak{z}\cong ad(\mathfrak{g})\subset\mathfrak{gl}(\mathfrak{g})$ が可解であることを示せば，拡大原理により $\mathfrak{g}$ も可解になるから，線型 Lie 環 $\mathfrak{g}\subset\mathfrak{gl}(V)$ が

$$\mathrm{trace}\,(XY)=0 \qquad (X,\,Y\in\mathfrak{g})$$

を満たせば $\mathfrak{g}$ は可解である，ということを示せば充分である．

そのため補題 3.4 を $\mathfrak{a}=\mathfrak{b}=\mathfrak{g}$,

$$\mathfrak{c}=\{X\in\mathfrak{gl}(V)\,|\,[X,\mathfrak{g}]\subset\mathfrak{g}\}$$

に適用する．$[\mathfrak{g},\mathfrak{g}]$ の任意の元 $\sum[X,Y]$，$X,\,Y\in\mathfrak{g}$, に対して，$\sum[X,Y]\in\mathfrak{c}$ であって，各 $Z\in\mathfrak{c}$ に対して $[Y,Z]\in\mathfrak{g}$ だから，仮定より

$$\mathrm{trace}\,(\textstyle\sum[X,Y]Z)=\mathrm{trace}\,(\textstyle\sum X[Y,Z])=0$$

を得る．したがって補題 3.4 より $\sum[X,Y]$ は V の巾零な 1 次変換である．結局，$\mathfrak{g}^{(1)}=[\mathfrak{g},\mathfrak{g}]\subset\mathfrak{gl}(V)$ は各元が巾零 1 次変換である線型 Lie 環であることがわかった．よって定理 3.3 の系 2 より $\mathfrak{g}^{(1)}$ は巾零である．したがって注意 3.1(iii) より $\mathfrak{g}$ は可解である．——

以下は本章の主題から少しずれるがついでにここに述べておく．連結 Lie 群 G が与えられたとき，その正規部分群の 2 種類の系列：

$$G=G^{(0)}\supset G^{(1)}\supset\cdots\supset G^{(k)}\supset\cdots$$

および

$$G=G_{(0)}\supset G_{(1)}\supset\cdots\supset G_{(k)}\supset\cdots$$

を考える．この場合も k に関して帰納的に

$$G^{(k)}=[G^{(k-1)},G^{(k-1)}],\qquad G_{(k)}=[G,G_{(k-1)}]\qquad (k\geqq 1)$$

と定義する．定理 1.6* で注意したように，$G^{(k)},G_{(k)}\ (k\geqq 1)$ はすべて連結 Lie 部分群である．そこで，Lie 環の場合と同様，$G^{(m)}=\{e\}$ となる $m>0$ があるとき G は**可解** (solvable)，$G_{(m)}=\{e\}$ となる $m>0$ があるとき G は**巾零** (nilpotent) であると呼ぶ．これは G の Lie 環 $\mathfrak{g}$ のイデアルの系列に対応しており，$G^{(k)}$, $G_{(k)}$ の Lie 環はそれぞれ $\mathfrak{g}^{(k)},\mathfrak{g}_{(k)}$ に一致する．したがって，G が可解 (巾零) であるためには $\mathfrak{g}$ が可解 (巾零) となることが必要充分である．

一般の場合に戻って，連結 Lie 群 G には最大の連結可解正規部分群 R がつねに存在して，それを G の**根基** (radical) という．その Lie 環はもちろん $\mathfrak{g}$ の根基 $\mathfrak{r}$ である．$\mathfrak{g}$ の一つの Levi 分解 $\mathfrak{g}=\mathfrak{s}\dotplus\mathfrak{r}$ が与えられたとき，$\mathfrak{s}$ の生成する Lie

部分群を S とすれば

$$G = S\cdot R = R\cdot S, \qquad R\cap S \text{ は } G \text{ の離散部分群}$$

となる．それは $\mathfrak{s}, \mathfrak{r}$ それぞれに基底をとっておき，それに関して第2種の標準座標系の座標近傍が G を生成する (Schreier の定理) ことと，R が正規部分群であることとを組合わせれば示される．この分解を G の **Levi 分解**という．Levi 分解を用いれば，一般 Lie 群 G の構造は‘大体’，半単純 Lie 群および可解 Lie 群の場合に帰着するといえる．(とくに G が単連結のときは，S, R ともに単連結であって上の Levi 分解は C^∞ 多様体としての直積を与える：$G\cong S\times R$.)

可解 Lie 群の構造については，Chevalley の定理が識られている．以下，これらの定理の結論だけを紹介する．文献は原論文がわかり易い．

C. Chevalley: On the topological structure of solvable groups, Ann. of Math. **42** (1941), 668-675.

Chevalley の定理 (i) G が単連結可解 Lie 群のとき，$\mathfrak{g}$ の基底 $\{X_1, \cdots, X_d\}$ を適当にとれば G の各元 g は一意的に

$$g = \exp t_1X_1 \cdots \exp t_dX_d \qquad (t_1, \cdots, t_d \in \boldsymbol{R})$$

と書けて，G は多様体として $\boldsymbol{R}^d$ に C^∞ 同型である．

(ii) G はまた単連結可解 Lie 群として，その任意の離散部分群 Γ (これは G の中心に含まれている) はつねに自由 Abel 群であってその階数は d を越えない．しかも $\{1, \cdots, d\}$ の適当な部分集合 $\{i_1, \cdots, i_r\}$ をとって，$g_1=\exp X_{i_1}$, $\cdots$, $g_r=\exp X_{i_r}$ とおけば $g_1, \cdots, g_r$ $(r\leqq d)$ が Γ の生成元となり，しかも $[X_{i_\alpha}, X_{i_\beta}]=0$ $(1\leqq\alpha, \beta\leqq r)$ であるようにできる．

これを用いて一般の場合には，

(iii) G は連結可解 Lie 群とする．このとき G の連結コンパクト可換部分群 (トーラス群) T，および G の或る閉部分多様体 E で或る Euclid 空間 $\boldsymbol{R}^m$ に C^∞ 同型なるものが存在して，G の各元 g は $g=ts$; $t\in T$, $s\in E$ と一意的に表わすことができる．しかも実際 G は多様体としては T と E との直積であって

$$G \cong T\times \boldsymbol{R}^m$$

と分解されるのである．——

以下この節の残りで Levi の定理の証明を与えるが，はじめにその準備として，表現に付属する Casimir 作用素とコホモロジー空間について説明しよう．

$\mathfrak{g}$を半単純Lie環，$\rho: \mathfrak{g} \to \mathfrak{gl}(V)$を$\mathfrak{g}$の表現とする．$\mathfrak{g}$上の対称双1次形式$\Phi_\rho$を

$$\Phi_\rho(X, Y) = \mathrm{trace}(\rho(X)\rho(Y)) \qquad (X, Y \in \mathfrak{g})$$

で定義する．Killing形式Φの場合と同様にΦ_ρは$\mathfrak{g}$不変である．すなわち

$$\Phi_\rho([X, Y], Z) + \Phi_\rho(Y, [X, Z]) = 0 \qquad (X, Y, Z \in \mathfrak{g})$$

が成り立つ．したがって

$$\Phi_\rho((\exp ad(X))Y, (\exp ad(X))Z) = \Phi_\rho(Y, Z) \qquad (X, Y, Z \in \mathfrak{g})$$

が成り立つ．

ρの核を$\mathfrak{n}$で表わし，Φに関する$\mathfrak{n}$の直交空間$\mathfrak{n}^\perp$を$\mathfrak{h}$で表わす．$\mathfrak{h}$は$\mathfrak{g}$の半単純イデアルで$\mathfrak{g} = \mathfrak{n} \dot{+} \mathfrak{h}$（イデアルの直和）であった（注意3.2）．また，$\rho|_\mathfrak{h}$は$\mathfrak{h}$の忠実な表現である．すなわち$\rho|_\mathfrak{h}: \mathfrak{h} \to \mathfrak{gl}(V)$は単射である．$\Phi_\rho|_\mathfrak{h}$は非退化であることを示そう．そのため

$$\mathfrak{m} = \{X \in \mathfrak{h} \mid \Phi_\rho(X, \mathfrak{h}) = \{0\}\}$$

とおくと，Φ_ρの不変性より$\mathfrak{m}$は$\mathfrak{h}$のイデアルになる．線型Lie環$\rho(\mathfrak{m}) \subset \mathfrak{gl}(V)$に定理3.4の証明の最後の段階を適用すれば，$\rho(\mathfrak{m})$は可解であることが判る．よって$\mathfrak{m}$は$\mathfrak{h}$の可解なイデアルとなるから$\mathfrak{m} = \{0\}$を得る．これは$\Phi_\rho|_\mathfrak{h}$の非退化性を意味する．

したがって$\mathfrak{h}$の基底$\{X_i\}$, $\{X^i\}$で$\Phi_\rho(X_i, X^j) = \delta_{ij}$を満たすものが存在する．これを用いて$C_\rho \in \mathfrak{gl}(V)$を

$$C_\rho = \sum \rho(X_i)\rho(X^i)$$

によって定義する．C_ρは基底$\{X_i\}$, $\{X^i\}$のとり方によらず定まる．C_ρをρに付属する**Casimir 作用素**という．これに対して

$$C_\rho \rho(X) = \rho(X) C_\rho \qquad (X \in \mathfrak{g})$$

が成り立つ．実際Φ_ρの不変性から$Y_i = (\exp ad(tX))X_i$, $Y^i = (\exp ad(tX))X^i$で定義される$\mathfrak{h}$の基底$\{Y_i\}$, $\{Y^i\}$も$\Phi_\rho(Y_i, Y^j) = \delta_{ij}$を満たし，また$\rho(Y_i) = (\exp ad(t\rho(X)))\rho(X_i)$, $\rho(Y^i) = (\exp ad(t\rho(X)))\rho(X^i)$となることから

$$\sum (\exp ad(t\rho(X)))\rho(X_i) \cdot (\exp ad(t\rho(X)))\rho(X^i) = C_\rho$$

を得る．上式をtで微分して$t=0$とおけば

$$\sum \{[\rho(X), \rho(X_i)]\rho(X^i) + \rho(X_i)[\rho(X), \rho(X^i)]\} = 0,$$

よって

$$\sum \rho(X)\rho(X_i)\rho(X^i) - \sum \rho(X_i)\rho(X^i)\rho(X) = 0$$

となるからである．また，定義より

$$\operatorname{trace} C_\rho = \dim \mathfrak{h}$$

が成り立つ．さて，Casimir 作用素を用いてつぎの補題を証明しよう．

補題 3.5 $\{\rho(X)v \mid X \in \mathfrak{g}, v \in V\}$ で張られる V の部分空間を $R(V)$ で表わし，

$$N(V) = \{v \in V \mid \rho(\mathfrak{g})v = \{0\}\}$$

とおくと，$N(V), R(V)$ はともに $\rho(\mathfrak{g})$ 不変な部分空間で

$$V = N(V) \dotplus R(V) \quad (\text{直和})$$

が成り立つ．

証明 これらが $\rho(\mathfrak{g})$ 不変なことは明らかである．直和になることを $\dim V$ に関する帰納法で証明しよう．ρ が自明な表現のときは $N(V)=V$，$R(V)=\{0\}$ だから明らか．ρ は自明でない，すなわち $\mathfrak{h} \neq \{0\}$ であるとしよう．$C_\rho{}^m$ $(m \geqq 1)$ の核および像をそれぞれ $N(C_\rho{}^m), R(C_\rho{}^m)$ で表わし

$$V_1 = \bigcup_{m \geqq 1} N(C_\rho{}^m), \qquad V_2 = \bigcap_{m \geqq 1} R(C_\rho{}^m)$$

とおくと

$$V = V_1 \dotplus V_2 \quad (\text{直和})$$

となる．(これは例えば Jordan の標準形を用いれば容易に示される．) C_ρ と $\rho(X)$ $(X \in \mathfrak{g})$ の可換性から V_1, V_2 はともに $\rho(\mathfrak{g})$ 不変である．$V_1 \neq \{0\}$ かつ $V_2 \neq \{0\}$ ならば帰納法の仮定から上記命題は成り立つ．ところが $\mathfrak{h} \neq \{0\}$ より $\dim \mathfrak{h} \neq 0$，よって $\operatorname{trace} C_\rho \neq 0$ だから，C_ρ は巾零1次変換ではない．したがってつねに $V_2 \neq \{0\}$ である．よって $V_1 = \{0\}$ かつ $V_2 = V$ の場合に上記命題を示せば充分である．このときは C_ρ は正則1次変換になる．したがって各 $v \in V$ に対して

$$v = C_\rho C_\rho{}^{-1} v = \sum \rho(X_i)\rho(X^i) C_\rho{}^{-1} v \in R(V),$$

各 $v \in N(V)$ に対して

$$C_\rho v = \sum \rho(X_i)\rho(X^i) v = 0.$$

これは $R(V) = V$，$N(V) = \{0\}$ を意味する．したがってこの場合も成り立つ．∎

$\mathfrak{g}$ を一般の Lie 環，$\rho: \mathfrak{g} \to \mathfrak{gl}(V)$ を $\mathfrak{g}$ の表現とする．$q \geqq 1$ に対して $\mathfrak{g}$ 上の V に値をもつ交代 q 線型写像全体の空間を $C^q(\mathfrak{g}, V)$ で表わし，$C^0(\mathfrak{g}, V) = V$ とおく．線型写像 $d: C^q(\mathfrak{g}, V) \to C^{q+1}(\mathfrak{g}, V)$ を

$$\begin{cases}(d\omega)(X_1, \cdots, X_{q+1}) = \sum_i (-1)^{i+1}\rho(X_i)\omega(X_1, \cdots, \hat{X}_i, \cdots, X_{q+1}) \\ \qquad + \sum_{i<j} (-1)^{i+j}\omega([X_i, X_j], X_1, \cdots, \hat{X}_i, \cdots, \hat{X}_j, \cdots, X_{q+1}) \\ \qquad (\omega \in C^q(\mathfrak{g}, V),\ q \geqq 1) \\ (d\omega)(X) = \rho(X)\omega \qquad (\omega \in C^0(\mathfrak{g}, V) = V)\end{cases}$$

によって定義し，

$$Z^q(\mathfrak{g}, V) = \{\omega \in C^q(\mathfrak{g}, V) \mid d\omega = 0\},$$
$$B^q(\mathfrak{g}, V) = dC^{q-1}(\mathfrak{g}, V) \qquad (\text{ただし } C^{-1}(\mathfrak{g}, V) = \{0\})$$

とおく．直接計算で

$$d \circ d = 0$$

であることが確かめられるから，$B^q(\mathfrak{g}, V) \subset Z^q(\mathfrak{g}, V)$ が成り立つ．商空間：

$$H^q(\mathfrak{g}, V) = Z^q(\mathfrak{g}, V)/B^q(\mathfrak{g}, V)$$

を Lie 環 $\mathfrak{g}$ の表現 $\rho: \mathfrak{g} \to \mathfrak{gl}(V)$ に付属する第 q **コホモロジー空間**という．さて，われわれが必要とするのはつぎの消滅定理である．

補題 3.6 (Whitehead) $\mathfrak{g}$ を半単純 Lie 環，$\rho: \mathfrak{g} \to \mathfrak{gl}(V)$ をその表現とするとき

(i) $H^1(\mathfrak{g}, V) = \{0\}$,

(ii) $H^2(\mathfrak{g}, V) = \{0\}$

が成り立つ．

証明 (i) 線型写像 $\theta: \mathfrak{g} \to \mathfrak{gl}(C^1(\mathfrak{g}, V))$, $\iota(X): C^1(\mathfrak{g}, V) \to C^0(\mathfrak{g}, V)$ $(X \in \mathfrak{g})$ を

$$(\theta(X)\omega)(Y) = \rho(X)\omega(Y) - \omega([X, Y]) \qquad (\omega \in C^1(\mathfrak{g}, V),\ X, Y \in \mathfrak{g})$$
$$\iota(X)\omega = \omega(X) \qquad (\omega \in C^1(\mathfrak{g}, V),\ X \in \mathfrak{g})$$

によって定義すると，θ は表現であって，$Z^1(\mathfrak{g}, V)$ 上で

(a) $\theta(X) = d \circ \iota(X) \qquad (X \in \mathfrak{g})$

が成り立つことが確かめられる．したがって $\theta(X)$ は $Z^1(\mathfrak{g}, V)$ を不変にするから，表現 $\theta: \mathfrak{g} \to \mathfrak{gl}(Z^1(\mathfrak{g}, V))$ が惹きおこされる．これに補題 3.5 を適用すれば $\theta(\mathfrak{g})$ 不変部分空間の直和：

$$Z^1(\mathfrak{g}, V) = N(Z^1(\mathfrak{g}, V)) \dotplus R(Z^1(\mathfrak{g}, V))$$

を得る．(a) より $R(Z^1(\mathfrak{g}, V)) \subset B^1(\mathfrak{g}, V)$ が成り立つから，$N(Z^1(\mathfrak{g}, V)) = \{0\}$ を示せば充分である．$\omega \in N(Z^1(\mathfrak{g}, V))$ を任意にとれば

$$\rho(X)\omega(Y)-\omega([X, Y])=0 \qquad (X, Y\in\mathfrak{g})$$

$$\rho(X)\omega(Y)-\rho(Y)\omega(X)-\omega([X, Y])=0 \qquad (X, Y\in\mathfrak{g})$$

であるから，$\rho(X)\omega(Y)=0$. よって

$$\omega([X, Y])=0 \qquad (X, Y\in\mathfrak{g}).$$

$\mathfrak{g}=[\mathfrak{g}, \mathfrak{g}]$ であったから $\omega=0$ を得た.

(ii) 同様に $\theta:\mathfrak{g}\to\mathfrak{gl}(C^2(\mathfrak{g}, V))$，$\iota(X):C^2(\mathfrak{g}, V)\to C^1(\mathfrak{g}, V)$ $(X\in\mathfrak{g})$ を

$$(\theta(X)\omega)(Y, Z)=\rho(X)\omega(Y, Z)-\omega([X, Y], Z)-\omega(Y, [X, Z]),$$

$$(\iota(X)\omega)(Y)=\omega(X, Y)$$

によって定義すると，θ は表現で $Z^2(\mathfrak{g}, V)$ 上で (a) が成り立つことが確かめられ，表現 $\theta:\mathfrak{g}\to\mathfrak{gl}(Z^2(\mathfrak{g}, V))$ が惹きおこされる. (i) と同様にして

$$Z^2(\mathfrak{g}, V)=N(Z^2(\mathfrak{g}, V))\dotplus R(Z^2(\mathfrak{g}, V)) \quad (\text{直和})$$

と $R(Z^2(\mathfrak{g}, V))\subset B^2(\mathfrak{g}, V)$ を得るから，$N(Z^2(\mathfrak{g}, V))\subset B^2(\mathfrak{g}, V)$ を示せば充分である. $\omega\in N(Z^2(\mathfrak{g}, V))$ を任意にとれば

(b) $\rho(X)\omega(Y, Z)-\omega([X, Y], Z)-\omega(Y, [X, Z])=0,$

(c) $\rho(X)\omega(Y, Z)-\rho(Y)\omega(X, Z)+\rho(Z)\omega(X, Y)$
$\quad -\omega([X, Y], Z)+\omega([X, Z], Y)-\omega([Y, Z], X)=0$

を満たす. (b) の X, Y, Z に関する巡回和（これを $\mathfrak{S}$ で表わす）をとると

$$\mathfrak{S}\rho(X)\omega(Y, Z)=0$$

となるが，(c) より $\mathfrak{S}\rho(X)\omega(Y, Z)=\mathfrak{S}\omega([X, Y], Z)$ だから

$$\mathfrak{S}\omega([X, Y], Z)=0.$$

したがって (b) より

(d) $\rho(X)\omega(Y, Z)=\omega(X, [Y, Z]) \qquad (X, Y, Z\in\mathfrak{g})$

を得る. いま表現 $\rho:\mathfrak{g}\to\mathfrak{gl}(V)$ に関する補題 3.5 の分解を

(e) $V=N(V)\dotplus R(V)$

とすれば，($[\mathfrak{g}, \mathfrak{g}]=\mathfrak{g}$ を考慮に入れて,) (d) より $\omega(X, Y)\in R(V)$ が従う. いいかえれば

$$\iota(X)\omega\in C^1(\mathfrak{g}, R(V)) \qquad (X\in\mathfrak{g})$$

となる. 既に証明した (i) より $H^1(\mathfrak{g}, R(V))=\{0\}$ であり，また (a) より $\iota(X)\omega\in Z^1(\mathfrak{g}, R(V))$ であるから，ある $v(X)\in C^0(\mathfrak{g}, R(V))=R(V)$ が存在して $dv(X)=\iota(X)\omega$ となる. すなわち

$$\rho(Y)v(X) = \omega(X, Y) \qquad (X, Y \in \mathfrak{g})$$

となる．分解 (e) より $v(X) \in V$ は $X \in \mathfrak{g}$ に対して一意的にきまるから，線型写像 $v: \mathfrak{g} \to V$，すなわち $C^1(\mathfrak{g}, V)$ の元 v が定まる．

$$\omega = -dv$$

を示せば証明は終る．上式から得られる $\omega(Y, Z) = -\rho(Y)v(Z)$，$\omega(X, [Y, Z]) = -\rho(X)v([Y, Z])$ を (d) に代入して

$$\rho(X)\{\rho(Y)v(Z) - v([Y, Z])\} = 0$$

を得る．したがって $\rho(Y)v(Z) - v([Y, Z]) \in N(V)$ であるが，これは $R(V)$ にも属するから，(e) より

$$\rho(Y)v(Z) - v([Y, Z]) = 0.$$

よって

$$\begin{aligned}(dv)(Y, Z) &= \rho(Y)v(Z) - \rho(Z)v(Y) - v([Y, Z]) \\ &= -\rho(Z)v(Y) = -\omega(Y, Z) \qquad (Y, Z \in \mathfrak{g})\end{aligned}$$

であるから，求める式を得た．▌

定理 3.1 の証明　定理の性質をもつ半単純 Lie 部分環を簡単のために 'Levi 部分環' ということにしよう．定理は $\dim \mathfrak{r}$ に関する帰納法で証明される．

$\dim \mathfrak{r} = 0$ のときは $\mathfrak{g}$ 自身が Levi 部分環である．そこで根基の次元 $< \dim \mathfrak{r}$ なる Lie 環はつねに Levi 部分環をもつと仮定する．

$\mathfrak{r}^{(1)} \neq \{0\}$ の場合と $\mathfrak{r}^{(1)} = \{0\}$ の場合を分けて考える．まず $\mathfrak{r}^{(1)} \neq \{0\}$ の場合，$\mathfrak{g}' = \mathfrak{g}/\mathfrak{r}^{(1)}$ とおき，$\pi: \mathfrak{g} \to \mathfrak{g}'$ を射影準同型とする．このとき容易に判るように $\mathfrak{r}' = \pi(\mathfrak{r})$ は $\mathfrak{g}'$ の根基である．$\dim \mathfrak{r}' < \dim \mathfrak{r}$ だから，帰納法の仮定から $\mathfrak{g}'$ は Levi 部分環 $\mathfrak{s}'$ をもつ．$\mathfrak{h} = \pi^{-1}(\mathfrak{s}')$ とおくと，これは $\mathfrak{g}$ の Lie 部分環で

$$\mathfrak{g} = \mathfrak{r} + \mathfrak{h}, \qquad \mathfrak{h} \cap \mathfrak{r} = \mathfrak{r}^{(1)}$$

が成り立つ．$\mathfrak{r}^{(1)}$ は $\mathfrak{h}$ の可解なイデアルで $\mathfrak{h}/\mathfrak{r}^{(1)}$ は半単純 Lie 環 $\mathfrak{s}'$ に同型だから $\mathfrak{r}^{(1)}$ は $\mathfrak{h}$ の根基である．(注意 3.2 を参照.) $\mathfrak{r}$ は可解だから $\dim \mathfrak{r}^{(1)} < \dim \mathfrak{r}$. よって帰納法の仮定より $\mathfrak{h}$ は Levi 部分環 $\mathfrak{s}$ をもつ．これは $\mathfrak{g}$ の Levi 部分環である．

つぎに $\mathfrak{r}^{(1)} = \{0\}$ の場合を考えよう．$\mathfrak{g}' = \mathfrak{g}/\mathfrak{r}$ とおき，$\pi: \mathfrak{g} \to \mathfrak{g}'$ を射影準同型とする．$\mathfrak{g}'$ は半単純である．(注意 3.2 を参照.) 線型写像 $\sigma: \mathfrak{g}' \to \mathfrak{g}$ で $\pi \circ \sigma = \mathrm{id}$ となるものを一つとって固定する．写像 $\rho: \mathfrak{g}' \to \mathfrak{gl}(\mathfrak{r})$ を

$$\rho(X)(Y) = [\sigma(X), Y] \qquad (X \in \mathfrak{g}', Y \in \mathfrak{r})$$

によって定義すると，$\mathfrak{r}$ が可換であることから ρ が表現になることが判る．つぎに $\omega \in C^2(\mathfrak{g}', \mathfrak{r})$ を

$$\omega(X, Y) = [\sigma(X), \sigma(Y)] - \sigma([X, Y]) \qquad (X, Y \in \mathfrak{g}')$$

によって定義する．$\omega \in Z^2(\mathfrak{g}', \mathfrak{r})$ であることを示そう．

$$\begin{aligned}(d\omega)(X, Y, Z) &= \mathfrak{S}\{\rho(X)\omega(Y, Z) + \omega(X, [Y, Z])\} \\ &= \mathfrak{S}\{[\sigma(X), [\sigma(Y), \sigma(Z)]] - \sigma([X, [Y, Z]])\} \quad (X, Y, Z \in \mathfrak{g}')\end{aligned}$$

となるから，Jacobi 律より $d\omega = 0$ を得た．よって補題 3.6(ii) より $\eta \in C^1(\mathfrak{g}', \mathfrak{r})$ が存在して $d\eta = \omega$ となる．すなわち，線型写像 $\eta : \mathfrak{g}' \to \mathfrak{r}$ が存在して

$$\rho(X)\eta(Y) - \rho(Y)\eta(X) - \eta([X, Y]) = \omega(X, Y) \qquad (X, Y \in \mathfrak{g}')$$

となる．上記を ρ, ω の定義を用いて書き直せば

$$[\sigma(X), \eta(Y)] - [\sigma(Y), \eta(X)] - \eta([X, Y]) = [\sigma(X), \sigma(Y)] - \sigma([X, Y]) \qquad (X, Y \in \mathfrak{g}')$$

となる．ここで線型写像 $\varphi : \mathfrak{g}' \to \mathfrak{g}$ を

$$\varphi(X) = \sigma(X) - \eta(X) \qquad (X \in \mathfrak{g}')$$

によって定義すると，$\pi \circ \varphi = \mathrm{id}$ となるから φ は単射である．さらに上記の式と $[\eta(X), \eta(Y)] = 0$ $(X, Y \in \mathfrak{g}')$ を用いれば φ は準同型であることが判る．$\mathfrak{s} = \varphi(\mathfrak{g}')$ が求める Levi 部分環である．▌

§3.2　複素半単純 Lie 環とそのコンパクト実型

本節では，いわゆる半単純 Lie 環論を述べるが，それを系統的に解説するのではない．これはもともと純代数的な理論で線型代数の手法で細部まで展開されるのである．しかし，われわれの主目標はあくまでコンパクト Lie 群の構造を調べることにあるので，第2章と関連した部分に重点をおく．それは同時に議論の筋道を簡潔にする意味もある．本節では $\mathfrak{g}_C$ は一貫して複素半単純 Lie 環を表示するが，抽象的な Lie 環ではなく，つぎのように把えるものとする．すなわち，いま，G を与えられたコンパクト連結半単純 Lie 群とし，その一つの極大トーラス部分群をとって T とする．G, T の Lie 環をそれぞれ $\mathfrak{g}, \mathfrak{t}$ とする．もちろん，$\mathfrak{g}$ は実半単純 Lie 環，$\mathfrak{t}$ はその一つの極大可換 Lie 部分環である．

そこで，$\mathfrak{g}$ および $\mathfrak{t}$ のベクトル空間としての複素化を考え

$$\mathfrak{g}_C = \mathfrak{g}\otimes_R C, \quad \mathfrak{t}_C = \mathfrak{t}\otimes_R C \quad (\subset\mathfrak{g}_C)$$

とおく．すると，$\mathfrak{g}$ の Lie 環の構造，すなわち交換子積 $[X, Y]$ は自然に $\mathfrak{g}_C$ に延長され，複素 Lie 環となる．$\mathfrak{t}$ が $\mathfrak{g}$ の極大可換 Lie 部分環であることから，$\mathfrak{t}_C$ が $\mathfrak{g}_C$ の極大可換 Lie 部分環であることが判るが，$\mathfrak{g}_C$ もまた複素半単純 Lie 環である．それは $\mathfrak{g}$ に一組の基底 $\{X_1, \cdots, X_d\}$ をとり $\mathfrak{g}$ の Killing 形式 Φ をそれによって行列表示すれば，d 次の行列 $(\Phi(X_i, X_j))_{1\leq i,j\leq d}$ は非退化（すなわち行列式 $\neq 0$）であるが，$\{X_1, \cdots, X_d\}$ は同時に $\mathfrak{g}_C$ の基底ともみなせるから $\mathfrak{g}_C$ の Killing 形式 Φ_C を行列表示すれば，それは上記の行列と一致する．実際 Φ_C は $\mathfrak{g}$ 上の双 1 次形式 Φ を $\mathfrak{g}_C$ へ自然に延長したものであるから当然である．すなわち Φ_C もまた非退化である．ゆえに Cartan の判定条件（定理 2.3）によって $\mathfrak{g}_C$ もまた複素半単純 Lie 環となる．以後，簡単のため Φ_C も Φ で表わす．

注意 3.3 $\mathfrak{g}_C$ は以上のように，G を出発点として導入したが，実は逆に任意の複素半単純 Lie 環はこのようにして得られることが証明されるのである．（注意 3.6 を参照.）——

そこで元に戻ってわれわれの極大可換 Lie 部分環 $\mathfrak{t}_C$ を（Cartan 以来の慣習に従って）$\mathfrak{h}$ と書く．この $\mathfrak{h}$ は $\mathfrak{g}_C$ の Cartan 部分環と呼ばれる Lie 部分環であるが実はこれは G とは一応無関係に代数的に導入される概念である．

定義 3.2 複素半単純 Lie 環 $\mathfrak{g}_C$ の Lie 部分環 $\mathfrak{h}$ が $\mathfrak{g}_C$ の一つの **Cartan 部分環**であるとはつぎの条件を満たすことをいう：

(i) $\mathfrak{h}$ は $\mathfrak{g}_C$ の極大可換 Lie 部分環である．

(ii) $\mathfrak{h}$ の任意の元 H に対して，$ad(H)$ は $\mathfrak{g}_C$ 上で対角型に表現される，すなわち，$ad(H)$ は $\mathfrak{g}_C$ の半単純な 1 次変換である．——

上に与えた $\mathfrak{h}=\mathfrak{t}_C$ が上述の定義を満たしていることをまず示さなければならない．(i) については既知．そこで条件 (ii) について考察する．

補題 2.3 の証明中に述べたのと同様の議論を繰り返す．すなわち，$Ad(G)$ はコンパクト群であるからそれを $\mathfrak{g}$ の複素化 $\mathfrak{g}_C$ の上で考えることにすると，$\mathfrak{g}_C$ 上に $Ad(G)$ で不変な正定値 Hermite 形式 $\langle\ ,\ \rangle$ が存在する．したがって $ad(H)$ $(H\in\mathfrak{t})$ は $\langle\ ,\ \rangle$ に関して歪 Hermite 1 次変換であるから，対角型表現をもつ．したがってその複素化である $ad(\mathfrak{h})$ も同様である．

一般に $l=\dim_C\mathfrak{h}$ は $\mathfrak{g}_C$ の**階数**(rank) と呼ばれている．（注意 3.6 参照.）

つぎに Cartan 部分環 $\mathfrak{h}$ を利用して，$\mathfrak{g}_C$ の構造を詳細に調べたい．すなわち，$\mathfrak{h}$ は $\mathfrak{g}_C$ の極大可換 Lie 部分環であるから，$\mathfrak{g}_C$ を $\mathfrak{g}_C=\mathfrak{h}\dotplus\mathfrak{g}'$；$[\mathfrak{h},\mathfrak{g}']\subset\mathfrak{g}'$ の形に分解したい．ここに $\mathfrak{g}'$ は $\mathfrak{h}$ の随伴作用 $ad(\mathfrak{h})$ に関して自明でない不変部分空間である．これは換言すれば $ad(\mathfrak{h})$ の $\mathfrak{g}_C$ 上での固有値問題である．

定理 3.5　複素半単純 Lie 環 $\mathfrak{g}_C$ は Cartan 部分環 $\mathfrak{h}$ に関して，つぎのように分解される：

$$\mathfrak{g}_C = \mathfrak{g}_0 \dotplus \sum_{\alpha\neq 0} \mathfrak{g}_\alpha \quad \text{（直和分解）}.$$

ここに，各 α は同時固有値を表わす．すなわち，

$$\mathfrak{g}_\alpha = \{X\in\mathfrak{g} \,|\, ad(H)X = [H,X] = \alpha(H)X \quad (H\in\mathfrak{h})\}.$$

ここに固有値 $\alpha(H)\in \boldsymbol{C}$ は $H\in\mathfrak{h}$ に依存する．また

$$\mathfrak{g}_0 = \{X\in\mathfrak{g} \,|\, [H,X]=0 \quad (H\in\mathfrak{h})\}.$$

（i）　$\mathfrak{g}_0=\mathfrak{h}$.

（ii）　α が同時固有値ならば，$-\alpha$ も同時固有値である．しかも $[\mathfrak{g}_\alpha,\mathfrak{g}_{-\alpha}]\subset\mathfrak{g}_0$.

(iii)　各 $\alpha(\neq 0)$ に対して $\dim_{\boldsymbol{C}}\mathfrak{g}_\alpha=1$.　——

定理の証明にはいる前に，上の分解の意味するところを念のため若干の説明を加えておくべきであろう．$\alpha(H)$ は1次変換 $ad(H)$ の固有値であるが，それらはすべての $\mathfrak{h}$ の元に対して定義され，したがって，対応：

$$\mathfrak{h}\ni H \longrightarrow \alpha(H)\in\boldsymbol{C}$$

は線型．換言すれば，α は $ad(\mathfrak{h})$ の同時固有ベクトル $X(\neq 0)$ に付随する固有値を表わすとともに，$\mathfrak{h}$ 上の1次形式でもある．そこで，α $(\neq 0)$ を（特性多項式の根という意味で）$\mathfrak{g}_C$ の $\mathfrak{h}$ に関する **root** と呼ぶことにする．root の全体のなす集合を Δ と記して，これを $\mathfrak{g}_C$ の **root 系** (root system) と呼ぶ．Δ は $\mathfrak{h}$ の双対空間 $\mathfrak{h}^*$ の部分集合である．定理 3.5 (ii) はすなわち $\alpha\in\Delta$ ならば $-\alpha\in\Delta$ なることであり，また $\mathfrak{g}_\alpha$ を α に対応する **root 空間**ということにすれば，(iii) は各 $\alpha\in\Delta$ に対して，root 空間は1次元，あるいは α の重複度がつねに1であることを主張しているのである．

これは要するに，各 $E_\alpha\in\mathfrak{g}_\alpha$ $(E_\alpha\neq 0)$ と $\mathfrak{h}=\mathfrak{g}_0$ の基底とを適当にとれば，1次変換 $ad(H)$ はつぎのような行列表示をもつことを意味する：

$$ad(H) = \begin{bmatrix} \overbrace{0}^{l} & \vdots & 0 & & \\ \cdots & \cdots & \cdots & \cdots & \cdots \\ & \vdots & \ddots & & \\ 0 & \vdots & \alpha(H) & & \\ & \vdots & & -\alpha(H) & \\ & \vdots & & & \ddots \end{bmatrix} \qquad (l=\dim_C \mathfrak{h}).$$

定理3.5によって得られた $\mathfrak{g}_C$ の分解は以下，より精密化され $\mathfrak{g}_C$ の構造を解明するための基本的な第一歩の過程である．そこでこの分解を以後 **root 空間分解**（正確には'$\mathfrak{h}$ に関する'という形容詞をつけるべきである）と呼称することにする．以前これは Cartan 分解と呼ばれていたのだが，§3.3に同じ用語が用いられるので名称を変更したのである．

定理3.5の証明にすすむ前に実例として各典型 Lie 環（例2.2参照）の場合を具体的に述べておく．これらの場合には root 空間分解は行列に関するごく初等的な計算にすぎない．ただし，いわゆる例外型の単純 Lie 環の場合は必ずしも簡単ではないのである．

例 3.4 (i) $\mathfrak{g}_C=\mathfrak{sl}(l+1, \boldsymbol{C})$ $(l\geqq 1)$，$G=SU(l+1)$，

$$\mathfrak{h} = \left\{\mathrm{diag}\,(\lambda_1, \lambda_2, \cdots, \lambda_{l+1}) \,\middle|\, \lambda_i \in \boldsymbol{C}\,(1\leqq i\leqq l+1), \sum_{i=1}^{l+1}\lambda_i=0\right\}$$

である．（ゆえに $\dim_C \mathfrak{h}=l$.） この $\mathfrak{h}$ は，例2.2に述べた標準型極大トーラス部分群より得られる Cartan 部分環である．いま，E_{ij} $(1\leqq i, j\leqq l+1)$ を (i, j) 成分のみ1，残りは全部0であるような行列とし，$\mathfrak{h}$ の元 H を

$$H = \sum_{i=1}^{l+1} \lambda_i(H) E_{ii}$$

と書いて，λ_i を $\mathfrak{h}^*$ の元とみなすことにする．このとき，任意の $H\in\mathfrak{h}$ に対して

$$[H, E_{ij}] = (\lambda_i-\lambda_j)(H) E_{ij}.$$

したがって，$\alpha_i=\lambda_i-\lambda_{i+1}$ $(1\leqq i\leqq l)$ とおけば，$\lambda_i-\lambda_j=\alpha_i+\alpha_{i+1}+\cdots+\alpha_{j-1}$ $(i<j)$ はすべて root であり，

$$\Delta = \{\lambda_i-\lambda_j \mid i\neq j\}$$

となることは次元の関係から明らかである．またこの場合，$E_{\lambda_i-\lambda_j}=E_{ij}$ $(i\neq j)$ととれる．すなわち root 空間分解とは，$\mathfrak{sl}(l+1, \boldsymbol{C})$ を対角型行列全体 $\mathfrak{h}$ と上半行列，下半行列のなすベクトル空間との直和に分解することに他ならない．

(ii) $\mathfrak{g}_C=\mathfrak{o}(n, \boldsymbol{C})$ $(n\geqq 3)$，$G=SO(n, \boldsymbol{R})$ である．以下，n が偶数 $(=2l)$ の場合と n が奇数 $(=2l+1)$ の場合とに分けて考える．$n=2l$ の場合，Cartan 部分環の形を見易くするために，$\mathfrak{g}_C$ をつぎの行列 L によって変換する：

$$L=\frac{1}{\sqrt{2}}\begin{bmatrix} I_l & \sqrt{-1}\,I_l \\ I_l & -\sqrt{-1}\,I_l \end{bmatrix}\in U(2l).$$

すなわち，$\mathfrak{g}_C'=L\mathfrak{g}_C L^{-1}$ は $\mathfrak{g}_C$ に同型であって容易に確認できるように

$$\mathfrak{g}_C'=\{X'\in \boldsymbol{M}(2l, \boldsymbol{C})\,|\,{}^tX'S+SX'=0\},$$

ここで

$$S=\begin{bmatrix} 0 & I_l \\ I_l & 0 \end{bmatrix}.$$

すなわちより具体的に書くならば

$$\mathfrak{g}_C'=\left\{\begin{bmatrix} X & Y \\ Z & -{}^tX \end{bmatrix}\,\middle|\, X, Y, Z\in \boldsymbol{M}(l, \boldsymbol{C}),\ {}^tY=-Y,\ {}^tZ=-Z\right\}.$$

これに対して，

$$\mathfrak{h}'=\{\mathrm{diag}\,(\lambda_1, \cdots, \lambda_l, -\lambda_1, \cdots, -\lambda_l)\,|\,\lambda_i\in \boldsymbol{C}\ (1\leqq i\leqq l)\}$$

とおく．これはすなわち例 2.2 における $SO(n, \boldsymbol{R})$ の極大トーラス部分群 T^l が L によって対角化され，

$$T'=\{\mathrm{diag}\,(t_1, \cdots, t_l, t_1^{-1}, \cdots, t_l^{-1})\,|\,t_i\in \boldsymbol{C},\ |t_i|=1\ (1\leqq i\leqq l)\}$$

となることを意味する．したがって当然

$$\mathfrak{t}'=\{\mathrm{diag}\,(\lambda_1, \cdots, \lambda_l, -\lambda_1, \cdots, -\lambda_l)\,|\,\lambda_i\in \boldsymbol{C},\ \mathrm{Re}(\lambda_i)=0\ (1\leqq i\leqq l)\}$$

でなければならない．このとき $\mathfrak{g}_C'$ の $\mathfrak{h}'$ に対応する分解はつぎのようにして得られる．いま，そのために

$$E_{\lambda_i+\lambda_j}=\begin{bmatrix} 0 & E_{ij}-E_{ji} \\ 0 & 0 \end{bmatrix},\qquad E_{-\lambda_i-\lambda_j}=\begin{bmatrix} 0 & 0 \\ E_{ij}-E_{ji} & 0 \end{bmatrix}\qquad (1\leqq i<j\leqq l)\,;$$

$$E_{\lambda_i-\lambda_j}=\begin{bmatrix} E_{ij} & 0 \\ 0 & -E_{ji} \end{bmatrix}\qquad (i\neq j)$$

とおくと，容易につぎの関係式が得られるであろう．すなわち $\mathfrak{h}'$ の元を一般に

$$H=H(\lambda_1, \cdots, \lambda_l)=\mathrm{diag}\,(\lambda_1, \cdots, \lambda_l, -\lambda_1, \cdots, -\lambda_l)$$

と書くことにすれば

$$[H, E_{\pm\lambda_i\pm\lambda_j}]=(\pm\lambda_i\pm\lambda_j)E_{\pm\lambda_i\pm\lambda_j}$$

となる．したがって，$\{\pm\lambda_i\pm\lambda_j\}$ が root の全体 Δ を与えることは $\mathfrak{g}_C', \mathfrak{h}'$ の次元

から明白である．これらは l 個の root $\{\alpha_1, \cdots, \alpha_l\}$；$\alpha_i=\lambda_i-\lambda_{i+1}$ $(1\leqq i\leqq l-1)$，$\alpha_l=\lambda_{l-1}+\lambda_l$，の 1 次結合である．

また，$n=2l+1$ (奇数) の場合には，同様に

$$L' = \frac{1}{\sqrt{2}}\begin{bmatrix}1 & 0 & 0\\ 0 & I_l & \sqrt{-1}\,I_l\\ 0 & I_l & -\sqrt{-1}\,I_l\end{bmatrix} \in U(2l+1)$$

によって $\mathfrak{g}_C$ と同型な Lie 環:

$$\mathfrak{g}_C' = \{X' \in \boldsymbol{M}(2l+1, \boldsymbol{C}) \mid {}^tX'S'+S'X'=0\}$$

$$= \left\{X'=\begin{bmatrix}0 & \boldsymbol{a} & \boldsymbol{b}\\ -{}^t\boldsymbol{b} & X & Y\\ -{}^t\boldsymbol{a} & Z & -{}^tX\end{bmatrix}\ \middle|\ X, Y, Z \text{ は上と同様, } \boldsymbol{a}, \boldsymbol{b} \in \boldsymbol{C}^l\right\},$$

ここで

$$S' = \begin{bmatrix}1 & 0 & 0\\ 0 & 0 & I_l\\ 0 & I_l & 0\end{bmatrix},$$

およびその Cartan 部分環 $\mathfrak{h}'$ として

$$\mathfrak{h}' = \{\mathrm{diag}\,(0, \lambda_1, \cdots, \lambda_l, -\lambda_1, \cdots, -\lambda_l) \mid \lambda_i \in \boldsymbol{C}\,(1\leqq i\leqq l)\}$$

などが得られる．この場合

$$T' = \{\mathrm{diag}\,(1, t_1, \cdots, t_l, t_1^{-1}, \cdots, t_l^{-1}) \mid t_i \in \boldsymbol{C},\ |t_i|=1\ \ (1\leqq i\leqq l)\},$$

$$\mathfrak{t}' = \{(\mathrm{diag}\,(0, \lambda_1, \cdots, \lambda_l, -\lambda_1, \cdots, -\lambda_l) \mid \lambda_i \in \boldsymbol{C},\ \mathrm{Re}(\lambda_i)=0\ \ (1\leqq i\leqq l)\}.$$

ただし，$\mathfrak{h}'$ に関する $\mathfrak{g}_C'$ の root 空間分解においては，n が偶数の場合とは異なる現象が現実におこるのであって，その場合の $\{\pm\lambda_i\pm\lambda_j\}$ および対応する $E_{\pm\lambda_i\pm\lambda_j}$ の他につぎの記号を導入する必要が生ずる．実際上記の $\mathfrak{g}_C'$ の元 X' において $\boldsymbol{a}=(0, \cdots, \overset{i}{\check{1}}, \cdots, 0)$，$\boldsymbol{b}=0$，$X=Y=Z=0$ なるものを E_{λ_i}，$\boldsymbol{b}=(0, \cdots, \overset{i}{\check{1}}, \cdots, 0)$，$\boldsymbol{a}=0$，$X=Y=Z=0$ なるものを $E_{-\lambda_i}\,(1\leqq i\leqq l)$ とおくと，

$$H = H(\lambda_1, \cdots, \lambda_l) = \mathrm{diag}\,(0, \lambda_1, \cdots, \lambda_l, -\lambda_1, \cdots, -\lambda_l)$$

に対して

$$[H, E_{\pm\lambda_i}] = \pm\lambda_i E_{\pm\lambda_i}$$

となる．これは，すなわち (次元の関係から) われわれの場合の root の全体 Δ が，結局 $\{\pm\lambda_i\pm\lambda_j, \pm\lambda_i\}$ で与えられることを意味する．さらに，$\alpha_i=\lambda_i-\lambda_{i+1}$

$(1\leqq i\leqq l-1)$, $\alpha_l=\lambda_l$ とおけば, これら l 個の root $\{\alpha_1, \cdots, \alpha_l\}$ の1次結合としてすべての root が表わされることも容易に確認できよう. (なお以上の議論で $\boldsymbol{n}=2$ の場合は $\mathfrak{o}(2, \boldsymbol{C})$ は1次元で可換であることを注意しておく.)

(iii) $\mathfrak{g}_C=\mathfrak{sp}(l, \boldsymbol{C})$ $(l\geqq 1)$, $G=Sp(l)$, かつ Cartan 部分環 $\mathfrak{h}$ として,

$$\mathfrak{h}=\{\mathrm{diag}(\lambda_1, \cdots, \lambda_l, -\lambda_1, \cdots, -\lambda_l) \mid \lambda_i\in \boldsymbol{C}\ \ (1\leqq i\leqq l)\}$$

とおく. この $\mathfrak{h}$ に関する root 空間を与えるためにつぎの如き行列を導入する. すなわち

$$E_{\lambda_i+\lambda_j}=\begin{bmatrix} 0 & 0 \\ E_{ij}+E_{ji} & 0 \end{bmatrix}, \qquad E_{-\lambda_i-\lambda_j}=\begin{bmatrix} 0 & E_{ij}+E_{ji} \\ 0 & 0 \end{bmatrix},$$

$$E_{\lambda_i-\lambda_j}=\begin{bmatrix} E_{ij} & 0 \\ 0 & -E_{ji} \end{bmatrix} \qquad (i\neq j)$$

とおく. このとき

$$H=H(\lambda_1, \cdots, \lambda_l)=\mathrm{diag}\,(\lambda_1, \cdots, \lambda_l, -\lambda_1, \cdots, -\lambda_l)$$

に対して,

$$[H, E_{\pm\lambda_i\pm\lambda_j}]=(\pm\lambda_i\pm\lambda_j)E_{\pm\lambda_i\pm\lambda_j}$$

となる. よって, 上述と同様の理由で $\Delta=\{\pm\lambda_i\pm\lambda_j\}$ となり, さらに $\alpha_i=\lambda_i-\lambda_{i+1}$ $(1\leqq i\leqq l-1)$, $\alpha_l=2\lambda_l$ とおくと $\{\alpha_1, \cdots, \alpha_l\}$ の1次結合によってすべての root が表わされるのである. ——

注意 3.4　例3.4に書き下した Cartan 部分環は例2.2に列挙した各典型群 G の極大トーラス部分群 T の Lie 環である実可換 Lie 部分環 $\mathfrak{t}$ の複素化 $\mathfrak{t}_C$ に他ならない. (ただし (ii) の場合はその共役 $\mathfrak{t}_C'$ をとった.) これらは形が簡単で扱い易いという他にとくに意味はないが, 便利であるからこれらをそれぞれの複素典型 Lie 環 $\mathfrak{g}_C$ の**標準的 Cartan 部分環** (standard Cartan subalgebra) ということが多い. また, この標準的 Cartan 部分環 $\mathfrak{h}$ に関する root のうち, (i), (ii), (iii) の各型とも階数の数 l だけの特殊な root $\{\alpha_1, \cdots, \alpha_l\}$ が存在し, 他の root はすべてその整係数の1次結合で表わされるのであった. このような現象は一般に複素半単純 Lie 環の root 空間分解について成立するのであって, $\{\alpha_1, \cdots, \alpha_l\}$ は $\mathfrak{h}$ に関する '基本 root' と呼ばれる. これらのことは引き続いて定理3.6にまとめて述べる. ——

以下, 定理3.5の説明および証明を継続する. $\mathfrak{gl}(\mathfrak{g}_C)$ の部分集合 $ad(\mathfrak{h})$ は半単

純な1次変換よりなる可換な集合であるから，それらは同時に対角化できる．したがって求める分解ができる．さらに$\mathfrak{h}$は極大可換 Lie 部分環であったから(i)が成り立つ．

(ii)を示すために root 空間分解$\mathfrak{g}_C=\mathfrak{h}\dot{+}\sum_{\alpha\in\Delta}\mathfrak{g}_\alpha$の構造を調べる：まず任意の$X\in\mathfrak{g}_\alpha$, $Y\in\mathfrak{g}_{-\alpha}$に対して Jacobi 律により

$$[H,[X,Y]]=0 \qquad (H\in\mathfrak{h})$$

が成り立つことに注意する．よって$[X,Y]\in\mathfrak{g}_0=\mathfrak{h}$, したがって(ii)の後半を得る．つぎに同じく$X\in\mathfrak{g}_\alpha$, $Y\in\mathfrak{g}_\beta$ $(\alpha,\beta\in\Delta,\alpha+\beta\neq0)$に対して

$$[H,[X,Y]]=(\alpha+\beta)(H)[X,Y] \qquad (H\in\mathfrak{h}).$$

ゆえに，$[X,Y]\neq0$ならば，これは$\alpha+\beta$に対応する固有ベクトルとなり，同時に$\alpha+\beta\in\Delta$をも意味する．つまり$[\mathfrak{g}_\alpha,\mathfrak{g}_\beta]\subset\mathfrak{g}_{\alpha+\beta}$. 逆にいえば$\alpha+\beta\notin\Delta$ならば$[\mathfrak{g}_\alpha,\mathfrak{g}_\beta]=\{0\}$. つぎの補題は(ii)の前半を含む．

補題 3.7 (i) $\alpha,\beta\in\Delta,\alpha+\beta\neq0$なるときは必ず$\Phi(\mathfrak{g}_\alpha,\mathfrak{g}_\beta)=\{0\}$. また各$\alpha\in\Delta$に対して$\Phi(\mathfrak{g}_\alpha,\mathfrak{h})=\{0\}$. ここに$\Phi$は$\mathfrak{g}$の Killing 形式．

(ii) 各$\alpha\in\Delta$に対して，$-\alpha\in\Delta$であって$\Phi(\mathfrak{g}_\alpha,\mathfrak{g}_{-\alpha})\neq\{0\}$.

証明 (i) $X\in\mathfrak{g}_\alpha$, $Y\in\mathfrak{g}_\beta$を任意にとると，各$\gamma\in\Delta$または$\gamma=0$に対して

$$ad(X)ad(Y)(\mathfrak{g}_\gamma)\subset\mathfrak{g}_{\alpha+\beta+\gamma}$$

であって，$\alpha+\beta+\gamma\notin\Delta\cup\{0\}$ならば$\mathfrak{g}_{\alpha+\beta+\gamma}=\{0\}$, $\alpha+\beta\neq0$ならば$\mathfrak{g}_{\alpha+\beta+\gamma}\cap\mathfrak{g}_\gamma=\{0\}$なのであるから，root 空間分解に即応して$\mathfrak{g}_C$の基底をとれば，それに関する$ad(X)ad(Y)$の対角成分はすべて0となる．ゆえに$\Phi(\mathfrak{g}_\alpha,\mathfrak{g}_\beta)=\{0\}$. $\Phi(\mathfrak{g}_\alpha,\mathfrak{h})=\{0\}$も同様である．

(ii) Φは非退化であるから(i)より(ii)を得る．∎

注意 3.5 定理3.5に関連して直ちに判ることであるが，Δは$\dim_C\mathfrak{h}=l$ (=Gの階数)個の1次独立な root を含む．実際，任意の$\alpha\in\Delta$に対して$\alpha(H)=0$となる$H\in\mathfrak{h}$があれば，それは$ad(H)=0$を意味し$\mathfrak{g}_C$の随伴表現が忠実であることより$H=0$となるからである．——

さて，つぎの補題が証明されれば定理3.5の(iii)が得られて，定理3.5がすべて証明される．これはつづく二つの補題3.9, 3.10による．

補題 3.8 各$\alpha\in\Delta$に対して$\dim_C\mathfrak{g}_\alpha=1$, かつ各$m\in\boldsymbol{Z}$, $m\neq\pm1$, に対し$m\alpha\notin\Delta$.

証明 $X\in\mathfrak{g}_\alpha$, $Y\in\mathfrak{g}_{-\alpha}$ $(X, Y\neq 0)$ を任意にとり $\mathfrak{g}$ の部分ベクトル空間 $\mathfrak{g}'$ を

$$\mathfrak{g}' = \mathfrak{h}\dotplus \boldsymbol{C}Y\dotplus\sum_{m\geqq 1}\mathfrak{g}_{m\alpha}\quad (\text{直和})$$

とおく．これは明らかに $ad(X), ad(Y)$ によって不変である．いま $H_\alpha=[X, Y]\in\mathfrak{h}$ とおくと，$\mathfrak{g}'$ は $ad(H_\alpha)$ でも不変であるが，一方，$ad(H_\alpha)=ad(X)ad(Y)-ad(Y)ad(X)$ であるから，$\mathrm{trace}\,(ad(H_\alpha)|_{\mathfrak{g}'})=0$ である．この式を書き直すと，$\dim_{\boldsymbol{C}}\mathfrak{g}_{m\alpha}=d_m$ $(m=1,2,\cdots)$ とおいて

$$\alpha(H_\alpha)(-1+d_1+2d_2+\cdots)=0$$

となる．したがって，もし $\alpha(H_\alpha)\neq 0$ となるように X, Y を選ぶことができれば，$d_1\geqq 1$，$d_m\geqq 0$ $(m\geqq 2)$ であるから $d_1=1$，$d_m=0$ $(m\geqq 2)$ とならざるをえない．よって補題 3.7 (ii) よりこの補題を得る．

したがって問題は $\alpha(H_\alpha)\neq 0$ となるような X, Y の存在を示すことであるが，同時に，各 $\mathfrak{g}_\alpha$ の基底（実は生成元）E_α の選択を適当にすることによって後に Weyl の標準基底と呼ばれる $\mathfrak{g}_{\boldsymbol{C}}$ の特殊な基底の存在を証明したい．それは単に上の補題の証明に必要なだけでなく，$\mathfrak{g}_{\boldsymbol{C}}$ の実 Lie 部分環 $\mathfrak{g}_{\boldsymbol{u}}$ の基底を具体的に与えることが実は本来の目的なのである．

後のために，l 次元複素ベクトル空間 $\mathfrak{h}$ の**実部分** $\mathfrak{h}_{\boldsymbol{R}}$ $(\dim_{\boldsymbol{R}}\mathfrak{h}_{\boldsymbol{R}}=l)$ をつぎのように定義する．すなわち，いま任意の $H\in\mathfrak{h}$ と $\alpha\in\Delta$ とに対して $\alpha(H)\in\boldsymbol{C}$ を実部と虚部とに分けて

$$\alpha(H)=\alpha'(H)+\sqrt{-1}\,\alpha''(H)\qquad(\alpha'(H), \alpha''(H)\in\boldsymbol{R})$$

と書いて，これに対して $\mathfrak{g}_{\boldsymbol{C}}$ の1次変換 D_H', D_H'' をそれぞれ

$$D_H'(X)=\alpha'(H)X,\qquad D_H''(X)=\alpha''(H)X\qquad(X\in\mathfrak{g}_\alpha)$$

によって定義する．（この場合には $\alpha=0$（すなわち，$\mathfrak{g}_0=\mathfrak{h}$）のときも含めて考えている．以下同様.）すると $ad(H)$ の定義から，$ad(H)=D_H'+\sqrt{-1}\,D_H''$ となるが，さらに D_H', D_H'' はともに $\mathfrak{g}_{\boldsymbol{C}}$ の微分作用素である．これをたとえば D_H' について検証すると，$X\in\mathfrak{g}_\alpha$，$Y\in\mathfrak{g}_\beta$ に対して

$$D_H'([X, Y])=(\alpha'(H)+\beta'(H))[X, Y]=[D_H'(X), Y]+[X, D_H'(Y)].$$

ゆえに定理 2.3 の系によって D_H', D_H'' はともに内部微分作用素となり，したがって $D_H'=ad(H')$，$D_H''=ad(H'')$ と書けるが，定義よりこれらの1次変換は $\mathfrak{h}$ を不変にする．すなわち，H', H'' はともに $\mathfrak{h}$ の元でなければならないことが

root 空間分解の性質からわかる．随伴表現は忠実であったからこれは $H=H'+\sqrt{-1}H''$ を意味する．以上の議論よりつぎの補題が証明された．

補題 3.9 $\mathfrak{h}_{\boldsymbol{R}}=\{H\in\mathfrak{h}\,|\,\alpha(H)\in\boldsymbol{R}\ (\alpha\in\Delta)\}$

とおくことにすれば，$\mathfrak{h}_{\boldsymbol{R}}$ は $\mathfrak{h}$ の実部分ベクトル空間であって，

$$\mathfrak{h}=\mathfrak{h}_{\boldsymbol{R}}\dot{+}\sqrt{-1}\,\mathfrak{h}_{\boldsymbol{R}}\quad(\text{直和}),\qquad \text{したがって}\quad \dim_{\boldsymbol{R}}\mathfrak{h}_{\boldsymbol{R}}=l. \qquad ——$$

つぎにこの l 次元実ベクトル空間 $\mathfrak{h}_{\boldsymbol{R}}$ とその双対空間 $\mathfrak{h}_{\boldsymbol{R}}{}^*$ とに内積を与える．まず，補題3.7によって $\mathfrak{h}$ と $\sum_{\alpha\in\Delta}\mathfrak{g}_\alpha$ とは Φ に関して直交しているから，Φ の $\mathfrak{h}$ 上への制限 $\Phi_{\mathfrak{h}}$ もまた非退化な双1次形式である．簡単化のため単にこれを

$$(H,H')=\Phi_{\mathfrak{h}}(H,H')\qquad (H,H'\in\mathfrak{h})$$

と書く．この双1次形式に関して $\mathfrak{h}$ とその双対空間 $\mathfrak{h}^*$ とは自然に同一視される．すなわち $\lambda\in\mathfrak{h}^*$ に対して $H_\lambda\in\mathfrak{h}$ なる元を

$$\lambda(H)=(H_\lambda,H)\qquad (H\in\mathfrak{h})$$

によって決めることができるから，対応 $\lambda\leftrightarrow H_\lambda$ を用いて

$$(\lambda,\mu)=(H_\lambda,H_\mu)\qquad (\lambda,\mu\in\mathfrak{h}^*)$$

とおくのである．すると，もちろん，$(\lambda,\mu)=\lambda(H_\mu)=\mu(H_\lambda)$ となる．

いま，とくに上記の双1次形式をそれぞれ $\mathfrak{h}_{\boldsymbol{R}},\mathfrak{h}_{\boldsymbol{R}}{}^*$ に制限して考えることにして(ただし $\mathfrak{h}_{\boldsymbol{R}}{}^*$ を自然な仕方で $\mathfrak{h}^*$ の実部分空間とみなしている)，それを $(\ ,\ )_{\boldsymbol{R}}$ と記すことにする．$H\in\mathfrak{h}_{\boldsymbol{R}}$ に対しては $\alpha(H)\in\boldsymbol{R}$ $(\alpha\in\Delta)$ であったから

$$(H,H)_{\boldsymbol{R}}=\sum_{\alpha\in\Delta}\alpha(H)^2\quad(\geqq 0).$$

ここで，すべての $\alpha\in\Delta$ に対して $\alpha(H)=0$ とは注意3.5によって $H=0$ を意味する．これは $(\ ,\ )_{\boldsymbol{R}}$ が正定値な実対称双1次形式，すなわち内積であることを示す．とくに $\Delta\subset\mathfrak{h}_{\boldsymbol{R}}{}^*$ であることに注意すれば，任意の $\alpha\in\Delta$ に対して

$$(\alpha,\alpha)_{\boldsymbol{R}}=\alpha(H_\alpha)>0$$

が成り立つ．以後簡単のため $(\ ,\ )_{\boldsymbol{R}}$ も $(\ ,\ )$ で表わすことにしよう．

補題 3.10 $\alpha\in\Delta$ に対応する $\mathfrak{h}_{\boldsymbol{R}}$ の元 H_α はつぎで与えられる．すなわち $X\in\mathfrak{g}_\alpha$, $Y\in\mathfrak{g}_{-\alpha}$ が $\Phi(X,Y)\neq 0$ を満たすとき

$$\Phi(X,Y)H_\alpha=[X,Y].$$

証明 任意の $H\in\mathfrak{h}$ に対して，Killing 形式の性質(補題2.7)から，

$$([X,Y],H)=\Phi(X,[Y,H])=\alpha(H)\Phi(X,Y)$$

となるからである. ▌

この補題によれば, X, Y に適当なスカラーを乗じて $\Phi(X, Y)=1$ となるように選べば $H_\alpha=[X, Y]$ となり $\alpha(H_\alpha)>0$ であるから, 補題3.8が証明されたことになる. 結局, 定理3.5のすべてが証明された. ——

つぎに $\mathfrak{h}_{\boldsymbol{R}}$ の一組の基底 $\{H_1, \cdots, H_l\}$, たとえば内積 $(\ ,\ )$ に関する正規直交基底, を決めておく. これを基にして $\mathfrak{h}_{\boldsymbol{R}}{}^*$ に**辞書式順序** (lexicographic order) を導入する. (それを $>$ と記す.) すなわち, $\lambda, \mu \in \mathfrak{h}_{\boldsymbol{R}}{}^*$ に対して $\lambda>\mu$ (または $\mu<\lambda$) であるとは, 或る i $(1\leqq i\leqq l)$ があって,

$$\lambda(H_1)=\mu(H_1), \quad \cdots, \quad \lambda(H_{i-1})=\mu(H_{i-1}), \quad \lambda(H_i)>\mu(H_i)$$

となることをいうのである. とくに $\mu=0$ の場合は $\lambda>0$ と書き λ は**正**, 逆に $\lambda=0$ の場合は $\mu<0$ と書き μ は**負**であるという. この順序について直ちにわかる事実を挙げる.

補題 3.11 (i) 任意の $\lambda, \mu \in \mathfrak{h}_{\boldsymbol{R}}{}^*$ に対して, $\lambda>\mu$, $\lambda=\mu$, $\lambda<\mu$ の中のただ一つが成り立つ.

(ii) $\lambda>\mu$ ならば $-\lambda<-\mu$, また正の実数 c に対して $c\lambda>c\mu$.

(iii) $\lambda>\mu$, $\mu>\nu$ ならば $\lambda>\nu$.

(iv) $\lambda>\mu$ ならば任意の ν に対して $\lambda+\nu>\mu+\nu$.

(v) $\{H_1, \cdots, H_l\}$ に対応する $\mathfrak{h}_{\boldsymbol{R}}{}^*$ の双対基底を $\{\lambda, \cdots, \lambda_l\}$, すなわち $\lambda_i(H_j)=\delta_{ij}$ とすれば, $\lambda_1>\cdots>\lambda_l$. ——

上の順序に関して, $\alpha \in \Delta$ の正のものの全体を Δ^+, 負のものの全体を Δ^- と書く. $\Delta=\Delta^+\cup\Delta^-$ であって定理3.5(ii)によれば Δ^+, Δ^- は同数の root を含む. root α は例3.4の場合には階数 $(=l)$ の数だけの特別の root の1次結合となっていたが, これは一般にも成り立つ. それを述べるために, まず $\alpha \in \Delta^+$ が他の二つの正の root の和として表わせないとき, α は**単純** (simple) であると称することにする. すなわち, 基底 $\{H_1, \cdots, H_l\}$ に対応して単純 root がちょうど l 個存在することを証明したいのである.

定理 3.6 複素半単純 Lie 環 $\mathfrak{g}_C$ の root 空間分解に関してつぎのような精密な性質が成り立つ.

(i) Δ は l 個の1次独立な単純 root からなる部分集合 $\Pi=\{\alpha_1, \cdots, \alpha_l\}$ を含み, 他の任意の root α はそれらの整係数の1次結合として

$$\alpha = \sum_{i=1}^{l} m_i \alpha_i \qquad (m_i \in \boldsymbol{Z})$$

と表わすことができる($l=\dim_C \mathfrak{h}$). その意味で Π に属する root を**基本 root** と呼ぶ. しかも係数 m_i はすべて $\geqq 0$ であるか, すべて $\leqq 0$ であるかのいずれかである. 前者の全体が Δ^+, 後者の全体が Δ^- であることはいうまでもない.

(ii) $\mathfrak{g}_\alpha$ の基底 $E_\alpha\,(\alpha \in \Delta)$ としてつぎの性質を満たすものが存在する.

$$[E_\alpha, E_{-\alpha}] = H_\alpha, \qquad \Phi(E_\alpha, E_{-\alpha}) = 1.$$

また, $\alpha, \beta \in \Delta$ に対して, $\alpha+\beta \in \Delta$ なるとき

$$[E_\alpha, E_\beta] = N_{\alpha,\beta} E_{\alpha+\beta}, \qquad N_{\alpha,\beta} = -N_{-\alpha,-\beta} \in \boldsymbol{R}$$

となる. ——

例3.4の $\{\alpha_1, \cdots, \alpha_l\}$ はすべてある辞書式順序に関する単純 root 全体に一致することは容易に確かめることができる. この定理の(ii)の最初の部分は補題3.10ですんでいる. そこでまず(i)を示す. いま単純 root の全体を $\Pi=\{\alpha_1, \cdots, \alpha_k\}$ とおく. 任意の正の root α が与えられたとき, $\alpha \in \Pi$ ならそれでよい. $\alpha \notin \Pi$ ならば, $\alpha=\beta+\gamma$ $(\beta, \gamma \in \Delta^+)$ と分解される. この操作を続行すれば結局, α は単純 root の和となる, すなわち

$$\alpha = \sum_{i=1}^{k} m_i \alpha_i \qquad (m_i \geqq 0).$$

したがって証明すべきことは $\{\alpha_1, \cdots, \alpha_k\}$ が実数体上1次独立なることである. それは注意3.5によって独立な root の最大個数はちょうど l 個でなければならないからである. そのために補題3.8の一般化に当る議論を必要とする.

すなわち, いま $\alpha, \beta \in \Delta\,(\alpha \neq \pm\beta)$ が与えられたとき, β を含むつぎのような root の系列を考える:

$$\beta-p\alpha, \quad \cdots, \quad \beta-\alpha, \quad \beta, \quad \beta+\alpha, \quad \cdots, \quad \beta+q\alpha \quad (\in \Delta).$$

ただし, $\beta-(p+1)\alpha \notin \Delta$, $\beta+(q+1)\alpha \notin \Delta$ となるものとする. このような系列 $\{\beta+m\alpha \mid -p \leqq m \leqq q\}$ を **β を含む α 系列**と呼ぶ(Weyl). このとき, つぎの諸事実が成り立つ. よってとくに定理3.6(i)が成り立つ.

補題 3.12 (i) 任意の $\alpha, \beta \in \Delta$ $(\alpha \neq \pm\beta)$ に対して

$$2(\beta, \alpha) = (p-q)(\alpha, \alpha)$$

なる関係がある. したがって, とくに $\beta-\alpha \notin \Delta$ (すなわち $p=0$) ならば $(\beta, \alpha) \leqq 0$.

(ii)　$\alpha_i, \alpha_j \in \Pi$ ならば，つねに $\alpha_i - \alpha_j \notin \Delta$.

(iii)　$\{\alpha_1, \cdots, \alpha_k\}$ は実数体 $\boldsymbol{R}$ 上1次独立である.

証明　順次証明する．まず(i)の証明は補題3.8のそれと類似である．実際，補題3.10のように，$X \in \mathfrak{g}_\alpha$，$Y \in \mathfrak{g}_{-\alpha}$ を $\Phi(X, Y) = 1$，$[X, Y] = H_\alpha$ となるように選び，部分空間

$$\mathfrak{g}' = \sum_{m=-p}^{q} \mathfrak{g}_{\beta + m\alpha}$$

を導入する．$ad(X), ad(Y)$ はともに $\mathfrak{g}'$ を不変にし，$ad(H_\alpha)(\mathfrak{g}') \subset \mathfrak{g}'$．そのトレースはやはり0である：

$$\operatorname{trace}(ad(H_\alpha)|_{\mathfrak{g}'}) = 0.$$

この場合の左辺は直ちにわかるように

$$\sum_{m=-p}^{q} (\beta + m\alpha)(H_\alpha)$$

であるから，結局

$$2\beta(H_\alpha) = (p - q) \cdot \alpha(H_\alpha).$$

(ii)は当然で，もし $\alpha_i - \alpha_j = \beta$ が root であるとすれば矛盾である．なぜなら $\beta > 0$ とすれば $\alpha_i = \alpha_j + \beta$，$\beta < 0$ とすれば $\alpha_j = \alpha_i + (-\beta)$ となり，いずれにせよ α_i, α_j が単純なることに反する.

(iii)を示すために $\sum_{i=1}^{k} c_i \alpha_i = 0$ $(c_i \in \boldsymbol{R})$ であるとせよ．便宜上 $\{\alpha_1, \cdots, \alpha_k\}$ の順序を変更して，$c_1, \cdots, c_r \geqq 0$，$c_{r+1}, \cdots, c_k < 0$ としておく．このとき

$$\sum_{i=1}^{r} c_i \alpha_i = \sum_{j=r+1}^{k} (-c_j) \alpha_j = \gamma$$

とおき，(γ, γ) $(\geqq 0)$ を求めると

$$(\gamma, \gamma) = \sum_{i=1}^{r} \sum_{j=r+1}^{k} (-c_i c_j)(\alpha_i, \alpha_j)$$

となるが，右辺においては $-c_i c_j \geqq 0$，また(i), (ii)によって $(\alpha_i, \alpha_j) \leqq 0$．すなわち $(\gamma, \gamma) \leqq 0$ を得るから $\gamma = 0$ でなければならない．したがって実は $r = k$ である．しかも c_i の中に実際に >0 なるものがあれば，$\gamma > 0$ であるから(補題3.11)，すべての c_i は0である．よって $\{\alpha_1, \cdots, \alpha_k\}$ の1次独立性が示された. ∎

定理3.6(ii)の最後の部分，すなわち各 $N_{\alpha,\beta}$ は実数で $N_{\alpha,\beta} + N_{-\alpha,-\beta} = 0$ を満たす如く基底 $\{E_\alpha \mid \alpha \in \Delta\}$ が選べることの証明は相当に複雑で細かい議論の連鎖を

必要とする．その方法はやはり Weyl によるものである．目標はつぎの補題の含む二つの命題 (a), (b) である．

補題 3.13 (a) 各 $E_\alpha \in \mathfrak{g}_\alpha$ は $[E_\alpha, E_{-\alpha}]=H_\alpha$ を満たすものとすると，$\alpha, \beta \in \varDelta$, $\alpha+\beta \in \varDelta$ なるとき

$$N_{\alpha,\beta}\cdot N_{-\alpha,-\beta} = -\frac{1}{2}(p+1)q\cdot\alpha(H_\alpha) \qquad (<0).$$

ここで，p, q は整数 ($p \geqq 0$, $q \geqq 1$) で前の補題と同じ意味である．

(b) $\mathfrak{g}_C$ の回帰的な自己同型 φ でつぎの性質をもつものが存在する．すなわち，$[E_\alpha, E_{-\alpha}]=H_\alpha$ を満たす $E_\alpha \in \mathfrak{g}_\alpha$ を適当にとると

$$\varphi(E_\alpha) = -E_{-\alpha} \qquad (\alpha \in \varDelta)$$

がつねに成り立つ．(したがって，H_α 全体が $\mathfrak{h}$ を張ることより各 $H \in \mathfrak{h}$ に対して $\varphi(H)=-H$ となっている.) ——

この補題の証明は後に補題 3.14, 3.15, 3.16, 3.17 と定理 3.8 を用いて与える．この補題の (b) より自己同型 φ を $[E_\alpha, E_\beta]=N_{\alpha,\beta}\cdot E_{\alpha+\beta}$ の両辺に適用すると，$[E_{-\alpha}, E_{-\beta}]=-N_{\alpha,\beta}\cdot E_{-(\alpha+\beta)}$．これと $[E_{-\alpha}, E_{-\beta}]=N_{-\alpha,-\beta}\cdot E_{-(\alpha+\beta)}$ とを合わせて $N_{-\alpha,-\beta}=-N_{\alpha,\beta}$ を得る．しかもこれを (a) の式に代入すれば $N_{\alpha,\beta} \in \boldsymbol{R}$ でなければならないことが結論されて，定理 3.6 の証明が完結する．

定義 3.3 $\{H_1, \cdots, H_l\}$ を $\mathfrak{h}_{\boldsymbol{R}}$ の一つの基底，$E_\alpha \in \mathfrak{g}_\alpha$ ($\alpha \in \varDelta$) を定理 3.6 (ii) の性質をもつものとするとき，$\mathfrak{g}_C$ の基底 $\{H_1, \cdots, H_l, E_\alpha (\alpha \in \varDelta)\}$ を **Weyl の標準基底** (Weyl's canonical base) と呼ぶ．——

このような標準基底を選んだ理由は説明を要する．基底 $\{E_\alpha \mid \alpha \in \varDelta\}$ は定理 3.6 の (ii) を満たすものとして，これに対して

$$X_\alpha = E_\alpha - E_{-\alpha}, \qquad Y_\alpha = \sqrt{-1}(E_\alpha + E_{-\alpha}) \qquad (\alpha \in \varDelta)$$

とおく．このとき

$$X_{-\alpha} = -X_\alpha, \qquad Y_{-\alpha} = Y_\alpha$$

が成り立つ．これに対して $\mathfrak{g}_C$ の実部分空間 $\mathfrak{g}_u$ をつぎで定義する．

$$\mathfrak{g}_u = \sqrt{-1}\,\mathfrak{h}_{\boldsymbol{R}} \dotplus \sum_{\alpha \in \varDelta^+} \boldsymbol{R}\cdot X_\alpha \dotplus \sum_{\alpha \in \varDelta^+} \boldsymbol{R}\cdot Y_\alpha.$$

すなわち，$\{H_1, \cdots, H_l\}$ を前出の $\mathfrak{h}_{\boldsymbol{R}}$ の基底であるとすれば，$\mathfrak{g}_u$ は $\{\sqrt{-1}H_1, \cdots, \sqrt{-1}H_l, X_\alpha, Y_\alpha\ (\alpha \in \varDelta^+)\}$ によって $\boldsymbol{R}$ 上に張られる部分ベクトル空間である．こ

のとき $\mathfrak{g}_u$ は実 Lie 部分環となる．実際，$H\in\mathfrak{h}_{\boldsymbol{R}}$ ならば

$$\begin{aligned}[\sqrt{-1}H, X_\alpha] &= \alpha(H)\,Y_\alpha,\\ [\sqrt{-1}H, Y_\alpha] &= -\alpha(H)X_\alpha.\end{aligned}\qquad (\alpha(H)\in\boldsymbol{R})$$

また，$\alpha,\beta\in\Delta^+$，$\alpha\neq\beta$ ならば

$$\begin{aligned}[X_\alpha, X_\beta] &= N_{\alpha,\beta}\cdot X_{\alpha+\beta}+N_{\alpha,-\beta}\cdot X_{\alpha-\beta},\\ [Y_\alpha, Y_\beta] &= -N_{\alpha,\beta}\cdot X_{\alpha+\beta}-N_{\alpha,-\beta}\cdot X_{\alpha-\beta},\\ [X_\alpha, Y_\beta] &= N_{\alpha,\beta}\cdot Y_{\alpha+\beta}+N_{\alpha,-\beta}\cdot Y_{\alpha-\beta}.\end{aligned}$$

(ただし，$\alpha+\beta\notin\Delta$ の場合は $N_{\alpha,\beta}\cdot X_{\alpha+\beta}=0$，等々と理解する.) 最後に

$$[X_\alpha, Y_\alpha] = 2\sqrt{-1}H_\alpha \qquad (H_\alpha\in\mathfrak{h}_{\boldsymbol{R}})$$

となるからである．もちろん，これらの基底が $\boldsymbol{C}$ 上で張るベクトル空間は $\mathfrak{g}_{\boldsymbol{C}}$ 自身に一致するから

$$\mathfrak{g}_{\boldsymbol{C}} = \mathfrak{g}_u\dot{+}\sqrt{-1}\mathfrak{g}_u \cong \mathfrak{g}_u\otimes_{\boldsymbol{R}}\boldsymbol{C}.$$

このような $\mathfrak{g}_{\boldsymbol{C}}$ の実 Lie 部分環 $\mathfrak{g}_u$ は $\mathfrak{g}_{\boldsymbol{C}}$ の**実型**(real form) と呼ばれる．$\mathfrak{g}_u$ の Killing 形式を Φ_u と書く．

定理 3.7　Φ_u は負定値であって，$\mathfrak{g}_u$ はコンパクト半単純 Lie 群 G の Lie 環 $\mathfrak{g}$ に同型である．——

定理の前半は直接検証すればよい．実際，$\mathfrak{g}_{\boldsymbol{C}}$ の任意の元 X を

$$X = \sum_{i=1}^{l}\lambda_i H_i+\sum_{\alpha\in\Delta}\nu_\alpha E_\alpha \qquad (\lambda_i, \nu_\alpha\in\boldsymbol{C})$$

と書くとき，X が上の $\mathfrak{g}_u$ に属するための必要充分な条件は各 i $(1\leqq i\leqq l)$，$\alpha\in\Delta$ について

$$\lambda_i = \sqrt{-1}\,\mu_i \quad (\mu_i\in\boldsymbol{R}), \qquad -\bar{\nu}_\alpha = \nu_{-\alpha}$$

で与えられる．そこで $\Phi_u(X, X)=\Phi_u(X)$ をこの場合に計算すると，補題 3.7 を用いて直ちに

$$\Phi_u(X) = -\sum_{i,j}\mu_i\mu_j(H_i, H_j)+\sum_{\alpha\in\Delta}\nu_\alpha\nu_{-\alpha}\Phi(E_\alpha, E_{-\alpha})$$

となる．$H=\sum_{i=1}^{l}\mu_i H_i\in\mathfrak{h}_{\boldsymbol{R}}$ とおけば，上式右辺の第1項は $-(H, H)$，第2項は $-\sum_{\alpha\in\Delta}|\nu_\alpha|^2$ (定理 3.6 (ii)) である．したがって，Φ_u は負定値である．このとき，$\{\sqrt{-1}H_1, \cdots, \sqrt{-1}H_l\}$ で $\boldsymbol{R}$ 上張られる $\mathfrak{g}_u$ の部分空間 $\mathfrak{t}_u$ はコンパクト実 Lie 環 $\mathfrak{g}_u$ の極大可換 Lie 部分環で $(\mathfrak{t}_u)_{\boldsymbol{C}}=\mathfrak{h}$ を満たすことに注意しておこう．

定理の後半は次節，定理3.9の証明より系として得られる．(注意3.9参照.) すなわち実は $\mathfrak{g}_C$ の或る内部自己同型 φ が存在して

$$\mathfrak{g}=\varphi(\mathfrak{g}_u)$$

となるのである．これによって，われわれの所期の目標，つまりコンパクト半単純 Lie 群の Lie 環の構造を決定することは，一応達成された，といってよいであろう．H. Weyl はその標準基底を用いて具体的に与えられたコンパクト半単純 Lie 環 $\mathfrak{g}_u$ を $\mathfrak{g}_C$ の**ユニタリ制限**と呼んだ．

注意 3.6 われわれはコンパクト半単純 Lie 環 $\mathfrak{g}$ とその極大可換 Lie 部分環 $\mathfrak{t}$ から出発して，複素半単純 Lie 環 $\mathfrak{g}_C$ とその Cartan 部分環 $\mathfrak{h}=\mathfrak{t}_C$ を構成し，この対 $(\mathfrak{g}_C,\mathfrak{h})$ に対してコンパクト半単純実 Lie 部分環 $\mathfrak{g}_u$ とその極大可換 Lie 部分環 $\mathfrak{t}_u$ であって

$$(\mathfrak{g}_u)_C=\mathfrak{g}_C,\qquad (\mathfrak{t}_u)_C=\mathfrak{h}$$

を満たすものが存在することを示した．しかしながら $(\mathfrak{g}_u,\mathfrak{t}_u)$ の構成に際しては $(\mathfrak{g}_C,\mathfrak{h})$ がコンパクト半単純 Lie 環から得られているという事実は用いられず，$\mathfrak{g}_C$ の Killing 形式が非退化であるということ，あるいは $\mathfrak{g}_C$ の中心は $\{0\}$ であるということだけが用いられた．したがって実ははじめのわれわれの仮定は複素半単純 Lie 環の一般論としても何らの制限になっていなかったのである．

また，複素半単純 Lie 環 $\mathfrak{g}_C$ の Cartan 部分環 $\mathfrak{h}$ の次元を階数と呼んでいるが，以下に示すように $\mathfrak{g}_C$ の Cartan 部分環は $\mathfrak{g}_C$ の内部自己同型に関してたがいに共役であるので，この定義も妥当である．

上記の事実は以下のようにして証明される．$\mathfrak{h}$ と $\mathfrak{h}'$ を $\mathfrak{g}_C$ の二つの Cartan 部分環とする．$\mathfrak{g}_u,\mathfrak{g}_u'$ を $\mathfrak{g}_C$ のコンパクト実型で，それぞれのある極大可換 Lie 部分環 $\mathfrak{t}_u,\mathfrak{t}_u'$ が $\mathfrak{h},\mathfrak{h}'$ の実型となっているようなものとする．注意3.9より $\mathfrak{g}_C$ の内部自己同型 σ で $\sigma(\mathfrak{g}_u)=\mathfrak{g}_u'$ なるものが存在する．$\sigma(\mathfrak{t}_u)$ は $\mathfrak{g}_u'$ の極大可換 Lie 部分環だから，定理2.2より $\mathfrak{g}_u'$ の内部自己同型 σ' が存在して $\sigma'\sigma(\mathfrak{t}_u)=\mathfrak{t}_u'$ となる．σ' を $\mathfrak{g}_C$ の複素自己同型に拡張したものも σ' と書いて $\varphi=\sigma'\circ\sigma$ とおけば，これは $\mathfrak{g}_C$ の内部自己同型で $\varphi(\mathfrak{h})=\mathfrak{h}'$ を満たす．——

以下この節の残りで補題3.13の証明を与える．

以後つねに $\mathfrak{g}_\alpha$ の基底 E_α $(\alpha\in\Delta)$ を $[E_\alpha,E_{-\alpha}]=H_\alpha$ を満たすようにとっておく．$\alpha+\beta\in\Delta$ である $\alpha,\beta\in\Delta$ に対して $N_{\alpha,\beta}\in\boldsymbol{C}$ を定理3.6(ii) のように

$$[E_\alpha, E_\beta] = N_{\alpha,\beta}E_{\alpha+\beta}$$

によって定義するが，一般の $\alpha, \beta \in \mathfrak{h}_{\boldsymbol{R}}{}^*$ に対しても，$\alpha, \beta, \alpha+\beta$ のうちのいずれかが $\varDelta$ に属さないとき $N_{\alpha,\beta}=0$ と定義しておく．まず，$\alpha, \beta, \alpha+\beta \in \varDelta$ であるとき

$$N_{\beta,\alpha}N_{\beta+\alpha,-\alpha} = \frac{1}{2}(p+1)q(\alpha, \alpha)$$

が成り立つことを示そう．ただし $p\geqq 0$, $q\geqq 1$ は補題 3.12 の整数である．そのため，$E_\alpha, E_{-\alpha}, E_\beta$ に対する Jacobi 律を計算すれば

$$(\alpha, \beta)+N_{-\alpha,\beta}N_{\beta-\alpha,\alpha}+N_{\beta,\alpha}N_{\beta+\alpha,-\alpha} = 0$$

を得る．上式で β の代りに $\beta-p\alpha$, $\beta-(p-1)\alpha$, $\cdots$, $\beta-\alpha$ をとった式をすべて上式に加え合わせれば

$$\sum_{i=0}^{p}(\alpha, \beta-i\alpha)+N_{\beta,\alpha}N_{\beta+\alpha,-\alpha} = 0$$

となる．ところが，補題 3.12 より

$$\begin{aligned}\sum_{i=0}^{p}(\alpha, \beta-i\alpha) &= (p+1)(\alpha, \beta)-(\alpha, \alpha)\sum_{i=0}^{p} i \\ &= \frac{p+1}{2}\{2(\alpha, \beta)-p(\alpha, \alpha)\} \\ &= -\frac{1}{2}(p+1)q(\alpha, \alpha)\end{aligned}$$

となるから求める式が得られた．つぎに $E_{-\alpha}, E_{-\beta}, E_{\alpha+\beta}$ に対する Jacobi 律を計算すれば，H_α と H_β が1次独立であることに注意して

$$N_{-\alpha,-\beta} = N_{-\beta,\alpha+\beta}, \qquad N_{-\alpha,-\beta} = N_{\alpha+\beta,-\alpha}$$

を得る．先に示した式に第2式を代入すれば補題 3.13(a) を得る．

補題 3.13 (b) を証明するには少しく準備を要する．

補題 3.14　$\Pi=\{\alpha_1, \cdots, \alpha_l\}$ を単純 root 全体とする．$\alpha \in \varDelta^+$ が単純でないとすれば，或る $\alpha_i \in \Pi$ と $\beta \in \varDelta^+$ が存在して

$$\alpha = \beta+\alpha_i$$

となる．

証明　定理 3.6(i) より

$$\alpha = \sum_{i=1}^{l} m_i\alpha_i, \qquad m_i\geqq 0 \text{ は整数}$$

と書ける．$(\alpha,\alpha)=\sum m_i(\alpha,\alpha_i)>0$ であるから，或る i が存在して $m_i>0$ かつ $(\alpha,\alpha_i)>0$ となる．α は単純でないから，$\alpha\neq\pm\alpha_i$ である．α を含む α_i 系列を $\{\alpha+m\alpha_i\mid -p\leqq m\leqq q\}$ とすれば，補題 3.12 より $p-q>0$，したがって $p\geqq 1$ である．ゆえに $\beta=\alpha-\alpha_i\in\varDelta$．$\alpha_i=\alpha+(-\beta)$ と書けるが，$\beta\in\varDelta^-$ とすれば α_i が単純であることに反するから，$\beta\in\varDelta^+$ である．∎

補題 3.15　$\mathfrak{g}_C$ は $\{E_{\alpha_1},\cdots,E_{\alpha_l},E_{-\alpha_1},\cdots,E_{-\alpha_l}\}$ で生成される．すなわち，$\{E_{\alpha_1},\cdots,E_{-\alpha_l}\}$ を含む最小の Lie 部分環 $\mathfrak{l}$ は $\mathfrak{g}_C$ に一致する．

証明　$\alpha\in\varDelta^+$ を任意にとる．補題 3.14 より，適当に $\alpha_{i_1},\cdots,\alpha_{i_n}\in\Pi$（重複を許す）をとって

$$\alpha=\alpha_{i_1}+\cdots+\alpha_{i_n},$$

しかも各 k $(1\leqq k\leqq n)$ に対して $\alpha_{i_1}+\cdots+\alpha_{i_k}\in\varDelta$ となるようにできる．補題 3.13 (a) より，一般に $\beta,\gamma,\beta+\gamma\in\varDelta$ ならば $[\mathfrak{g}_\beta,\mathfrak{g}_\gamma]=\mathfrak{g}_{\beta+\gamma}$ が成り立つことに注意すれば，$\mathfrak{g}_\alpha\subset\mathfrak{l}$ を得る．同様に各 $\alpha\in\varDelta^-$ に対しても $\mathfrak{g}_\alpha\subset\mathfrak{l}$ を得る．また，

$$[E_\alpha,E_{-\alpha}]=H_\alpha\in\mathfrak{h}\qquad(\alpha\in\varDelta)$$

であって，$\{H_\alpha\mid\alpha\in\varDelta\}$ は $\boldsymbol{C}$ 上 $\mathfrak{h}$ を張るから，$\mathfrak{h}\subset\mathfrak{l}$ である．したがって，$\mathfrak{g}_C=\mathfrak{l}$ が示された．∎

補題 3.16　$\alpha_0\in\varDelta^+$ を最大の root とすると，

$$ad(E_{-\alpha_{i_1}})\cdots ad(E_{-\alpha_{i_n}})E_{\alpha_0};\ \alpha_{i_1},\cdots,\alpha_{i_n}\in\Pi\qquad(\text{重複を許す})$$

の形の元で張られる $\mathfrak{g}_C$ の部分空間 $\mathfrak{m}$ は $\mathfrak{g}_C$ のイデアルである．

証明　定義より $\mathfrak{m}$ は $ad(E_{-\alpha_i})$ $(\alpha_i\in\Pi)$ で不変である．また，各 $\alpha_i\in\Pi$ に対して $\alpha_i+\alpha_0>\alpha_0$ だから $\alpha_i+\alpha_0\notin\varDelta$，したがって $ad(E_{\alpha_i})E_{\alpha_0}=0$．各 $\alpha_i,\alpha_j\in\Pi$ に対して

$$ad(E_{\alpha_i})ad(E_{-\alpha_j})E_{\alpha_0}=ad(E_{-\alpha_j})ad(E_{\alpha_i})E_{\alpha_0}+ad([E_{\alpha_i},E_{-\alpha_j}])E_{\alpha_0}.$$

$i=j$ のときは $ad([E_{\alpha_i},E_{-\alpha_j}])E_{\alpha_0}=ad(H_{\alpha_i})E_{\alpha_0}=(\alpha_i,\alpha_0)E_{\alpha_0}$，$i\neq j$ のときは補題 3.12 (ii) より $ad([E_{\alpha_i},E_{-\alpha_j}])E_{\alpha_0}=0$．したがって $ad(E_{\alpha_i})ad(E_{-\alpha_j})E_{\alpha_0}\in\mathfrak{m}$．以下帰納的に

$$ad(E_{\alpha_i})ad(E_{-\alpha_{i_1}})\cdots ad(E_{-\alpha_{i_n}})E_{\alpha_0}\in\mathfrak{m}$$

が判る．よって，補題 3.15 より $\mathfrak{m}$ は $\mathfrak{g}_C$ のイデアルである．∎

root 系 $\varDelta$ は空集合でない二つの部分集合 $\varDelta',\varDelta''$ で直交するもの，すなわち $(\varDelta',\varDelta'')=\{0\}$ となるものの和：$\varDelta=\varDelta'\cup\varDelta''$ であるとき，**可約** (reducible) である

といわれる．可約でないとき，Δ は**既約**(irreducible)であるといわれる．Δ は既約な部分集合 $\Delta_1, \cdots, \Delta_n$ の交わりのない和: $\Delta=\Delta_1\cup\cdots\cup\Delta_n$ となることは明らかであろう．各 Δ_i は Δ の**既約成分**といわれる．

補題 3.17　$\mathfrak{g}_C$ がイデアルの直和: $\mathfrak{g}_C=\mathfrak{g}_C'\dotplus\mathfrak{g}_C''$ であれば Δ は $\mathfrak{g}_C'$ の root 系 Δ' と $\mathfrak{g}_C''$ の root 系の和: $\Delta=\Delta'\cup\Delta''$ と同一視され $(\Delta', \Delta'')=\{0\}$ を満たす．逆に Δ が $\Delta=\Delta'\cup\Delta''$; $(\Delta', \Delta'')=\{0\}$ であれば，その root 系が Δ', Δ'' と同一視されるようなイデアル $\mathfrak{g}_C', \mathfrak{g}_C''$ が存在して，$\mathfrak{g}_C$ はイデアルの直和: $\mathfrak{g}_C=\mathfrak{g}_C'\dotplus\mathfrak{g}_C''$ となる．したがって，$\mathfrak{g}_C$ が単純であるための必要充分条件は Δ が既約であることである．

証明　$\mathfrak{g}_C$ がイデアルの直和: $\mathfrak{g}_C=\mathfrak{g}_C'\dotplus\mathfrak{g}_C''$ であるとする．このとき，$\mathfrak{h}'=\mathfrak{h}\cap\mathfrak{g}_C'$, $\mathfrak{h}''=\mathfrak{h}\cap\mathfrak{g}_C''$ はそれぞれ $\mathfrak{g}_C', \mathfrak{g}_C''$ の Cartan 部分環である．$\Delta'\subset\mathfrak{h}_R'^*$, $\Delta''\subset\mathfrak{h}_R''^*$ をそれぞれの root 系とする．このとき，自然な同一視: $\mathfrak{h}_R^*=\mathfrak{h}_R'^*\dotplus\mathfrak{h}_R''^*$ (直交直和)のもとで $\Delta=\Delta'\cup\Delta''$; $(\Delta', \Delta'')=\{0\}$ となる．

逆に，$\Delta=\Delta'\cup\Delta''$; $(\Delta', \Delta'')=\{0\}$ と分解されていたとしよう．Δ', Δ'' が $\boldsymbol{R}$ 上張る $\mathfrak{h}_R^*$ の部分空間をそれぞれ $\mathfrak{h}_R'^*, \mathfrak{h}_R''^*$ とすれば $\mathfrak{h}_R^*=\mathfrak{h}_R'^*\dotplus\mathfrak{h}_R''^*$ (直交直和)である．Δ', Δ'' が $\boldsymbol{C}$ 上張る $\mathfrak{h}$ の部分空間をそれぞれ $\mathfrak{h}', \mathfrak{h}''$ として

$$\mathfrak{g}_C' = \mathfrak{h}'\dotplus\sum_{\alpha\in\Delta'}\mathfrak{g}_\alpha, \qquad \mathfrak{g}_C'' = \mathfrak{h}''\dotplus\sum_{\alpha\in\Delta''}\mathfrak{g}_\alpha$$

とおけば，これらは $\mathfrak{g}_C$ のイデアルで $\mathfrak{g}_C=\mathfrak{g}_C'\dotplus\mathfrak{g}_C''$ (直和)となる．∎

さて，$\mathfrak{g}_C, \mathfrak{g}_C'$ を二つの複素半単純 Lie 環，$\mathfrak{h}, \mathfrak{h}'$ をそれぞれの Cartan 部分環，$\Delta\subset\mathfrak{h}_R^*$, $\Delta'\subset\mathfrak{h}_R'^*$ をそれぞれの root 系とする．その他 $\mathfrak{g}_C'$ のいろいろな対象には'′'をつけて表わす．$\varphi^*:\mathfrak{h}_R^*\to\mathfrak{h}_R'^*$ を線型写像で全単射 $\varphi^*:\Delta\to\Delta'$ を惹きおこすものとする．各 $\alpha\in\Delta$ に対して $\varphi^*\alpha$ を α' で表わす．φ^* の転置写像を ${}^t\varphi^*:\mathfrak{h}_R'\to\mathfrak{h}_R$ で表わすと，各 $H'\in\mathfrak{h}_R'$ に対して

$$\begin{aligned}({}^t\varphi^*H', {}^t\varphi^*H') &= \sum_{\alpha\in\Delta}\alpha({}^t\varphi^*H')^2\\ &= \sum_{\alpha\in\Delta}(\varphi^*\alpha)(H')^2\\ &= \sum_{\alpha'\in\Delta'}\alpha'(H')^2 = (H', H')'\end{aligned}$$

となるから，${}^t\varphi^*$ は(したがって φ^* も)$(\ ,\ ), (\ ,\ )'$ に関して等長同型である．等長同型 $({}^t\varphi^*)^{-1}:\mathfrak{h}_R\to\mathfrak{h}_R'$ を φ で表わそう．このとき

$$\varphi(H_\alpha) = H'_{\alpha'} \qquad (\alpha\in\Delta)$$

が成り立っている．$\mathfrak{h}_R{}^*$ の一つの辞書式順序 $>$ に関する Δ の単純 root 系を Π, φ^* によって $>$ から惹きおこされる $\mathfrak{h}_R{}'^*$ の辞書式順序 $>'$ に関する Δ' の単純 root 系を Π' で表わす．明らかに $\varphi^*(\Pi)=\Pi'$ である．このときつぎの定理が成り立つ．

定理 3.8 上記の φ^* に対して，Lie 環としての同型 $\varphi:\mathfrak{g}_C\to\mathfrak{g}_C'$ で $\mathfrak{h}_R$ の上では上記の $\varphi:\mathfrak{h}_R\to\mathfrak{h}_R'$ に一致し，

$$\varphi(E_{\alpha_i}) = E'_{\alpha_i'} \qquad (\alpha_i \in \Pi)$$

を満たすものが一意的に存在する．

証明 φ^* は等長同型であるから，Δ の既約成分を Δ' の既約成分に移す．したがって補題 3.17 より $\mathfrak{g}_C, \mathfrak{g}_C'$ はともに単純であるとしてよい．いま各 $\alpha\in\Delta$ に対して Lie 環としての直和 $\mathfrak{g}_C\dot{+}\mathfrak{g}_C'$ の元 $\tilde{E}_\alpha$ を

$$\tilde{E}_\alpha = (E_\alpha, E'_{\alpha'}) \qquad (\alpha\in\Delta)$$

によって定義し，$\{\tilde{E}_{\alpha_1}, \cdots, \tilde{E}_{\alpha_l}, \tilde{E}_{-\alpha_1}, \cdots, \tilde{E}_{-\alpha_l}\}$ で生成される $\mathfrak{g}_C\dot{+}\mathfrak{g}_C'$ の Lie 部分環を $\tilde{\mathfrak{g}}$ で表わす．また，$\alpha_0\in\Delta^+$ を最大の root とし，$ad(\tilde{E}_{-\alpha_{i_1}})\cdots ad(\tilde{E}_{-\alpha_{i_n}})\tilde{E}_{\alpha_0}$ の形の元で張られる $\mathfrak{g}_C\dot{+}\mathfrak{g}_C'$ の部分空間を $\tilde{\mathfrak{m}}$ で表わす．補題 3.16 と

$$\tilde{\mathfrak{m}}\cap(\mathfrak{g}_{\alpha_0}\dot{+}\mathfrak{g}'_{\alpha_0'}) = \boldsymbol{C}\tilde{E}_{\alpha_0}$$

より，$\tilde{\mathfrak{m}}$ は $\mathfrak{g}_C\dot{+}\mathfrak{g}_C'$ の $\{0\}$ でない $\tilde{\mathfrak{g}}$ 不変部分空間であることが判る．また $\tilde{\mathfrak{g}}$ は $\mathfrak{g}_C\dot{+}\mathfrak{g}_C'$ に一致しない．実際 $\tilde{\mathfrak{g}}=\mathfrak{g}_C\dot{+}\mathfrak{g}_C'$ であると仮定すると，上記より $\tilde{\mathfrak{m}}$ は $\mathfrak{g}_C\dot{+}\mathfrak{g}_C'$ の $\{0\}$ でないイデアルになるから，定義 2.1 の後の (v) の証明でみたように $\tilde{\mathfrak{m}}=\mathfrak{g}_C$ または $\tilde{\mathfrak{m}}=\mathfrak{g}_C'$ である．これは上記の関係式に矛盾するからである．

さて，$\pi:\tilde{\mathfrak{g}}\to\mathfrak{g}_C$, $\pi':\tilde{\mathfrak{g}}\to\mathfrak{g}_C'$ を各成分への射影から惹きおこされた準同型とする．これらは実はともに同型であることを示そう．まず $\tilde{\mathfrak{g}}$ の定義と補題 3.15 より π, π' はともに全射である．π, π' の一方，例えば π が単射ならば $\dim\tilde{\mathfrak{g}}=\dim\mathfrak{g}_C=\dim\mathfrak{g}_C'$ となるから π' も単射になる．そこで π, π' がともに単射でないとして矛盾を導こう．π' が単射でないから $\tilde{\mathfrak{g}}$ は $(X, 0)$; $X\in\mathfrak{g}_C$ $(X\neq 0)$ の形の元を含む．したがって $\tilde{\mathfrak{g}}$ は $(ad(E_{\beta_1})\cdots ad(E_{\beta_n})X, 0)$; $\beta_i\in\Pi$ または $\beta_i\in-\Pi$, の形の元で張られる部分空間 $\mathfrak{n}$ を含む．補題 3.15 より $\mathfrak{n}$ は $\mathfrak{g}_C$ の $\{0\}$ でないイデアルだから $\mathfrak{g}_C\subset\tilde{\mathfrak{g}}$．同様にして $\mathfrak{g}_C'\subset\tilde{\mathfrak{g}}$ を得るから $\tilde{\mathfrak{g}}=\mathfrak{g}_C\dot{+}\mathfrak{g}_C'$．これは矛盾である．

さて $\varphi=\pi'\circ\pi^{-1}:\mathfrak{g}_C\to\mathfrak{g}_C'$ が求める性質をもつ同型であることは明白であろう．一意性も $[E_\alpha, E_{-\alpha}]=H_\alpha$, $[E'_{\alpha'}, E'_{-\alpha'}]=H'_{\alpha'}$ より明らかであろう．▌

上記定理より補題3.13(b)の証明ができる．$\mathfrak{g}_C{}'=\mathfrak{g}_C$，$\varphi^*=-\mathrm{id}:\mathfrak{h}_{\boldsymbol{R}}{}^*\to\mathfrak{h}_{\boldsymbol{R}}{}^*$ に定理を適用すれば，$\mathfrak{g}_C$ の回帰的自己同型 φ で

$$\varphi|_{\mathfrak{h}}=-\mathrm{id},\qquad \varphi(\mathfrak{g}_\alpha)=\mathfrak{g}_{-\alpha}\quad(\alpha\in\Delta)$$

を満たすものが存在する．$a_\alpha\in\boldsymbol{C}^*\ (\alpha\in\Delta)$ を

$$\varphi(E_\alpha)=a_\alpha E_{-\alpha}\qquad(\alpha\in\Delta)$$

によって定義すると，$[E_\alpha,E_{-\alpha}]=H_\alpha$，$\varphi(H_\alpha)=-H_\alpha\ (\alpha\in\Delta)$ より，これらは

$$a_\alpha a_{-\alpha}=1\qquad(\alpha\in\Delta)$$

を満たす．そこで，適当に $c_\alpha\in\boldsymbol{C}^*\ (\alpha\in\Delta)$ を選んで

$$E_\alpha{}'=c_\alpha E_\alpha\qquad(\alpha\in\Delta)$$

とおいたとき $[E_\alpha{}',E_{-\alpha}{}']=H_\alpha$，$\varphi(E_\alpha{}')=-E_{-\alpha}{}'\ (\alpha\in\Delta)$ を満たすようにしよう．それには，各 $\alpha\in\Delta^+$ に対して $b_\alpha{}^2=-a_\alpha$ を満たす $b_\alpha\in\boldsymbol{C}^*$ を一つとって

$$c_\alpha=b_\alpha{}^{-1},\qquad c_{-\alpha}=b_\alpha\qquad(\alpha\in\Delta^+)$$

とおけば充分である．これらの $\{E_\alpha{}'\mid\alpha\in\Delta\}$ が求めるものになる．

注意3.7 複素半単純 Lie 環の構造については一応以上に叙述したが，これで完了したわけではない．複素単純 Lie 環の分類は定理3.8と補題3.17により(注意3.6で述べた Cartan 部分環の共役性も考慮に入れて)既約 root 系 Δ の分類に帰着されるが，実は Δ の分類は以下のようにその単純 root 系 $\Pi=\{\alpha_1,\cdots,\alpha_l\}$ の分類に帰着される([A 2] 参照):

$\alpha_i,\alpha_j\in\Pi\ (i\neq j)$ が $(\alpha_i,\alpha_j)\neq0$，$(\alpha_i,\alpha_i)\geqq(\alpha_j,\alpha_j)$ であるとすると

$$\frac{(\alpha_i,\alpha_i)}{(\alpha_j,\alpha_j)}=1,2\ \text{または}\ 3$$

である．そこで，l 個の白丸を描き，$(\alpha_i,\alpha_i)/(\alpha_j,\alpha_j)=1$ のときは第 i 番目と第 j 番目の白丸を線分で結ぶ；$(\alpha_i,\alpha_i)/(\alpha_j,\alpha_j)=2$ または3のときは第 i 番目から第 j 番目の白丸の方へ矢印のついた2本または3本の線分で結ぶ；$(\alpha_i,\alpha_j)=0$ のときは何も結ばない．このように得られた図形を Π の **Dynkin 図形**と呼ぶ．このとき，複素単純 Lie 環が同型ならば対応する Dynkin 図形は同じであり，逆も成り立つ．複素単純 Lie 環の Dynkin 図形は完全に分類されていてつぎの7種類だけである:

(A_l)型　$(l \geqq 1)$
(B_l)型　$(l \geqq 2)$
(C_l)型　$(l \geqq 3)$
(D_l)型　$(l \geqq 4)$
(E_6)型
(E_7)型
(E_8)型
(F_4)型
(G_2)型

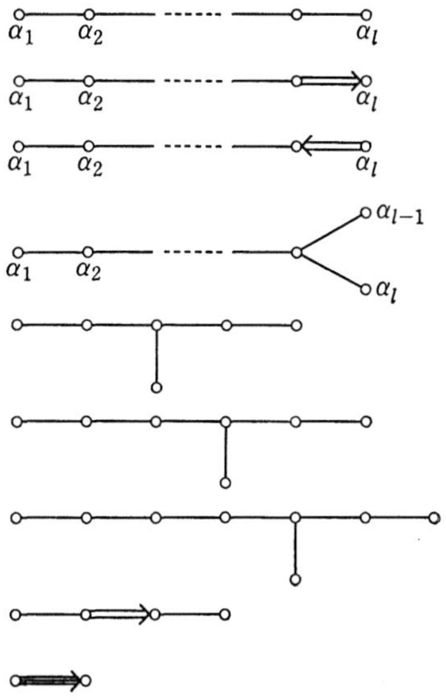

上記において添字は階数を表わす．名称は Cartan による．最初の四つの型は可算系列をなしている．これらに対応する単純 Lie 環は典型 Lie 環として第1章以来頻出している．すなわち

(A_l) 型：$\mathfrak{sl}(l+1, \boldsymbol{C})$，$l \geqq 1$,

(B_l) 型：$\mathfrak{o}(2l+1, \boldsymbol{C})$，$l \geqq 2$,

(C_l) 型：$\mathfrak{sp}(l, \boldsymbol{C})$，　$l \geqq 3$,

(D_l) 型：$\mathfrak{o}(2l, \boldsymbol{C})$，　$l \geqq 4$.

例3.4で例示した単純 root 系 $\{\alpha_1, \cdots, \alpha_l\}$ の Dynkin 図形が上記のものになることを読者自ら確かめられたい．残りの型は系列をなさず，特殊の孤立した5個にすぎない．その意味で，これらを**例外型** (exceptional type) と呼ぶのである．これらについては [A 6], [B 4], [B 8] を参照されたい．

§3.3 実半単純 Lie 環の構造定理

前節§3.2において複素半単純 Lie 環 $\mathfrak{g}_C$ の構造定理を述べた (定理3.5および定理3.6)．そこでつぎの段階として一般の実半単純 Lie 環 $\mathfrak{g}$ の構造を解明したい．その構造論は Riemann 対称空間の構造論と対応している．実際，Cartan は本節で述べる事実を Riemann 対称空間を研究する過程で再発見したのであった．本節はその代数的側面である．

いま，$\mathfrak{g}$ を実半単純 Lie 環，Φ をその Killing 形式とする．$\mathfrak{g}$ の複素化を $\mathfrak{g}_C$ とすれば，§3.2 に説明したように $\mathfrak{g}_C$ の Killing 形式 Φ_C は Φ の自然な $\mathfrak{g}_C$ 上への延長であるから，Φ_C も非退化で，したがって $\mathfrak{g}_C$ も複素半単純 Lie 環となる．ベクトル空間として $\mathfrak{g}_C=\mathfrak{g}\dot{+}\sqrt{-1}\mathfrak{g}$ であるが，逆に一般に複素 Lie 環 $\mathfrak{g}_C$ の実 Lie 部分環 $\mathfrak{g}$ があって，

$$\mathfrak{g}_C = \mathfrak{g}\dot{+}\sqrt{-1}\mathfrak{g} \quad (\text{直和})$$

となっているとき，$\mathfrak{g}$ を $\mathfrak{g}_C$ の一つの実型と呼んだのであった．$\mathfrak{g}$ が一つの実型であれば，$\mathfrak{g}$ に関して**複素共役作用素** (complex conjugation) η が

$$\eta(X+\sqrt{-1}\,Y) = X-\sqrt{-1}\,Y \qquad (X,\ Y \in \mathfrak{g})$$

によって定まる．η は $\mathfrak{g}_C$ の実 Lie 環としての自己同型であって，もちろん $\eta\circ\eta$ $=\mathrm{id}$ である．定理3.6は複素半単純 Lie 環 $\mathfrak{g}_C$ がいわゆるユニタリ制限と称するコンパクトな実型 $\mathfrak{g}_u$ をもつことを主張している．φ を $\mathfrak{g}_C$ の任意の自己同型とすれば，もちろん $\varphi(\mathfrak{g}_u)$ も $\mathfrak{g}_C$ の一つのコンパクト実型である．(逆に任意のコンパクト実型 $\mathfrak{g}_u'$ は $\varphi(\mathfrak{g}_u)$ として得られることが証明される．注意3.9を参照.) Killing 形式は φ で不変であるから (補題2.7)，$\mathfrak{g}_u'$ の Killing 形式もやはり負定値となることを注意しておかねばならない．

$\mathfrak{g}_u$ を $\mathfrak{g}_C$ の一つのコンパクト実型とし，これから出発して非コンパクトな実型を与える方法を説明する．すなわち，いま $\mathfrak{g}_u$ の一つの回帰的自己同型 σ を考える．(σ は自然に $\mathfrak{g}_C$ の自己同型に延長されることはもちろんである.) このような σ は $\mathfrak{g}_u$ において ±1 を固有値とする．実際，

$$\mathfrak{g}_{\pm} = \{X\pm\sigma(X) \mid X \in \mathfrak{g}_u\} \quad (\text{符号同順})$$

とおけば部分空間 $\mathfrak{g}_{\pm}$ は明らかに ±1 に対応する固有空間を与え，

$$\mathfrak{g}_u = \mathfrak{g}_+\dot{+}\mathfrak{g}_- \quad (\text{ベクトル空間としての直和})$$

となる．以下，見易くするために，$\mathfrak{g}_+=\mathfrak{k}$，$\mathfrak{g}_-=\mathfrak{m}$ と書くことにする．すなわち

(i)　$\mathfrak{g}_u = \mathfrak{k}\dot{+}\mathfrak{m}, \quad \mathfrak{k}\cap\mathfrak{m} = \{0\}.$

この直和分解は，$\mathfrak{k}=\mathfrak{g}_+$，$\mathfrak{m}=\mathfrak{g}_-$ であることから，明らかにつぎの関係にある：

(ii)　$[\mathfrak{k},\mathfrak{k}] \subset \mathfrak{k}, \quad [\mathfrak{k},\mathfrak{m}] \subset \mathfrak{m}, \quad [\mathfrak{m},\mathfrak{m}] \subset \mathfrak{k}.$

よって，$\mathfrak{k}$ は $\mathfrak{g}_u$ の Lie 部分環となる．逆に，$\mathfrak{g}_u$ の直和分解：$\mathfrak{g}_u=\mathfrak{k}\dot{+}\mathfrak{m}$ があって，

関係(ii)を満たすとすれば,

(ii)* $\sigma(X)=X \quad (X\in\mathfrak{k})$, $\sigma(Y)=-Y \quad (Y\in\mathfrak{m})$

とおくことによって, $\mathfrak{g}_u$ の回帰的自己同型 σ を惹きおこす. すなわち, この過程によって, $\mathfrak{g}_u$ の回帰的自己同型と $\mathfrak{g}_u$ の直和分解とは相互に対応している.

定義 3.4 分解(i)を $\mathfrak{g}_u$ の一つの **Cartan 分解**といい, $\sigma\in \mathrm{Aut}(\mathfrak{g}_u)$ を**対応する回帰的自己同型**という. ——

$\mathfrak{g}_u$ の Cartan 分解(または対応する σ)が与えられているとき, $\mathfrak{g}_C$ の実 Lie 部分環 $\mathfrak{g}_\sigma$ なるものを

(iii) $\mathfrak{g}_\sigma=\mathfrak{k}\dotplus\sqrt{-1}\,\mathfrak{m} \quad (\subset\mathfrak{g}_C)$

によって定義する. これは明らかに $\mathfrak{g}_C$ の一つの実型であり, その Killing 形式の $\mathfrak{g}_C$ への延長が Φ_C になっているから $\mathfrak{g}_\sigma$ は実半単純 Lie 環を与えることになる.

定理 3.9 (Cartan) 任意の実半単純 Lie 環 $\mathfrak{g}$ は, その複素化 $\mathfrak{g}_C$ および $\mathfrak{g}_C$ の一つのコンパクト実型 $\mathfrak{g}_u$ より上の過程によって $\mathfrak{g}_\sigma$ の形で得られる. ——

この定理の証明にはいる前に, Cartan 分解に関して, 二, 三の性質を注意しておく. まず, 分解(iii)も(ii)と同じ関係を満たすから, (iii)を実半単純 Lie 環 $\mathfrak{g}_\sigma$ の **Cartan 分解**と呼んでおく. すなわち, (i)と(iii)とは相互に対応しているので, 互いに双対的な関係にあるといえる. つぎに, $\mathfrak{g}_u$(または $\mathfrak{g}_\sigma$ でも同様)の Cartan 分解 $\mathfrak{g}_u=\mathfrak{k}\dotplus\mathfrak{m}$ が与えられたとき, $X\in\mathfrak{k}$, $Y\in\mathfrak{m}$ に対して, 関係(ii)により直ちに

$$ad(X)ad(Y)(\mathfrak{k})\subset\mathfrak{m}, \qquad ad(X)ad(Y)(\mathfrak{m})\subset\mathfrak{k}$$

となることが判るから, $\mathrm{trace}\,(ad(X)ad(Y))=0$. すなわち

$$\Phi_u(\mathfrak{k},\mathfrak{m})=\{0\}$$

となる. すなわち

補題 3.18 Cartan 分解における二つの部分空間は Killing 形式に関して互いに直交している. したがって分解(i): $\mathfrak{g}_u=\mathfrak{k}\dotplus\mathfrak{m}$ の場合, Φ_u の $\mathfrak{k},\mathfrak{m}$ 上への制限も負定値であるが, 分解(iii): $\mathfrak{g}_\sigma=\mathfrak{k}\dotplus\sqrt{-1}\,\mathfrak{m}$ の場合には, その Killing 形式 Φ の制限 $\Phi|_{\mathfrak{k}}$, $\Phi|_{\sqrt{-1}\mathfrak{m}}$ について, $\Phi|_{\mathfrak{k}}$ は負定値, $\Phi|_{\sqrt{-1}\mathfrak{m}}$ は正定値である.

注意 3.8 分解 $\mathfrak{g}_C=\mathfrak{g}_u\dotplus\sqrt{-1}\,\mathfrak{g}_u$ も一種の Cartan 分解である. 実際, $\mathfrak{g}_C$ を実 Lie 環とみなしたものを $(\mathfrak{g}_C)_R$ で表わし, その Killing 形式を Φ と書けば

$$\Phi(X,Y)=2\Phi_u(X,Y),\quad \Phi(\sqrt{-1}X,\sqrt{-1}\,Y)=-2\Phi_u(X,Y) \quad (X,Y\in\mathfrak{g}_u),$$

$$\Phi(\mathfrak{g}_u, \sqrt{-1}\mathfrak{g}_u) = \{0\}$$

が成り立つ．したがって，$\Phi|_{\mathfrak{g}_u}$ は負定値 (Weyl の定理)，$\Phi|_{\sqrt{-1}\mathfrak{g}_u}$ は正定値である．同時に $(\mathfrak{g}_C)_R$ は実半単純 Lie 環であることも判った．

定理 3.9 の証明 (Samelson)　いま，$\mathfrak{g}'$ を $\mathfrak{g}_C$ の一つのコンパクト実型とする．(それを固定する.) $\mathfrak{g}_C$ の $\mathfrak{g}$ に関する複素共役作用素を σ，同じく $\mathfrak{g}'$ に関するそれを τ と記す．σ, τ はともに $\mathfrak{g}_C$ の実 Lie 環としての自己同型を与えるが，$a \in \boldsymbol{C}$, $X \in \mathfrak{g}_C$ に対して $\sigma(aX) = \bar{a}\sigma(X)$ 等であるから，それらの合成 $\theta = \sigma\tau$ を考えると $\mathfrak{g}_C$ の複素 Lie 環としての自己同型となる．ここで $\theta^{-1} = \tau^{-1}\sigma^{-1} = \tau\sigma$ に注意しておく．つぎに $\mathfrak{g}_C$ の Killing 形式 Φ_C に対して

$$\Phi_\tau(X, Y) = -\Phi_C(X, \tau(Y)) \qquad (X, Y \in \mathfrak{g}_C)$$

とおく．Φ_C が $\mathfrak{g}'$ 上で負定値であることより，Φ_τ は $(\mathfrak{g}', \tau)$ に関して $\mathfrak{g}_C$ 上に正定値な Hermite 内積を定義する．しかも θ が $\mathfrak{g}_C$ の自己同型であることより，補題 2.7 (i) と上記注意を用いれば

$$\Phi_\tau(\theta(X), Y) = \Phi_\tau(X, \theta(Y)) \qquad (X, Y \in \mathfrak{g}_C)$$

であることが示される．すなわち θ はこの Hermite 内積に関して自己随伴である．そこで Φ_τ に関する $\mathfrak{g}_C$ の正規直交基底 $\{X_1, \cdots, X_d\}$ を適当にとれば，θ はこの基底に関して対角型である．そこで $\theta^2 = \theta \cdot \theta$ を考えると，その意味で

$$\theta^2 = \mathrm{diag}\,(\lambda_1{}^2, \cdots, \lambda_d{}^2) \qquad (\lambda_i > 0)$$

となる．さらに一般に任意の $t \in \boldsymbol{R}$ に対して

$$\theta^t = \mathrm{diag}\,(\lambda_1{}^t, \cdots, \lambda_d{}^t)$$

なる $\mathfrak{g}_C$ の 1 次変換を考える．(θ^1 と θ とは一致するとは限らない.) するともちろん $\theta^t \cdot \theta = \theta \cdot \theta^t$ が成り立つが，θ^t がつねに $\mathfrak{g}_C$ の自己同型となることが肝心な点である．実際，θ^2 は自己同型であるから，$\mathfrak{g}_C$ の $\{X_i\}$ に関する構造式:

$$[X_i, X_j] = \sum_{k=1}^{d} c_{ij}{}^k X_k \qquad (c_{ij}{}^k \in \boldsymbol{C})$$

に θ^2 を適用して X_k の係数を比較すると

$$(\lambda_i\lambda_j)^2 c_{ij}{}^k = \lambda_k{}^2 c_{ij}{}^k \qquad (1 \leqq i, j, k \leqq d)$$

となる．これは明らかに θ^2 が自己同型なるための必要充分条件を与えている．$c_{ij}{}^k$ は 0 となることもあるが，いずれにせよ上式より

$$(\lambda_i\lambda_j)^t c_{ij}{}^k = \lambda_k{}^t c_{ij}{}^k \qquad (t \in \boldsymbol{R})$$

が導かれる．これはすなわち θ^t が $\mathfrak{g}_C$ の自己同型であることを意味する．ゆえに $\theta^t\in \mathrm{Aut}(\mathfrak{g}_C)$.

つぎに，この θ^t を用いて $\tau_t=\theta^t\cdot\tau\cdot\theta^{-t}$ とおけば，τ_t は $\mathfrak{g}_C$ の他のコンパクト実型 $\theta^t(\mathfrak{g}')$ に関する複素共役作用素を与えることは明白である．一方，θ の定義より $\tau\cdot\theta^2=\theta^{-2}\cdot\tau$ であるが，さらに $\tau\cdot\theta^t=\theta^{-t}\cdot\tau$ $(t\in \boldsymbol{R})$ がつねに成り立つ．実際それは θ^t が対角型行列であることを用いて簡単な行列の計算で確かめられる．したがってこの関係を用いれば，

$$\sigma\cdot\tau_t=\theta\cdot\theta^{-2t},\qquad \tau_t\cdot\sigma=\theta^{2t}\cdot\theta^{-1}=\theta^{-1}\cdot\theta^{2t}$$

$(\theta, \theta^t$ 等は対角型行列であることに注意する) を得る．すなわち，

$$\sigma\cdot\tau_t=\tau_t\cdot\sigma \Leftrightarrow \theta^2=\theta^{4t}\Leftrightarrow t=\frac{1}{2}$$

となる．ゆえに，$\theta^{1/2}=\varphi\in \mathrm{Aut}(\mathfrak{g}_C)$ と書けば $\varphi(\mathfrak{g}')=\mathfrak{g}_u$ なるコンパクト実型 $\mathfrak{g}_u$ に対して

$$\sigma(\mathfrak{g}_u)=\mathfrak{g}_u$$

となる．よって σ は $\mathfrak{g}_u$ の回帰的自己同型を与える．実際，σ は $\mathfrak{g}$ 上では恒等変換であるから，

$$\mathfrak{g}_u=\mathfrak{k}\dot{+}\mathfrak{m};\quad \mathfrak{k}=\mathfrak{g}_u\cap\mathfrak{g},\qquad \mathfrak{m}=\mathfrak{g}_u\cap\sqrt{-1}\mathfrak{g}$$

であって，

$$\mathfrak{g}=\mathfrak{k}\dot{+}\sqrt{-1}\mathfrak{m}=\mathfrak{g}_\sigma.$$

これで証明は完了した．∎

例 3.5 $\qquad \mathfrak{g}_C=\mathfrak{sl}(n, \boldsymbol{C}),\quad \mathfrak{g}_u=\mathfrak{su}(n),\quad \mathfrak{g}=\mathfrak{sl}(n,\boldsymbol{R})$

とおく．$\mathfrak{g}_u, \mathfrak{g}$ が $\mathfrak{g}_C$ の実型であることは明らかで，前者はコンパクト実型である．$\mathfrak{g}_u$ の回帰的自己同型 σ として

$$\sigma(X)=\bar{X}\qquad (X\in\mathfrak{g}_u)$$

とおけば明らかに

$$\mathfrak{k}=\mathfrak{o}(n,\boldsymbol{R}),\qquad \mathfrak{m}=\sqrt{-1}\mathfrak{s}_0(n,\boldsymbol{R})\qquad (\sqrt{-1}\mathfrak{m}=\mathfrak{s}_0(n,\boldsymbol{R}))$$

となる．ここに $\mathfrak{s}_0(n,\boldsymbol{R})$ はトレースが0の n 次実対称行列全体のなすベクトル空間を表わす．このとき，$\mathfrak{g}_u=\mathfrak{k}\dot{+}\mathfrak{m}$, $\mathfrak{g}=\mathfrak{k}\dot{+}\sqrt{-1}\mathfrak{m}\,(=\mathfrak{o}(n,\boldsymbol{R})\dot{+}\mathfrak{s}_0(n,\boldsymbol{R}))=\mathfrak{g}_\sigma$ となっている．

例 3.6 (一般化された Lorentz 群) 相対性理論に現われる Lorentz 変換のな

す群，いわゆるLorentz 群は，今日風にいえばそれは或る種の非コンパクト6次元単純 Lie 群に他ならない．しかし，数学的にはより一般の非コンパクト Lie 群を導入する方が自然である．すなわち $\boldsymbol{R}^n$ 上の符号数 (p, q) の2次形式

$$Q(\boldsymbol{x}) = -\sum_{i=1}^{p} x_i{}^2 + \sum_{j=p+1}^{n} x_j{}^2$$

$(n=p+q;\ p, q \geqq 1)$ および対応する双1次形式

$$B(\boldsymbol{x}, \boldsymbol{y}) = -\sum_{i=1}^{p} x_i y_i + \sum_{j=p+1}^{n} x_j y_j$$

を考える．ここに $\boldsymbol{R}^n$ の元はベクトル記法で

$$\boldsymbol{x} = (x_1, \cdots, x_n), \qquad \boldsymbol{y} = (y_1, \cdots, y_n) \qquad (x_i, y_i \in \boldsymbol{R})$$

とする．Q (または B) を不変にする1次変換全体のなす線型群を $O(p, q\,; \boldsymbol{R})$ と書く．定義からこれはもちろん $GL(n, \boldsymbol{R})$ の閉部分群であるから，定理1.5により Lie 部分群である．その具体的な形は

$$O(p, q\,; \boldsymbol{R}) = \{g \in GL(n, \boldsymbol{R}) \mid {}^t g I_{p,q} g = I_{p,q}\}$$

で与えられる．ただし，

$$I_{p,q} = \begin{bmatrix} -I_p & 0 \\ 0 & I_q \end{bmatrix}.$$

$O(1, 3\,; \boldsymbol{R})$ が本来の Lorentz 群であり，$O(1, 4\,; \boldsymbol{R})$ は **de Sitter 群**と呼ばれることがある．上の一般の場合を (p, q) 型の**一般 Lorentz 群**と名づけることにしたい．この Lie 群は連結でなく，四つの連結成分をもつ．そこで，単位元の連結成分を G とし，まずその Lie 環 $\mathfrak{g}$ を決定する．その方法は典型群の場合と同様で $\mathfrak{g}$ はつぎの形で与えられる：

$$\mathfrak{o}(p, q\,; \boldsymbol{R}) = \{X \in \mathfrak{gl}(n, \boldsymbol{R}) \mid {}^t X I_{p,q} + I_{p,q} X = 0\}.$$

したがって，X はつぎの形をもつ：

$$X = \begin{bmatrix} A & B \\ C & D \end{bmatrix}; \quad A \in \mathfrak{o}(p, \boldsymbol{R}), \quad D \in \mathfrak{o}(q, \boldsymbol{R}), \quad B = {}^t C \in \boldsymbol{M}(p, q\,; \boldsymbol{R}).$$

つぎに，$\mathfrak{g} = \mathfrak{o}(p, q\,; \boldsymbol{R})$ の Cartan 分解を与える．結果を述べるために，定理3.9の記法に従う．まず，

$$\mathfrak{g}_C = \mathfrak{o}(n, \boldsymbol{C}), \qquad \mathfrak{g}_u = \mathfrak{o}(n, \boldsymbol{R}) \qquad (n=p+q)$$

とおく．明らかに $\mathfrak{g}_u$ は $\mathfrak{g}_C$ のコンパクト実型の一つである．そこで $\mathfrak{g}_u$ の回帰的自己同型 σ を

$$\sigma(X) = I_{p,q} X I_{p,q} \qquad (I_{p,q}{}^2 = I_n)$$

と定義する．これに対する $\mathfrak{g}_u$ の Cartan 分解は直ちに

$$\mathfrak{k} = \left\{ X = \begin{bmatrix} A & 0 \\ 0 & D \end{bmatrix} \middle| A \in \mathfrak{o}(p, \boldsymbol{R}),\ D \in \mathfrak{o}(q, \boldsymbol{R}) \right\}$$

$$\cong \mathfrak{o}(p, \boldsymbol{R}) \dot{+} \mathfrak{o}(q, \boldsymbol{R}) \quad (\text{イデアルの直和}),$$

$$\mathfrak{m} = \left\{ X = \begin{bmatrix} 0 & B \\ -{}^tB & 0 \end{bmatrix} \middle| B \in \boldsymbol{M}(p, q\,; \boldsymbol{R}) \right\} \cong \boldsymbol{M}(p, q\,; \boldsymbol{R})$$

として得られることが判る．この Cartan 分解に対応する非コンパクト実型 $\mathfrak{g}_\sigma$ は上記分解に対して

$$\mathfrak{g}_\sigma = \mathfrak{k} \dot{+} \sqrt{-1}\,\mathfrak{m}$$

とおけばよいが，これはわれわれの $\mathfrak{g} = \mathfrak{o}(p, q\,; \boldsymbol{R})$ とは一致しない．ただし，いま

$$\mathfrak{g} = \mathfrak{k} \dot{+} \mathfrak{m}';$$

$$\mathfrak{m}' = \left\{ X' = \begin{bmatrix} 0 & B \\ {}^tB & 0 \end{bmatrix} \middle| B \in \boldsymbol{M}(p, q\,; \boldsymbol{R}) \right\} \cong \boldsymbol{M}(p, q\,; \boldsymbol{R})$$

となっている点に注目する．すなわちここで $\sqrt{-1}\,\mathfrak{m} \ni \sqrt{-1}\,X$ と $\mathfrak{m}' \ni X'$ とを (B を通じて) 対応させれば，$\mathfrak{k}$ はそのままとして，これは $\mathfrak{g}_\sigma$ と $\mathfrak{g}$ との同型対応を与えていることが判る．その意味で $\mathfrak{g}_\sigma \cong \mathfrak{g}$.

定理 3.9 が主張するように $\mathfrak{g}_\sigma$ の形に一致するようにするためには最初のコンパクト実型をそれに同型なものに変更しておかねばならなかったのである．それは $\mathfrak{o}(n, \boldsymbol{R})$ の代りに $\mathfrak{g}_u' = \mathfrak{k} \dot{+} \sqrt{-1}\,\mathfrak{m}'$ とすればよい．——

注意 3.9 定理 3.9 の証明について重要な注意を付け加えておく．それは，最初に与えられた実半単純 Lie 環 $\mathfrak{g}$ がコンパクトであるとした場合である．証明の過程はこの場合にも何ら変更する必要はなく，$\mathfrak{g}$ に関する複素共役作用素 σ に対して

$$\sigma(\mathfrak{g}_u) = \mathfrak{g}_u, \qquad \mathfrak{g}_u = \varphi(\mathfrak{g}')$$

が成り立つ．このとき，σ は $\mathfrak{g}_u$ 上で恒等変換となり，したがって $\mathfrak{g} = \mathfrak{g}_u$ である．実際，σ が恒等変換でないことと $\mathfrak{g}$ が非コンパクトであることとは同値である，それは補題 3.18 から明白である．よって，つぎのことが証明されたことになる．すなわち，$\mathfrak{g}_C$ の任意の二つのコンパクト実型は $\mathfrak{g}_C$ の或る自己同型により互いに

同型である．実はもっと強く，

$\mathfrak{g}_C$ の任意のコンパクト実型は $\mathfrak{g}_C$ の内部自己同型により互いに同型であることが示される．実際，$\mathfrak{g}_C$ のコンパクト実型 $\mathfrak{g}_u$ を一つ固定し，

$$\mathrm{Aut}(\mathfrak{g}_C, \mathfrak{g}_u) = \{\phi \in \mathrm{Aut}(\mathfrak{g}_C) \mid \phi(\mathfrak{g}_u) = \mathfrak{g}_u\}$$

とおくと，上記より $\mathfrak{g}_C$ のコンパクト実型全体のなす集合 $\mathcal{C}$ は

$$\mathcal{C} = \mathrm{Aut}\,(\mathfrak{g}_C)/\mathrm{Aut}\,(\mathfrak{g}_C, \mathfrak{g}_u)$$

と同一視される．また，$\mathfrak{g}_C$ のコンパクト実型で $\mathfrak{g}_C$ の内部自己同型により $\mathfrak{g}_u$ に移り得るもの全体のなす集合 $\mathcal{C}_0$ は

$$\mathcal{C}_0 = Ad\,(\mathfrak{g}_C)/Ad\,(\mathfrak{g}_C, \mathfrak{g}_u)$$

と同一視される．ただし

$$Ad(\mathfrak{g}_C, \mathfrak{g}_u) = \{\phi \in Ad(\mathfrak{g}_C) \mid \phi(\mathfrak{g}_u) = \mathfrak{g}_u\}$$

である．ところが注意2.3の (ii), (iii) より $\mathcal{C}, \mathcal{C}_0$ はともに自然な仕方で集合 $\exp ad\sqrt{-1}\,\mathfrak{g}_u$ と同一視されるから $\mathcal{C}_0 = \mathcal{C}$ である．これが証明すべきことであった．

参考文献

本講を執筆するにあたって，参照した主な文献は以下の通りである．これらは，本文中の証明の不完全な部分および省略した部分を補うためにしばしば引用した．ただし [B 1] は Lie 群の歴史に関する参考文献としてあげたものである．

[A] 邦　書

[1] 岩堀長慶：リー群論，I，II，現代応用数学講座，岩波書店 (1957).

[2] 松島与三：リー環論，現代数学講座，共立出版 (1956).

[3] 松島与三：多様体入門，数学選書 5，裳華房 (1965).

[4] 村上信吾：連続群論の基礎，基礎数学シリーズ 25，朝倉書店 (1973).

[5] 山内恭彦-杉浦光夫：連続群論入門，新数学シリーズ 18，培風館 (1960).

[6] 横田一郎：群と表現，基礎数学選書 10，裳華房 (1973).

[B] 欧　文

[1] S. S. Chern-C. Chevalley: Élie Cartan and his mathematical work, Bull. Amer. Math. Soc. **58** (1952), 217-250.

[2] C. Chevalley: Theory of Lie groups I, Princeton Univ. Press, 8 (1946).

[3] G. Hochschild: The structure of Lie groups, Holden-Day, Inc. (1965).

[4] M. Ise: Bounded symmetric domains of exceptional type, J. Fac. Sci. Univ. Tokyo **23** (1976), 75-105.

[5] G. D. Mostow: Lectures on Lie groups and Lie algebras, Yale University (1966).

[6] L. Pontrjagin: (邦訳) 連続群論，上，下，岩波書店 (1958).

[7] V. S. Varadarajan: Lie groups, Lie algebras and their representations, Prentice-Hall Series in Modern Analysis (1974).

[8] R. D. Schafer: Introduction to non associative algebras, Academic Press (1966).

後　篇

後篇まえがき

後篇は，多様体と Lie 群の初歩を学ばれた読者のために，対称空間論入門を試みたものである．

Riemann 多様体 M の上で，その Riemann 曲率テンソル場 R の挙動を考えるとき，最も簡単な場合は $R=0$ の場合であって，このときは M は局所的に Euclid 空間に等長的である．そのつぎに簡単な場合は R が Riemann 接続 ∇ に関して平行:

$$\nabla R = 0$$

となる場合であろう．この条件は，M の各点 p に対して，p から出る各測地線を折り返して得られる p のまわりの局所微分同相，いわゆる測地的対称変換 σ_p が等長変換になるという条件と同値であることが知られていて，そのため，このような Riemann 多様体は局所 Riemann 対称空間とよばれている．

そこで，上の条件を大域的な条件“各測地的対称変換 σ_p は M 全体の等長変換に拡張される”まで強めると，われわれは(大域的) Riemann 対称空間の概念に到達する．この条件はかなり強い条件であるが，この空間の類は単連結完備な定曲率空間，Grassmann 多様体などの各種の等質射影代数多様体，対称有界領域など，興味ある Riemann 多様体をいろいろ含んでいる．

Riemann 対称空間 M には等長変換群 G が可移的に働くことがわかるので，M は等質空間としての表示:

$$M = G/K$$

をもつ．このため，M の幾何学的構造を調べるのに，Lie 群の理論，とくに半単純 Lie 群に関する精緻な理論を活用することができる．その結果，Riemann 対称空間の(局所等長類による)完全な分類がなされ，各空間の微分幾何学的，位相的，複素解析的構造が非常に詳しく調べられる．このため，Riemann 対称空間の理論は，各種の研究の最も具体的な実例を与え，故伊勢幹夫氏の言葉を借りれば，“その明確な群論的な構造のゆえに，各方面において多産性を発揮しつつある.”

対称空間論は幾何学に Lie 群論が応用される最も著しい例であるといってよいであろう．後篇ではこの点を考えて，はじめに Riemann 多様体の基礎的事項の解説をおこない，幾何学と Lie 群論の交錯する場における説明をできるだけ詳しくおこなうように心がけた．

なお，後篇は，著者(竹内)が大阪大学でおこなった講義の草稿に，Riemann 多様体の部分などをつけ加えたものである．

第1章　Riemann 多様体

この章では，Riemann 対称空間を論ずるのに必要となる，Riemann 幾何学の基礎的事項をまとめて述べる．

本書では，‘滑らか’とは C^∞ 級微分可能を意味し，‘微分同相’とは C^∞ 級微分同相を意味するものとする．多様体はつねに開集合の可算基底をもつものとし，断わらない限り，境界をもたないものとする．Lie 群はつねに滑らかであるものとする．滑らかな多様体 M に対して，$p \in M$ における接空間，余接空間をそれぞれ M_p, $M_p{}^*$ で表わす．滑らかな多様体の間の滑らかな写像 φ に対して，φ の微分を φ_* で表わす．$\boldsymbol{R}$, $\boldsymbol{C}$ は，通常のように，それぞれ実数全体，複素数全体を表わす．

§1.1　Riemann 計量

M を滑らかな多様体とする．M 上の滑らかな (0, 2) 型の対称正定値テンソル場 g，すなわち，各 $p \in M$ に対して，内積 $g_p : M_p \times M_p \to \boldsymbol{R}$ を滑らかに対応させるものを，M 上の **Riemann 計量**という．このとき

$$\langle x, y \rangle = g_p(x, y) \qquad (x, y \in M_p)$$

と書くこともある．また

$$\|x\| = \sqrt{\langle x, x \rangle} \qquad (x \in M_p)$$

と表わして，これを接ベクトル x の**長さ**とよぶ．

一般に滑らかな多様体 M 上にはつねに Riemann 計量が存在することを注意しておこう．実際，M 上に局所的に Riemann 計量が存在することは明らかであるが，これらを単位の分割を用いてつなぎ合わせて，M 上の Riemann 計量を構成できるからである．

滑らかな多様体 M とその上の Riemann 計量 g の対 (M, g) は **Riemann 多様体**といわれる．ただし，本書では，簡単のため，Riemann 多様体 (M, g) というとき，断わらない限り，M は連結であると仮定することにする．

例をいくつかあげよう．$\boldsymbol{R}^n$ を n 次元実数ベクトル空間，$\boldsymbol{R}^n$ の標準的内積を

$$\langle x, y\rangle = {}^t xy \qquad (x, y \in \boldsymbol{R}^n)$$

とし，そのノルムを $\|x\|=\sqrt{\langle x, x\rangle}$ で表わす．通常のように，$p \in \boldsymbol{R}^n$ に対して $(\boldsymbol{R}^n)_p=\boldsymbol{R}^n$ と同一視して，

$$g_p(x, y) = \langle x, y\rangle \qquad (x, y \in (\boldsymbol{R}^n)_p)$$

と定義すれば，g は $\boldsymbol{R}^n$ 上の Riemann 計量である．Riemann 多様体 $(\boldsymbol{R}^n, g)$ は n 次元 **Euclid 空間**といわれる．

つぎに，$(\bar{M}, \bar{g})$ を Riemann 多様体，M を滑らかな多様体，$\varphi: M \to \bar{M}$ を滑らかなはめ込みとする．このとき

$$g_p(x, y) = \bar{g}_{\varphi(p)}(\varphi_* x, \varphi_* y) \qquad (x, y \in M_p)$$

と定義すれば，g は M 上の Riemann 計量になる．g は，φ によって $\bar{g}$ **から引きおこされた** Riemann 計量とよばれる．例えば，滑らかな多様体

$$S^n = \{x \in \boldsymbol{R}^{n+1};\ \|x\|=1\}$$

の $\boldsymbol{R}^{n+1}$ への自然な埋め込みを $\varphi: S^n \to \boldsymbol{R}^{n+1}$ とし，$\boldsymbol{R}^{n+1}$ 上の Euclid 空間としての Riemann 計量を $\bar{g}$ とすれば，S^n 上に φ によって $\bar{g}$ から Riemann 計量 g が引きおこされる．Riemann 多様体 (S^n, g) は n 次元**単位球面**とよばれる．

もう一つ例をあげよう．平面の上半部分

$$H^2 = \left\{\begin{pmatrix} u \\ v \end{pmatrix} \in \boldsymbol{R}^2;\ v>0\right\}$$

を考える．$p=\begin{pmatrix} u \\ v \end{pmatrix} \in H^2$ に対して，$(H^2)_p=\boldsymbol{R}^2$ と同一視して

$$g_p(x, y) = \langle x, y\rangle / v^2 \qquad (x, y \in (H^2)_p)$$

と定義すれば，g は H^2 上の Riemann 計量になる．Riemann 多様体 (H^2, g) は **Poincaré 上半平面**とよばれる．

さて，(M, g) を Riemann 多様体，$c: [a, b] \to M$ を M の滑らかな曲線とする．c の $t \in [a, b]$ における接ベクトルを $c'(t) \in M_{c(t)}$ で表わし，c の**長さ**または**弧長** $L(c)$ を

$$L(c) = \int_a^b \|c'(t)\| dt$$

によって定義する．$L(c)$ は径数 t のとり方によらない．すなわち，任意の微分同

相 $\varphi:[a,b]\to[\alpha,\beta]$ に対して $L(c\circ\varphi^{-1})=L(c)$ となる．さらに，連続な区分的に滑らかな M の曲線 c に対しては，その**長さ** $L(c)$ を，滑らかな部分の長さの和として定義する．

M の 2 点 p,q に対して，c が p と q を結ぶ連続な区分的に滑らかな曲線全体を動いたときのその長さ $L(c)$ の下限を $d(p,q)$ で表わす．すると証明はのちに与えるが，M はこの $d(p,q)$ に関して距離空間になる．すなわち，つぎの定理を得る．

定理 1.1 (M,g) を Riemann 多様体，$d: M\times M\to \boldsymbol{R}$ を上に定義した関数とする．

(1) d は距離の公理を満たす：

(i) $d(p,q)=d(q,p)$；

(ii) $d(p,r)\leqq d(p,q)+d(q,r)$；

(iii) $d(p,q)\geqq 0$ であって，$d(p,q)=0$ となるためには $p=q$ が必要十分である．

(2) 距離 d から定まる M の位相は，M のもとの位相と一致する．——

つぎに，Riemann 多様体 (M_1,g_1) と (M_2,g_2) の直積を定義する．$M=M_1\times M_2$ とし，各点 $(p_1,p_2)\in M_1\times M_2$ における M の接空間

$$M_{(p_1,p_2)}=(M_1)_{p_1}+(M_2)_{p_2}\quad(\text{直和})$$

の上の内積 $g_{(p_1,p_2)}$ を

$$g_{(p_1,p_2)}=g_{p_1}\oplus g_{p_2}\quad(\text{直交直和})$$

によって定義すれば，g は M 上の Riemann 計量になる．これを g_1 と g_2 の**直積**といい，$g=g_1\times g_2$ で表わす．Riemann 多様体 (M,g) を (M_1,g_1) と (M_2,g_2) の**直積**といい，$(M_1,g_1)\times(M_2,g_2)$ で表わす．

一般に，$V,\bar{V}$ を実線型空間，$g,\bar{g}$ をそれぞれ $V,\bar{V}$ 上の内積とするとき，線型写像 $\varphi: V\to\bar{V}$ は，各 $x,y\in V$ に対して

$$\bar{g}(\varphi(x),\varphi(y))=g(x,y)$$

であるとき，$g,\bar{g}$ に関して**線型等長写像**であるといわれる．さて，(M,g), $(\bar{M},\bar{g})$ を二つの Riemann 多様体，$\varphi: M\to\bar{M}$ を滑らかな写像とする．各 $p\in M$ に対して $\varphi_{*p}: M_p\to\bar{M}_{\varphi(p)}$ が g_p, $\bar{g}_{\varphi(p)}$ に関して線型等長写像であるとき，φ は**局所等長写像**であるといわれる．このとき，各 $p\in M$ に対して φ_{*p} は線型単射写像であるから，φ ははめ込みである．さらに，φ が M から $\bar{M}$ への微分同相であるとき，

φ は**等長写像**といわれる. Riemann 多様体 (M,g), $(\bar{M},\bar{g})$ の間に等長写像が存在するとき, これらは**等長的**であるといわれ, $(M,g)\cong(\bar{M},\bar{g})$ で表わされる.

Riemann 多様体 (M,g) に対して, Riemann 多様体 $(\tilde{M},\tilde{g})$ で, $\tilde{M}$ が単連結な M の被覆多様体であり, 被覆写像 $(\tilde{M},\tilde{g})\to(M,g)$ が局所等長写像であるようなものを, (M,g) の **Riemann 普遍被覆多様体**とよぶ. (M,g) に対して, その Riemann 普遍被覆多様体が等長写像を除いて一意的に存在する.

(M,g) を Riemann 多様体とする. (M,g) から自身への等長写像 φ を, (M,g) の**等長変換**とよぶ. また, このとき g は φ で**不変**であるともいわれる. (M,g) の等長変換全体のなす群を $I(M,g)$ で表わす. M の次元を n とする. $p\in M$ に対して, M_p の正規直交基底 $e=(e_1,\cdots,e_n)$, すなわち, $g_p(e_i,e_j)=\delta_{ij}$ $(1\leqq i,j\leqq n)$ を満たす基底の全体を $O_p(M,g)$ で表わせば, n 次実直交群 $O(n)$ は

$$e\cdot a=\left(\sum_i a_1{}^i e_i,\cdots,\sum_i a_n{}^i e_i\right)\qquad (a=(a_j{}^i)\in O(n))$$

によって $O_p(M,g)$ に右から作用する. この作用に関して,

$$O(M,g)=\bigcup_{p\in M}O_p(M,g)$$

は M 上の滑らかな主 $O(n)$ 束の構造をもつ. 各等長変換 $\varphi\in I(M,g)$ に対してその微分 φ_* は $O(M,g)$ の主束写像を引きおこす. するとつぎの定理が成り立つ.

定理 1.2 (M,g) を Riemann 多様体とする.

(1) 等長変換群 $I(M,g)$ は, コンパクト開位相に関して, ただ一通りの仕方で, M に働く Lie 変換群になる.

(2) 任意に $e\in O(M,g)$ を固定して, 写像 $\iota: I(M,g)\to O(M,g)$ を

$$\iota(\varphi)=\varphi_*(e)\qquad(\varphi\in I(M,g))$$

によって定義すれば, ι は滑らかな埋め込みで, これによって $I(M,g)$ は $O(M,g)$ の閉正則部分多様体になる. ——

証明は Kobayashi-Nomizu[1] または S. Kobayashi: Theory of connections, Annali di Mat. **43** (1957), 119-194, を見られたい. 各 $O_p(M,g)$ は $O(n)$ に微分同相, したがってコンパクトであることに注意すれば, つぎの系が得られる.

系 各 $p\in M$ に対して, p における等方性部分群

$$I_p(M,g)=\{\varphi\in I(M,g);\ \varphi(p)=p\}$$

は $I(M, g)$ のコンパクトな部分群である．——

例えば，Euclid 空間 $(\boldsymbol{R}^n, g)$ の場合，$GL(n+1, \boldsymbol{R})$ の閉部分群

$$G=\left\{\begin{bmatrix}\alpha & \beta\\ 0 & 1\end{bmatrix};\ \alpha\in O(n),\ \beta\in\boldsymbol{R}^n\right\}$$

は $I(\boldsymbol{R}^n, g)$ に (Lie 群として) 同型である．実際，

$$\begin{bmatrix}\alpha & \beta\\ 0 & 1\end{bmatrix}\cdot p=\alpha p+\beta \qquad (p\in\boldsymbol{R}^n)$$

によって G は $(\boldsymbol{R}^n, g)$ に等長変換として効果的に働き，この対応で G は $I(\boldsymbol{R}^n, g)$ に同型になる．単位球面 (S^n, g) の場合には，実直交群 $G=O(n+1)$ が自然な仕方で $I(S^n, g)$ と同型になる．Poincaré 上半平面 (H^2, g) の場合には，まず

$$PSL(2, \boldsymbol{R})=SL(2, \boldsymbol{R})/\{\pm 1_2\}$$

を $SL(2, \boldsymbol{R})$ のその中心 $\{\pm 1_2\}$ (1_2 は 2 次の単位行列を表わす) による商群とし，$GL(2, \boldsymbol{R})$ の位数 2 の部分群 Z を

$$Z=\left\{\begin{bmatrix}1 & 0\\ 0 & 1\end{bmatrix}, \begin{bmatrix}1 & 0\\ 0 & -1\end{bmatrix}\right\}$$

によって定義する．各 $\zeta\in Z$ に対して，$SL(n, \boldsymbol{R})$ の自己同型 $a\mapsto\zeta a\zeta^{-1}$ から $PSL(2, \boldsymbol{R})$ の自己同型が引きおこされるが，これを $\rho(\zeta)$ で表わす．直積 $G= PSL(2, \boldsymbol{R})\times Z$ に

$$(a, \zeta)(a', \zeta')=(a\rho(\zeta)(a'), \zeta\zeta') \qquad (a, a'\in PSL(2, \boldsymbol{R}),\quad \zeta, \zeta'\in Z)$$

によって Lie 群の構造を導入する．すると G は $I(H^2, g)$ と同型になる．実際，H^2 を Gauss 平面 $\boldsymbol{C}$ の上半平面 $\{z\in\boldsymbol{C}; \operatorname{Im} z>0\}$ と同一視して，G の H^2 への作用を

$$a=\begin{bmatrix}\alpha & \beta\\ \gamma & \delta\end{bmatrix}\in SL(2, \boldsymbol{R}) \quad \text{に対して} \quad (a\{\pm 1_2\})\cdot z=\frac{\alpha z+\beta}{\gamma z+\delta}$$

(この作用は **1 次分数変換**といわれている)，

$$\zeta=\begin{bmatrix}1 & 0\\ 0 & 1\end{bmatrix} \quad \text{に対して} \quad \zeta\cdot z=z,$$

$$\zeta=\begin{bmatrix}1 & 0\\ 0 & -1\end{bmatrix} \quad \text{に対して} \quad \zeta\cdot z=-\bar{z}$$

によって定義すると，G は (H^2, g) に等長変換として効果的に働く．これは以下のようにして確かめられる．G が H^2 上に効果的に働くことは定義から容易にわか

る．$PSL(2,\boldsymbol{R})\subset G$ が等長変換として働くことを見るために，まず $SL(2,\boldsymbol{R})$ が

$$w=\begin{bmatrix}0 & -1\\ 1 & 0\end{bmatrix},\quad a_\alpha=\begin{bmatrix}\alpha & 0\\ 0 & 1/\alpha\end{bmatrix}\ (\alpha\in\boldsymbol{R},\ \alpha\neq 0),\quad n_\beta=\begin{bmatrix}1 & \beta\\ 0 & 1\end{bmatrix}\ (\beta\in\boldsymbol{R})$$

の形の元で生成されることに注意する．これらの元(の $PSL(2,\boldsymbol{R})$ における類)の H^2 への作用は，それぞれ

$$z\longmapsto -1/z,\qquad z\longmapsto \alpha^2 z,\qquad z\longmapsto z+\beta$$

であるから，これらが等長変換であることは見易い．したがって $PSL(2,\boldsymbol{R})$ は等長変換として働く．また，

$$\zeta_0=\begin{bmatrix}1 & 0\\ 0 & -1\end{bmatrix}\in Z$$

の H^2 への作用 $z\mapsto -\bar{z}$ の微分は，折り返し：

$$\begin{pmatrix}u\\ v\end{pmatrix}\longmapsto\begin{pmatrix}-u\\ v\end{pmatrix}\qquad \left(\begin{pmatrix}u\\ v\end{pmatrix}\in (H^2)_p=\boldsymbol{R}^2\right)$$

になるから，$Z\subset G$ も等長変換として働く．以上の対応で，G は $I(H^2,g)$ に同型になる．

これらの例の G が $I(M,g)$ に一致することの証明は，いずれの場合も，定理1.2の(2)の埋め込み ι によって $\iota(G)=O(M,g)$ となることを示すことによってなされる．例えば，(H^2,g) については，これは以下のようにして示される．e として，点 $\sqrt{-1}\in H^2$ における正規直交基底を一つとる．任意の $f\in O(H^2,g)$ に対して $\varphi_*(f)=e$ となる $\varphi\in G$ が存在することを示せば十分である．任意の $p\in H^2$ に対して適当な $\alpha\in\boldsymbol{R}$, $\alpha\neq 0$ と $\beta\in\boldsymbol{R}$ をとって，$(a_\alpha n_\beta)\{\pm 1_2\}\cdot p=\sqrt{-1}$ となるようにできるから，f は $\sqrt{-1}$ における正規直交基底であるとしてよい．さて，

$$k_\theta=\begin{bmatrix}\cos\theta & -\sin\theta\\ \sin\theta & \cos\theta\end{bmatrix}\in SO(2)\qquad (\theta\in\boldsymbol{R})$$

(の $PSL(2,\boldsymbol{R})$ における類)の H^2 への作用は，$\sqrt{-1}$ を固定してその微分は $(H^2)_{\sqrt{-1}}=\boldsymbol{R}^2$ 上において角 -2θ の回転に等しい．また，$\zeta_0\in Z$ も $\sqrt{-1}$ を固定し，その微分は $\boldsymbol{R}^2$ の折り返しであった．ところが，直交群 $O(2)$ は回転と一つの折り返しで生成されるから，$\varphi_*(f)=e$ となる $\varphi\in G$ が存在することがわかる．

一般に，Riemann 多様体 (M,g) は，等長変換群 $I(M,g)$ が M 上に可移的に働いているとき，**等質**であるといわれる．われわれの三つの例はいずれも等質である．

§1.2 接　続

滑らかな多様体 M の上で幾何学，解析学を展開しようとするとき，まず必要になることは，滑らかなベクトル場を（さらにはテンソル場を）微分することであろう．$M=\boldsymbol{R}^n$ の場合にはこれは容易になされる．この場合，M 上の滑らかなベクトル場 Y は M 上の $\boldsymbol{R}^n$ に値をもつ関数とみなせるから，これを M 上の滑らかなベクトル場 X で微分することができて，その結果はまた M 上の滑らかなベクトル場となる．これを $\nabla_X Y$ と表わすと，容易にわかるように，M 上の任意の滑らかな関数 f に対して

(i)　$\nabla_{fX} Y = f\nabla_X Y,$

(ii)　$\nabla_X fY = (Xf)\,Y + f\nabla_X Y$

が成り立つ．そこで，一般の M に対してもつぎのようなものを考えることは自然であろう．

M を滑らかな多様体，$\mathfrak{X}(M)$ を M 上の滑らかなベクトル場全体のなす $\boldsymbol{R}$ 上の Lie 代数，$\mathcal{F}(M)$ を M 上の滑らかな関数全体のなす $\boldsymbol{R}$ 上の代数とする．

$$\nabla:\ \mathfrak{X}(M)\times\mathfrak{X}(M)\longrightarrow\mathfrak{X}(M)$$

を双線型写像であって，$\nabla(X, Y)=\nabla_X Y\ (X, Y\in\mathfrak{X}(M))$ と書くとき，各 $X, Y\in\mathfrak{X}(M)$，各 $f\in\mathcal{F}(M)$ に対して，上の (i), (ii) の性質を満たすものとする．このような ∇ は通常 M 上の線型接続または擬似接続とよばれる．本書では，簡単のため，これを単に**接続**とよぶことにしよう．また，$\nabla_X Y$ を Y の X に関する**共変微分**とよぶ．はじめに述べた $\boldsymbol{R}^n$ の接続 ∇ をとくに $\boldsymbol{R}^n$ の**標準接続**とよぶ．

滑らかな多様体 M は局所的には $\boldsymbol{R}^n$ と同じであるから，$\boldsymbol{R}^n$ の標準接続 ∇ を用いて局所的に $\nabla_X Y$ を定義できるが，これらは一般にはつなぎ合わせることができなくて，大域的なベクトル場 $\nabla_X Y$ を定義しない．しかし，のちに示すように，$\boldsymbol{R}^n$ の共変微分 $\nabla_X Y$ に適当な補正項を加えて，これらがつなぎ合わさるようにすることができる．したがって，滑らかな多様体の上にはつねに接続が存在する．

$M, \bar{M}$ を滑らかな多様体，$\nabla, \bar{\nabla}$ をそれぞれ $M, \bar{M}$ 上の接続とする．微分同相 $\varphi: M\to\bar{M}$ は，各 $X, Y\in\mathfrak{X}(M)$ に対して

$$\bar{\nabla}_{\varphi_* X}\varphi_* Y = \varphi_*\nabla_X Y$$

を満たすとき，**接続の同型**とよばれる．とくに $\bar{M}=M$, $\bar{\nabla}=\nabla$ のとき，φ は ∇ の

自己同型とよばれる．また，このとき ∇ は φ で**不変**であるともいわれる．

∇ を滑らかな多様体 M 上の接続，$U\subset M$ を開集合，滑らかなベクトル場の U への制限写像を $\rho_U:\mathcal{X}(M)\to\mathcal{X}(U)$ で表わす．接続の性質 (ii) より

(a) $Y\in\mathcal{X}(M)$，$Y|U\equiv 0$ ならば，各 $X\in\mathcal{X}(M)$ に対して

$$\nabla_X Y|U\equiv 0$$

が成り立つ．したがって，U 上の接続 $\nabla_U:\mathcal{X}(U)\times\mathcal{X}(U)\to\mathcal{X}(U)$ であって，図式

$$\begin{array}{ccc}\mathcal{X}(M)\times\mathcal{X}(M) & \xrightarrow{\ \nabla\ } & \mathcal{X}(M)\\ {\scriptstyle\rho_U\times\rho_U}\big\downarrow & & \big\downarrow{\scriptstyle\rho_U}\\ \mathcal{X}(U)\times\mathcal{X}(U) & \xrightarrow[\ \nabla_U\ ]{} & \mathcal{X}(U)\end{array}$$

が可換となるようなものがただ一つ存在する．以後，簡単のために ∇_U も ∇ で表わそう．

$\dim M=n$ とし，$(u^1,\cdots,u^n)$ を M の開集合 U 上の局所座標とする．このとき，関数 $\Gamma_{ij}{}^k\in\mathcal{F}(U)$ $(1\leqq i,j,k\leqq n)$ が

$$\nabla_{\partial/\partial u^i}\frac{\partial}{\partial u^j}=\sum_k\Gamma_{ij}{}^k\frac{\partial}{\partial u^k} \tag{1.1}$$

によって定義される．$\{\Gamma_{ij}{}^k\}$ を接続 ∇ の $(u^1,\cdots,u^n)$ に関する**局所表示**という．$X,Y\in\mathcal{X}(U)$ を

$$X=\sum_i X^i\frac{\partial}{\partial u^i},\qquad Y=\sum_j Y^j\frac{\partial}{\partial u^j},\qquad X^i,Y^j\in\mathcal{F}(U)$$

と表示して，$\nabla_X Y$ を計算すれば

$$\begin{aligned}\nabla_X Y&=\sum_{i,j}X^i\nabla_{\partial/\partial u^i}\left(Y^j\frac{\partial}{\partial u^j}\right) && \text{((i) より)}\\ &=\sum_{i,j}X^i\frac{\partial Y^j}{\partial u^i}\frac{\partial}{\partial u^j}+\sum_{i,j,k}X^iY^j\Gamma_{ij}{}^k\frac{\partial}{\partial u^k} && \text{((ii), (1.1) より)},\end{aligned}$$

すなわち

$$\nabla_X Y=\sum_k\left\{\sum_i X^i\left(\frac{\partial Y^k}{\partial u^i}+\sum_j\Gamma_{ij}{}^kY^j\right)\right\}\frac{\partial}{\partial u^k} \tag{1.2}$$

を得る．したがって，各 $p\in M$ に対して

(b) $X_p=0$ ならば $(\nabla_X Y)_p=0$

が成り立つ．そこで，$x\in M_p$，$Y\in\mathcal{X}(M)$ に対して，$X_p=x$ となる $X\in\mathcal{X}(M)$ を一つとって

$$\nabla_x Y=(\nabla_X Y)_p\in M_p$$

とおけば，これは (b) より X のとり方によらず定まる．これを $Y\in\mathcal{X}(M)$ の x **方向の共変微分**という．

じつは，(a), (b) よりさらに強く，つぎの性質 (c) が成り立つ．

(c) $X, Y\in\mathcal{X}(M)$，$p\in M$ とし，$c:[0,l]\to M$ を $c(0)=p$，$c'(0)=X_p$ を満たす任意の滑らかな曲線とすれば，$(\nabla_X Y)_p$ は X_p と $Y_{c(t)}$ $(0\leqq t\leqq l)$ だけで定まる．

実際，p のまわりの局所座標 $(u^1,\cdots,u^n)$ をとれば，(1.2) の第 1 項において

$$\left(\sum_i X^i\frac{\partial Y^k}{\partial u^i}\right)(p)=\sum_i\left[\frac{du^i(c(t))}{dt}\right]_{t=0}\frac{\partial Y^k}{\partial u^i}(p)=\left[\frac{dY^k(c(t))}{dt}\right]_{t=0}$$

となるからである．

∇ の局所表示 $\{\Gamma_{ij}{}^k\}$ は局所座標を (u^i) から $(\bar{u}^\alpha)$ に変えたとき，つぎの変換則にしたがう：

$$\bar{\Gamma}_{\alpha\beta}{}^\gamma=\sum_i\frac{\partial^2u^i}{\partial\bar{u}^\alpha\partial\bar{u}^\beta}\frac{\partial\bar{u}^\gamma}{\partial u^i}+\sum_{i,j,k}\Gamma_{ij}{}^k\frac{\partial u^i}{\partial\bar{u}^\alpha}\frac{\partial u^j}{\partial\bar{u}^\beta}\frac{\partial\bar{u}^\gamma}{\partial u^k}. \tag{1.3}$$

実際，

$$\frac{\partial}{\partial\bar{u}^\alpha}=\sum_i\frac{\partial u^i}{\partial\bar{u}^\alpha}\frac{\partial}{\partial u^i},\qquad\frac{\partial}{\partial\bar{u}^\beta}=\sum_j\frac{\partial u^j}{\partial\bar{u}^\beta}\frac{\partial}{\partial u^j}$$

と (1.2) から

$$\nabla_{\partial/\partial\bar{u}^\alpha}\frac{\partial}{\partial\bar{u}^\beta}=\sum_k\left\{\sum_i\frac{\partial u^i}{\partial\bar{u}^\alpha}\left(\frac{\partial^2u^k}{\partial u^i\partial\bar{u}^\beta}+\sum_j\Gamma_{ij}{}^k\frac{\partial u^j}{\partial\bar{u}^\beta}\right)\right\}\frac{\partial}{\partial u^k}$$

を得る．これに

$$\frac{\partial}{\partial u^k}=\sum_\gamma\frac{\partial\bar{u}^\gamma}{\partial u^k}\frac{\partial}{\partial\bar{u}^\gamma}$$

を代入すれば

$$\nabla_{\partial/\partial\bar{u}^\alpha}\frac{\partial}{\partial\bar{u}^\beta}=\sum_\gamma\left(\sum_k\frac{\partial^2u^k}{\partial\bar{u}^\alpha\partial\bar{u}^\beta}\frac{\partial\bar{u}^\gamma}{\partial u^k}+\sum_{i,j,k}\Gamma_{ij}{}^k\frac{\partial u^i}{\partial\bar{u}^\alpha}\frac{\partial u^j}{\partial\bar{u}^\beta}\frac{\partial\bar{u}^\gamma}{\partial u^k}\right)\frac{\partial}{\partial\bar{u}^\gamma}.$$

これと (1.1) を比べて (1.3) を得る．

逆に，M の各局所座標 (u^i) に対して滑らかな関数の系 $\{\Gamma_{ij}{}^k\}$ が変換則 (1.3) を満たすように与えられているとき，M 上の接続 ∇ で，その局所表示が $\{\Gamma_{ij}{}^k\}$

となるようなものがただ一つ存在する.

実際，各局所座標近傍の上で(1.2)によって$\nabla_X Y$を定義すれば，変換則(1.3)よりこれらがつなぎ合わせられることが確かめられて，求めるM上の接続∇が得られる．一意性は明らかであろう.

つぎの定理は Riemann 幾何学の出発点となる定理である.

定理 1.3　Mを滑らかな多様体，gをその上の Riemann 計量とする．このとき，M上の接続∇で，各$X, Y, Z \in \mathfrak{X}(M)$に対して

(i)　$X\langle Y, Z\rangle = \langle \nabla_X Y, Z\rangle + \langle Y, \nabla_X Z\rangle$,

(ii)　$\nabla_X Y - \nabla_Y X = [X, Y]$

を満たすものがただ一つ存在する.

証明　まず一意性を証明しよう．∇が存在したとすれば，(i)より

$$
\begin{aligned}
X\langle Y, Z\rangle &= \langle \nabla_X Y, Z\rangle + \langle Y, \nabla_X Z\rangle,\\
Y\langle Z, X\rangle &= \langle \nabla_Y Z, X\rangle + \langle Z, \nabla_Y X\rangle,\\
-Z\langle X, Y\rangle &= -\langle \nabla_Z X, Y\rangle - \langle X, \nabla_Z Y\rangle.
\end{aligned}
$$

これらを辺々加えて(ii)を用いれば

$$
\begin{aligned}
&X\langle Y, Z\rangle + Y\langle Z, X\rangle - Z\langle X, Y\rangle\\
&\quad = (\langle \nabla_X Y, Z\rangle + \langle \nabla_Y X, Z\rangle) + (\langle \nabla_X Z, Y\rangle - \langle \nabla_Z X, Y\rangle)\\
&\qquad + (\langle \nabla_Y Z, X\rangle - \langle \nabla_Z Y, X\rangle)\\
&\quad = 2\langle \nabla_X Y, Z\rangle - \langle [X, Y], Z\rangle + \langle [X, Z], Y\rangle + \langle [Y, Z], X\rangle.
\end{aligned}
$$

したがって

$$
\begin{aligned}
(1.4)\qquad \langle \nabla_X Y, Z\rangle = \frac{1}{2}\{&X\langle Y, Z\rangle + Y\langle Z, X\rangle - Z\langle X, Y\rangle\\
&+ \langle [X, Y], Z\rangle - \langle [Y, Z], X\rangle + \langle [Z, X], Y\rangle\}
\end{aligned}
$$

となるから，∇は一意的である.

gが与えられたとき，(1.4)で∇を定義すれば，∇は接続で(i), (ii)を満たすことが計算で確かめられる.∎

この定理の接続∇を，gに対する **Riemann 接続**という．また，一般に，条件(ii)を満たす接続∇は**対称**であるといわれる.

滑らかな多様体M上にはつねに Riemann 計量が存在したから，M上にはつねに接続が存在することもわかった．以後，Riemann 多様体(M, g)に対しては，

∇ は断わらない限りその Riemann 接続を意味するものとする．Riemann 接続 ∇ の一意性から，(M, g) の等長変換 φ はつねに ∇ の自己同型であるということが導かれることに注意しておこう．

Riemann 接続の局所表示 $\{\Gamma_{ij}{}^k\}$ は (1.4) より求められて

$$\Gamma_{ij}{}^k=\Gamma_{ji}{}^k=\frac{1}{2}\sum_h g^{kh}\left(\frac{\partial g_{hi}}{\partial u^j}+\frac{\partial g_{hj}}{\partial u^i}-\frac{\partial g_{ij}}{\partial u^h}\right) \tag{1.5}$$

となる．ここで

$$g_{ij}=\left\langle\frac{\partial}{\partial u^i}, \frac{\partial}{\partial u^j}\right\rangle \qquad (1\leqq i, j\leqq n),$$

$$(g^{ij})_{1\leqq i,j\leqq n} \quad \text{は} \quad \text{行列}\,(g_{ij})_{1\leqq i,j\leqq n}\,\text{の逆行列}.$$

Euclid 空間 $(\boldsymbol{R}^n, g)$ の場合，$\boldsymbol{R}^n$ の標準接続 ∇ は定理 1.3 の (i), (ii) を満たすから，これが Riemann 接続である．$\boldsymbol{R}^n$ の元の第 i 成分を第 i 局所座標 u^i と定めれば，$\boldsymbol{R}^n$ の局所座標 (u^i) に関して

$$\Gamma_{ij}{}^k=0 \qquad (1\leqq i, j, k\leqq n)$$

が成り立つ．

つぎに，微分作用素 ∇ を，もう少し広い意味の‘ベクトル場’に対して拡張しよう．

N, M を滑らかな多様体，$\varphi: N\to M$ を滑らかな写像とする．ただし，ここで N は境界をもっていてもよい．M の接束 TM を写像 φ によって引きもどして得られる N 上のベクトル束を

$$\varphi^* TM=\bigcup_{t\in N} M_{\varphi(t)}$$

とする．$\varphi^* TM$ の滑らかな断面全体のなす $\boldsymbol{R}$ 上の線型空間を $\mathcal{X}(\varphi)$ で表わす．$X\in\mathcal{X}(\varphi)$ とは，$t\in N$ に対して $X(t)\in M_{\varphi(t)}$ を滑らかに対応させるものである．$\mathcal{X}(\varphi)$ の元を φ **に沿った**滑らかなベクトル場とよぶ．線型写像 $\varphi_*: \mathcal{X}(N)\to\mathcal{X}(\varphi)$ が，$X\in\mathcal{X}(N)$ に対して

$$(\varphi_* X)(t)=\varphi_* X_t \qquad (t\in N)$$

によって定義される．例えば，区間 $I\subset\boldsymbol{R}$ を径数とする滑らかな曲線 $c: I\to M$ と $\boldsymbol{R}$ の標準的座標 t に対して，$c_*(d/dt)\in\mathcal{X}(c)$ は c の接ベクトルのなすベクトル場 c' にほかならない．つぎに，線型写像 $\varphi^*: \mathcal{X}(M)\to\mathcal{X}(\varphi)$ を，$Y\in\mathcal{X}(M)$ に対して

$$(\varphi^* Y)(t) = Y_{\varphi(t)} \qquad (t \in N)$$

によって定義する．

さて，∇ を M 上の接続とする．$x \in N_t$，$Y \in \mathcal{X}(\varphi)$ に対し，滑らかな曲線 c: $[0, l] \to N$ で $c(0) = t$，$c'(0) = x$ となるものをとると，$Y(\varphi(c(s)))$ が $0 \leqq s \leqq l$ に対して定義されているから，性質(c)より $\nabla_{\varphi_* x} Y \in M_{\varphi(t)}$ が定義されて，これは c のとり方によらない．これを $\tilde{\nabla}_x Y$ で表わす．そこで，$X \in \mathcal{X}(N)$ と $Y \in \mathcal{X}(\varphi)$ に対して

$$(\tilde{\nabla}_X Y)(t) = \tilde{\nabla}_{X_t} Y \qquad (t \in N)$$

とおけば，$\tilde{\nabla}_X Y \in \mathcal{X}(\varphi)$ となる．このとき，$\tilde{\nabla}(X, Y) = \tilde{\nabla}_X Y$ $(X \in \mathcal{X}(N),\ Y \in \mathcal{X}(\varphi))$ によって定義される双線型写像

$$\tilde{\nabla}\colon \mathcal{X}(N) \times \mathcal{X}(\varphi) \longrightarrow \mathcal{X}(\varphi)$$

は，各 $X \in \mathcal{X}(N)$，$Y \in \mathcal{X}(\varphi)$，$f \in \mathcal{F}(N)$ に対して

(i)′ $\tilde{\nabla}_{fX} Y = f \tilde{\nabla}_X Y$;

(ii)′ $\tilde{\nabla}_X f Y = (Xf) Y + f \tilde{\nabla}_X Y$;

各 $x \in N_t$，$Y \in \mathcal{X}(M)$ に対して

(iii)′ $\tilde{\nabla}_x (\varphi^* Y) = \nabla_{\varphi_* x} Y$

を満たす．$\tilde{\nabla}$ を，φ によって ∇ **から引きおこされた**接続という．

とくに，(M, g) が Riemann 多様体，∇ が Riemann 接続のとき，$\varphi^* TM$ は g より引きおこされた滑らかなファイバー計量をもつ．これも $\langle\ ,\ \rangle$ で表わすことにすれば，定理 1.3 より，各 $X \in \mathcal{X}(N)$，$Y, Z \in \mathcal{X}(\varphi)$ に対して

(i)″ $X\langle Y, Z\rangle = \langle \tilde{\nabla}_X Y, Z\rangle + \langle Y, \tilde{\nabla}_X Z\rangle$;

各 $X, Y \in \mathcal{X}(N)$ に対して

(ii)″ $\tilde{\nabla}_X \varphi_* Y - \tilde{\nabla}_Y \varphi_* X = \varphi_* [X, Y]$

が成り立つ．

以後，簡単のため，$\tilde{\nabla}$ も ∇ で表わすことにする．

§1.3 共変微分

Euclid 幾何においてはベクトルが平行であるという概念が定義されるが，これをわれわれの場合に拡張しよう．

∇ を滑らかな多様体 M 上の接続とする．$c\colon [a, b] \to M$ を滑らかな曲線とする．

$X\in\mathcal{X}(c)$は

(1.6) $$\nabla_{d/dt}X=0$$

を満たすとき，(∇ に関して) **平行**であるといわれる．これは c の径数のとり方によらない性質である．M の局所座標 $(u^1,\cdots,u^n)$ をとって

$$c^i(t)=u^i(c(t))\qquad(1\leqq i\leqq n),$$

$$X(t)=\sum_i X^i(t)\left(\frac{\partial}{\partial u^i}\right)_{c(t)}$$

とすれば，(1.2) より，(1.6) は

(1.6)′ $$\frac{dX^k(t)}{dt}+\sum_{i,j}\Gamma_{ij}{}^k(c(t))\frac{dc^i(t)}{dt}X^j(t)=0\qquad(1\leqq k\leqq n)$$

と書ける．したがって，1階線型常微分方程式の理論から以下のことが成り立つ．

(1) 各 $x\in M_{c(a)}$ に対して，平行な $X\in\mathcal{X}(c)$ で $X(a)=x$ となるものがただ一つ存在する．

(2) 対応 $x\mapsto X(b)$ は線型同型写像 $P_c:M_{c(a)}\to M_{c(b)}$ を定義する．P_c を **c に沿っての平行移動**という．

(3) $t\in[a,b]$ に対して，$c|[a,t]$ に沿っての平行移動を $P_t:M_{c(a)}\to M_{c(t)}$ とすれば，対応 $t\mapsto P_t$ は明らかな意味で滑らかである．

さらに，連続な区分的に滑らかな曲線 c に対しては，滑らかな部分に沿っての平行移動の結合として，**c に沿っての平行移動** P_c を定義する．(M,g) が Riemann 多様体，∇ が Riemann 接続のときは，(i)″ より P_c は $\langle\ ,\ \rangle$ に関して線型等長写像である．とくに，Euclid 空間 $(\boldsymbol{R}^n,g)$ の場合には P_c は Euclid 幾何の意味の平行移動にほかならないことは明らかであろう．

平行移動の概念を用いると，$Y\in\mathcal{X}(M)$ の $x\in M_p$ の方向の共変微分 ∇_xY が以下のように書き表わされる．滑らかな曲線 $c:[0,l]\to M$ で $c(0)=p$，$c'(0)=x$ なるものをとり，$t\in[0,l]$ に対して，$c|[0,t]$ に沿っての平行移動を $P_t:M_p\to M_{c(t)}$ で表わすと

(1.7) $$\nabla_xY=\left[\frac{d}{dt}P_t{}^{-1}Y_{c(t)}\right]_{t=0}$$

が成り立つ．実際，M_p の基底 $(e_1,\cdots,e_n)$ を一つとって

$$E_i(t)=P_te_i\qquad(1\leqq i\leqq n)$$

とおけば，(3) より $E_i \in \mathfrak{X}(c)$ であって，$(E_1(t), \cdots, E_n(t))$ は各 t に対して $M_{c(t)}$ の基底であるから

$$Y_{c(t)} = \sum_i Y^i(t) E_i(t), \qquad Y^i \in \mathcal{F}([0, l])$$

と書き表わされる．§1.2 の接続の性質 (ii) より

$$\nabla_x Y = \sum_i \frac{dY^i}{dt}(0) e_i = \left[\frac{d}{dt}\left(\sum_i Y^i(t) e_i\right)\right]_{t=0} = \left[\frac{d}{dt} P_t^{-1} Y_{c(t)}\right]_{t=0}$$

を得るからである．

さて，一般に，線型同型写像 $\phi: M_p \to M_q$ に対して，ϕ の引きおこす混合テンソル空間の間の線型同型写像

$$(\otimes^r \phi) \otimes (\otimes^s \phi^*): (\otimes^r M_p) \otimes (\otimes^s M_p^*) \longrightarrow (\otimes^r M_q) \otimes (\otimes^s M_q^*)$$

(ここで ϕ^* は ϕ の反傾写像，すなわち，ϕ の転置写像 $M_q^* \to M_p^*$ の逆写像を表わす) を簡単のため，$\phi\cdot$ で表わす．ただし，$r=s=0$ のとき，$\phi\cdot: \boldsymbol{R} \to \boldsymbol{R}$ は恒等写像とする．この記法のもとに，M 上の滑らかな混合テンソル場 T に対して，(1.7) のように

$$\nabla_x T = \left[\frac{d}{dt} P_t^{-1} \cdot T_{c(t)}\right]_{t=0}$$

と定義する．これは曲線 c のとり方によらず，$x \in M_p$ で定まることが容易に確かめられる．そこで，$X \in \mathfrak{X}(M)$ に対して

$$(\nabla_X T)_p = \nabla_{X_p} T \qquad (p \in M)$$

とおけば，$\nabla_X T$ は T と同じ型の滑らかなテンソル場になる．$\nabla_X T$ を T の X に関する**共変微分**という．$f \in \mathcal{F}(M)$ に対しては $\nabla_X f = Xf$ が成り立ち，T が (1, 0) 型，すなわち $T \in \mathfrak{X}(M)$ のときは，(1.7) より，$\nabla_X T$ は §1.2 の共変微分の定義と一致する．∇_X は M 上の滑らかな混合テンソル場全体のなす $\boldsymbol{R}$ 上の代数 $\mathcal{T}(M)$ の上に導分として働き，すべての縮約と可換である．また，$\nabla_X T$ が §1.2 の性質 (a), (b), (c) をもっていることも明らかであろう．

$T \in \mathcal{T}(M)$ は，各 $X \in \mathfrak{X}(M)$ に対して $\nabla_X T = 0$ となるとき，(∇ に関して) **平行**であるといわれ，

$$\nabla T = 0$$

で表わされる．例えば，定理 1.3 の Riemann 接続の条件 (i) は，Riemann 計量 g が ∇ に関して平行である：$\nabla g = 0$ ということにほかならない．

$\mathcal{T}(M)$ に働く微分作用素としては，共変微分のほかに，いわゆる Lie 微分がある．M を滑らかな多様体，$X\in\mathfrak{X}(M)$，$\{\varphi_t\}$ を X から生成された局所微分同相の1径数群とする．$T\in\mathcal{T}(M)$ に対して，T の X に関する **Lie 微分** L_XT を

$$(L_XT)_p=\left[\frac{d}{dt}\varphi_{t*}{}^{-1}\cdot T_{\varphi_t(p)}\right]_{t=0}\qquad(p\in M)$$

によって定義する．L_XT も T と同じ型の滑らかなテンソル場である．$f\in\mathcal{F}(M)$ に対しては $L_Xf=Xf$ であり，$Y\in\mathfrak{X}(M)$ に対しては $L_XY=[X,Y]$ となる．L_X はやはり $\mathcal{T}(M)$ の上に導分として働き，すべての縮約と可換である．また，各 $X,Y\in\mathfrak{X}(M)$ に対して

(1.8) $$L_{[X,Y]}=[L_X,L_Y]$$

が成り立つ．ここで，右辺の [,] は作用素としての括弧積 $[A,B]=AB-BA$ を表わす．L_X は§1.2の接続の条件(i)に対応する条件は満たさないが，(ii)に対応する条件：

$$L_X(fY)=(Xf)Y+f(L_XY)$$

は満たす．

このことに注意して，M 上の接続 ∇ が与えられたとき，$X\in\mathfrak{X}(M)$ に対して $\mathfrak{X}(M)$ 上の作用素 A_X を

(1.9) $$A_XY=L_XY-\nabla_XY\qquad(Y\in\mathfrak{X}(M))$$

によって定義すると，各 $f\in\mathcal{F}(M)$，$Y\in\mathfrak{X}(M)$ に対して $A_XfY=fA_XY$ が成り立つ．したがって，§1.2の(b)と同じ理由で，A_X は M 上の滑らかな(1,1)型テンソル場を定義する．とくに，対称な接続 ∇ に対しては

(1.9)′ $$A_Xy=-\nabla_yX\qquad(X\in\mathfrak{X}(M),\ y\in M_p)$$

が成り立つ．(1.9)より，すべての $X\in\mathfrak{X}(M)$ に対してテンソル場 A_X が定まれば，接続 ∇ も定まることを注意しておこう．

M 上の接続 ∇ に対して，$X\in\mathfrak{X}(M)$ は，それの生成する局所微分同相の1径数群 $\{\varphi_t\}$ の各元 φ_t が ∇ の(局所的)自己同型であるとき，すなわち，各 $Y,Z\in\mathfrak{X}(M)$ に対して(局所的に)

(1.10) $$\nabla_{\varphi_{t*}Y}\varphi_{t*}Z=\varphi_{t*}\nabla_YZ$$

となるとき，∇ の**無限小自己同型**とよばれる．$X\in\mathfrak{X}(M)$ が ∇ の無限小自己同型であることは

(1.11) 各 $Y\in\mathcal{X}(M)$ に対して $L_X(A_Y)=A_{[X,Y]}$

によって特徴づけられる．実際，(1.10) を t で微分することによって，X が ∇ の無限小自己同型であることと，

$$\text{各 } Y,Z\in\mathcal{X}(M) \text{ に対して } \nabla_{[X,Y]}Z+\nabla_Y[X,Z]=[X,\nabla_YZ]$$

ということが同値であることがわかる．(1.9) より，上式は，$\mathcal{X}(M)$ 上の作用素としての等式

$$L_{[X,Y]}-A_{[X,Y]}+(L_Y-A_Y)L_X=L_X(L_Y-A_Y)$$

と同値である．(1.8) より，これは (1.11) と同値になるからである．

§1.4 測地線

∇ を滑らかな多様体 M 上の接続とする．$c:I\to M$ を $\boldsymbol{R}$ の区間 I に径数をもつ滑らかな曲線とする．$c'\in\mathcal{X}(c)$ が ∇ に関して平行である，すなわち，

$$\nabla_{d/dt}c'=0 \tag{1.12}$$

であるとき，c を (∇ に関する) **測地線**という．

M の局所座標 $(u^1,\cdots,u^n)$ をとって，$c^i(t)=u^i(c(t))$ $(1\leqq i\leqq n)$ とすれば，(1.6)′ より，(1.12) は

$$\frac{d^2c^k(t)}{dt^2}+\sum_{i,j}\Gamma_{ij}{}^k(c(t))\frac{dc^i(t)}{dt}\frac{dc^j(t)}{dt}=0 \qquad (1\leqq k\leqq n) \tag{1.12$'$}$$

と書ける．したがって，常微分方程式の理論から以下のことが成り立つ．

(1) 各 $x\in M_p$ に対して，0 を含む $\boldsymbol{R}$ の開区間 I と測地線 $\gamma:I\to M$ で

$$\gamma(0)=p,\qquad \gamma'(0)=x$$

を満たすものが存在する．

(2) γ は以下の意味で一意的である．$\gamma_1:I_1\to M$ と $\gamma_2:I_2\to M$ がともに (1) の性質を満たす測地線とすれば，各 $t\in I_1\cap I_2$ に対して

$$\gamma_1(t)=\gamma_2(t)$$

が成り立つ．

したがって，各 $x\in M_p$ に対して，(1) のような測地線 γ で定義域 I が最大の開区間であるものが一意的に存在する．これを $\gamma_x:I_x\to M$ で表わす．

(3) $p\in M$ に対して

$$D_p=\{x\in M_p\,;\,1\in I_x\}\subset M_p$$

とおけば，D_p は M_p の原点 0 を含む星状開集合である．ここで，D_p が星状であるとは，$x \in D_p$，$0<r<1$ ならば $rx \in D_p$ となることである．

例えば，Euclid 空間 $(\boldsymbol{R}^n, g)$ では，標準的座標 $(u^1, \cdots, u^n)$ に関しては，(1.12)′は

$$\frac{d^2c^k(t)}{dt^2} = 0 \qquad (1 \leqq k \leqq n)$$

となるから，その解は

$$c^k(t) = a^k t + b^k \qquad (t \in \boldsymbol{R}), \ (1 \leqq k \leqq n)$$

の形をしている．したがって，この場合，定数曲線でない測地線は直線で，その径数は弧長に比例している．また，各点 $p \in \boldsymbol{R}^n$ において $D_p = (\boldsymbol{R}^n)_p$ となっている．よく知られているように，Euclid 空間では 2 点を結ぶ最短曲線は直線であるが，一般の Riemann 多様体 (M, g) についてはつぎのことが証明される．

弧長に比例した径数をもつ滑らかな曲線 $c: I \to M$ が，以下の意味で局所的に弧長が最短であるならば，それは Riemann 接続 ∇ に関する測地線である．ここで，I の各内点 α に対して，それを内点に含む部分閉区間 $[a, b] \subset I$ と $c([a, b])$ を含む開集合 U が存在して，$\tilde{c}(a) = c(a)$，$\tilde{c}(b) = c(b)$ を満たす，すべての滑らかな U の曲線 $\tilde{c}: [a, b] \to U$ に対して，不等式

$$L(\tilde{c}) \geqq L(c \mid [a, b])$$

が成り立つとき，c は局所的に弧長が最短であるという．したがって，測地線は Euclid 空間の直線の概念の拡張であるといってよいであろう．

上の事実の証明はつぎのようにしてなされる．$c: [a, b] \to M$ を滑らかな曲線で $\|c'(t)\| = v > 0$ が一定のものとする．$N = [a, b] \times (-\varepsilon, \varepsilon)$ $(\varepsilon > 0)$ とし，滑らかな写

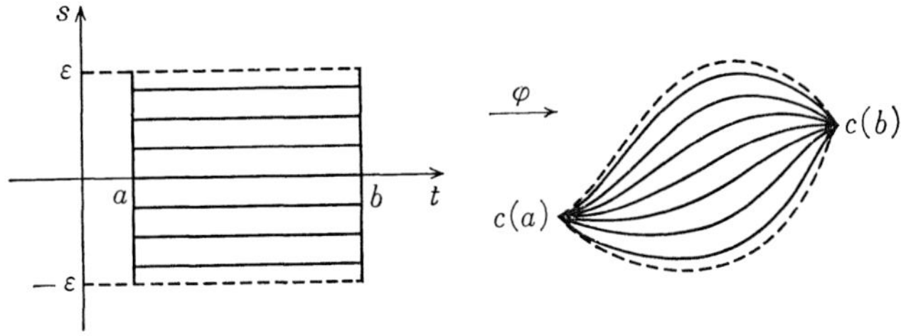

図 1.1

像 $\varphi: N \to M$ で,

$$\varphi(t,0)=c(t), \qquad \varphi(a,s)=c(a), \qquad \varphi(b,s)=c(b)$$

を満たすものを考える. $s\in(-\varepsilon,\varepsilon)$ に対して,

$$c_s(t)=\varphi(t,s) \qquad (t\in[a,b])$$

とおけば, $c_s:[a,b]\to M$ は $c_s(a)=c(a)$, $c_s(b)=c(b)$ を満たす滑らかな曲線である. $T,S\in\mathcal{X}(\varphi)$, $V\in\mathcal{X}(c)$ を

$$T=\varphi_*\frac{\partial}{\partial t}, \qquad S=\varphi_*\frac{\partial}{\partial s},$$

$$V(t)=S(t,0) \qquad (t\in[a,b])$$

によって定義する. φ は, 曲線 c を中心とする, **曲線の滑らかな変分**とよばれ, V は φ の**変分ベクトル場**とよばれる. さて

$$L(c_s)=\int_a^b\|c_s{}'(t)\|dt=\int_a^b\|T\|dt$$

であるが, 必要ならば $\varepsilon>0$ を小さくとり直せば, N 上で $\|T\|>0$ となるから, $L(c_s)$ は s で微分可能で, §1.2 (i)″ を用いて

$$\begin{aligned}\frac{d}{ds}L(c_s)&=\int_a^b\left(\frac{\partial}{\partial s}\langle T,T\rangle^{1/2}\right)dt\\&=\frac{1}{2}\int_a^b\langle T,T\rangle^{-1/2}\frac{\partial}{\partial s}\langle T,T\rangle dt\\&=\int_a^b\frac{1}{\|T\|}\langle\nabla_{\partial/\partial s}T,T\rangle dt\end{aligned}$$

を得る. ここで, §1.2(ii)″ と $[\partial/\partial t,\partial/\partial s]=0$ より $\nabla_{\partial/\partial s}T=\nabla_{\partial/\partial t}S$ となることに注意すれば

$$\frac{d}{ds}L(c_s)=\int_a^b\frac{1}{\|T\|}\langle\nabla_{\partial/\partial t}S,T\rangle dt,$$

したがって

$$\left[\frac{d}{ds}L(c_s)\right]_{s=0}=\frac{1}{v}\int_a^b\langle\nabla_{d/dt}V,c'\rangle dt$$

となる. さらに, c に §1.2 (i)″ を適用すれば

$$\frac{d}{dt}\langle V,c'\rangle=\langle\nabla_{d/dt}V,c'\rangle+\langle V,\nabla_{d/dt}c'\rangle$$

となるから, $V(a)=V(b)=0$ に注意して,

$$\left[\frac{d}{ds}L(c_s)\right]_{s=0} = -\frac{1}{v}\int_a^b \langle V, \nabla_{d/dt}c'\rangle dt$$

を得る．これは，**弧長の第1変分公式**といわれている．

さて，さきの事実の証明をしよう．$c: I\to M$ は局所的に弧長が最短な曲線であるが，I の内点 α において $\nabla_{d/dt}c'\neq 0$ であると仮定する．α に対して $[a, b]$ と U をさきの主張のなかのようにとる．このとき，$c|[a, b]$ を中心とする，U 内の曲線の滑らかな変分 φ で，その変分ベクトル場 V が

$$\int_a^b \langle V, \nabla_{d/dt}c'\rangle dt \neq 0$$

となるものをとれる．これは第1変分公式に矛盾する．

2次元単位球面 (S^2, g) の測地線を計算してみよう．極座標

$$x = \sin u\cos v, \qquad y = \sin u\sin v, \qquad z = \cos u$$

を用いれば，$0<u<\pi$，$0\leqq v<2\pi$ において $u^1=u$，$u^2=v$ は局所座標で，

$$g_{11} = 1, \qquad g_{12} = g_{21} = 0, \qquad g_{22} = \sin^2 u,$$
$$g^{11} = 1, \qquad g^{12} = g^{21} = 0, \qquad g^{22} = 1/\sin^2 u.$$

(1.5) より

$$\Gamma_{11}{}^1 = \Gamma_{12}{}^1 = \Gamma_{21}{}^1 = \Gamma_{11}{}^2 = \Gamma_{22}{}^2 = 0,$$
$$\Gamma_{12}{}^2 = \Gamma_{21}{}^2 = \cot u, \qquad \Gamma_{22}{}^1 = -\sin u\cos u$$

を得る．よって測地線の方程式 (1.12)′ は

$$u''-\sin u\cos u(v')^2 = 0, \qquad v''+2(\cot u)u'v' = 0$$

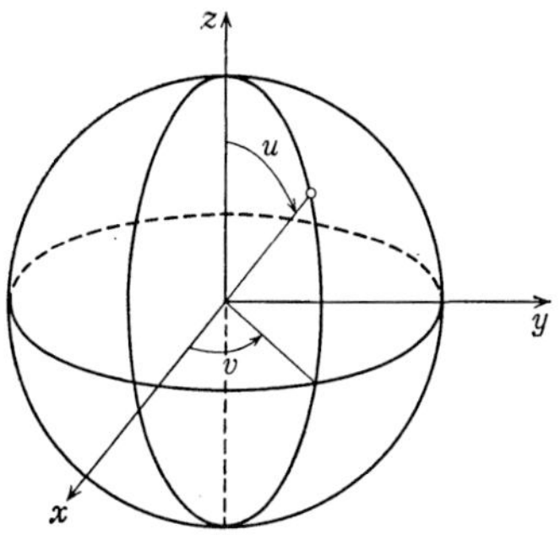

図 1.2

となる．したがって，例えば

$$u=\pi/2, \qquad v=at+b \qquad (t\in \boldsymbol{R})$$

は点 ${}^t(1,0,0)$ を通って，この点で赤道に接する測地線である．$I(S^2,g)=O(3)$ が S^2 の長さ1の接ベクトル全体の上に可移的に働いていることと，測地線の一意性より，(S^2,g) の任意の測地線は上の測地線を $O(3)$ の或る元で移して得られることがわかる．したがって，(S^2,g) の測地線は大円かまたは定数曲線であり，各 $p\in S^2$ に対してやはり $D_p=(S^2)_p$ が成り立つ．

つぎに，Poincaré 上半平面 (H^2,g) の測地線を調べてみよう．§1.1の記法で，$u^1=u$, $u^2=v$ によって局所座標 (u^1,u^2) を定めれば，同様にして

$$\begin{aligned}
&g_{11}=g_{22}=1/v^2, \qquad g_{12}=g_{21}=0,\\
&g^{11}=g^{22}=v^2, \qquad g^{12}=g^{21}=0.\\
&\Gamma_{11}{}^1=\Gamma_{22}{}^1=\Gamma_{12}{}^2=\Gamma_{21}{}^2=0,\\
&\Gamma_{11}{}^2=1/v, \qquad \Gamma_{12}{}^1=\Gamma_{21}{}^1=\Gamma_{22}{}^2=-1/v
\end{aligned}$$

を得るから，測地線の方程式 (1.12)′ は

$$u''-2u'v'/v=0, \qquad v''-(u'^2-v'^2)/v=0$$

となる．この方程式の一般解は

$$u=\alpha\tanh(at+b)+\beta, \quad v=\alpha/\cosh(at+b) \quad (t\in \boldsymbol{R}), \ (\alpha>0)$$

または

$$u=\beta, \quad v=\exp(at+b) \qquad (t\in \boldsymbol{R})$$

で与えられる．

t が動くとき (u,v) は，第1の場合は，中心 $(\beta,0)$，半径 α の半円周，または定数曲線を描き，第2の場合は，$(\beta,0)$ を通る v 軸に平行な半直線，または定数曲

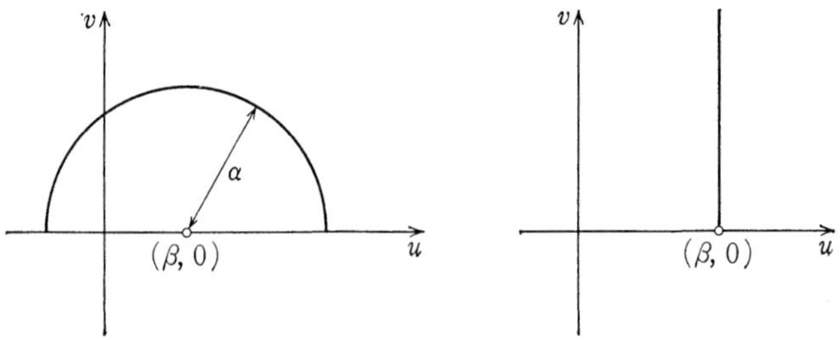

図 1.3

線を描く．これらが(H^2, g)の測地線である．またこの場合も，各$p \in H^2$に対して$D_p=(H^2)_p$が成り立つ．

さて，一般の接続∇が与えられた滑らかな多様体Mに戻って，$p \in M$に対して，写像$\mathrm{Exp}_p : D_p \to M$を

$$\mathrm{Exp}_p\, x = \gamma_x(1) \qquad (x \in D_p)$$

によって定義し，これを(∇に関する)pにおける**指数写像**とよぶ．微分方程式(1.12)′の解は初期条件に滑らかに従属するから，指数写像は滑らかである．各$x \in M_p$に対して

$$\mathrm{Exp}_p\, tx = \gamma_x(t) \qquad (t \in I_x) \tag{1.13}$$

が成り立つことを示そう．そのために，$t \in \boldsymbol{R}$を固定して$ts \in I_x$なる$s \in \boldsymbol{R}$に対して，$c(s)=\gamma_x(ts)$とおけば，$c(0)=\gamma_x(0)=p$，$c'(0)=t\gamma_x'(0)=tx$であるから，$c(s)=\gamma_{tx}(s)$，すなわち

$$\gamma_x(ts) = \gamma_{tx}(s)$$

となる．とくに，$s=1$，$t \in I_x$をとれば(1.13)を得る．

さて，$(M_p)_0=M_p$と同一視すると，Exp_pの0における微分$(\mathrm{Exp}_p)_{*0}$はM_pから自身への線型写像となるが，(1.13)よりこれはM_pの恒等写像である．したがって，陰関数定理より，Exp_pは$0 \in D_p$のまわりで局所微分同相である．すなわち，0の開近傍$U \subset D_p$が存在して，Exp_pがUからMへの滑らかな埋め込みを引きおこす．そこで，M_pの基底$(e_1, \cdots, e_n)$を一つとって，対応

$$\mathrm{Exp}_p\left(\sum_i u^i e_i\right) \longmapsto (u^1, \cdots, u^n) \qquad \left(\sum_i u^i e_i \in U\right)$$

を考えれば，これはpのまわりの局所座標になる．このようにして得られるMの局所座標を(∇に関する)**正規座標**という．以下，(M, g)がRiemann多様体，∇がRiemann接続の場合を考えよう．$p \in M$，$r>0$に対して

$$b_r(p) = \{x \in M_p\,;\ \|x\|<r\} \subset M_p$$

とおく．rが十分小さければ$b_r(p) \subset D_p$となる．このとき

$$B_r(p) = \mathrm{Exp}_p\, b_r(p)$$

と定義する．上に述べたように，rが十分小さければ，$B_r(p)$はpの開近傍で，Exp_pは$b_r(p)$から$B_r(p)$への微分同相を引きおこす．このような$B_r(p)$を，pのまわりの**正規座標球**とよぶ．また，$d(p, q)$を§1.1で定義した関数とし，

$$\mathcal{B}_r(p)=\{q\in M;\ d(p,q)<r\}$$

とおく．この定義のもとに，つぎの定理が成り立つ．

定理 1.4　(M,g) を Riemann 多様体，$B_r(p)$ を $p\in M$ のまわりの正規座標球とすると

(1)　各 $x\in b_r(p)$ に対して

$$d(p,\mathrm{Exp}_p\,x)=\|x\|$$

が成り立つ；

(2)　$B_r(p)=\mathcal{B}_r(p)$；

(3)　r が十分小さければ，$B_r(p)$ は単純凸集合である．すなわち，各 $q,q'\in B_r(p)$ に対して，$B_r(p)$ の中で q と q' を結ぶ測地線が(径数を除いて)ただ一つ存在する．——

さきに局所的に弧長が最短である曲線は測地線であることを示したが，(1) はこの逆が成り立つことを示している．この定理の証明は Kobayashi-Nomizu [1] を見られたい．この定理から定理 1.1 の証明が得られる．定理 1.1 の (1) の (i), (ii) は $d(p,q)$ の定義から明らかである．(iii) は上の定理の (1) より得られる．定理 1.1 の (2) は上の定理の (2) から容易に得られる．

§1.5　曲率テンソル場

M を接続 ∇ が与えられた滑らかな多様体とする．∇ の**曲率テンソル場** R を定義しよう．R は M 上の $(1,3)$ 型のテンソル場，すなわち，各 $p\in M$ に対して，3 重線型写像 $M_p\times M_p\times M_p\to M_p$ を対応させるテンソル場で，以下のように定義される．$x,y,z\in M_p$ に対して $X_p=x$,　$Y_p=y$,　$Z_p=z$ となる $X,Y,Z\in\mathcal{X}(M)$ をとって

$$R_p(x,y)z=(\nabla_X\nabla_YZ-\nabla_Y\nabla_XZ-\nabla_{[X,Y]}Z)_p\in M_p$$

とおく．このとき，右辺は X,Y,Z のとり方によらず，x,y,z だけで定まる．これを示すには，§1.2 (b) を示したときと同様に，右辺の括弧内で定義される 3 重線型写像 $\mathcal{X}(M)\times\mathcal{X}(M)\times\mathcal{X}(M)\to\mathcal{X}(M)$ が $\mathcal{F}(M)$ 線型であることを確かめればよい．例えば，X について $\mathcal{F}(M)$ 線型であることは

$$\begin{aligned}&\nabla_{fX}\nabla_YZ-\nabla_Y\nabla_{fX}Z-\nabla_{[fX,Y]}Z\\&=f\nabla_X\nabla_YZ-\nabla_Y(f\nabla_XZ)-\nabla_{f[X,Y]-(Yf)X}Z\end{aligned}$$

$$= f\nabla_X\nabla_Y Z - (Yf)\nabla_X Z - f\nabla_Y\nabla_X Z - f\nabla_{[X,Y]}Z + (Yf)\nabla_X Z$$
$$= f(\nabla_X\nabla_Y Z - \nabla_Y\nabla_X Z - \nabla_{[X,Y]}Z).$$

Y, Z についても同様にして $\mathcal{F}(M)$ 線型であることが確かめられる．このように定義された曲率テンソル場 R は，$X, Y, Z \in \mathfrak{X}(M)$ に対し

$$(1.14)\qquad R(X, Y)Z = \nabla_X\nabla_Y Z - \nabla_Y\nabla_X Z - \nabla_{[X,Y]}Z$$

を満たし，したがって，滑らかなテンソル場である．とくに，Riemann 多様体 (M, g) 上の Riemann 接続 ∇ の曲率テンソル場 R を，**Riemann 曲率テンソル場**とよぶ．一般の接続 ∇ は，その曲率テンソル場がいたるところ 0 であるとき，**平坦**であるといわれる．Riemann 多様体 (M, g) に対しては，その Riemann 曲率テンソル場がいたるところ 0 であるとき，(M, g) は**平坦**であるといわれる．

局所座標 $(u^1, \cdots, u^n)$ に関して，曲率テンソル場 R が

$$R\left(\frac{\partial}{\partial u^k}, \frac{\partial}{\partial u^l}\right)\frac{\partial}{\partial u^j} = \sum_i R^i{}_{jkl}\frac{\partial}{\partial u^i}$$

と表わされているとすると，(1.14) から

$$(1.15)\qquad R^i{}_{jkl} = \frac{\partial \Gamma_{lj}{}^i}{\partial u^k} - \frac{\partial \Gamma_{kj}{}^i}{\partial u^l} + \sum_m (\Gamma_{lj}{}^m \Gamma_{km}{}^i - \Gamma_{kj}{}^m \Gamma_{lm}{}^i)$$

となることがわかる．

定義より，一般に

(α) $R(x, y)z = -R(y, x)z$

が成り立つが，さらに，Riemann 曲率テンソル場 R の場合には，定理 1.3 の Riemann 接続の条件 (i), (ii) より

(β) $\langle R(x, y)z, w\rangle = -\langle R(x, y)w, z\rangle$,

(γ) $R(x, y)z + R(y, z)x + R(z, x)y = 0$

が成り立つことが確かめられる．(γ) は **Bianchi の第 1 恒等式**とよばれている．さらに (α), (β), (γ) より

(δ) $\langle R(x, y)z, w\rangle = \langle R(z, w)x, y\rangle$

が導かれる．

実際，

$$S(x, y, z, w) = \langle R(x, y)z, w\rangle + \langle R(y, z)x, w\rangle + \langle R(z, x)y, w\rangle$$

とおくと，直接計算で

$$S(x, y, z, w)+S(y, z, w, x)-S(z, w, x, y)-S(w, x, y, z)$$
$$=\langle R(x, y)z, w\rangle-\langle R(x, y)w, z\rangle+\langle R(z, w)y, x\rangle-\langle R(z, w)x, y\rangle$$

となることがわかる．(γ) より 左辺$=0$ であるが，(α), (β) より

$$\text{右辺} = 2\{\langle R(x, y)z, w\rangle-\langle R(z, w)x, y\rangle\}$$

となるからである．

例えば，Euclid 空間 $(\boldsymbol{R}^n, g)$ の場合には，$\Gamma_{ij}{}^k=0$ だから (1.15) より $R=0$ である．すなわち，$(\boldsymbol{R}^n, g)$ は平坦である．また，(S^2, g), (H^2, g) の場合には §1.4 で用いた局所座標を用いて，(1.15) で計算すれば，それぞれ

$$R^1{}_{212} = \sin^2 u, \qquad R^1{}_{212} = -1/v^2$$

となる．したがって，これらの場合は平坦ではない．ここで，(α), (β), (γ), (δ) より $R^i{}_{jkl}$ のうち本質的なものは $R^1{}_{212}$ だけであることに注意されたい．

ここで，曲率テンソル場の幾何的意味を説明しておこう．M の2点 p, q に対して，p と q を結ぶ連続な区分的に滑らかな曲線 c をとって，c に沿っての平行移動 $P_c: M_p \to M_q$ を考えると，一般にはこれは曲線 c のとり方によって異なる．しかし，平坦な Euclid 空間の場合には P_c は Euclid 幾何の意味の平行移動であったから，p と q を結ぶ道 c のとり方にはよらない．じつは，以下に示すように，曲率テンソル場は，道 c のとり方によって平行移動がどのくらい変わるかを無限小的に表わす量であるとみなすことができる．

$x, y, z \in M_p$ とする．$N=\{(t, s)\,;\,|t|<\varepsilon, |s|<\varepsilon\}$ $(\varepsilon>0)$ として，滑らかな写像 $\varphi: N\to M$ で，

$$\varphi(0, 0) = p, \qquad \varphi_*\left(\frac{\partial}{\partial t}\right)_{(0,0)} = x, \qquad \varphi_*\left(\frac{\partial}{\partial s}\right)_{(0,0)} = y$$

を満たすものをとる．$(t, s) \in N$ に対して，φ を図1.4の折線に制限して得られる曲線に沿って z を平行移動した結果のベクトルを $z_{t,s} \in M_p$ とすれば，

$$R(x, y)z = \lim_{\substack{t\to 0\\ s\to 0}} \frac{z_{t,s}-z}{ts} \tag{1.16}$$

が成り立つ．この証明のために，写像 φ を図1.5の折線に制限して得られる曲線に沿って z を平行移動した結果のベクトルを $Z(t, s) \in M_{\varphi(t,s)}$ とすると，対応 $(t, s)\mapsto Z(t, s)$ は $Z \in \mathcal{X}(\varphi)$ を定める．N 上で $[\partial/\partial t, \partial/\partial s]=0$ であることと (1.7) より

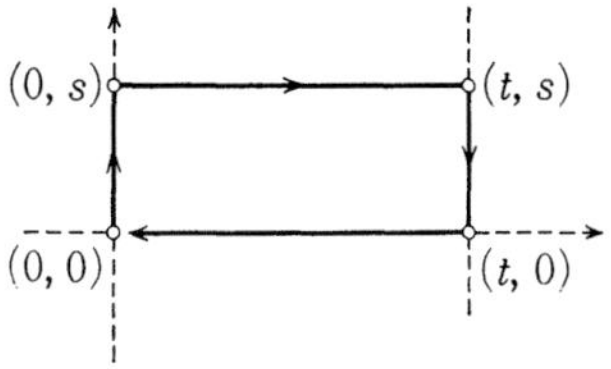

図 1.4

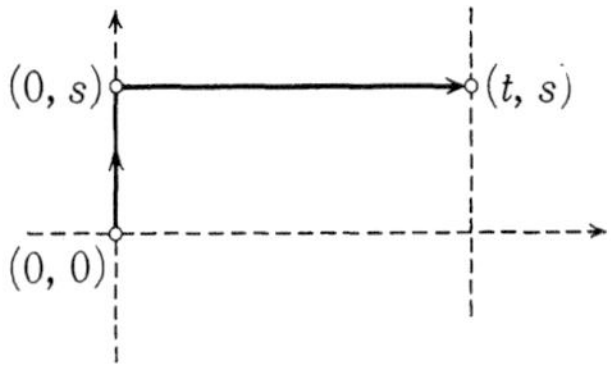

図 1.5

$$R(x, y)z = (\nabla_{\partial/\partial t}\nabla_{\partial/\partial s}Z)(0, 0)$$

となるが，ふたたび (1.7) より右辺は (1.16) の右辺に等しい．

曲率テンソル場 R は，§1.3で定義した (1,1) 型テンソル場 A_X を用いると，$\mathfrak{X}(M)$ 上の作用素として

(1.17) $$R(X, Y) = [A_X, A_Y] + A_{[X,Y]} + L_Y(A_X) - L_X(A_Y)$$

のようにも書き表わすことができる．実際，

$$\begin{aligned}
R(X, Y) &= \nabla_X\nabla_Y - \nabla_Y\nabla_X - \nabla_{[X,Y]} \\
&= (L_X - A_X)(L_Y - A_Y) - (L_Y - A_Y)(L_X - A_X) - L_{[X,Y]} + A_{[X,Y]} \\
&= L_XL_Y - L_XA_Y - A_XL_Y + A_XA_Y - L_YL_X + L_YA_X + A_YL_X - A_YA_X \\
&\quad - L_{[X,Y]} + A_{[X,Y]} \\
&= [A_X, A_Y] + A_{[X,Y]} + L_Y(A_X) - L_X(A_Y)
\end{aligned}$$

となるからである．とくに，X, Y が ∇ の無限小自己同型であるときには

(1.18) $$R(X, Y) = [A_X, A_Y] - A_{[X,Y]}$$

が成り立つ．実際，このとき (1.11) が成り立つから，(1.17) より (1.18) を得る．

最後に，曲率テンソル場 R が平行であるということは，すべての連続な区分的に滑らかな曲線 c に対して

(1.19) $$P_c(R(x, y)z) = R(P_cx, P_cy)P_cz$$

が成り立つことと同値であることを注意しておこう．

§1.6 Jacobi 場

この節では，Riemann 多様体 (M, g) のみを考える．

§1.4 では曲線の滑らかな変分とその変分ベクトル場を考えたが，ここでは，測地線のみからなる滑らかな変分とその変分ベクトル場を考えてみよう．

$\gamma:[a,b]\to M$ を測地線とする．一般に $X\in\mathfrak{X}(\gamma)$ に対して，簡単のため

$$X'=\nabla_{d/dt}X,\qquad X''=\nabla_{d/dt}X'$$

と書くことにしよう．$N=[a,b]\times(-\varepsilon,\varepsilon)$ $(\varepsilon>0)$ とし，滑らかな写像 $\varphi:N\to M$ で，

(1)　各 $s\in(-\varepsilon,\varepsilon)$ に対して，$t\mapsto\varphi(t,s)$ は測地線；

(2)　各 $t\in[a,b]$ に対して，$\varphi(t,0)=\gamma(t)$

を満たすものを考える．このような φ は，γ を中心とする，**測地線の滑らかな変分**とよばれる．$T,S\in\mathfrak{X}(\varphi)$，変分ベクトル場 $V\in\mathfrak{X}(\gamma)$ を前と同様に

$$T=\varphi_*\frac{\partial}{\partial t},\qquad S=\varphi_*\frac{\partial}{\partial s},\qquad V(t)=S(t,0)$$

によって定義する．§1.4 で示したように

$$\nabla_{\partial/\partial t}S=\nabla_{\partial/\partial s}T$$

が成り立つ．$[\partial/\partial s,\partial/\partial t]=0$ と，(1) より $\nabla_{\partial/\partial t}T=0$ が成り立つことに注意して

$$\begin{aligned}\nabla_{\partial/\partial t}\nabla_{\partial/\partial t}S&=\nabla_{\partial/\partial t}\nabla_{\partial/\partial s}T\\&=\nabla_{\partial/\partial t}\nabla_{\partial/\partial s}T-\nabla_{\partial/\partial s}\nabla_{\partial/\partial t}T-\nabla_{[\partial/\partial s,\partial/\partial t]}T\\&=R(T,S)T=-R(S,T)T\end{aligned}$$

を得る．ここで，$s=0$ とおけば

$$V''+R(V,\gamma')\gamma'=0$$

を得る．この微分方程式は **Jacobi の方程式**とよばれ，この方程式の解 $V\in\mathfrak{X}(\gamma)$ を，γ に沿っての **Jacobi 場**という．この言葉を用いれば，われわれは測地線の滑らかな変分 φ の変分ベクトル場 V は Jacobi 場であることを示したことになる．

さて，局所座標 $(u^1,\cdots,u^n)$ をとって

$$\gamma^i(t)=u^i(\gamma(t))\qquad(1\leqq i\leqq n),$$

$$V(t)=\sum_i V^i(t)\left(\frac{\partial}{\partial u^i}\right)_{\gamma(t)}$$

とすれば，Jacobi の方程式は

$$\frac{d^2V^l}{dt^2}+\sum_{i,j}\Gamma_{ij}{}^l(\gamma(t))\frac{d\gamma^i}{dt}\frac{dV^j}{dt}+\sum_{i,j,k}R^l{}_{ijk}(\gamma(t))\frac{d\gamma^i}{dt}\frac{d\gamma^k}{dt}V^j=0\qquad(1\leqq l\leqq n)$$

となる．したがって，2階線型常微分方程式の理論から以下のことが成り立つ．

測地線 $\gamma:[a,b]\to M$ に対して

(1) 各 $(x,\xi)\in M_{\gamma(a)}\times M_{\gamma(a)}$ に対して，Jacobi 場 $V\in\mathfrak{X}(\gamma)$ で

$$V(a)=x, \qquad V'(a)=\xi$$

を満たすものがただ一つ存在する；

(2) γ に沿っての Jacobi 場の全体 $\mathcal{J}(\gamma)$ は $2n$ 次元 ($n=\dim M$) の線型空間をなし，(1) の対応 $(x,\xi)\mapsto V$ は $M_{\gamma(a)}\times M_{\gamma(a)}$ から $\mathcal{J}(\gamma)$ への線型同型写像を与える.

じつは，Jacobi 場とは指数写像の微分の幾何学的表現にほかならない．すなわち，つぎの定理が成り立つ.

定理 1.5 $p\in M$, $\gamma(0)=p$ を満たす測地線 $\gamma:[0,l]\to M$, および $\xi\in M_p$ が与えられたとする．V を γ に沿っての Jacobi 場で

$$V(0)=0, \qquad V'(0)=\xi$$

を満たすものとする．このとき，各 $t\in[0,l]$ に対して，$t\xi\in(M_p)_{t\gamma'(0)}$ とみなして

$$V(t)=(\mathrm{Exp}_p)_{*t\gamma'(0)}(t\xi)$$

が成り立つ.

証明 $N=[0,l]\times(-\varepsilon,\varepsilon)$ $(\varepsilon>0)$ として，滑らかな写像 $\varphi:N\to M$ を

$$\varphi(t,s)=\mathrm{Exp}_p\, t(\gamma'(0)+s\xi)$$

によって定義する．φ は $[0,l]\times\{0\}$ では定義されているから，$\varepsilon>0$ を十分小さくとれば N 上で定義される．φ は γ を中心とする，測地線の滑らかな変分で，その変分ベクトル場 $\tilde{V}\in\mathfrak{X}(\gamma)$ は Jacobi 場で，$\tilde{V}(0)=0$, および

$$\tilde{V}'(0)=(\nabla_{\partial/\partial t}S)(0,0)=(\nabla_{\partial/\partial s}T)(0,0)$$

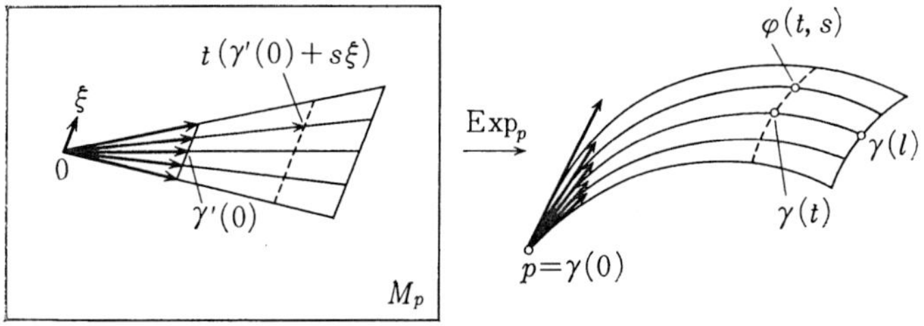

図 1.6

$$= \left[\frac{d}{ds}(\gamma'(0)+s\xi)\right]_{s=0} = \xi$$

を満たす．したがって，Jacobi 場の一意性 (1) より $\tilde{V}=V$ である．一方，φ の定義より

$$\tilde{V}(t) = (\mathrm{Exp}_p)_{*t\gamma'(0)}(t\xi)$$

だから，求める式が得られる．▌

この定理の応用を一つあげる．

(M, g), $(\bar{M}, \bar{g})$ を同じ次元の Riemann 多様体，$R, \bar{R}$ をそれぞれの Riemann 曲率テンソル場，$p \in M$, $\bar{p} \in \bar{M}$ とする．r を $B_r(p) \subset M$, $B_r(\bar{p}) \subset \bar{M}$ がともに正規座標球となるような正数とする．さらに，線型等長写像 $\Phi : M_p \to \bar{M}_{\bar{p}}$ が与えられているとする．すると，微分同相 $\varphi : B_r(p) \to B_r(\bar{p})$ が

$$\varphi = \mathrm{Exp}_{\bar{p}} \circ \Phi \circ \mathrm{Exp}_p{}^{-1}$$

によって定義される．p を始点とする $B_r(p)$ のなかの測地線 γ が任意に与えられたとき，$\bar{\gamma} = \varphi \circ \gamma$ とおくと，$\bar{\gamma}$ は $\bar{p}$ を始点とする $B_r(\bar{p})$ のなかの測地線となる．$\gamma, \bar{\gamma}$ の終点をそれぞれ $q, \bar{q}$ $(\bar{q} = \varphi(q))$ とし，線型等長写像 $\Phi_\gamma : M_q \to \bar{M}_{\bar{q}}$ を

$$\Phi_\gamma = P_{\bar{\gamma}} \circ \Phi \circ P_\gamma{}^{-1}$$

によって定義する．

以上の状況のもとに，つぎの定理が成り立つ．

定理 1.6 p を始点とする $B_r(p)$ のなかの測地線 γ のすべてに対して

$$(*) \qquad \Phi_\gamma(R(x, y)z) = \bar{R}(\Phi_\gamma(x), \Phi_\gamma(y))\Phi_\gamma(z)$$

が成り立つならば，φ は等長写像で，各 γ の終点において φ_* は Φ_γ に一致する．

証明 $q \in B_r(p)$, $x \in M_q$ を任意にとる．$\gamma : [0, l] \to B_r(p)$ を $\gamma(0) = p$, $\gamma(l) = q$ となる測地線とする．

$$\varphi_*(x) = \Phi_\gamma(x)$$

を示せば十分である．$l=0$ のときは明らかだから $l>0$ と仮定してよい．$(\mathrm{Exp}_p)_* : (M_p)_{l\gamma'(0)} = M_p \to M_q$ が線型同型写像であることに注意して，γ に沿っての Jacobi 場 V で，

$$V(0) = 0, \qquad V'(0) = \frac{1}{l}(\mathrm{Exp}_p)_*{}^{-1}x$$

となるものをとると，定理 1.5 より $V(l) = x$ となる．つぎに，$t \in [0, l]$ に対し

て，${}_t\gamma=\gamma\,|\,[0,t]$ とおいて，

$$\bar{V}(t)=\Phi_{t\gamma}(V(t))=(P_{t\bar{\gamma}}\circ\Phi\circ P_{t\gamma}{}^{-1})(V(t)) \tag{1.20}$$

と定義する．§1.3の平行移動の性質(3)より $\bar{V}\in\mathfrak{X}(\bar{\gamma})$ であって，仮定(＊)より Jacobi の方程式を満たす．したがって，$\bar{V}$ は $\bar{\gamma}$ に沿っての Jacobi 場である．(1.20) より

$$\bar{V}(0)=0,\qquad \bar{V}'(0)=\Phi(V'(0))$$

が成り立つ．定理1.5を V と $\bar{V}$ に適用すれば，$t\in[0,l]$ に対して

$$V(t)=(\mathrm{Exp}_p)_{*t\gamma'(0)}(tV'(0)), \tag{1.21}$$

および

$$\begin{aligned}\bar{V}(t)&=(\mathrm{Exp}_{\bar{p}})_{*t\bar{\gamma}'(0)}(t\bar{V}'(0))\\&=(\mathrm{Exp}_{\bar{p}})_{*t\bar{\gamma}'(0)}\Phi(tV'(0))\\&=((\mathrm{Exp}_{\bar{p}})_*\circ\Phi\circ(\mathrm{Exp}_p)_*{}^{-1})\,V(t)\qquad ((1.21)\text{ より})\\&=\varphi_*(V(t))\end{aligned}$$

を得る．したがって，(1.20) より

$$\Phi_{t\gamma}(V(t))=\varphi_*(V(t))$$

となる．とくに，$t=l$ ととれば，求める $\Phi_\gamma(x)=\varphi_*(x)$ を得る．∎

§1.7 完備性

指数写像 Exp_p の定義域 $D_p\subset M_p$ は一般には M_p 全体にはならない．例えば，$M=(-1,1)\subset\boldsymbol{R}$ に，1次元 Euclid 空間 $(\boldsymbol{R}^1,g)$ の Riemann 計量から引きおこされた Riemann 計量 g を導入すると，(M,g) の Riemann 接続 ∇ に関して

$$D_0=(-1,1)\subset\boldsymbol{R}=M_0$$

となる．つぎの定理は，Riemann 多様体に対して，D_p が M_p に一致するための条件を与える．

定理 1.7 Riemann 多様体 (M,g) に対して，以下の条件は互いに同値である．

(1) 距離関数 d に関する距離空間 (M,d) は完備である．

(2) 或る点 $p\in M$ において $D_p=M_p$ が成り立つ．

(3) 各点 $p\in M$ において $D_p=M_p$ が成り立つ．

(4) 各点 $p\in M$，各正数 r に対して，距離 d に関する開球 $\mathcal{B}_r(p)$ は相対コンパクトである．

これらの条件が満たされるとき，任意の2点 $p, q \in M$ に対して，p と q を結ぶ測地線 γ で

$$L(\gamma) = d(p, q)$$

を満たすものが存在する．——

証明は Kobayashi-Nomizu [1] を見られたい．この定理の条件を満たす Riemann 多様体は**完備**であるといわれる．

§1.4 で見たように，Euclid 空間 $(\boldsymbol{R}^n, g)$，Poincaré 上半平面 (H^2, g) では (3) が成り立つから，これらは完備である．また，単位球面 (S^n, g) では (4) が成り立つから，これも完備である．

完備な Riemann 多様体の間の局所等長写像の性質をいくつか述べておこう．

定理 1.8　$(M, g), (\bar{M}, \bar{g})$ を完備な Riemann 多様体，$\varphi: (M, g) \to (\bar{M}, \bar{g})$ を局所等長写像とすると，φ は1点 $p \in M$ における微分 φ_{*p} で一意的に定まる．

証明　任意に $q \in M$ をとる．定理 1.7 より，$\mathrm{Exp}_p\, x = q$ となる $x \in M_p$ が存在する．φ は局所等長写像だから測地線を測地線に移すことに注意すれば

$$\varphi(q) = \mathrm{Exp}_{\varphi(p)}\, \varphi_{*p}(x)$$

となる．これは φ_{*p} のみで定まる．▮

定理 1.9　$(M, g), (\bar{M}, \bar{g})$ を同じ次元の Riemann 多様体，(M, g) は完備であるとする．このとき，任意の局所等長写像 $\varphi: (M, g) \to (\bar{M}, \bar{g})$ は被覆写像になる．すなわち，各 $\bar{p} \in \bar{M}$ に対して，$\bar{p}$ の連結開近傍 $\bar{U}$ で以下の性質をもつものが存在する：

$$\varphi^{-1}(\bar{U}) = \bigcup_{\alpha} U_\alpha$$

を $\varphi^{-1}(\bar{U})$ の連結成分への分解とするとき，各 α に対して φ は U_α から $\bar{U}$ の上への微分同相を引きおこす．

証明　$\bar{p} \in \bar{M}$ を任意にとる．

$$\varphi^{-1}(\bar{p}) = \{p_\alpha\}_\alpha$$

とする．$B_{2r}(\bar{p}) \subset \bar{M}$ を $\bar{p}$ のまわりの正規座標球とし，

$$\bar{U} = B_r(\bar{p}), \qquad U_\alpha = B_r(p_\alpha)$$

とおく．定理 1.4 より $\varphi(U_\alpha) \subset U$ で，可換な図式

$$\begin{array}{ccc} b_r(p_\alpha) & \xrightarrow{\varphi_*} & b_r(\bar{p}) \\ {\scriptstyle \mathrm{Exp}_{p_\alpha}}\downarrow & & \downarrow{\scriptstyle \mathrm{Exp}_{\bar{p}}} \\ U_\alpha & \xrightarrow[\varphi]{} & \bar{U} \end{array}$$

が得られる．ここで，(M, g) が完備だから Exp_{p_α} が $b_r(p_\alpha)$ 上で定義されていることに注意されたい．上の図式において，φ_*, $\mathrm{Exp}_{\bar{p}}$ はともに微分同相だから，各 U_α も正規座標球で，$\varphi: U_\alpha \to \bar{U}$ は微分同相である．したがって

$$\varphi^{-1}(\bar{U}) = \bigcup_\alpha U_\alpha \quad (\text{交わりのない和})$$

であることを示せばよい．左辺⊃右辺 は明らかであるから，左辺⊂右辺 を示そう．$q \in \varphi^{-1}(\bar{U})$ を任意にとる．

$$\bar{q} = \varphi(q), \qquad l = d(\bar{p}, \bar{q})$$

とおく．$\bar{q} \in \bar{U}$ だから $l<r$ である．$\bar{\gamma}: [0, l] \to \bar{U}$ を測地線で，$\bar{\gamma}(0)=\bar{q}$, $\bar{\gamma}(l)=\bar{p}$ を満たすものとし，$x \in M_q$ を $\varphi_*(x)=\bar{\gamma}'(0)$ を満たすものとして定義する．(M, g) が完備であるから，

$$\gamma(t) = \mathrm{Exp}_q\, tx \qquad (t \in [0, l])$$

が定義できて，$\varphi\circ\gamma=\bar{\gamma}$ となる．よって，γ の終点 $p=\gamma(l)$ は $\varphi(p)=\bar{p}$ を満たす．したがって p は或る p_α に一致する．ところが，$L(\gamma)=L(\bar{\gamma})=l<r$ だから，

$$q \in \mathcal{B}_r(p_\alpha) = B_r(p_\alpha) = U_\alpha$$

となる．これで 左辺⊂右辺 が示された．

$\{U_\alpha\}_\alpha$ に交わりがないことを示そう．$\alpha \neq \beta$ とする．(M, g) が完備だから，定理 1.7 より，p_α と p_β を結ぶ測地線 γ で $L(\gamma)=d(p_\alpha, p_\beta)$ となるものが存在する．$\bar{\gamma}=\varphi\circ\gamma$ とおけば，$\bar{\gamma}$ は始点と終点がともに $\bar{p}$ である $(\bar{M}, \bar{g})$ の測地線である．$\bar{U}$ のとり方から $L(\bar{\gamma})>2r$ でなければならない．ところが $L(\bar{\gamma})=L(\gamma)$ であるから，$d(p_\alpha, p_\beta)>2r$ を得る．したがって U_α と U_β は交わらない．∎

§1.8 拡張定理

(M, g) を Riemann 多様体，$\gamma: [0, l] \to M$ を連続な曲線とする．有限個の点 $0=t_0<t_1<\cdots<t_n<t_{n+1}=l$ が存在して，各 i に対して $\gamma|[t_i, t_{i+1}]$ が測地線となっているとき，γ を**折れ測地線**といい，$t_1, \cdots, t_n$ を γ の**折れ点**という．このとき，各 i に対して，$\gamma|[0, t_i]$ を ${}_i\gamma$ で表わし，$\gamma|[t_i, t_{i+1}]$ の t_i における接ベクトルを

$x_i \in M_{\gamma(t_i)}$ で表わすことにする．

さて，(M, g), $(\bar{M}, \bar{g})$ を同じ次元の Riemann 多様体で，$(\bar{M}, \bar{g})$ は完備であるものとし，$p \in M$, $\bar{p} \in \bar{M}$, $\Phi: M_p \to \bar{M}_{\bar{p}}$ を線型等長写像とする．以下のように，定理 1.6 の対応 $\gamma \rightsquigarrow \bar{\gamma}$ を折れ測地線の場合に拡張する．

$\gamma: [0, l] \to M$ は上のような折れ測地線で p を始点とするものとする．$\bar{p}$ を始点とする折れ測地線 $\bar{\gamma}: [0, l] \to \bar{M}$ を以下のように帰納的に定義する．${}_1\bar{\gamma}: [0, t_1] \to \bar{M}$ を

$$ {}_1\bar{\gamma}(t) = \mathrm{Exp}_{\bar{p}}\, t\Phi(x_0) \qquad (t \in [0, t_1]) $$

によって定義する．${}_i\bar{\gamma}: [0, t_i] \to \bar{M}$ が定義できたとして，${}_{i+1}\bar{\gamma}: [0, t_{i+1}] \to \bar{M}$ を

$$ {}_{i+1}\bar{\gamma}(t) = \begin{cases} {}_i\bar{\gamma}(t) & (t \in [0, t_i]) \\ \mathrm{Exp}_{{}_i\bar{\gamma}(t_i)}(t-t_i)(P_{{}_i\bar{\gamma}} \circ \Phi \circ P_{{}_i\gamma}{}^{-1}(x_i)) & (t \in [t_i, t_{i+1}]) \end{cases} $$

によって定義する．最後に，$\bar{\gamma} = {}_{n+1}\bar{\gamma}$ と定義する．

定理 1.6 の Φ_γ と同様に，$\gamma, \bar{\gamma}$ の終点をそれぞれ $q, \bar{q}$ とするとき，線型等長写像 $\Phi_\gamma: M_q \to \bar{M}_{\bar{q}}$ を

$$ \Phi_\gamma = P_{\bar{\gamma}} \circ \Phi \circ P_\gamma{}^{-1} $$

によって定義する．

これらの記法のもとに，つぎの定理が成り立つ．

定理 1.10（拡張定理）　(M, g), $(\bar{M}, \bar{g})$ を同じ次元の Riemann 多様体で，ともに完備で，M は単連結であるものとする．$R, \bar{R}$ をそれぞれの Riemann 曲率テンソル場とする．$p \in M$, $\bar{p} \in \bar{M}$ に対して，線型等長写像 $\Phi: M_p \to \bar{M}_{\bar{p}}$ が与えられていて，p を始点とする (M, g) の折れ測地線 γ のすべてに対して

$$ (*) \qquad \Phi_\gamma(R(x, y)z) = \bar{R}(\Phi_\gamma(x), \Phi_\gamma(y))\Phi_\gamma(z) $$

が成り立つものとする．このとき

(1)　折れ測地線 $\gamma_0: [0, l_0] \to M$, $\gamma_1: [0, l_1] \to M$ に対して，$\gamma_0(l_0) = \gamma_1(l_1)$ ならば $\bar{\gamma}_0(l_0) = \bar{\gamma}_1(l_1)$ が成り立つ．したがって，対応 $\gamma(l) \mapsto \bar{\gamma}(l)$ によって，写像 $\varphi: M \to \bar{M}$ が定義される；

(2)　φ は局所等長な被覆写像で，以下の性質をもつ．$B_r(p)$ を p のまわりの正規座標球とすれば，φ は $B_r(p)$ の上で $\mathrm{Exp}_{\bar{p}} \circ \Phi \circ \mathrm{Exp}_p{}^{-1}$ に一致する．とくに

$$ \varphi(p) = \bar{p}, \qquad \varphi_{*p} = \Phi $$

が成り立つ．（定理 1.8 よりこのような φ は一意的である．）

証明 (1) (i) まず，$B_r(p)$, $B_r(\bar{p})$がともに正規座標球で，γ_0, γ_1がともに$B_r(p)$に含まれ，$\bar{\gamma}_0, \bar{\gamma}_1$もともに$B_r(\bar{p})$に含まれるような$r>0$が存在する場合を考える．$B_r(p)$から$B_r(\bar{p})$への微分同相$\psi=\mathrm{Exp}_{\bar{p}}\circ\Phi\circ\mathrm{Exp}_p{}^{-1}$は定理1.6より等長写像である．したがって，$\psi\circ\gamma_0=\bar{\gamma}_0$，$\psi\circ\gamma_1=\bar{\gamma}_1$となるから，$\bar{\gamma}_0(l_0)=\bar{\gamma}_1(l_1)$が成り立つ．また，定理1.6より

$$\gamma_0(l_0) \text{ において } \Phi_{\gamma_0}=\Phi_{\gamma_1}$$

も成り立つ．

(ii) (1)の証明のためには，必要ならば径数を変え，折れ点をつけ加えることによって，γ_0, γ_1の折れ点は同じ$t_1, \cdots, t_n$で，$l_0=l_1=l$，$\gamma_0(l)=\gamma_1(l)$であると仮定してよい．さらに，つぎの条件を仮定する．

各iについて，$\gamma_0([t_i, t_{i+2}])$，$\gamma_1([t_{i+1}, t_{i+2}])$は$\gamma_0(t_i)$のまわりの単純凸な正規座標球に含まれる；$\bar{\gamma}_0, \bar{\gamma}_1$についても同じことが成り立つ．

このような場合に

$$\bar{\gamma}_0(l)=\bar{\gamma}_1(l), \qquad \gamma_0(l) \text{ において } \Phi_{\gamma_0}=\Phi_{\gamma_1}$$

が成り立つことを，折れ点の数nについての帰納法で証明しよう．$n=0$のときは$\gamma_0=\gamma_1$だから明らかである．$n-1$まで成り立つとしよう．$\tau:[t_{n-1}, t_n]\to M$を，$\gamma_0(t_{n-1})$のまわりの単純凸な正規座標球のなかで$\gamma_0(t_{n-1})$と$\gamma_1(t_n)$を結ぶ測地線とする．${}_{n-1}\gamma_0\cup\tau$と${}_n\gamma_1$はともに始点p，終点$\gamma_1(t_n)$の，折れ点の数が$n-1$個の(M, g)の折れ測地線であるから，帰納法の仮定より

(1.22) $\qquad \overline{{}_{n-1}\gamma_0\cup\tau}(t_n)={}_n\bar{\gamma}_1(t_n), \qquad \gamma_1(t_n) \text{ において } \Phi_{{}_{n-1}\gamma_0\cup\tau}=\Phi_{{}_n\gamma_1}$

が成り立つ．一方，線型等長写像$\Phi_{{}_{n-1}\gamma_0}: M_{\gamma_0(t_{n-1})}\to\bar{M}_{\bar{\gamma}_0(t_{n-1})}$は$\gamma_0(t_{n-1})$を始点とする$(M, g)$の折れ測地線$\gamma$から$\bar{\gamma}_0(t_{n-1})$を始点とする$(\bar{M}, \bar{g})$の折れ測地線$\bar{\gamma}$への対応を引きおこす．この対応も(＊)を満たす．

$$\sigma_0=\gamma_0\,|\,[t_{n-1}, l], \qquad \theta_1=\gamma_1\,|\,[t_n, l]$$

とおくと，σ_0，$\tau\cup\theta_1$は(i)の条件を満たすから，(i)より

$$\bar{\sigma}_0(l)=\overline{\overline{\tau\cup\theta_1}}(l), \qquad \gamma_0(l) \text{ において } (\Phi_{{}_{n-1}\gamma_0})_{\sigma_0}=(\Phi_{{}_{n-1}\gamma_0})_{\tau\cup\theta_1}$$

が成り立つ．したがって

$$\bar{\gamma}_0(l)=\overline{{}_{n-1}\gamma_0\cup\tau\cup\theta_1}(l), \qquad \gamma_0(l) \text{ において } \Phi_{\gamma_0}=\Phi_{{}_{n-1}\gamma_0\cup\tau\cup\theta_1}$$

となる．一方(1.22)より

$$\overline{{}_{n-1}\gamma_0\cup\tau\cup\theta_1}(l)=\overline{{}_n\gamma_1\cup\theta_1}(l)=\bar{\gamma}_1(l),$$

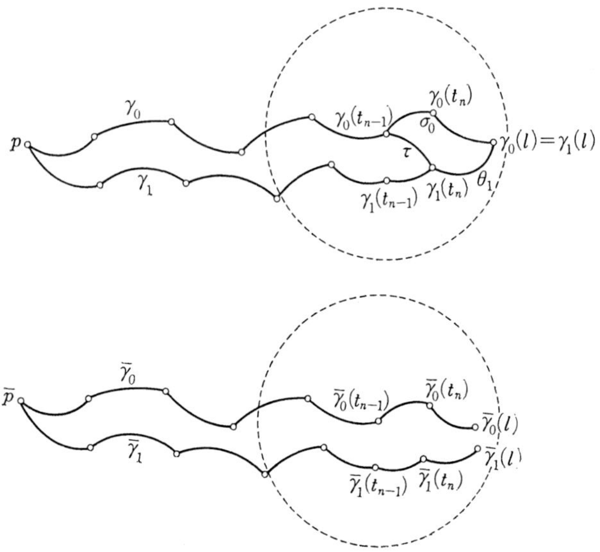

図 1.7

$$\Phi_{{}_{n-1}\gamma_0\cup\tau\cup\theta_1}=\Phi_{{}_n\gamma_1\cup\theta_1}=\Phi_{\gamma_1},$$

だから

$$\bar{\gamma}_0(l)=\bar{\gamma}_1(l),\qquad \gamma_0(l)\ \text{において}\ \Phi_{\gamma_0}=\Phi_{\gamma_1}$$

を得る．

(iii)　一般の場合に(1)を証明しよう．M が単連結だから，γ_0 と γ_1 を結ぶ連続なホモトピー h_s $(0\leqq s\leqq 1)$；$h_0=\gamma_0$，$h_1=\gamma_1$，が存在する．h_s の一様連続性より，十分細かく折れ点：$0=t_0<t_1<\cdots<t_n<t_{n+1}=l$ と，十分細かく $[0,1]$ の分点：$0=s_0<s_1<\cdots<s_m<s_{m+1}=1$ をとって，以下の条件が満たされるようにできる．

(1.23)　各 i に対して $\gamma_0(t_{i+1})$，$\gamma_1(t_{i+1})$ はそれぞれ $\gamma_0(t_i)$，$\gamma_1(t_i)$ のまわりの正規座標球に含まれる；各 i,j に対して $h_{s_j}(t_{i+1})$，$h_{s_j}(t_{i+2})$，$h_{s_{j+1}}(t_{i+1})$，$h_{s_{j+1}}(t_{i+2})$ は $h_{s_j}(t_i)$ のまわりの単純凸な正規座標球に含まれる．

j を一つ固定して，各 i に対して $h_{s_j}(t_i)$ と $h_{s_j}(t_{i+1})$ を，(1.23)の単純凸な正規座標球のなかで，径数を $[t_i,t_{i+1}]$ にとった測地線で結ぶ．このようにして得られ

る折れ測地線を γ_{s_j} で表わす．とくに $\gamma_{s_0}=\gamma_0$，$\gamma_{s_{m+1}}=\gamma_1$ となることに注意されたい．

さて，常微分方程式の理論から，対応 $\gamma \rightsquigarrow \bar{\gamma}$ は明らかな意味で連続であるから，十分細かく t_i, s_j をとれば，$\{\bar{\gamma}_{s_j}\}_j$ も条件(1.23)を満たすようにできる．このとき，各 j に対して，$\gamma_{s_j}, \gamma_{s_{j+1}}, \bar{\gamma}_{s_j}, \bar{\gamma}_{s_{j+1}}$ は(ii)の条件を満たす．したがって，(ii)より

$$\bar{\gamma}_0(l) = \bar{\gamma}_{s_1}(l) = \cdots = \bar{\gamma}_{s_{m+1}}(l) = \bar{\gamma}_1(l)$$

を得る．

(2) 任意に $q \in M$ をとる．(M, g) は完備だから，定理1.7より，測地線 $\gamma: [0, l] \to M$ で $\gamma(0)=p$，$\gamma(l)=q$ となるものが存在する．定理1.6より，適当な $r>0$ をとれば，$\psi=\mathrm{Exp}_{\bar{\gamma}(l)} \circ \Phi_\gamma \circ \mathrm{Exp}_q{}^{-1}$ は $B_r(q)$ から $B_r(\bar{\gamma}(l))$ への等長写像で $(\psi_*)_q=\Phi_\gamma$ となる．(1)の写像 φ は $B_r(q)$ の上では ψ に一致するから，この上で滑らかで

$$(\varphi_*)_q = \Phi_\gamma$$

を得る．したがって $(\varphi_*)_q$ は線型等長写像である．$q \in M$ は任意であったから，φ は局所等長写像である．よって，定理1.9より φ は被覆写像である．

残りは上の議論から明らかであろう．∎

§1.9 Hermite 多様体

M を複素多様体とする．M の基底にある滑らかな多様体を $M_{\boldsymbol{R}}$ で表わす．各 $p \in M$ に対して，$(M_{\boldsymbol{R}})_p$ は，p における M の複素接空間 M_p を実線型空間とみなしたものと同一視される．M_p の $\sqrt{-1}$ 倍に対応する，$(M_{\boldsymbol{R}})_p$ から自身への線型写像を J_p で表わすと，対応 $p \mapsto J_p$ は $M_{\boldsymbol{R}}$ 上の滑らかな(1,1)型テンソル場 J を定義する．J を M の**複素構造テンソル場**とよぶ．$M_{\boldsymbol{R}}$ 上の Riemann 計量 g は，各 $x, y \in (M_{\boldsymbol{R}})_p$ に対して

$$g(Jx, Jy) = g(x, y)$$

を満たすとき，M 上の **Hermite 計量**とよばれる．このとき，

$$(x, y) = g(x, y) + \sqrt{-1}\, g(x, Jy) \qquad (x, y \in M_p)$$

とおけば，(,)は複素接空間 M_p 上の Hermite 内積となる．

連結な複素多様体 M と M 上の Hermite 計量 g との対 (M, g) を **Hermite 多**

様体という.

もっとも簡単な Hermite 多様体の例は複素 Euclid 空間である. $\boldsymbol{C}^n$ を n 次元複素数ベクトル空間とする. $\boldsymbol{C}^n$ の標準的 Hermite 内積を

$$(x, y) = {}^t x\bar{y} \qquad (x, y \in \boldsymbol{C}^n)$$

とし,

$$\langle x, y\rangle = \mathrm{Re}(x, y) = \mathrm{Re}\, {}^t x\bar{y} \qquad (x, y \in \boldsymbol{C}^n)$$

とおく. $p \in \boldsymbol{C}^n$ に対して, $((\boldsymbol{C}^n)_{\boldsymbol{R}})_p$ を $\boldsymbol{C}^n$ を実線型空間とみなしたものと同一視して

$$g_p(x, y) = \langle x, y\rangle \qquad (x, y \in ((\boldsymbol{C}^n)_{\boldsymbol{R}})_p)$$

とおけば, $(\sqrt{-1}\,x, \sqrt{-1}\,y) = (x, y)$ より, g は $\boldsymbol{C}^n$ 上の Hermite 計量になる. Hermite 多様体 $(\boldsymbol{C}^n, g)$ は n 次元**複素 Euclid 空間**とよばれる.

また, Poincaré 上半平面 (H^2, g) は H^2 を Gauss 平面 $\boldsymbol{C}$ の上半平面と同一視すれば複素多様体になるが, このとき複素構造テンソル場 J は

$$J_p\colon \begin{pmatrix} u \\ v \end{pmatrix} \longmapsto \begin{pmatrix} -v \\ u \end{pmatrix} \qquad \left(\begin{pmatrix} u \\ v \end{pmatrix} \in \boldsymbol{R}^2 = (H^2)_p\right)$$

で与えられることから, g が Hermite 計量になることがわかる. したがって, (H^2, g) は Hermite 多様体である.

もう一つ Hermite 多様体の例をあげよう. 0 でない複素数のなす複素 Lie 群を $\boldsymbol{C}^*$ で表わす. $\boldsymbol{C}^*$ は複素多様体 $\boldsymbol{C}^{n+1} - \{0\}$ に

$$z\cdot a = az \qquad (z \in \boldsymbol{C}^{n+1} - \{0\},\ a \in \boldsymbol{C}^*)$$

によって右から作用する. この作用は正則で自由だから, この作用に関する商空間

$$P_n(\boldsymbol{C}) = (\boldsymbol{C}^{n+1} - \{0\})/\boldsymbol{C}^*$$

は n 次元の複素多様体になる. $P_n(\boldsymbol{C})$ は n 次元**複素射影空間**とよばれる. とくに $P_1(\boldsymbol{C})$ は **Riemann 球面**ともよばれている. $P_n(\boldsymbol{C})$ は滑らかな多様体としては以下のようにも記述される. $\boldsymbol{C}^{n+1}$ の内積 $\langle\ ,\ \rangle$ に関するノルムを $\|z\| = \sqrt{\langle z, z\rangle}$ で表わして

$$S^{2n+1} = \{z \in \boldsymbol{C}^{n+1}\,;\ \|z\| = 1\}$$

とおく. 絶対値が 1 の複素数のなすコンパクト Lie 群 $U(1)$ は, 上と同じ仕方で, S^{2n+1} に右から滑らかに自由に作用する. この作用に関する商多様体 $S^{2n+1}/U(1)$

は，滑らかな多様体として $P_n(\boldsymbol{C})$ と同一視される．したがって，S^{2n+1} は $P_n(\boldsymbol{C})$ 上の滑らかな主 $U(1)$ 束の構造をもつ．$\pi: S^{2n+1}\to P_n(\boldsymbol{C})$ でその射影を表わす．$\boldsymbol{C}^{n+1}$ の Hermite 計量から引きおこされた S^{2n+1} の Riemann 計量を $\bar{g}$ とする．$s\in S^{2n+1}$ に対して，s を通るファイバーの接空間の，$(S^{2n+1})_s$ のなかでの（$\bar{g}$ に関する）直交補空間を H_s で表わす．$U(1)$ が $(S^{2n+1}, \bar{g})$ に等長変換として働いていることに注意すれば，$P_n(\boldsymbol{C})_{\boldsymbol{R}}$ 上の Riemann 計量 g_0 であって，各 $s\in S^{2n+1}$ に対して，微分 π_* が H_s と $(P_n(\boldsymbol{C})_{\boldsymbol{R}})_{\pi(s)}$ の間の（$\bar{g}$ と g_0 に関する）線型等長写像を引きおこすようなものがただ一つ存在することがわかる．g_0 は $P_n(\boldsymbol{C})$ 上の Hermite 計量になることが容易に確かめられる．さらに

$$g=4g_0$$

と正規化して得られる Riemann 計量 g を **Fubini-Study 計量**とよび，Hermite 多様体 $(P_n(\boldsymbol{C}), g)$ を n 次元 **Fubini-Study 空間**とよぶ．

Hermite 多様体の直積を定義しよう．(M_1, g_1), (M_2, g_2) を Hermite 多様体とする．$M_1\times M_2$ を複素多様体としての直積とする．$(M_1\times M_2)_{\boldsymbol{R}}=(M_1)_{\boldsymbol{R}}\times(M_2)_{\boldsymbol{R}}$ 上の直積計量 $g=g_1\times g_2$ は $M_1\times M_2$ 上の Hermite 計量である．Hermite 多様体 $(M_1\times M_2, g_1\times g_2)$ を (M_1, g_1) と (M_2, g_2) の**直積**といい，$(M_1, g_1)\times(M_2, g_2)$ で表わす．

(M, g), $(\bar{M}, \bar{g})$ を二つの Hermite 多様体とする．写像 $\varphi: M\to\bar{M}$ は正則で，Riemann 多様体として局所等長であるとき，**局所同型写像**といわれる．さらに，φ が M から $\bar{M}$ への正則同相であるとき，φ は**同型写像**といわれる．Hermite 多様体 (M, g), $(\bar{M}, \bar{g})$ の間に同型写像が存在するとき，これらは**同型**であるといわれ，$(M, g)\cong(\bar{M}, \bar{g})$ で表わされる．

Hermite 多様体 (M, g) に対して，Hermite 多様体 $(\tilde{M}, \tilde{g})$ であって，$\tilde{M}$ が M の単連結な被覆複素多様体であり，被覆写像 $(\tilde{M}, \tilde{g})\to(M, g)$ が局所同型写像であるようなものを，(M, g) の **Hermite 普遍被覆多様体**という．Hermite 普遍被覆多様体は同型を除いて一意的に存在する．

(M, g) を Hermite 多様体とする．(M, g) から自身への同型写像を (M, g) の**自己同型**とよぶ．(M, g) の自己同型全体のなす群を $A(M, g)$ で表わす．広義一様収束する正則関数列の極限はまた正則関数であることから，$A(M, g)$ は $I(M_{\boldsymbol{R}}, g)$ の閉部分群であることがわかる．M の複素次元を n とする．$p\in M$ に対して，

複素接空間 M_p のユニタリ基底 $e=(e_1, \cdots, e_n)$ の全体，すなわち，$(e_i, e_j)=\delta_{ij}$ $(1\leqq i, j\leqq n)$ を満たす基底の全体を $U_p(M, g)$ で表わす．n 次ユニタリ群 $U(n)$ は自然な仕方で $U_p(M, g)$ に右から作用する．この作用に関して，

$$U(M, g) = \bigcup_{p\in M} U_p(M, g)$$

は M 上の滑らかな主 $U(n)$ 束の構造をもつ．自己同型群 $A(M, g)$ は微分を通じて $U(M, g)$ に働く．

以上の定義のもとに，定理 1.2 からつぎの定理が得られる．

定理 1.11 (M, g) を Hermite 多様体とする．

(1) 自己同型群 $A(M, g)$ は，コンパクト開位相に関して，ただ一通りの仕方で，M に働く Lie 変換群になる．

(2) 任意に $e\in U(M, g)$ を固定して，写像 $\iota: A(M, g)\to U(M, g)$ を

$$\iota(\varphi) = \varphi_*(e) \qquad (\varphi\in A(M, g))$$

によって定義すれば，ι は滑らかな埋め込みで，これにより $A(M, g)$ は $U(M, g)$ の閉正則部分多様体になる．

(3) 各 $p\in M$ に対して，p における等方性部分群

$$A_p(M, g) = \{\varphi\in A(M, g)\ ;\ \varphi(p)=p\}$$

は $A(M, g)$ のコンパクトな部分群である．——

例えば，複素 Euclid 空間 $(\boldsymbol{C}^n, g)$ の場合，$(\boldsymbol{R}^n, g)$ の場合と同様な仕方で，$GL(n+1, \boldsymbol{C})$ の閉部分群

$$G = \left\{\begin{bmatrix} \alpha & \beta \\ 0 & 1 \end{bmatrix};\ \alpha\in U(n),\ \beta\in \boldsymbol{C}^n\right\}$$

が $A(\boldsymbol{C}^n, g)$ に同型になる．Poincaré 上半平面 (H^2, g) の場合は，1 次分数変換で作用させることによって，$G=PSL(2, \boldsymbol{R})$ が $A(H^2, g)$ に同型になる．Fubini-Study 空間 $(P_n(\boldsymbol{C}), g)$ の場合を説明するために，

$$PU(n+1) = U(n+1)/C$$

を，$n+1$ 次ユニタリ群 $U(n+1)$ の，その中心

$$C = \{\varepsilon 1_{n+1}\ ;\ \varepsilon\in \boldsymbol{C},\ |\varepsilon|=1\} \qquad (1_{n+1} \text{ は } n+1 \text{ 次単位行列})$$

による商群としよう．$U(n+1)$ の $\boldsymbol{C}^{n+1}-\{0\}$ (または S^{2n+1}) への自然な作用から，$PU(n+1)$ の $P_n(\boldsymbol{C})$ への作用が引きおこされる．$PU(n+1)$ は Hermite 多様体

$(P_n(\boldsymbol{C}), g)$ の自己同型として働くことが確かめられ，この対応で $G=PU(n+1)$ は $A(P_n(\boldsymbol{C}), g)$ と同型になる．これらの証明は，§1.1 の等長変換群の例の場合と同様に，$\iota(G)=U(M, g)$ を示すことによって得られる．

Hermite 多様体 (M, g) は，自己同型群 $A(M, g)$ が M 上に可移的に働いているとき，**等質**であるといわれる．また，それが Riemann 多様体として完備であるとき，**完備**であるといわれる．$(\boldsymbol{C}^n, g)$, (H^2, g), $(P_n(\boldsymbol{C}), g)$ はいずれも等質で完備である．

定理 1.6，定理 1.10 に対応して，Hermite 多様体に対しては以下の二つの定理が成り立つ．

定理 1.12 (M, g), $(\bar{M}, \bar{g})$ を同じ次元の Hermite 多様体，$R, \bar{R}$ をそれぞれの Riemann 曲率テンソル場，$J, \bar{J}$ をそれぞれの複素構造テンソル場とする．$p\in M$, $\bar{p}\in\bar{M}$ とし，$B_r(p), B_r(\bar{p})$ がともに正規座標球であるとする．線型等長写像 Φ: $(M_{\boldsymbol{R}})_p\to(\bar{M}_{\boldsymbol{R}})_{\bar{p}}$ が与えられていて，p を始点とする $B_r(p)$ のなかの測地線 γ のすべてについて

(*) $\Phi_\gamma(R(x, y)z)=\bar{R}(\Phi_\gamma(x), \Phi_\gamma(y))\Phi_\gamma(z)$,

(**) $\Phi_\gamma(J(x))=\bar{J}(\Phi_\gamma(x))$

が成り立つならば，

$$\varphi=\mathrm{Exp}_{\bar{p}}\circ\Phi\circ\mathrm{Exp}_p{}^{-1}$$

で定義される微分同相 $\varphi: B_r(p)\to B_r(\bar{p})$ は，Hermite 多様体としての同型写像で，各 γ の終点において φ_* は Φ_γ に一致する．——

実際，定理 1.6 より φ は等長写像であるが，条件(**)より，各 $q\in B_r(p)$ に対して，

$$\varphi_{*q}J_q=\bar{J}_{\varphi(q)}\varphi_{*q}$$

を満たす．これは，φ が Cauchy-Riemann の方程式を満たすことを意味し，φ は正則写像となる．したがって，φ は Hermite 多様体としての同型写像である．

定理 1.13 (M, g), $(\bar{M}, \bar{g})$ を同じ次元の Hermite 多様体で，ともに完備で，M は単連結であるものとする．$R, \bar{R}$ をそれぞれの Riemann 曲率テンソル場，J, $\bar{J}$ をそれぞれの複素構造テンソル場とする．$p\in M$, $\bar{p}\in\bar{M}$ に対して，線型等長写像 Φ: $(M_{\boldsymbol{R}})_p\to(\bar{M}_{\boldsymbol{R}})_{\bar{p}}$ が与えられていて，p を始点とする $(M_{\boldsymbol{R}}, g)$ の折れ測地線 γ のすべてに対して

$(\ast)\quad \Phi_\gamma(R(x,y)z)=\bar{R}(\Phi_\gamma(x),\Phi_\gamma(y))\Phi_\gamma(z),$

$(\ast\ast)\quad \Phi_\gamma(J(x))=\bar{J}(\Phi_\gamma(x))$

が成り立つものとする．このとき，

$$\varphi(p)=\bar{p},\qquad \varphi_{*p}=\Phi$$

を満たす局所同型な被覆写像 $\varphi:(M,g)\to(\bar{M},\bar{g})$ が一意的に存在する．この φ は，p のまわりの正規座標球の上では $\mathrm{Exp}_{\bar{p}}\circ\Phi\circ\mathrm{Exp}_p{}^{-1}$ に一致する．——

実際，前定理の場合と同様にして，定理1.10によって定義される局所等長な被覆写像 $\varphi:(M_{\boldsymbol{R}},g)\to(\bar{M}_{\boldsymbol{R}},\bar{g})$ が，Hermite 多様体としての局所同型写像であることがわかる．この φ が求めるものである．

Hermite 多様体 (M,g) は，その Riemann 接続に関してその複素構造テンソル場が平行であるとき，**Kähler 多様体**とよばれ，g は **Kähler 計量**とよばれる．われわれの例 $(\boldsymbol{C}^n,g)$, (H^2,g), $(P_n(\boldsymbol{C}),g)$ はいずれも Kähler 多様体である．(問題15を参照せよ.)

Kähler 多様体 (M,g) の Riemann 曲率テンソル場 R は

$$R(x,y)J=JR(x,y), \tag{1.24}$$

$$R(Jx,Jy)=R(x,y) \tag{1.25}$$

を満たすことを示そう．まず，$\nabla J=0$ より，各 $X\in\mathcal{X}(M_{\boldsymbol{R}})$ に対して，$\mathcal{X}(M_{\boldsymbol{R}})$ 上の作用素として

$$\nabla_X J=J\nabla_X$$

が成り立つことに注意する．したがって，各 $X,Y\in\mathcal{X}(M_{\boldsymbol{R}})$ に対して，$\mathcal{X}(M_{\boldsymbol{R}})$ 上の作用素として

$$\begin{aligned}R(X,Y)J&=\nabla_X\nabla_Y J-\nabla_Y\nabla_X J-\nabla_{[X,Y]}J\\&=J\nabla_X\nabla_Y-J\nabla_Y\nabla_X-J\nabla_{[X,Y]}\\&=JR(X,Y)\end{aligned}$$

となる．これから (1.24) を得る．また，§1.5の (δ) と (1.24) より，各 $x,y,z,w\in(M_{\boldsymbol{R}})_p$ に対して

$$\begin{aligned}\langle R(Jx,Jy)z,w\rangle&=\langle R(z,w)Jx,Jy\rangle=\langle JR(z,w)x,Jy\rangle\\&=\langle R(z,w)x,y\rangle=\langle R(x,y)z,w\rangle\end{aligned}$$

となるから，(1.25) を得る．

もう一つ Kähler 多様体の例をあげよう．M を複素次元 n の連結な複素多様

体とする．M 上の n 次正則微分形式 h で

$$\|h\| = \left(\int_M (\sqrt{-1})^{n^2} h \wedge \bar{h}\right)^{1/2} < \infty$$

を満たすもの全体のなす複素線型空間を H とする．H は Hermite 内積

$$(h, k) = \int_M (\sqrt{-1})^{n^2} h \wedge \bar{k}$$

によって，可分な複素 Hilbert 空間になる．H の完全正規直交基底 $\{h_k ; k=1, 2, \cdots\}$ を一つとって

$$K = (\sqrt{-1})^{n^2} \sum_k h_k \wedge \bar{h}_k$$

とおくと，これは収束して，M 上の次数 (n, n) の実微分形式を定める．(問題 16 を参照せよ.) K は基底のとり方によらない．M の複素局所座標 $(z^1, \cdots, z^n)$ をとって，K を

$$K = (\sqrt{-1})^{n^2} K^* dz^1 \wedge \cdots \wedge dz^n \wedge d\bar{z}^1 \wedge \cdots \wedge d\bar{z}^n$$

と表わす．ここで，いたるところ $K \neq 0$，したがって $K^* > 0$ と仮定して

$$g = 2 \sum_{\alpha, \beta} g_{\alpha\bar{\beta}} dz^\alpha \cdot d\bar{z}^\beta, \qquad ここで\ g_{\alpha\bar{\beta}} = \frac{\partial^2 \log K^*}{\partial z^\alpha \partial \bar{z}^\beta}$$

とおく．g は M 上の (一般には正半定値な) Kähler 計量を定義する．(問題 14 を参照せよ.) M の正則同相は H の内積を保つから，K および g を不変にする．いたるところ，$K \neq 0$ であって g が正定値であるとき，Kähler 多様体 (M, g) を**小林多様体**といい，g を **Bergman 計量**という．小林多様体の典型的な例は $\boldsymbol{C}^n$ の有界領域 D である．(問題 17 を参照せよ.)

さて，M を連結で滑らかな多様体とする．J を M 上の滑らかな $(1, 1)$ 型テンソル場，すなわち，各 $p \in M$ に M_p から自身への線型写像 J_p を滑らかに対応させるものとし，各 $p \in M$ に対して

$$J_p{}^2 = -I_p, \qquad ここで\ I_p\ は\ M_p\ の恒等写像$$

を満たすものとする．このような J を M 上の**概複素構造テンソル場**という．さらに，g を M 上の Riemann 計量で，各 $x, y \in M_p$ に対して

$$g(Jx, Jy) = g(x, y)$$

を満たすものとする．このような三つ組 (M, g, J) を**概 Hermite 多様体**とよぶ．例えば，Hermite 多様体の基底にある Riemann 多様体はその複素構造テンソル

場とともに概 Hermite 多様体になる.

つぎの定理は概 Hermite 多様体が Hermite 多様体の基底概 Hermite 多様体になるための一つの十分条件を与える.

定理 1.14 (M, g, J) を概 Hermite 多様体で, g に対する Riemann 接続 ∇ に関して J が平行であるものとする. このとき, (M, g, J) がその基底概 Hermite 多様体となるような Kähler 多様体がただ一つ存在する.

証明 一般に, 概複素構造テンソル場 J が与えられたとき, $X, Y \in \mathfrak{X}(M)$ に対して, $N(X, Y) \in \mathfrak{X}(M)$ を

$$N(X, Y) = [JX, JY] - [X, Y] - J[X, JY] - J[JX, Y]$$

によって定義する. Newlander-Nirenberg の定理(Complex analytic coordinates in almost complex manifolds, Ann. of Math. **65** (1957), 391-404)によれば, 各 $X, Y \in \mathfrak{X}(M)$ に対して $N(X, Y) = 0$ であるとき, 複素多様体で, その基底にある滑らかな多様体が M であり, その複素構造テンソル場が J に一致するようなものが, ただ一つ存在する. ところが, ∇ が対称な接続であることと, $\nabla J = 0$ から, 容易に $N(X, Y) = 0$ が得られるから, 定理が成り立つ. ∎

問　題

以下の問題1から4までは, 滑らかな多様体 M 上に接続 ∇ が与えられているとする.

1 T を M 上の (r, s) 型の滑らかなテンソル場とし, 各 $p \in M$ に対して, T_p を s 重線型写像 $T_p : M_p \times \cdots \times M_p \to \otimes^r M_p$ とみなす. このとき, M 上の $(r, s+1)$ 型の滑らかなテンソル場 ∇T で, 各 $X_i \in \mathfrak{X}(M)$ に対して

$$(\nabla T)(X_1, X_2, \cdots, X_{s+1}) = (\nabla_{X_1} T)(X_2, \cdots, X_{s+1})$$

を満たすものがただ一つ存在することを示せ.

2 T を問題1のテンソル場として, 同じ型の滑らかなテンソル場 $A_s T$ を

$$(A_s T)(x_1, \cdots, x_s) = \frac{1}{s!} \sum_{\sigma} (-1)^{\sigma} T(x_{\sigma(1)}, \cdots, x_{\sigma(s)})$$

によって定義する. ここで, σ は s 文字の置換全体にわたり, $(-1)^{\sigma}$ は σ の符号を表わす. ∇ が対称な接続ならば, p 次の微分形式(滑らかな $(0, p)$ 型の交代テンソル場) ω に対して

$$d\omega = A_{p+1}(\nabla \omega)$$

が成り立つことを示せ.

3 $p \in M$ に対して, 始点, 終点がともに p である, 連続な区分的に滑らかな曲線 c に

沿っての平行移動 P_c の全体 $\Psi(p)$ は，M_p の線型自己同型群 $GL(M_p)$ の部分群になるが，これを (∇ に関する) p における**ホロノミー群**という．また，$\Psi(p)$ の単位元を含む弧状連結成分 $\Psi^0(p)$ を，p における**制限ホロノミー群**という．$(\boldsymbol{R}^n, g)$, (S^2, g), (H^2, g) の Riemann 接続 ∇ に関するホロノミー群 $\Psi(p)$ と制限ホロノミー群 $\Psi^0(p)$ は，各点において一致し，それぞれ，単位群，$SO(2)$，$SO(2)$ となることを示せ．

4　R を ∇ の曲率テンソル場として，$(0, 2)$ 型の滑らかなテンソル場 S を，$x, y \in M_p$ に対して

$$S_p(x, y) = M_p \text{ の線型写像 } v \mapsto R(v, x)y \text{ のトレース}$$

によって定義する．S は ∇ の **Ricci 曲率テンソル場**とよばれる．以下のことを示せ．局所座標 $(u^1, \cdots, u^n)$ に関して $S_{ij}=S(\partial/\partial u^i, \partial/\partial u^j)$ とすれば

$$S_{ij} = \sum_k R^k{}_{jki}$$

となる；Riemann 多様体上の Riemann 接続 ∇ の場合には，S は対称である；$(\boldsymbol{R}^n, g)$, (S^2, g), (H^2, g) の Riemann 接続の Ricci 曲率テンソル場はそれぞれ，0, g, $-g$ である．

以下の問題 5 から 8 までは，(M, g) を次元が 2 以上の Riemann 多様体，∇ をその Riemann 接続，R をその Riemann 曲率テンソル場とする．

5　P を M_p の 2 次元部分空間とする．P の基底 $\{x, y\}$ を一つとって

$$K(P) = \frac{\langle R(x, y)y, x\rangle}{\|x\|^2\|y\|^2 - \langle x, y\rangle^2}$$

とおくと，$K(P)$ は基底 $\{x, y\}$ のとり方によらず，P のみで定まることを示せ．$K(P)$ は，平面 P に関する (M, g) の**断面曲率**といわれる．とくに M の次元が 2 のときは，K は M 上の関数になるが，これは **Gauss 曲率**といわれる．(M, g) が $(\boldsymbol{R}^2, g)$, (S^2, g), (H^2, g) のとき，Gauss 曲率 K はいずれも定数で，それぞれ，$0, 1, -1$ であることを示せ．

6　(M, g) はすべての平面 P に関する断面曲率 $K(P)$ が一定値 k であるとき，**定曲率 k** であるといわれる．このとき，各 $x, y, z, w \in M_p$ に対して

$$\langle R(x, y)z, w\rangle = k\{\langle x, w\rangle\langle y, z\rangle - \langle z, x\rangle\langle y, w\rangle\}$$

が成り立つことを証明せよ．(まず，右辺を $\bar{R}(x, y, z, w)$ とおくと，$\bar{R}$ も Riemann 曲率テンソル場の性質 (α), (β), (γ), (δ) に対応する性質をもつことを示し，つぎに，このような 4 重線型形式 $\bar{R}$ は $\bar{R}(x, y, x, y)$ だけで定まることを示せ．)

7　定曲率の Riemann 多様体においては

$$\nabla R = 0$$

であることを示せ．(問題 6 を用いよ．)

8　以下の Riemann 多様体 (M, g) $(n \geqq 2)$ は単連結，完備，定曲率 k であることを示せ．

$k=0$:　$(M, g) = (\boldsymbol{R}^n, g)$:　Euclid 空間．

$k>0$:　$M = \{x \in \boldsymbol{R}^{n+1}; \|x\|^2 = 1/k\}$，$g$ は $\boldsymbol{R}^{n+1}$ の Euclid 空間としての Riemann 計量 $\bar{g}$ から引きおこされたもの．(これは通常 $S^n(k)$ と書かれる．)

$k<0$: $M=\{p\in \boldsymbol{R}^n\,;\,\|p\|<1\}$，$p\in M$ に対して $M_p=\boldsymbol{R}^n$ と同一視して

$$g_p(x,y)=-\frac{1}{k}\frac{(1-\|p\|^2)\langle x,y\rangle+\langle p,x\rangle\langle p,y\rangle}{(1-\|p\|^2)^2}\qquad(x,y\in M_p).$$

(これは通常 $H^n(k)$ と書かれる.)

逆に，単連結，完備，定曲率 k の Riemann 多様体 (M,g) は，上のものに等長的であることを証明せよ．(問題7と定理1.10を用いよ.)

9　問題5と8より，(H^2,g) と $H^2(-1)$ は等長的であるが，具体的な等長写像 $(H^2,g)\to H^2(-1)$ が，Cayley 変換

$$\varphi(z)=\frac{z-\sqrt{-1}}{z+\sqrt{-1}}\qquad(z\in H^2)$$

に写像 $z\mapsto\dfrac{2}{1+|z|^2}z$ を結合させたものによって与えられることを示せ．ここで，H^2 を Gauss 平面 $\boldsymbol{C}$ の上半平面，$H^2(-1)$ を $\boldsymbol{C}$ の単位円板とみなした．

10　(M,g) を Riemann 多様体，$\gamma:[0,l]\to M$ を測地線とする．γ に沿っての Jacobi 場 V はすべて，γ を中心とする，測地線の滑らかな変分の変分ベクトル場として得られることを証明せよ．(滑らかな曲線 $c:(-\varepsilon,\varepsilon)\to M$ で $c(0)=\gamma(0)$，$c'(0)=V(0)$ なるものをとり，$c|[0,s]$ に沿っての平行移動を $P_s:M_{\gamma(0)}\to M_{c(s)}$ で表わして，変分 $\varphi:[0,l]\times(-\varepsilon,\varepsilon)\to M$ を

$$\varphi(t,s)=\mathrm{Exp}_{c(s)}\,tP_s(\gamma'(0)+sV'(0))$$

によって定義せよ.)

11　等質な Riemann 多様体は完備であることを証明せよ．

以下の問題12から14までは，(M,g) を Hermite 多様体，J を M の複素構造テンソル場とする．

12　$(M_{\boldsymbol{R}})_p$ の J 不変な平面 P に関する $(M_{\boldsymbol{R}},g)$ の断面曲率 $K(P)$ を，P に関する (M,g) の**正則断面曲率**という．複素 Euclid 空間 $(\boldsymbol{C}^n,g)$，Fubini-Study 空間 $(P_n(\boldsymbol{C}),g)$ の正則断面曲率は，すべての J 不変な平面に関して一定値で，それぞれ 0, 1 であることを証明せよ．

13　$M_{\boldsymbol{R}}$ 上の滑らかな (0, 2) 型のテンソル場 Ω を

$$\Omega(x,y)=g(x,Jy)\qquad(x,y\in(M_{\boldsymbol{R}})_p)$$

によって定義すると，Ω は微分形式となる(すなわち，交代テンソル場になる)ことを示せ．Ω は (M,g) の**基本微分形式**といわれる．さらに，

$$2\langle(\nabla_xJ)y,z\rangle=3\{(d\Omega)(x,Jy,Jz)-(d\Omega)(x,y,z)\}$$

が成り立つことを証明せよ．

14　(M,g) が Kähler 多様体であるための必要十分条件は，基本微分形式 Ω が閉形式となることであることを証明せよ．(問題2と13を用いよ.)

15　Hermite 多様体 $(\boldsymbol{C}^n,g)$，(H^2,g)，$(P_n(\boldsymbol{C}),g)$ は Kähler 多様体であることを確かめよ．(問題14を用いよ．Fubini-Study 空間 $(P_n(\boldsymbol{C}),g)$ の基本微分形式 Ω の，射影

$\boldsymbol{C}^{n+1}-\{0\}\to P_n(\boldsymbol{C})$ による引き戻しは，$\boldsymbol{C}^{n+1}$ の標準的座標 (z^α) に関して

$$-4\sqrt{-1}\sum_{\alpha,\beta}\frac{\partial^2\log\|z\|^2}{\partial z^\alpha\partial\bar{z}^\beta}dz^\alpha\wedge d\bar{z}^\beta$$

で与えられる.)

16　§1.9 で定義した，2 乗可積分な n 次正則微分形式のなす線型空間 H は，ノルム $\|\ \|$ に関して完備であることを示せ．また，実微分形式 K を定義する無限和は広義一様絶対収束することを示せ．(Cauchy の積分公式を用いよ.)

17　$D\subset\boldsymbol{C}^n$ を有界領域とすると，実微分形式 K はいたるところ $K\neq0$ であって，Bergman 計量 g はいたるところ正定値であることを確かめよ．(Hilbert 空間 H は $\boldsymbol{C}^n$ 上の多項式を係数とする D 上の n 次正則微分形式をすべて含むことを用いよ.) また，D の正則同相群が D に可移的に働いているときには，g の Riemann 接続に関する Ricci 曲率テンソル場 S は

$$S=-g$$

で与えられることを証明せよ．

18　定理 1.14 の証明のなかの Newlander-Nirenberg の定理を，M が実解析多様体，J が M 上の実解析的概複素構造テンソル場のときに証明せよ．(M を局所的に複素多様体 $M^{\boldsymbol{C}}$ にその実部として埋め込み，J の $\pm\sqrt{-1}$ 固有空間のなす分布を積分せよ.)

第2章　Riemann 対称空間

この章では，Riemann 対称空間を定義し，その Riemann 多様体としての性質を調べる．また，Riemann 対称空間は局所的に，Euclid 空間と，平行なベクトル場をもたない，いわゆる半単純型の Riemann 対称空間との直積に分解されることを示す．

以下，本書では，Lie 群 G に対して，その Lie 代数，すなわち G 上の左不変ベクトル場のなす Lie 代数を $\mathrm{Lie}\,G$ で表わす．$\mathrm{Lie}\,G$ をしばしば G の単位元 e における G の接空間 G_e と同一視する．$\boldsymbol{R}$ または $\boldsymbol{C}$ 上の有限次元線型空間 V に対して，V の線型自己同型全体のなす Lie 群を $GL(V)$ で表わし，$\mathrm{Lie}\,GL(V)$ を $\mathfrak{gl}(V)$ で表わす．すなわち，$\mathfrak{gl}(V)$ は V から自身への線型写像全体のなす線型空間に，括弧積 $[A, B]=AB-BA$ によって Lie 代数の構造を導入したものを表わす．Lie 群 G に対して，その随伴表現を $Ad : G\to GL(\mathfrak{g})$ $(\mathfrak{g}=\mathrm{Lie}\,G)$ で表わす．K を G の閉部分群とするとき，Ad を K に制限して得られる K の表現を $Ad_{\mathfrak{g}} : K\to GL(\mathfrak{g})$ で表わす．さらに，$Ad\,K$ が $\mathfrak{g}$ の部分空間 $\mathfrak{m}$ を不変にするとき，自然に引きおこされる K の $\mathfrak{m}$ 上の表現を $Ad_{\mathfrak{m}} : K\to GL(\mathfrak{m})$ で表わす．一般に，有限次元の Lie 代数 $\mathfrak{g}$ に対して，その随伴表現を $ad : \mathfrak{g}\to\mathfrak{gl}(\mathfrak{g})$ で表わす．$\mathfrak{k}$ を $\mathfrak{g}$ の Lie 部分代数とするとき，ad を $\mathfrak{k}$ に制限して得られる $\mathfrak{k}$ の表現を $ad_{\mathfrak{g}} : \mathfrak{k}\to\mathfrak{gl}(\mathfrak{g})$ で表わす．さらに，$ad\,\mathfrak{k}$ が $\mathfrak{g}$ の部分空間 $\mathfrak{m}$ を不変にするとき，自然に引きおこされる $\mathfrak{k}$ の $\mathfrak{m}$ 上の表現を $ad_{\mathfrak{m}} : \mathfrak{k}\to\mathfrak{gl}(\mathfrak{m})$ で表わす．

$\mathrm{diag}(a_1, \cdots, a_n)$ で，対角線上に数（または正方行列）$a_1, \cdots, a_n$ が並び，そのほかの部分は 0 である正方行列を表わす．

§2.1　局所 Riemann 対称空間と Riemann 対称空間

(M, g) を Riemann 多様体とする．$p\in M$，$B_r(p)$ を p のまわりの正規座標球とする．$B_r(p)$ の微分同相

$$\sigma_p = \mathrm{Exp}_p\circ(-I_p)\circ\mathrm{Exp}_p^{-1},\qquad \text{ここで } I_p \text{ は } M_p \text{ の恒等写像}$$

を，p における**測地的対称変換**という．

Riemann 多様体 (M, g) は，各 $p \in M$ に対して，適当な正規座標球 $B_r(p)$ をとれば，その上の測地的対称変換 σ_p が（g から引きおこされた Riemann 計量に関して）$B_r(p)$ の等長変換となるとき，**局所 Riemann 対称空間**といわれる．

Riemann 多様体 (M, g) は，各 $p \in M$ に対して，(M, g) の回帰的等長変換 $\sigma_p \in I(M, g)$ で，p が σ_p の孤立固定点であるようなものが存在するとき，**Riemann 対称空間**といわれる．ここで，**回帰的**とは，その2乗が恒等写像になることである．σ_p は p における**対称変換**とよばれる．このとき，σ_p の p における微分 $(\sigma_p)_{*p}$ は，M_p から自身への回帰的線型写像で，0 でない固定ベクトルをもたないから，$-I_p$ に一致しなければならない．したがって，σ_p は各正規座標球 $B_r(p)$ の上で測地的対称変換に一致する．よって，(M, g) は局所 Riemann 対称空間である．また，定理 1.2 の (2) より，各対称変換 σ_p は一意的である．

上の議論からわかるように，Riemann 対称空間 (M, g) の連結な開集合は，g から引きおこされた Riemann 計量に関して局所 Riemann 対称空間である．また，Riemann 対称空間または局所 Riemann 対称空間の直積は，またそれぞれ Riemann 対称空間または局所 Riemann 対称空間になることも明らかであろう．

例 2.1　§1.1 であげた例，Euclid 空間 $(\boldsymbol{R}^n, g)$，単位球面 (S^n, g)，Poincaré 上半平面 (H^2, g) はいずれも Riemann 対称空間である．これを確かめるには，これらの Riemann 多様体 (M, g) の1点 $o \in M$ における対称変換 σ_o を構成すればよい．実際，これらはすべて等質 Riemann 多様体であるから，任意の $p \in M$ に対して o を p に移す $\varphi \in I(M, g)$ が存在する．これを用いて，$\sigma_p = \varphi\sigma_o\varphi^{-1}$ とおけば，これが p における対称変換になるからである．

$(\boldsymbol{R}^n, g)$ の場合：$o=0$ として，$\sigma_o = \begin{bmatrix} -1_n & 0 \\ 0 & 1 \end{bmatrix} \in G$（$1_n$ は n 次単位行列），すなわち

$$\sigma_o(p) = -p \qquad (p \in \boldsymbol{R}^n)$$

とおく．

(S^n, g) の場合：北極 $o = {}^t(0, \cdots, 0, 1)$ をとって，$\sigma_o = \mathrm{diag}(\underbrace{-1, \cdots, -1}_{n\text{個}}, 1) \in O(n+1)$，すなわち

$$\sigma_o {}^t(x^1, \cdots, x^n, x^{n+1}) = {}^t(-x^1, \cdots, -x^n, x^{n+1}) \qquad ({}^t(x^1, \cdots, x^{n+1}) \in S^n)$$

とおく．

(H^2, g) の場合： H^2 を Gauss 平面 $\boldsymbol{C}$ の上半平面とみなして，$o=\sqrt{-1}$ をとって，$\sigma_o=w\{\pm 1_2\}\in PSL(2, \boldsymbol{R})$，すなわち

$$\sigma_o(z) = -1/z \qquad (z\in H^2)$$

とおく．これらが求める対称変換である．

例 2.2 H をコンパクト連結 Lie 群とする．H の左移動 $b\mapsto ab$ $(b\in H)$，右移動 $b\mapsto ba$ $(b\in H)$ をそれぞれ L_a, R_a で表わす．$G=H\times H$ として，$(a, b)\in G$ に対して H の微分同相 $\tau_{(a,b)}$ を

$$\tau_{(a,b)} = L_a R_b^{-1}$$

によって定義する．$\langle\ ,\ \rangle$ を $\mathfrak{h}=\mathrm{Lie}\,H$ の上の内積で，H の随伴作用で不変なもの，すなわち各 $a\in H$，各 $X, Y\in\mathfrak{h}$ に対して

$$\langle Ad\,aX, Ad\,aY\rangle = \langle X, Y\rangle$$

を満たすものとする．このような内積はつねに存在する．実際，$\mathfrak{h}$ 上の内積 B を一つとって，全体積が 1 である H の Haar 測度 da による B の平均：

$$\langle X, Y\rangle = \int_H B(Ad\,aX, Ad\,aY)da$$

を考えればよい．すると，H 上の両側不変な Riemann 計量，すなわち，各 $\tau_{(a,b)}$ $((a, b)\in G)$ で不変な Riemann 計量 g で，H_e 上で $\langle\ ,\ \rangle$ に一致するものがただ一つ存在する．実際，

$$g_a(x, y) = \langle (L_a)_*^{-1}x, (L_a)_*^{-1}y\rangle \qquad (x, y\in H_a)$$

とおけば，これが求めるものである．このとき (H, g) は Riemann 対称空間である．これを確かめるには，例 2.1 の場合と同様に，例えば単位元 e における対称変換 σ_e を構成すればよい．

$$\sigma_e(a) = a^{-1} \qquad (a\in H)$$

とおく．$x, y\in H_a$ に対して，

$$X = (L_a)_*^{-1}x, \quad Y = (L_a)_*^{-1}y\in\mathfrak{h}$$

とおくと，

$$(\sigma_e)_*x = -(R_a)_*^{-1}X = -(L_a)_*^{-1}Ad\,aX,$$

同様に，$(\sigma_e)_*y=-(L_a)_*^{-1}Ad\,aY$ となるから

$$g((\sigma_e)_*x, (\sigma_e)_*y) = \langle Ad\,aX, Ad\,aY\rangle = \langle X, Y\rangle = g(x, y)$$

を得る．また，明らかに $(\sigma_e)_{*e}=-I_e$ であるから，σ_e は対称変換である．——

つぎの定理は，局所 Riemann 対称空間の Riemann 曲率テンソル場による特徴づけと，局所 Riemann 対称空間が Riemann 対称空間になるための一つの十分条件を与える．

定理 2.1　(M, g) を Riemann 多様体，∇ をその Riemann 接続，R をその Riemann 曲率テンソル場とする．

(1)　(M, g) が局所 Riemann 対称空間であるための必要十分条件は R が ∇ に関して平行：

$$\nabla R = 0$$

となることである．

(2)　(M, g) が局所 Riemann 対称空間で，単連結，完備ならば，(M, g) は Riemann 対称空間である．

証明　(1)　(M, g) が局所 Riemann 対称空間ならば，各 $p \in M$ に対して，測地的対称変換 σ_p は ∇ の局所的な自己同型である．したがって，各 $x, y, z, w \in M_p$ に対して，

$$(\nabla_{(\sigma_p)_* x} R)((\sigma_p)_* y, (\sigma_p)_* z)((\sigma_p)_* w) = (\sigma_p)_*((\nabla_x R)(y, z)w)$$

が成り立つ．ところが，$(\sigma_p)_{*p}=-I_p$ だから

$$(\nabla_x R)(y, z)w = -(\nabla_x R)(y, z)w,$$

よって，$(\nabla_x R)(y, z)w=0$ を得る．p は任意であったから，$\nabla R=0$ を得る．

逆に，$\nabla R=0$ であるとしよう．$p \in M$ を任意にとって固定し，$B_r(p)$ を p のまわりの正規座標球とする．定理 1.6 において，$(\bar{M}, \bar{g})=(M, g)$，$\bar{p}=p$，$\Phi=-I_p$ ととる．(1.19) で注意したように，仮定 $\nabla R=0$ より，各 $x, y, z \in M_p$ と p を始点とする $B_r(p)$ の測地線 γ のすべてに対して

$$P_\gamma(R(x, y)z) = R(P_\gamma x, P_\gamma y)(P_\gamma z)$$

が成り立つ．また，各 $x, y, z \in M_p$ に対して

$$\Phi(R(x, y)z) = R(\Phi x, \Phi y)(\Phi z)$$

が成り立つ．よって，上のような測地線 γ のすべてに対して

$$(*) \qquad \Phi_\gamma(R(x, y)z) = R(\Phi_\gamma x, \Phi_\gamma y)(\Phi_\gamma z)$$

が成り立つ．したがって，定理 1.6 より，$B_r(p)$ 上の測地的対称変換は等長変換である．p は任意であったから，(M, g) は局所 Riemann 対称空間である．

(2) $p\in M$ を任意にとって固定する．定理 1.10 において，$(\bar{M},\bar{g})=(M,g)$, $\bar{p}=p$, $\Phi=-I_p$ ととる．(1) より $\nabla R=0$ だから，(1) の証明の後半と同じ論法で，p を始点とする折れ測地線 γ のすべてに対して (＊) が成り立つことがわかる．したがって，定理 1.10 より

$$\sigma_p(p)=p, \qquad (\sigma_p)_{*p}=-I_p$$

を満たす $\sigma_p\in I(M,g)$ が一意的に存在する．p は σ_p の孤立固定点であり，定理 1.2 の (2) より σ_p は回帰的である．p は任意であったから，(M,g) は Riemann 対称空間である．▌

上の定理の (2) において，完備性の条件は除くことができない．それは，つぎの定理の (1) が成り立つからである．

定理 2.2 (M,g) を Riemann 対称空間とする．

(1) (M,g) は完備である．

(2) (M,g) は等質 Riemann 多様体である．

(3) (M,g) の Riemann 普遍被覆多様体 $(\tilde{M},\tilde{g})$ も Riemann 対称空間である．

証明 (1) $p\in M$ を任意にとり，$\gamma:[0,l]\to M$ $(l>0)$ を p を始点とする測地線とする．写像 $\tilde{\gamma}:[0,2l]\to M$ を

$$\tilde{\gamma}(t)=\begin{cases}\gamma(t) & (t\in[0,l])\\ \sigma_{\gamma(l)}(\gamma(2l-t)) & (t\in[l,2l])\end{cases}$$

によって定義すれば，$\tilde{\gamma}$ は測地線で γ の拡張になっている．このようにして，γ は $[0,\infty)$ にまで拡張される．したがって，(M,g) は定理 1.7 の (3) を満たし，完備である．

(2) 任意の 2 点 $p,q\in M$ をとる．(1) と定理 1.7 より，p と q を結ぶ測地線 $\gamma:[0,l]\to M$ が存在する．このとき

$$\sigma_{\gamma(l/2)}(p)=q, \qquad \sigma_{\gamma(l/2)}\in I(M,g)$$

となる．したがって，(M,g) は等質である．

(3) (1) より，(M,g) は定理 1.7 の条件 (3) を満たすから，$(\tilde{M},\tilde{g})$ もこの条件を満たし，したがって完備である．明らかに $(\tilde{M},\tilde{g})$ は局所 Riemann 対称空間だから，定理 2.1 の (2) より，$(\tilde{M},\tilde{g})$ は Riemann 対称空間である．▌

一般に，Riemann 多様体 (M,g), $(\bar{M},\bar{g})$ に対して，それらの Riemann 普遍被覆多様体が等長的であるとき，(M,g) と $(\bar{M},\bar{g})$ は**局所等長的**であるといわれる．

本書の主目標は，Riemann 対称空間を局所等長類によって分類することにあるが，定理 2.2 の (3) より，この問題は単連結な Riemann 対称空間の等長類による分類と同じことになる．

例 2.3　ここで，完備な局所 Riemann 対称空間で，Riemann 対称空間ではないものの例をあげよう．

M を種数が 2 以上のコンパクトな Riemann 面とする．このとき，以下のことが知られている．

(1)　M の普遍被覆複素多様体は上半平面 H^2 に正則同相である．

(2)　H^2 の正則同相群は $PSL(2, \boldsymbol{R})$ に一致する．

H^2 上の Poincaré 上半平面としての Riemann 計量を g とすれば，(1), (2) より，M 上の Riemann 計量で，被覆写像 $H^2 \to M$ が局所等長写像となるようなもの——これも g で表わす——がただ一つ存在する．(H^2, g) が Riemann 対称空間だから，(M, g) は局所 Riemann 対称空間である．M はコンパクトだから定理 1.7 の (4) を満たし，完備である．しかし，$I(M, g)$ は有限群であることが知られているので，(M, g) は等質ではない．したがって，定理 2.2 の (2) より，(M, g) は Riemann 対称空間ではない．

§2.2　Riemann 対称対

Riemann 対称空間 (M, g) は定理 2.2 より等質であるから，M は連結 Lie 群 G のその閉部分群 K による商多様体 G/K に微分同相になる．このような対 (G, K) の性質を調べよう．

G を連結 Lie 群，$\mathfrak{g} = \mathrm{Lie}\, G$，$\sigma$ を G の自己同型でつぎの条件を満たすものとする．

(i)　σ は回帰的で，恒等写像ではない．

これに対して，G の閉部分群 G_σ を

$$G_\sigma = \{a \in G \,;\, \sigma(a) = a\}$$

によって定義し，$G_\sigma{}^0$ でその単位元の連結成分を表わす．K を G の閉部分群でつぎの 2 条件を満たすものとする．

(ii)　$G_\sigma{}^0 \subset K \subset G_\sigma$,

(iii)　$Ad_{\mathfrak{g}} K$ は $GL(\mathfrak{g})$ のコンパクトな部分群である．

σ の微分として得られる $\mathfrak{g}$ の自己同型も σ で表わすと，σ も回帰的で，恒等写像ではない．(ii) より $\mathfrak{k}=\mathrm{Lie}\,K$ は

$$\mathfrak{k} = \{X \in \mathfrak{g}\,;\ \sigma X = X\}$$

で与えられる．

$$\mathfrak{m} = \{X \in \mathfrak{g}\,;\ \sigma X = -X\}$$

とおくと，

$$\mathfrak{g} = \mathfrak{k} + \mathfrak{m} \quad (\text{線型空間としての直和})$$

が得られる．

$$[\mathfrak{k}, \mathfrak{m}] \subset \mathfrak{m}, \qquad [\mathfrak{m}, \mathfrak{m}] \subset \mathfrak{k}$$

が成り立つ．この分解を**標準分解**といい，$\mathfrak{m}$ を**標準補空間**という．$K \subset G_\sigma$ より

$$Ad\,K\,\mathfrak{m} = \mathfrak{m}$$

が成り立つ．さらに，g を $\mathfrak{m}$ 上の内積で $Ad\,K$ で不変なもの，すなわち

(iv) 各 $k \in K$，各 $X, Y \in \mathfrak{m}$ に対して

$$g(Ad\,kX, Ad\,kY) = g(X, Y)$$

を満たすものとしよう．(iii) が成り立つから，例 2.2 のように，このような g はつねに存在する．

以上のような Lie 群の対 (G, K) に，自己同型 σ と内積 g も一緒に考えたもの (G, K, σ, g) を **Riemann 対称対**という．

Riemann 対称対 (G, K, σ, g) に対して，K に含まれる G の正規部分群は単位群 $\{e\}$ だけである，または離散的部分群だけであるとき，(G, K, σ, g) はそれぞれ**効果的**，または**概効果的**であるといわれる．

$(G_1, K_1, \sigma_1, g_1)$，$(G_2, K_2, \sigma_2, g_2)$ を二つの Riemann 対称対とする．

$$G = G_1 \times G_2, \qquad K = K_1 \times K_2, \qquad \sigma = \sigma_1 \times \sigma_2$$

とすると，これらは (i), (ii), (iii) を満たし，その標準補空間 $\mathfrak{m}$ は

$$\mathfrak{m} = \mathfrak{m}_1 + \mathfrak{m}_2 \quad (\text{線型空間としての直和})$$

で与えられる．$\mathfrak{m}$ 上の内積 g を

$$g = g_1 \oplus g_2 \quad (g_1 \text{ と } g_2 \text{ の直交直和})$$

によって定義すれば，これは (iv) を満たす．この Riemann 対称対 (G, K, σ, g) を $(G_1, K_1, \sigma_1, g_1)$ と $(G_2, K_2, \sigma_2, g_2)$ の**直積**といい，$(G_1, K_1, \sigma_1, g_1) \times (G_2, K_2, \sigma_2, g_2)$ で表わす．

(G, K, σ, g), $(\bar{G}, \bar{K}, \bar{\sigma}, \bar{g})$ を二つの Riemann 対称対とする．$\varphi: G \to \bar{G}$ を同型写像で

$$\varphi\circ\sigma = \bar{\sigma}\circ\varphi, \qquad \varphi(K) = \bar{K}$$

を満たすものとする．φ の微分も $\varphi: \mathfrak{g} \to \bar{\mathfrak{g}}$ で表わすと，それぞれの標準補空間 $\mathfrak{m}, \bar{\mathfrak{m}}$ に対して，$\varphi\mathfrak{m} = \bar{\mathfrak{m}}$ となる．ここで，さらに各 $X, Y \in \mathfrak{m}$ に対して

$$\bar{g}(\varphi X, \varphi Y) = g(X, Y)$$

が成り立つとする．このような φ を (G, K, σ, g) から $(\bar{G}, \bar{K}, \bar{\sigma}, \bar{g})$ への**同型写像**という．同型写像が存在するとき，(G, K, σ, g) と $(\bar{G}, \bar{K}, \bar{\sigma}, \bar{g})$ は**同型**であるといい，$(G, K, \sigma, g) \cong (\bar{G}, \bar{K}, \bar{\sigma}, \bar{g})$ で表わす．

つぎに，Riemann 対称対の 'Lie 代数' に当たるものを定義しよう．$\mathfrak{g}$ を有限次元の実 Lie 代数，σ を $\mathfrak{g}$ の自己同型でつぎの条件を満たすものとする．

(i)′ σ は回帰的で，恒等写像ではない．

これに対して

(ii)′ $\mathfrak{k} = \{X \in \mathfrak{g};\ \sigma X = X\}$

とおけば，$\mathfrak{k}$ は $\mathfrak{g}$ の Lie 部分代数である．このとき，

$$\mathfrak{m} = \{X \in \mathfrak{g};\ \sigma X = -X\}$$

とおけば，線型空間としての直和：

$$\mathfrak{g} = \mathfrak{k} + \mathfrak{m}, \qquad \text{ここで}\quad [\mathfrak{k}, \mathfrak{m}] \subset \mathfrak{m}, \quad [\mathfrak{m}, \mathfrak{m}] \subset \mathfrak{k}$$

が得られる．これをやはり**標準分解**，$\mathfrak{m}$ を**標準補空間**という．さらに，つぎの条件が満たされているとする．

(iii)′ $ad_{\mathfrak{g}}\,\mathfrak{k}$ は $GL(\mathfrak{g})$ のコンパクト連結 Lie 部分群を生成する．

このような Lie 代数 $\mathfrak{g}$ に自己同型 σ を一緒に考えたもの $(\mathfrak{g}, \sigma)$ を**直交対称 Lie 代数**とよぶ．

直交対称 Lie 代数 $(\mathfrak{g}, \sigma)$ に対して，$\mathfrak{k}$ に含まれる $\mathfrak{g}$ のイデアルが $\{0\}$ だけであるとき，$(\mathfrak{g}, \sigma)$ は**効果的**であるといわれる．このとき，表現 $ad_{\mathfrak{m}}: \mathfrak{k} \to \mathfrak{gl}(\mathfrak{m})$ は忠実である．実際，

$$\mathfrak{a} = \{X \in \mathfrak{k};\ ad_{\mathfrak{m}} X = 0\} = \{X \in \mathfrak{k};\ [X, \mathfrak{m}] = \{0\}\}$$

とおけば，$\mathfrak{a}$ は $\mathfrak{k}$ に含まれる $\mathfrak{g}$ のイデアルとなるからである．

$(\mathfrak{g}_1, \sigma_1)$, $(\mathfrak{g}_2, \sigma_2)$ を二つの直交対称 Lie 代数とする．

$$\mathfrak{g} = \mathfrak{g}_1 \oplus \mathfrak{g}_2 \quad (\text{Lie 代数としての直和}),$$

$$\sigma = \sigma_1 \oplus \sigma_2$$

とおけば，$(\mathfrak{g}, \sigma)$ も直交対称 Lie 代数になり，その標準補空間 $\mathfrak{m}$ は

$$\mathfrak{m} = \mathfrak{m}_1 + \mathfrak{m}_2 \quad (\text{線型空間としての直和})$$

で与えられる．これを $(\mathfrak{g}_1, \sigma_1)$ と $(\mathfrak{g}_2, \sigma_2)$ の**直和**といい，$(\mathfrak{g}_1, \sigma_1) \oplus (\mathfrak{g}_2, \sigma_2)$ で表わす．

$(\mathfrak{g}, \sigma)$, $(\bar{\mathfrak{g}}, \bar{\sigma})$ を二つの直交対称 Lie 代数とする．同型写像 $\varphi : \mathfrak{g} \to \bar{\mathfrak{g}}$ で

$$\varphi \circ \sigma = \bar{\sigma} \circ \varphi$$

を満たすものを，$(\mathfrak{g}, \sigma)$ から $(\bar{\mathfrak{g}}, \bar{\sigma})$ への**同型写像**という．このとき，それぞれの標準補空間 $\mathfrak{m}$, $\bar{\mathfrak{m}}$ に対して

$$\varphi \mathfrak{m} = \bar{\mathfrak{m}}$$

が成り立つ．同型写像が存在するとき，$(\mathfrak{g}, \sigma)$ と $(\bar{\mathfrak{g}}, \bar{\sigma})$ は**同型**であるといい，$(\mathfrak{g}, \sigma) \cong (\bar{\mathfrak{g}}, \bar{\sigma})$ で表わす．

$(\mathfrak{g}, \sigma)$ を直交対称 Lie 代数とし，g を標準補空間 $\mathfrak{m}$ 上の内積で $ad\,\mathfrak{k}$ で不変なもの，すなわち，つぎの条件を満たすものとする．

(iv)′ 各 $X \in \mathfrak{k}$, 各 $Y, Z \in \mathfrak{m}$ に対して

$$g([X, Y], Z) + g(Y, [X, Z]) = 0.$$

条件(iii)′ よりこのような g はつねに存在する．実際，$ad_{\mathfrak{m}}\,\mathfrak{k}$ の生成する $GL(\mathfrak{m})$ の連結 Lie 部分群はコンパクトになるから，例 2.2 のようにして，この群で不変な $\mathfrak{m}$ 上の内積 g をとれるが，これが(iv)′ を満たす．

このような $(\mathfrak{g}, \sigma)$ に g を一緒に考えたもの $(\mathfrak{g}, \sigma, g)$ を **Riemann 対称 Lie 代数**という．

Riemann 対称 Lie 代数 $(\mathfrak{g}, \sigma, g)$ は直交対称 Lie 代数 $(\mathfrak{g}, \sigma)$ が効果的であるとき，**効果的**であるといわれる．

$(\mathfrak{g}_1, \sigma_1, g_1)$, $(\mathfrak{g}_2, \sigma_2, g_2)$ を二つの Riemann 対称 Lie 代数とする．

$$\mathfrak{g} = \mathfrak{g}_1 \oplus \mathfrak{g}_2, \qquad \sigma = \sigma_1 \oplus \sigma_2, \qquad g = g_1 \oplus g_2$$

とおけば，$(\mathfrak{g}, \sigma, g)$ も Riemann 対称 Lie 代数になる．これを，$(\mathfrak{g}_1, \sigma_1, g_1)$ と $(\mathfrak{g}_2, \sigma_2, g_2)$ の**直和**といい，$(\mathfrak{g}_1, \sigma_1, g_1) \oplus (\mathfrak{g}_2, \sigma_2, g_2)$ で表わす．

$(\mathfrak{g}, \sigma, g)$, $(\bar{\mathfrak{g}}, \bar{\sigma}, \bar{g})$ を二つの Riemann 対称 Lie 代数とする．直交対称 Lie 代数の同型写像 $\varphi : (\mathfrak{g}, \sigma) \to (\bar{\mathfrak{g}}, \bar{\sigma})$ は，各 $X, Y \in \mathfrak{m}$ に対して

$$\bar{g}(\varphi X, \varphi Y) = g(X, Y)$$

を満たすとき，$(\mathfrak{g}, \sigma, g)$ から $(\bar{\mathfrak{g}}, \bar{\sigma}, \bar{g})$ への**同型写像**といわれる．同型写像が存在

するとき，$(\mathfrak{g}, \sigma, g)$ と $(\bar{\mathfrak{g}}, \bar{\sigma}, \bar{g})$ は同型であるといい，$(\mathfrak{g}, \sigma, g) \cong (\bar{\mathfrak{g}}, \bar{\sigma}, \bar{g})$ で表わす．

さて，これらの対象と Riemann 対称空間の間の対応をいくつか定義しよう．

(A) (G, K, σ, g) を Riemann 対称対とする．$\mathfrak{g} = \mathrm{Lie}\, G$，$\sigma$ の微分として得られる $\mathfrak{g}$ の自己同型も σ で表わすと，(i), (ii), (iii) よりそれぞれ (i)′, (ii)′, (iii)′ が得られるから，$(\mathfrak{g}, \sigma)$ は直交対称 Lie 代数で，(G, K, σ, g) の標準補空間 $\mathfrak{m}$ は $(\mathfrak{g}, \sigma)$ のそれと一致する．このとき，$(\mathfrak{g}, \sigma, g)$ は Riemann 対称 Lie 代数になる．(iv) を微分して (iv)′ が得られるからである．これを (G, K, σ, g) の **Lie 代数**とよぶ．

この対応 $(G, K, \sigma, g) \rightsquigarrow (\mathfrak{g}, \sigma, g)$ において，同型な Riemann 対称対には同型な Riemann 対称 Lie 代数が対応し，概効果的な Riemann 対称対には効果的な Riemann 対称 Lie 代数が対応し，Riemann 対称対の直積には Riemann 対称 Lie 代数の直和が対応する．

(B) (G, K, σ, g) を Riemann 対称対とする．これに対して Riemann 対称空間 (M, g) を構成しよう．

$$M = G/K$$

を G の K による商多様体とし，M の原点 K を o で表わす．G の M への作用を $a \cdot p$ で表わして，$a \in G$ に対して M の微分同相 τ_a を

$$\tau_a(p) = a \cdot p \qquad (p \in M)$$

によって定義する．G の M への作用が効果的である，すなわち，対応 $a \mapsto \tau_a$ が単射的であることと，(G, K, σ, g) が効果的であることとは同値である．$\pi: G \to M$ を自然な射影とすれば，$\pi_{*e}: \mathfrak{m} \to M_o$ は線型同型写像である．以後，この同型写像によって $\mathfrak{m}$ と M_o とを同一視する．このとき，各 $k \in K$ に対して，同一視:

$$(\tau_k)_{*o} = Ad_{\mathfrak{m}}\, k \tag{2.1}$$

が生ずる．M 上の G 不変な Riemann 計量，すなわち，各 τ_a で不変な Riemann 計量で，$M_o = \mathfrak{m}$ の上で g に一致するもの——これも g で表わす——がただ一つ存在する．実際

$$g_{a \cdot o}(x, y) = g((\tau_a)_*^{-1} x, (\tau_a)_*^{-1} y) \qquad (x, y \in M_{a \cdot o},\ a \in G)$$

とおけば，(2.1) と条件 (iv) より，g が矛盾なく定義されて，求めるものになる．Riemann 多様体 (M, g) は Riemann 対称空間であることを示そう．

写像 $\sigma_o: M \to M$ を対応 $a \cdot o \mapsto \sigma(a) \cdot o$ $(a \in G)$ によって定義する．$K \subset G_\sigma$ であ

るから，σ_o は矛盾なく定まって，M の微分同相になる．σ が回帰的であることより σ_o も回帰的になる．$x \in M_p$ を任意にとると，或る $X \in \mathfrak{m}$ と $a \in G$ によって $x = (\tau_a)_* X$ と表わされる．各 $t \in \boldsymbol{R}$ に対して $\sigma_o(a \exp tX \cdot o) = (\sigma(a) \exp t\sigma X) \cdot o$ となるから

$$(\sigma_o)_* x = (\tau_{\sigma(a)})_* \sigma X = -(\tau_{\sigma(a)})_* X$$

を得る．したがって，g の G 不変性より $\sigma_o \in I(M, g)$ となる．上式より，とくに

$$(\sigma_o)_{*o} = -I_o$$

を得るから，o は σ_o の孤立固定点である．ゆえに，σ_o は o における対称変換である．ほかの点 $p \in M$ における対称変換 σ_p は例 2.1 で示したように，$\tau_a(o) = p$ を満たす $a \in G$ をとって

$$\sigma_p = \tau_a \sigma_o \tau_a^{-1}$$

とおけばよい．

この対応 $(G, K, \sigma, g) \rightsquigarrow (M, g)$ において，同型な Riemann 対称対には等長的な Riemann 対称空間が対応する．実際，(G, K, σ, g), $(\bar{G}, \bar{K}, \bar{\sigma}, \bar{g})$ を Riemann 対称対，(M, g), $(\bar{M}, \bar{g})$ をそれぞれに対応する Riemann 対称空間，$\varphi: (G, K, \sigma, g) \to (\bar{G}, \bar{K}, \bar{\sigma}, \bar{g})$ を同型写像とすれば，対応 $a \cdot o \mapsto \varphi(a) \cdot o'$ $(a \in G)$ が矛盾なく定義されて，等長写像 $(M, g) \to (\bar{M}, \bar{g})$ を与える．また，Riemann 対称対の直積には Riemann 対称空間の直積が対応する．

(C) $(\mathfrak{g}, \sigma, g)$ を Riemann 対称 Lie 代数とする．これに対して単連結 Riemann 対称空間 (M, g) を構成しよう．$\tilde{G}$ を Lie $\tilde{G} = \mathfrak{g}$ となる単連結 Lie 群とし，$\tilde{\sigma}$ を $\tilde{G}$ の自己同型で，その微分が σ に一致するものとする．条件 (i)′ より，

(i) $\tilde{\sigma}$ は回帰的で，恒等写像ではない．

$\tilde{K}$ を $\mathfrak{k}$ で生成された $\tilde{G}$ の連結 Lie 部分群とすれば

(ii) $\tilde{G}_{\tilde{\sigma}}^0 = \tilde{K}$

であるから，$\tilde{K}$ は $\tilde{G}$ の閉部分群である．$Ad_{\mathfrak{g}} \tilde{K}$ は $ad_{\mathfrak{g}} \mathfrak{k}$ で生成された $GL(\mathfrak{g})$ の連結 Lie 部分群に一致するから，条件 (iii)′ より

(iii) $Ad_{\mathfrak{g}} \tilde{K}$ は $GL(\mathfrak{g})$ のコンパクトな部分群である．

(ii) より $(\tilde{G}, \tilde{K}, \tilde{\sigma})$ の標準補空間 $\mathfrak{m}$ は $(\mathfrak{g}, \sigma)$ のそれと一致し，条件 (iv)′ より

(iv) 各 $k \in \tilde{K}$, 各 $X, Y \in \mathfrak{m}$ に対して

$$g(Ad\,kX, Ad\,kY) = g(X, Y)$$

が成り立つ．したがって，$(\tilde{G}, \tilde{K}, \tilde{\sigma}, g)$ は Riemann 対称対である．$(\mathfrak{g}, \sigma, g)$ が効果的ならば，$(\tilde{G}, \tilde{K}, \tilde{\sigma}, g)$ は概効果的である．構成からわかるように，$(\tilde{G}, \tilde{K}, \tilde{\sigma}, g)$ の Lie 代数はもとの $(\mathfrak{g}, \sigma, g)$ に一致する．

$(\tilde{G}, \tilde{K}, \tilde{\sigma}, g)$ から (B) の仕方で構成した Riemann 対称空間を (M, g) とする．$\tilde{G}$ が単連結で，$\tilde{K}$ が連結だから，$M=\tilde{G}/\tilde{K}$ は単連結である．以上によって，Riemann 対称 Lie 代数 $(\mathfrak{g}, \sigma, g)$ から単連結 Riemann 対称空間 (M, g) を得た．

この対応 $(\mathfrak{g}, \sigma, g) \rightsquigarrow (M, g)$ で，同型な Riemann 対称 Lie 代数には等長的な単連結 Riemann 対称空間が対応し，Riemann 対称 Lie 代数の直和には単連結 Riemann 対称空間の直積が対応する．

(D) (M, g) を Riemann 対称空間とする．定理 2.2 の (3) より，(M, g) の Riemann 普遍被覆多様体 $(\tilde{M}, \tilde{g})$ は Riemann 対称空間である．

対応 $(M, g) \rightsquigarrow (\tilde{M}, \tilde{g})$ において，等長的な Riemann 対称空間には等長的な単連結 Riemann 対称空間が対応し，Riemann 対称空間の直積には単連結 Riemann 対称空間の直積が対応する．

(E) (M, g) を Riemann 対称空間とする．これに対して，効果的な Riemann 対称対 (G, K, σ, g) を構成しよう．(M, g) の等長変換群 $I(M, g)$ は，定理 1.2 より，M に働く Lie 変換群である．$I(M, g)$ の単位元の連結成分 $I^0(M, g)$ を G とする．定理 2.2 の (2) より G は M に可移的に働く．1点 $o \in M$ をとって，これを固定する．

$$K = \{a \in G\,;\ a(o) = o\}$$

とおけば，定理 1.2 の系より，K は G のコンパクトな部分群である．G の K による商多様体を G/K とすれば，対応 $aK \mapsto a(o)$ $(a \in G)$ によって，G の作用を込めた同一視：

$$G/K = M$$

が得られる．

$$\mathfrak{g} = \mathrm{Lie}\, G, \qquad \mathfrak{k} = \mathrm{Lie}\, K$$

とする．$o \in M$ における対称変換 σ_o を用いて

$$\sigma(a) = \sigma_o a \sigma_o^{-1} \qquad (a \in G)$$

と定義すれば，G が $I(M, g)$ の正規部分群であることから，σ は G の自己同型を定義する．σ_o が回帰的であるから，σ も回帰的である．

$$G_\sigma=\{a\in G\,;\ \sigma(a)=a\}=\{a\in G\,;\ \sigma_o a=a\sigma_o\}$$

とおき，その単位元の連結成分を G_σ^0 で表わすと

(ii) $G_\sigma^0\subset K\subset G_\sigma$

が成り立つことを示そう．

$(\sigma_o)_{*o}=-I_o$ であるから，各 $k\in K$ に対して，o において，$k_*(\sigma_o)_*=(\sigma_o)_*k_*$ となる．よって，定理 1.2 の (2) より，$k\sigma_o=\sigma_o k$ を得る．したがって $K\subset G_\sigma$ が成り立つ．$G_\sigma^0\subset K$ を示すには，$X\in\mathfrak{g}$ が各 $t\in\boldsymbol{R}$ に対して $\exp tX\in G_\sigma$ を満たす，すなわち $(\exp tX)\sigma_o=\sigma_o(\exp tX)$ とするとき，$X\in\mathfrak{k}$ となることを示せば十分である．上の両辺を o に作用させて

$$(\exp tX)o=\sigma_o((\exp tX)o)$$

を得る．o は σ_o の孤立固定点であったから，t が十分小さければ $(\exp tX)o=o$，すなわち $\exp tX\in K$ となる．K は G の部分群であるから，各 $t\in\boldsymbol{R}$ に対して $\exp tX\in K$ となる．したがって $X\in\mathfrak{k}$ でなければならない．

K はコンパクトであるから

(iii) $Ad_{\mathfrak{g}}K$ は $GL(\mathfrak{g})$ のコンパクトな部分群である

ことは明らかである．σ の微分も σ で表わして

$$\mathfrak{m}=\{X\in\mathfrak{g}\,;\ \sigma X=-X\}$$

とすれば，(ii) より $\mathfrak{m}$ は M_o と同一視されるから $\mathfrak{m}\neq\{0\}$，したがって σ は恒等写像ではない．よって，

(i) σ は回帰的で，恒等写像ではない

ことも示された．つぎに，

$$g(X,Y)=g_o(X,Y)\qquad (X,Y\in\mathfrak{m}=M_o)$$

とおけば，Riemann 計量 g の G 不変性より

(iv) 各 $k\in K$，各 $X,Y\in\mathfrak{m}$ に対して

$$g(Ad\,kX,Ad\,kY)=g(X,Y)$$

が成り立つ．以上によって，Riemann 対称対 (G,K,σ,g) が得られた．これが効果的であることは G の M への作用が効果的であることから明らかである．構成からわかるように，この (G,K,σ,g) から (B) の仕方で構成した Riemann 対称空間はもとの (M,g) に一致する．

この対応 $(M,g)\rightsquigarrow(G,K,\sigma,g)$ によって，等長的な Riemann 対称空間には

同型な Riemann 対称対が対応することを示そう．(M, g), $(\bar{M}, \bar{g})$ を Riemann 対称空間で，等長写像 $\varphi: (M, g) \to (\bar{M}, \bar{g})$ が存在するものとする．$o \in M$, $\bar{o} \in \bar{M}$ から上の仕方で構成した Riemann 対称対をそれぞれ (G, K, σ, g), $(\bar{G}, \bar{K}, \bar{\sigma}, \bar{g})$ とするとき，これらは同型であることを示す．定理 2.2 の (2) より，$\bar{G}$ は $\bar{M}$ に可移的に働くから，$\bar{a}\varphi(o) = \bar{o}$ となる $\bar{a} \in \bar{G}$ が存在する．$\bar{a} \circ \varphi$ はやはり (M, g) から $(\bar{M}, \bar{g})$ への等長写像で $(\bar{a} \circ \varphi)(o) = \bar{o}$ を満たすから，はじめから $\varphi(o) = \bar{o}$ であると仮定してよい．対称変換は一意的であったから

$$\sigma_{\bar{o}} = \varphi \circ \sigma_o \circ \varphi^{-1} \tag{2.2}$$

を得る．同型写像 $\hat{\varphi}: G \to \bar{G}$ を

$$\hat{\varphi}(a) = \varphi \circ a \circ \varphi^{-1} \qquad (a \in G)$$

によって定義する．$K, \bar{K}$ の定義から明らかに $\hat{\varphi}(K) = \bar{K}$ が成り立つ．さらに

$$\hat{\varphi} \circ \sigma = \bar{\sigma} \circ \hat{\varphi}$$

が成り立つ．実際，各 $a \in G$ に対して，(2.2) を用いて

$$\begin{aligned}\hat{\varphi}(\sigma(a)) &= \varphi \circ (\sigma_o a \sigma_o{}^{-1}) \circ \varphi^{-1} = (\varphi \circ \sigma_o) \circ a \circ (\varphi \circ \sigma_o)^{-1} \\ &= (\sigma_{\bar{o}} \circ \varphi) \circ a \circ (\sigma_{\bar{o}} \circ \varphi)^{-1} = \sigma_{\bar{o}}(\varphi \circ a \circ \varphi^{-1}) \sigma_{\bar{o}}{}^{-1} = \bar{\sigma}(\hat{\varphi}(a))\end{aligned}$$

となるからである．$\hat{\varphi}$ の微分も $\hat{\varphi}: \mathfrak{g} \to \bar{\mathfrak{g}}$ で表わすと，

$$\begin{array}{ccc} \mathfrak{m} & \xrightarrow{\hat{\varphi}} & \bar{\mathfrak{m}} \\ \| & & \| \\ M_o & \xrightarrow[\varphi_{*o}]{} & \bar{M}_{\bar{o}} \end{array}$$

は可換な図式となるから，各 $X, Y \in \mathfrak{m}$ に対して

$$\bar{g}(\hat{\varphi}X, \hat{\varphi}Y) = g(X, Y)$$

が成り立つ．したがって，$\hat{\varphi}$ は (G, K, σ, g) から $(\bar{G}, \bar{K}, \bar{\sigma}, \bar{g})$ への同型写像である．

この対応では，一般には，直積に直積が対応しないことを注意されたい．

これらの対応の間の関係がつぎの定理で与えられる．

定理 2.3　構成 (A), (B), (C), (D) より，可換な図式

$$\begin{array}{ccc} \{\text{Riemann 対称対}\}/\cong & \xrightarrow{\text{(B)}} & \{\text{Riemann 対称空間}\}/\cong \\ \text{(A)}\downarrow & & \downarrow\text{(D)} \\ \{\text{Riemann 対称 Lie 代数}\}/\cong & \xrightarrow[\text{(C)}]{} & \{\text{単連結 Riemann 対称空間}\}/\cong \end{array}$$

が引きおこされる．各写像はすべて全射的である．ここで {Riemann 対称対}/≅

は Riemann 対称対の同型類全体，{Riemann 対称空間}/≅ は Riemann 対称空間の等長類全体を表わす．ほかの二つについても同様である．

証明 定理のような図式が引きおこされることはすでに示した．Riemann 対称 Lie 代数 $(\mathfrak{g}, \sigma, g)$ に対して，(C) で構成した Riemann 対称対 $(\tilde{G}, \tilde{K}, \tilde{\sigma}, g)$ の Lie 代数は $(\mathfrak{g}, \sigma, g)$ であったから，対応 (A) は全射的である．Riemann 対称空間 (M, g) に対して，(E) で構成した効果的な Riemann 対称対 (G, K, σ, g) から (B) の構成で得られる Riemann 対称空間は (M, g) に一致したから，対応 (B) も全射的である．対応 (D) が全射的であることは明らかである．そこで，図式の可換性を示せば，同時に対応 (C) の全射性も得られる．

(G, K, σ, g) を任意の Riemann 対称対とする．$(\mathfrak{g}, \sigma, g)$ を (G, K, σ, g) の Lie 代数，$(\tilde{G}, \tilde{K}, \tilde{\sigma}, g)$ を $(\mathfrak{g}, \sigma, g)$ から (C) の仕方で構成した Riemann 対称対とする．(G, K, σ, g), $(\tilde{G}, \tilde{K}, \tilde{\sigma}, g)$ から (B) の仕方で構成した Riemann 対称空間をそれぞれ (M, g), $(\tilde{M}, \tilde{g})$ とする．$(\tilde{M}, \tilde{g})$ は対応 (C) によって $(\mathfrak{g}, \sigma, g)$ に対応している単連結 Riemann 対称空間であった．$\pi : \tilde{G} \to G$ を普遍被覆準同型とすれば，$\pi(\tilde{K}) \subset K$ が成り立つ．$M = G/K$, $\tilde{M} = \tilde{G}/\tilde{K}$ に注意すれば，対応 $a\tilde{K} \mapsto \pi(a)K$ $(a \in \tilde{G})$ によって，被覆写像 $\hat{\pi} : \tilde{M} \to M$ が定義されるが，Riemann 計量 $g, \tilde{g}$ の定義の仕方から，$\hat{\pi}$ は局所等長写像であることがわかる．したがって，$(\tilde{M}, \tilde{g})$ は (M, g) の Riemann 普遍被覆多様体である．これは考えている図式の可換性を意味する．∎

§2.3 Riemann 対称対の例

例 2.4 例 2.1 の場合を考えよう．Euclid 空間 $(\boldsymbol{R}^n, g)$ に対しては，

$$G = \left\{ \begin{bmatrix} \alpha & \beta \\ 0 & 1 \end{bmatrix};\ \alpha \in SO(n),\ \beta \in \boldsymbol{R}^n \right\} \subset GL(n+1, \boldsymbol{R}),$$

$$K = \left\{ \begin{bmatrix} \alpha & 0 \\ 0 & 1 \end{bmatrix};\ \alpha \in SO(n) \right\} \cong SO(n),$$

$$\sigma \begin{bmatrix} \alpha & \beta \\ 0 & 1 \end{bmatrix} = \begin{bmatrix} \alpha & -\beta \\ 0 & 1 \end{bmatrix} \qquad \left(\begin{bmatrix} \alpha & \beta \\ 0 & 1 \end{bmatrix} \in G \right)$$

とおくと，σ は G の回帰的自己同型で $G_\sigma = K$ が成り立つ．標準補空間 $\mathfrak{m}$ は

$$\mathfrak{m} = \left\{ \begin{bmatrix} 0 & x \\ 0 & 0 \end{bmatrix};\ x \in \boldsymbol{R}^n \right\} \subset \mathfrak{gl}(n+1, \boldsymbol{R})$$

となる．$\boldsymbol{R}^n$ の標準的内積 $\langle\ ,\ \rangle$ を用いて

$$g\left(\begin{bmatrix} 0 & x \\ 0 & 0 \end{bmatrix}, \begin{bmatrix} 0 & y \\ 0 & 0 \end{bmatrix}\right) = \langle x, y \rangle \qquad (x, y \in \boldsymbol{R}^n)$$

とおくと，(G, K, σ, g) は効果的な Riemann 対称対である．G は§1.1で述べた仕方で $\boldsymbol{R}^n$ に可移的に働く．$o \in \boldsymbol{R}^n$ を例2.1でとった原点0とすれば，対応 $aK \mapsto a \cdot o$ $(a \in G)$ によって滑らかな多様体として $G/K = \boldsymbol{R}^n$ と同一視される．この同一視のもとで，(G, K, σ, g) に対応する Riemann 対称空間が $(\boldsymbol{R}^n, g)$ である．

単位球面 (S^n, g) に対しては

$$G = SO(n+1),$$
$$K = \left\{\begin{bmatrix} \alpha & 0 \\ 0 & 1 \end{bmatrix};\ \alpha \in SO(n)\right\} \cong SO(n),$$
$$\sigma(a) = sas^{-1} \qquad (a \in G),$$
$$\text{ここで}\ s = \mathrm{diag}(\underbrace{1, \cdots, 1}_{n\text{個}}, -1) \in O(n+1)$$

とおくと，σ は G の回帰的自己同型，$G_\sigma{}^0 \subset K \subset G_\sigma$ であって，標準補空間 $\mathfrak{m}$ は

$$\mathfrak{m} = \left\{\begin{bmatrix} 0 & \xi \\ -{}^t\xi & 0 \end{bmatrix};\ \xi \in \boldsymbol{R}^n\right\} \subset \mathfrak{o}(n+1)$$

となる．

$$g(X, Y) = -\frac{1}{2}\mathrm{Tr}\, XY \qquad (X, Y \in \mathfrak{m})$$

とおく．ここで Tr は行列のトレースを表わす．(G, K, σ, g) は効果的な Riemann 対称対で，自然な同一視 $aK \mapsto a \cdot o$ $(a \in SO(n+1))$ のもとで，対応する Riemann 対称空間が (S^n, g) になる．

Poincaré 上半平面 (H^2, g) に対しては

$$G = SL(2, \boldsymbol{R}),$$
$$K = SO(2),$$
$$\sigma(a) = {}^t a^{-1} \qquad (a \in SL(2, \boldsymbol{R}))$$

とおけば，σ は G の回帰的自己同型，$G_\sigma = K$ であって，標準補空間 $\mathfrak{m}$ は

$$\mathfrak{m} = \left\{\begin{bmatrix} \xi & \eta \\ \eta & -\xi \end{bmatrix};\ \xi, \eta \in \boldsymbol{R}\right\} \subset \mathfrak{sl}(2, \boldsymbol{R})$$

となる．

$$g(X, Y) = 2\,\mathrm{Tr}\, XY \qquad (X, Y \in \mathfrak{m})$$

とおくと，(G, K, σ, g) は概効果的な Riemann 対称対であって，1次分数変換による同一視のもとで，対応する Riemann 対称空間が (H^2, g) になる．

例 2.5 例 2.2 のコンパクト連結 Lie 群 (H, g) の場合を考えよう．

$$G = H \times H,$$
$$K = \{(a, a) \in G\,;\ a \in H\} \cong H,$$
$$\sigma(a, b) = (b, a) \qquad ((a, b) \in G)$$

とおくと，σ は G の回帰的自己同型，$G_\sigma = K$ であって，標準補空間 $\mathfrak{m}$ は

$$\mathfrak{m} = \{(X, -X)\,;\ X \in \mathfrak{h}\} \subset \mathfrak{g} = \mathfrak{h} \oplus \mathfrak{h}$$

となる．

$$g((X, -X), (Y, -Y)) = 4\langle X, Y\rangle \qquad (X, Y \in \mathfrak{h})$$

とおくと，(G, K, σ, g) は Riemann 対称対になる．このとき，対応 $(a, b)K \mapsto ab^{-1}$ $(a, b \in H)$ によって

$$G/K = H$$

と同一視される．この同一視のもとで，(G, K, σ, g) に対応する Riemann 対称空間が (H, g) になる．

例 2.6 実4元数全体のなす $\boldsymbol{R}$ 上の代数を $\boldsymbol{H}$ とする．以下 $\boldsymbol{F}$ で $\boldsymbol{R}, \boldsymbol{C}$ または $\boldsymbol{H}$ を表わす．$a \in \boldsymbol{F}$ に対して，その共役数を $\bar{a}$ で表わす．ただし，$\boldsymbol{F} = \boldsymbol{R}$ のときは $\bar{a} = a$ とする．各成分が $\boldsymbol{F}$ の元である $n \times m$ 行列全体のなす実線型空間を $M_{n,m}(\boldsymbol{F})$ で表わす．$X \in M_{n,m}(\boldsymbol{F})$ に対して，その各成分を共役数に変えて得られる行列を $\bar{X}$，X の転置行列を ${}^tX$ で表わす．とくに $M_{n,n}(\boldsymbol{F})$ を $M_n(\boldsymbol{F})$ で表わす．$M_n(\boldsymbol{F})$ は $\boldsymbol{R}$ 上の代数になる．1_n で n 次の単位行列を表わす．

$X = (x_{ik}) \in M_n(\boldsymbol{H})$ に対して $\rho(X) \in M_{2n}(\boldsymbol{C})$ を以下のように定義する．$\boldsymbol{H}$ の標準的基底を $1, i, j, k$ とし，$\boldsymbol{C} = \boldsymbol{R}1 + \boldsymbol{R}i$ と同一視すれば，各 $x_{ik} \in \boldsymbol{H}$ は

$$x_{ik} = \alpha_{ik} + j\beta_{ik} \qquad (\alpha_{ik}, \beta_{ik} \in \boldsymbol{C})$$

と一意的に書ける．そこで

$$\rho(X) = \begin{bmatrix} X_{11} & \cdots & X_{1n} \\ & \cdots\cdots & \\ X_{n1} & \cdots & X_{nn} \end{bmatrix}, \qquad \text{ただし} \quad X_{ik} = \begin{bmatrix} \alpha_{ik} & -\bar{\beta}_{ik} \\ \beta_{ik} & \bar{\alpha}_{ik} \end{bmatrix}$$

と定める．写像 $\rho : M_n(\boldsymbol{H}) \to M_{2n}(\boldsymbol{C})$ は $\boldsymbol{R}$ 上の代数としての単射的準同型写像で，各 $X \in M_n(\boldsymbol{H})$ に対して

$$\rho({}^t\bar{X}) = {}^t\overline{\rho(X)}$$

を満たす．

さて，一般の $\boldsymbol{F}$ に対して

$$\boldsymbol{F}=\boldsymbol{R}, \boldsymbol{C} \quad \text{のとき} \quad N(X)=\det X, \qquad T(X)=\operatorname{Tr} X,$$
$$\boldsymbol{F}=\boldsymbol{H} \quad \text{のとき} \quad N(X)=\det \rho(X), \quad T(X)=\operatorname{Tr} \rho(X)$$

(det は行列式を表わす) と定義して，

$$U(n, \boldsymbol{F}) = \{a \in M_n(\boldsymbol{F})\,;\ {}^t\bar{a}a=1_n\},$$
$$SU(n, \boldsymbol{F}) = \{a \in U(n, \boldsymbol{F})\,;\ N(a)=1\}$$

とおく．これらはともにコンパクト Lie 群になる．

$$\mathfrak{u}(n, \boldsymbol{F}) = \{X \in M_n(\boldsymbol{F})\,;\ {}^t\bar{X}+X=0\},$$
$$\mathfrak{su}(n, \boldsymbol{F}) = \{X \in \mathfrak{u}(n, \boldsymbol{F})\,;\ T(X)=0\}$$

とおくと，これらは括弧積 $[X, Y]=XY-YX$ によって実 Lie 代数になり，それぞれ Lie $U(n, \boldsymbol{F})$，Lie $SU(n, \boldsymbol{F})$ と同一視され，各 $a \in U(n, \boldsymbol{F})$，$X \in \mathfrak{u}(n, \boldsymbol{F})$ に対して

$$\operatorname{Ad} a X = aXa^{-1}$$

が成り立つ．通常の記法を用いれば

$$SU(n, \boldsymbol{F}) = \begin{cases} SO(n) & (\boldsymbol{F}=\boldsymbol{R}) \\ SU(n) & (\boldsymbol{F}=\boldsymbol{C}) \\ Sp(n) \ \ (\text{に同型}) & (\boldsymbol{F}=\boldsymbol{H}) \end{cases}$$

となる．

さて，$1 \leqq p \leqq q$ に対して

$$G = SU(p+q, \boldsymbol{F}),$$
$$K = \left\{\begin{bmatrix} \alpha & 0 \\ 0 & \beta \end{bmatrix} \in G\,;\ \alpha \in U(q, \boldsymbol{F}),\ \beta \in U(p, \boldsymbol{F})\right\},$$
$$\sigma(a) = sas^{-1} \qquad (a \in G),$$
$$\text{ここで} \quad s = \operatorname{diag}(\underbrace{-1, \cdots, -1}_{q\,\text{個}}, \underbrace{1, \cdots, 1}_{p\,\text{個}}) \in U(p+q, \boldsymbol{F})$$

とおくと，σ は G の回帰的自己同型で，$K=G_\sigma$ となる．標準補空間 $\mathfrak{m}$ は

$$\mathfrak{m} = \left\{\begin{bmatrix} 0 & Z \\ -{}^t\bar{Z} & 0 \end{bmatrix}\,;\ Z \in M_{q,p}(\boldsymbol{F})\right\} \subset \mathfrak{su}(p+q, \boldsymbol{F})$$

となる．$X, Y \in \mathfrak{m}$ に対して

$$g(X, Y) = \begin{cases} -\dfrac{1}{2}T(XY) & (\boldsymbol{F}=\boldsymbol{R}) \\ -2T(XY) & (\boldsymbol{F}=\boldsymbol{C}) \\ -T(XY) & (\boldsymbol{F}=\boldsymbol{H}) \end{cases}$$

とおく．すると，(G, K, σ, g) は概効果的な Riemann 対称対になる．これに対応する Riemann 対称空間 (M, g) の基底多様体 $M=G/K$ を調べよう．

$\boldsymbol{F}^{p+q}$ を $p+q$ 個の $\boldsymbol{F}$ の元よりなる列ベクトル全体の空間とする．$\boldsymbol{F}^{p+q}$ は $\boldsymbol{F}$ 上の右線型空間である．$\boldsymbol{F}^{p+q}$ の p 次元 $\boldsymbol{F}$ 部分空間全体を $G_{p,q}(\boldsymbol{F})$ で表わす．G は自然な仕方で左から $G_{p,q}(\boldsymbol{F})$ に作用するが，容易にわかるように，この作用は可移的である．

$$e_i = {}^t(0, \cdots, 0, \overset{i}{\breve{1}}, 0, \cdots, 0) \in \boldsymbol{F}^{p+q} \qquad (1 \leqq i \leqq p+q)$$

とおき，$e_{q+1}, e_{q+2}, \cdots, e_{p+q}$ で $\boldsymbol{F}$ 上張られる p 次元 $\boldsymbol{F}$ 部分空間を $o \in G_{p,q}(\boldsymbol{F})$ で表わす．このとき，$a \in G$ が o を固定するための必要十分条件は $a \in K$ となることである．したがって，対応 $aK \mapsto ao$ $(a \in G)$ によって

$$M = G_{p,q}(\boldsymbol{F})$$

と同一視される．この同一視によって，$G_{p,q}(\boldsymbol{F})$ 上に滑らかな多様体の構造を導入したものを，$\boldsymbol{F}$ 上の **Grassmann 多様体**とよぶ．とくに $G_{1,n}(\boldsymbol{F})$ を $P_n(\boldsymbol{F})$ で表わし，これを $\boldsymbol{F}$ 上の n 次元**射影空間**という．さらに，$\boldsymbol{F}=\boldsymbol{C}$ のとき，$P_n(\boldsymbol{C})$ は §1.9 で述べた複素射影空間 $(\boldsymbol{C}^{n+1}-\{0\})/\boldsymbol{C}^*$ と同一視される．このためには，$z \in \boldsymbol{C}^{n+1}-\{0\}$ の $\boldsymbol{C}^{n+1}-\{0\}/\boldsymbol{C}^*$ における類に対して，$\boldsymbol{C}^{n+1}$ のなかの z で張られる 1 次元部分空間 $\boldsymbol{C}z \in G_{1,n}(\boldsymbol{C})$ を対応させればよい．このとき，上の構成による Riemann 対称空間 $(P_n(\boldsymbol{C}), g)$ は n 次元 Fubini-Study 空間と等長的になる．また，$\boldsymbol{F}=\boldsymbol{R}$ のとき，$p \in S^n$ に対して，p で張られる $\boldsymbol{R}^{n+1}$ のなかの 1 次元部分空間を対応させる写像 $S^n \to P_n(\boldsymbol{R})$ は，2 重の被覆写像で，(S^n, g) から $(P_n(\boldsymbol{R}), g)$ への局所等長写像である．Riemann 対称空間 $(P_n(\boldsymbol{F}), g)$ は，$\boldsymbol{F}$ 上の**楕円型空間**ともよばれている．

例 2.7 $1 \leqq p \leqq q$ に対して

$$SU(p, q; \boldsymbol{F}) = \{a \in M_{p+q}(\boldsymbol{F});\ N(a)=1,\ {}^t\bar{a}Ha=H\},$$

$$\mathfrak{su}(p,q\,;\boldsymbol{F})=\{X\in M_{p+q}(\boldsymbol{F})\,;\ T(X)=0,\ {}^t\bar{X}H+HX=0\},$$

$$\text{ここで}\quad H=\mathrm{diag}(\underbrace{-1,\cdots,-1}_{q\text{ 個}},\underbrace{1,\cdots,1}_{p\text{ 個}})\in M_{p+q}(\boldsymbol{F})$$

とおく．$SU(p,q\,;\boldsymbol{F})$ は Lie 群で，$\mathrm{Lie}\,SU(p,q\,;\boldsymbol{F})=\mathfrak{su}(p,q\,;\boldsymbol{F})$ と同一視される．$SU(p,q\,;\boldsymbol{F})$ の単位元の連結成分を $SU^0(p,q\,;\boldsymbol{F})$ で表わす．

$$G=SU^0(p,q\,;\boldsymbol{F}),$$

$$K=\left\{\begin{bmatrix}\alpha & 0\\ 0 & \beta\end{bmatrix}\in G;\ \alpha\in U(q,\boldsymbol{F}),\ \beta\in U(p,\boldsymbol{F})\right\},$$

$$\sigma(a)={}^t\bar{a}^{-1}\qquad(a\in G)$$

とおくと，σ は G の回帰的自己同型で，$K=G_\sigma$ となる．標準補空間 $\mathfrak{m}$ は

$$\mathfrak{m}=\left\{\begin{bmatrix}0 & Z\\ {}^t\bar{Z} & 0\end{bmatrix};\ Z\in M_{q,p}(\boldsymbol{F})\right\}\subset\mathfrak{su}(p,q\,;\boldsymbol{F})$$

となる．$X,Y\in\mathfrak{m}$ に対して

$$g(X,Y)=\begin{cases}\dfrac{1}{2}T(XY) & (\boldsymbol{F}=\boldsymbol{R})\\ 2T(XY) & (\boldsymbol{F}=\boldsymbol{C})\\ T(XY) & (\boldsymbol{F}=\boldsymbol{H})\end{cases}$$

とおくと，(G,K,σ,g) は概効果的な Riemann 対称対になる．$M=G/K$ を調べよう．

一般に，Hermite 行列 $X\in M_p(\boldsymbol{F})$，すなわち ${}^t\bar{X}=X$ なる $X\in M_p(\boldsymbol{F})$ に対して，$\boldsymbol{F}=\boldsymbol{R}$ または $\boldsymbol{C}$ の場合は，X が正定値のとき，$\boldsymbol{F}=\boldsymbol{H}$ の場合は，$\rho(X)$ が正定値複素 Hermite 行列のときに，$X>0$ と表わすことにする．そして

$$D_{p,q}(\boldsymbol{F})=\{Z\in M_{q,p}(\boldsymbol{F})\,;\ 1_p-{}^t\bar{Z}Z>0\}$$

とおく．$D_{p,q}(\boldsymbol{F})$ は実線型空間 $M_{q,p}(\boldsymbol{F})$ の開集合である．じつは，滑らかな多様体として

$$G/K=D_{p,q}(\boldsymbol{F})\tag{2.3}$$

と同一視されるのであるが，その証明のために，まず

$$a=\begin{bmatrix}\overset{q}{\overbrace{\alpha}} & \overset{p}{\overbrace{\beta}}\\ \gamma & \delta\end{bmatrix}\begin{matrix}\}q\\ \}p\end{matrix}\in G,\qquad Z\in M_{q,p}(\boldsymbol{F})$$

に対して

$${}^t\overline{(\gamma Z+\delta)}(\gamma Z+\delta)-{}^t\overline{(\alpha Z+\beta)}(\alpha Z+\beta)=1_p-{}^t\bar{Z}Z\tag{2.4}$$

が成り立つことを示そう．まず，上の形の $a\in M_{p+q}(\boldsymbol{F})$ が ${}^t\bar{a}Ha=H$ を満たすための必要十分条件を書けば

$$ {}^t\bar{\alpha}\alpha-{}^t\bar{\gamma}\gamma=1_q,\qquad {}^t\bar{\delta}\delta-{}^t\bar{\beta}\beta=1_p,\qquad {}^t\bar{\alpha}\beta-{}^t\bar{\gamma}\delta=0 $$

となる．よって

$$ \begin{aligned} \text{左辺} &= ({}^t\bar{Z}{}^t\bar{\gamma}+{}^t\bar{\delta})(\gamma Z+\delta)-({}^t\bar{Z}{}^t\bar{\alpha}+{}^t\bar{\beta})(\alpha Z+\beta) \\ &= {}^t\bar{Z}({}^t\bar{\gamma}\gamma-{}^t\bar{\alpha}\alpha)Z+{}^t\bar{Z}({}^t\bar{\gamma}\delta-{}^t\bar{\alpha}\beta)+({}^t\bar{\delta}\gamma-{}^t\bar{\beta}\alpha)Z+{}^t\bar{\delta}\delta-{}^t\bar{\beta}\beta \\ &= -{}^t\bar{Z}Z+1_p=\text{右辺} \end{aligned} $$

を得て，(2.4) が示された．

したがって，もし $Z\in D_{p,q}(\boldsymbol{F})$ ならば

$$ {}^t\overline{(\gamma Z+\delta)}(\gamma Z+\delta)={}^t\overline{(\alpha Z+\beta)}(\alpha Z+\beta)+(1_p-{}^t\bar{Z}Z)>0 $$

となるから，$\gamma Z+\delta\in M_p(\boldsymbol{F})$ は逆元 $(\gamma Z+\delta)^{-1}\in M_p(\boldsymbol{F})$ をもつ．そこで

$$ a\cdot Z=(\alpha Z+\beta)(\gamma Z+\delta)^{-1}\qquad (Z\in D_{p,q}(\boldsymbol{F})) \tag{2.5} $$

と定義すると，$a\cdot Z\in D_{p,q}(\boldsymbol{F})$ となる．実際，上式の右辺を W とおけば，${}^t\overline{(\gamma Z+\delta)}(1_p-{}^t\overline{W}W)(\gamma Z+\delta)$ は (2.4) の左辺に一致するから，(2.4) より

$$ {}^t\overline{(\gamma Z+\delta)}(1_p-{}^t\overline{W}W)(\gamma Z+\delta)>0, $$

よって $W\in D_{p,q}(\boldsymbol{F})$ となるからである．(2.5) によって G の $D_{p,q}(\boldsymbol{F})$ への滑らかな作用が定義され，しかもこの作用は可移的であることが容易に確かめられる．この作用 (2.5) は**1次分数変換**といわれている．

さて，$D_{p,q}(\boldsymbol{F})$ の原点 o として $0\in M_{q,p}(\boldsymbol{F})$ をとれば，$a\in G$ が o を固定するための必要十分条件は $a\in K$ となることである．したがって，対応 $aK\mapsto a\cdot o$ $(a\in G)$ によって同一視 (2.3) が得られる．この同一視のもとで，原点 0 における $(D_{p,q}(\boldsymbol{F}),g)$ の対称変換 σ_0 は

$$ \sigma_0 Z=-Z\qquad (D\in D_{p,q}(\boldsymbol{F})) $$

で与えられる．

とくに $D_{1,n}(\boldsymbol{F})$ を $D_n(\boldsymbol{F})$ で表わし，これを $\boldsymbol{F}^n$ の**単位開球**という．実際，$\boldsymbol{F}^n$ の標準的内積を

$$ \langle Z,W\rangle=\mathrm{Re}\,{}^tZ\overline{W}\qquad (Z,W\in\boldsymbol{F}^n), $$

そのノルムを $\|Z\|=\sqrt{\langle Z,Z\rangle}$ とすれば

$$ D_n(\boldsymbol{F})=\{Z\in\boldsymbol{F}^n;\ \|Z\|<1\} $$

となる．Riemann 対称空間 $(D_n(\boldsymbol{F}),g)$ は $\boldsymbol{F}$ 上の**双曲型空間**ともよばれている．

§2.4 Riemann 接続と Riemann 曲率テンソル場

(G, K, σ, g) を Riemann 対称対，これから §2.2 (A) の仕方で構成された Riemann 対称空間を (M, g) とし，§2.2 (A) の記号を用いる．

∇ を (M, g) の Riemann 接続とする．まず，つぎのことに注意しよう．各 $a \in G$ に対して，τ_a は (M, g) の等長変換であるから，それは ∇ の自己同型でもある．よって，∇ は G 不変な接続である．

$X \in \mathfrak{g}$ に対して，X から生成された M 上のベクトル場を $X^* \in \mathfrak{X}(M)$ で表わす．すなわち，

$$X^*{}_p = \left[\frac{d}{dt}(\exp tX)\cdot p\right]_{t=0} \qquad (p \in M)$$

とする．すると，上の注意から，各 X^* は ∇ の無限小自己同型である．対応 $X \mapsto X^*$ は $\mathfrak{g}$ から $\mathfrak{X}(M)$ への反準同型写像である．すなわち，各 $X, Y \in \mathfrak{g}$ に対して

$$[X, Y]^* = -[X^*, Y^*]$$

が成り立つ．(G, K, σ, g) が概効果的であるとき，この対応は単射的である．また，X^* を用いれば，§2.2 で述べた同一視 $\pi_{*e} : \mathfrak{m} \to M_o$ は，$X \mapsto X^*{}_o$ $(X \in \mathfrak{m})$ とも書き表わせる．

さて，Riemann 対称空間 (M, g) の Riemann 接続 ∇，測地線，Riemann 曲率テンソル場などを調べたいのであるが，はじめの注意と，G が M 上に可移的に働いていることから，これらを原点 o において調べれば十分である．

定理 2.4 (G, K, σ, g) を Riemann 対称対，これから定義された Riemann 対称空間を (M, g) とする．(M, g) の Riemann 接続を ∇，Riemann 曲率テンソル場を R，(1.9) または (1.9)′ で定義される (1, 1) 型のテンソル場を A_X $(X \in \mathfrak{X}(M))$ とすると，以下のことが成り立つ．

(1) $$(A_{X^*})_o = \begin{cases} -ad_{\mathfrak{m}} X & (X \in \mathfrak{k}) \\ 0 & (X \in \mathfrak{m}). \end{cases}$$

(2) $X \in \mathfrak{m}$ に対して

$$\gamma_X(t) = (\exp tX)\cdot o \qquad (t \in \boldsymbol{R})$$

とおく．

(a) $\gamma_X | [0, t]$ に沿っての平行移動は

$$(\tau_{\exp tX})_* : M_o \longrightarrow M_{\gamma_X(t)}$$

に一致する．

(b) γ_X は (M, g) の測地線で，

$$\gamma_X(0) = o, \qquad \gamma_X'(0) = X$$

を満たす．したがって

$$\mathrm{Exp}_o X = (\exp X)\cdot o$$

が成り立つ．

(3) 各 $X, Y \in \mathfrak{m}$ に対して

$$R_o(X, Y) = -ad_{\mathfrak{m}}[X, Y]$$

が成り立つ．

(4) T を M 上の混合テンソル場で G 不変なもの，すなわち，各 $a \in G$，各 $p \in M$ に対して $(\tau_a)_* \cdot T_p = T_{\tau_a(p)}$ を満たすものとすれば，T は ∇ に関して平行：

$$\nabla T = 0$$

である．

証明 (1) $X \in \mathfrak{k}$ とする．$X^*{}_o = 0$ であることに注意すれば，各 $Y \in \mathfrak{m}$ に対して，(1.9)′ より

$$(A_{X^*})_o(Y) = -\nabla_Y X^* = -(\nabla_{Y^*} X^*)_o = (\nabla_{X^*} Y^* - \nabla_{Y^*} X^*)_o$$
$$= [X^*, Y^*]_o = -[X, Y]^*{}_o = -[X, Y]$$

を得るから，$(A_{X^*})_o = -ad_{\mathfrak{m}}\, X$ となる．

つぎに，$X \in \mathfrak{m}$ とする．σ_o は ∇ の自己同型であるから，各 $Y \in \mathfrak{m}$ に対して，$\nabla_{(\sigma_o)_* Y}(\sigma_o)_* X^* = (\sigma_o)_* \nabla_Y X^*$ となるが，$(\sigma_{o*})_o = -I_o$ であるから，

$$\nabla_Y (\sigma_o)_* X^* = \nabla_Y X^*$$

を得る．ところが，$\sigma X = -X$ より $(\sigma_o)_* X^* = -X^*$ となるから

$$-\nabla_Y X^* = \nabla_Y X^*$$

となり，$\nabla_Y X^* = 0$，すなわち，$(A_{X^*})_o(Y) = 0$ を得る．

(2) (a) $Y \in \mathfrak{m}$ に対して，

$$Y(t) = (\tau_{\exp tX})_* Y \in M_{\gamma_X(t)} \qquad (t \in \boldsymbol{R})$$

によって，γ_X に沿った滑らかなベクトル場 $Y(t)$ を定義する．各 $t \in \boldsymbol{R}$ に対して $\nabla_{d/dt} Y(t) = 0$ であることを示せばよい．∇ の G 不変性より

$$\nabla_{d/dt} Y(t) = \nabla_{\gamma_X'(t)} Y(t) = (\tau_{\exp tX})_* [\nabla_{d/ds} Y(s)]_{s=0}$$

が成り立つから，このためには，$[\nabla_{d/dt} Y(t)]_{t=0} = 0$ を示せば十分である．そのた

めに，$\mathcal{U}$ を $\mathfrak{m}$ の0の開近傍で，対応 $Z\mapsto(\exp Z)\cdot o$ が $\mathcal{U}$ から M の o の開近傍 U への微分同相となるようなものとし，U 上の滑らかなベクトル場 $Y^{\sharp}$ を

$$(2.6)\qquad Y^{\sharp}{}_{(\exp Z)\cdot o} = (\tau_{\exp Z})_* Y \qquad (Z\in\mathcal{U})$$

によって定義しよう．すると，Riemann 接続の対称性より

$$[\nabla_{d/dt}Y(t)]_{t=0} = \nabla_X Y^{\sharp} = \nabla_Y X^* + [X^*, Y^{\sharp}]_o$$

を得るが，(1) より $\nabla_Y X^*=0$ であり，(2.6) より

$$[X^*, Y^{\sharp}]_o = \left[\frac{d}{dt}(\tau_{\exp tX})_*{}^{-1} Y^{\sharp}{}_{(\exp tX)\cdot o}\right]_{t=0} = 0$$

となるから，求める等式が得られた．

(b) は (a) からただちに導かれる．

(3) X^*, Y^* は ∇ の無限小自己同型だから，(1.18) より

$$\begin{aligned} R_o(X, Y) &= R(X^*, Y^*)_o = ([A_{X^*}, A_{Y^*}] - A_{[X^*, Y^*]})_o \\ &= [(A_{X^*})_o, (A_{Y^*})_o] + (A_{[X,Y]^*})_o \end{aligned}$$

となる．$[X, Y]\in\mathfrak{k}$ に注意すれば，(1) より (3) を得る．

(4) 仮定と (2) (a) より，各 $X\in\mathfrak{m}$ に対して $\nabla_X T=0$ となる．T と ∇ がともに G 不変で，G が M 上に可移的に働いていることから，$\nabla T=0$ を得る．▌

定理2.4の (1) の A_X の形からわかるように，(M, g) の Riemann 接続 ∇ は対 (G, K) だけで定まって，Riemann 計量 g のとり方によらない．(1) の式で定まる等質空間 G/K 上の G 不変接続 ∇ は，G/K 上の**標準接続**とよばれている．

系1　(G, K, σ, g) を Riemann 対称対，$\mathfrak{m}$ をその標準補空間とすれば

$$G = K\exp\mathfrak{m}$$

が成り立つ．

証明　(G, K, σ, g) から構成された Riemann 対称空間を (M, g) とすれば，定理2.2より (M, g) は完備である．定理1.7より，各 $a\in G$ に対して，原点 o と $a\cdot o$ を結ぶ測地線が存在する．上の定理の (2) (b) より，ある $X\in\mathfrak{m}$ が存在して，$(\exp X)\cdot o=a\cdot o$ となる．したがって $a\in(\exp\mathfrak{m})K$ を得る．$a\in G$ は任意であったから

$$G = (\exp\mathfrak{m})K = K\exp\mathfrak{m}$$

が示された．▌

系2　Riemann 対称空間 (M, g) の点 $p\in M$ に対して，$R_p(x, y)$ $(x, y\in M_p)$

で $\boldsymbol{R}$ 上張られる $\mathfrak{gl}(M_p)$ の部分空間を $\mathfrak{h}(p)$ で表わすと，$\mathfrak{h}(p)$ は $\mathfrak{gl}(M_p)$ の Lie 部分代数である．

証明 Riemann 対称対 (G, K, σ, g) で，対応する Riemann 対称空間が (M, g) であるようなものをとる．G が M 上に ∇ の自己同型として可移的に働いているから，各 $\mathfrak{h}(p)$ は互いに同型となる．したがって，原点 $o\in M$ における $\mathfrak{h}(o)$ を考えればよい．$\mathfrak{g}=\mathfrak{k}+\mathfrak{m}$ を (G, K, σ, g) の標準分解とすれば，上の定理の (3) より

$$\mathfrak{h}(o) = ad_{\mathfrak{m}}[\mathfrak{m}, \mathfrak{m}] \subset \mathfrak{gl}(\mathfrak{m})$$

となるが，$[\mathfrak{m}, \mathfrak{m}]\subset\mathfrak{k}$ はつねに $\mathfrak{k}$ のイデアルであるから，$\mathfrak{h}(o)$ は Lie 部分代数である．▌

系 2 の $\mathfrak{h}(p)$ を (M, g) の p における**ホロノミー代数**という．Riemann 対称対, Riemann 対称 Lie 代数，直交対称 Lie 代数に対しては，$\mathfrak{m}$ をそれらの標準補空間とするとき，

$$\mathfrak{h} = ad_{\mathfrak{m}}[\mathfrak{m}, \mathfrak{m}] \subset \mathfrak{gl}(\mathfrak{m})$$

を，それぞれの**ホロノミー代数**という．概効果的な Riemann 対称対，効果的な Riemann 対称 Lie 代数と直交対称 Lie 代数に対しては，$\mathfrak{h}$ は $[\mathfrak{m}, \mathfrak{m}]$ に同型であることを注意しておこう．

なお，$\mathfrak{h}(p)$ をホロノミー代数とよぶのは，$\mathfrak{h}(p)$ で生成される $GL(M_p)$ の連結 Lie 部分群が，(M, g) の Riemann 接続に関する制限ホロノミー群 $\Psi^0(p)$ (第1章問題 3 参照) に一致するからである．

§2.1 で Riemann 対称空間の連結開集合は局所 Riemann 対称空間になることを示したが，局所的にこの逆が成り立つことを示そう．

定理 2.5 (M, g) を局所 Riemann 対称空間とすると，各 $p\in M$ に対して，p の連結開近傍 U と，或る Riemann 対称空間 $(\bar{M}, \bar{g})$ の連結開集合 $\bar{U}$ が存在して，(U, g) と $(\bar{U}, \bar{g})$ は等長的になる．

証明 (M, g) の Riemann 接続を ∇，Riemann 曲率テンソル場を R とし，$\mathfrak{m}=M_p$ とおく．$A\in\mathfrak{gl}(\mathfrak{m})$ に対して，A の $\mathfrak{m}$ への自然な作用と双対空間 $\mathfrak{m}^*$ への反傾作用 (A の転置写像の -1 倍) を $\mathfrak{m}$ 上の混合テンソル代数

$$\sum_{r,s}(\otimes^r\mathfrak{m})\otimes(\otimes^s\mathfrak{m}^*)$$

の上に導分となるように拡張したものを $A\cdot$ で表わす．ただし，$r=s=0$ のとき

は $A\cdot:\ \boldsymbol{R}\to\boldsymbol{R}$ は零写像とする．この記法で

$$\mathfrak{k}=\{A\in\mathfrak{gl}(\mathfrak{m})\,;\ A\cdot g_p=0,\ A\cdot R_p=0\}$$

とおく．すなわち，$\mathfrak{k}$ は，各 $x, y\in\mathfrak{m}$ に対して

(2.7) $$\langle Ax, y\rangle+\langle x, Ay\rangle=0,$$

(2.8) $$AR(x, y)-R(Ax, y)-R(x, Ay)-R(x, y)A=0$$

を満たす $A\in\mathfrak{gl}(\mathfrak{m})$ 全体である．$\mathfrak{k}$ は $\mathfrak{gl}(\mathfrak{m})$ の Lie 部分代数になる．

$$\mathfrak{g}=\mathfrak{k}+\mathfrak{m}\quad(\text{線型空間としての直和})$$

とおいて，$\mathfrak{k}$ の括弧積 $[\ ,\ ]$ を，双線型写像 $[\ ,\ ]:\mathfrak{g}\times\mathfrak{g}\to\mathfrak{g}$ に以下のように拡張する．

$$[A, x]=Ax\qquad(A\in\mathfrak{k},\ x\in\mathfrak{m}),$$
$$[x, A]=-Ax\qquad(A\in\mathfrak{k},\ x\in\mathfrak{m}),$$
$$[x, y]=-R(x, y)\qquad(x, y\in\mathfrak{m}).$$

$[\mathfrak{g}, \mathfrak{g}]\subset\mathfrak{g}$ を確かめるには，各 $x, y\in\mathfrak{m}$ に対して $R(x, y)\in\mathfrak{k}$ が成り立つことを示せば十分である．$X, Y\in\mathcal{X}(M)$ に対して，M 上の滑らかな混合テンソル場のなす代数 $\mathcal{T}(M)$ の上の作用素

$$\mathcal{R}(X, Y)=\nabla_X\nabla_Y-\nabla_Y\nabla_X-\nabla_{[X, Y]}$$

を考える．これは各縮約と可換な $\mathcal{T}(M)$ 上の導分で，とくに $\mathcal{F}(M)$ 上では自明に働く．さらに，§1.5 で示したように，各 $f, g, h\in\mathcal{F}(M)$，各 $Z\in\mathcal{X}(M)$ に対して

$$\mathcal{R}(fX, gY)(hZ)=fgh\mathcal{R}(X, Y)Z$$

が成り立つ．したがって，$X, Y\in\mathcal{X}(M)$ を $X_p=x,\ \ Y_p=y$ を満たすようにとれば，各 $T\in\mathcal{T}(M)$ に対して

$$(\mathcal{R}(X, Y)T)_p=R(x, y)\cdot T_p$$

が成り立つ．とくに $T=R$ ととれば，$R(x, y)\cdot R_p=0$ を得る．$R(x, y)\cdot g_p=0$ の方は §1.5 の (β) より明らかである．したがって $R(x, y)\in\mathfrak{k}$ を得た．

つぎに，$\mathfrak{g}$ が $[\ ,\ ]$ に関して Lie 代数になることを示そう．$[\ ,\ ]$ が交代的であることは定義と §1.5 の (α) から明らかである．Jacobi の恒等式は以下のように確かめられる．

$$\begin{aligned}&[A, [B, x]]+[B, [x, A]]+[x, [A, B]]\\&\quad=ABx-BAx-(AB-BA)x=0.\end{aligned}$$

$$[A,[x,y]]+[x,[y,A]]+[y,[A,x]]$$
$$= -AR(x,y)+R(x,y)A+R(x,Ay)+R(Ax,y) = 0 \quad ((2.8)\text{ より}).$$
$$[x,[y,z]]+[y,[z,x]]+[z,[x,y]]$$
$$= R(y,z)x+R(z,x)y+R(x,y)z = 0$$
(§1.5 の Bianchi の第1恒等式 (γ) より).

そこで，$\sigma:\mathfrak{g}\to\mathfrak{g}$ を

$$\sigma(X+Y) = X-Y \qquad (X\in\mathfrak{k},\ Y\in\mathfrak{m})$$

によって定義すれば，σ は Lie 代数 $\mathfrak{g}$ の自己同型で，

(i)′ σ は回帰的で，恒等写像ではない；

(ii)′ $\mathfrak{k} = \{X\in\mathfrak{g};\ \sigma X=X\}$

を満たす．さらに，対応する標準補空間は $\mathfrak{m}$ に一致する．

つぎに，$\phi\in GL(\mathfrak{m})$ に対して，§1.3 の $\phi\cdot$ と同様にして定義される，$\mathfrak{m}$ 上の混合テンソル代数への作用を $\phi\cdot$ で表わして，

$$K = \{\phi\in GL(\mathfrak{m});\ \phi\cdot g_p=g_p,\ \phi\cdot R_p=R_p\}$$

とおく．K は g_p を不変にするから，$GL(\mathfrak{m})$ のコンパクトな Lie 部分群で，Lie $K=\mathfrak{k}$ となる．K の単位元の連結成分を K^0 で表わせば，K^0 もコンパクトである．$ad_{\mathfrak{g}}\mathfrak{k}$ で生成される $GL(\mathfrak{g})$ の連結 Lie 部分群は

$$\{(Ad\,\phi,\phi)\in GL(\mathfrak{k})\times GL(\mathfrak{m});\ \phi\in K^0\}$$

に一致するから，

(iii)′ $ad_{\mathfrak{g}}\mathfrak{k}$ は $GL(\mathfrak{g})$ のコンパクト連結 Lie 部分群を生成する．

さらに，$\mathfrak{m}$ 上の内積 g を

$$g(x,y) = g_p(x,y) = \langle x,y\rangle \qquad (x,y\in\mathfrak{m})$$

によって定義すれば，(2.7) より，各 $A\in\mathfrak{k}$，各 $x,y\in\mathfrak{m}$ に対して

(iv)′ $g([A,x],y)+g(x,[A,y]) = 0$

となる．したがって，$(\mathfrak{g},\sigma,g)$ は Riemann 対称 Lie 代数となる．これは効果的である．実際，$\mathfrak{a}$ を $\mathfrak{k}$ に含まれる $\mathfrak{g}$ のイデアルとすれば，$[\mathfrak{a},\mathfrak{m}]\subset\mathfrak{k}\cap\mathfrak{m}=\{0\}$ だから $\mathfrak{a}\mathfrak{m}=\{0\}$，よって $\mathfrak{a}=\{0\}$ となるからである．$(\mathfrak{g},\sigma,g)$ から §2.2(C) の仕方で構成した単連結 Riemann 対称空間を $(\bar{M},\bar{g})$ とする．$\bar{p}\in\bar{M}$ を原点，$\bar{\nabla},\bar{R}$ をそれぞれ $(\bar{M},\bar{g})$ の Riemann 接続，Riemann 曲率テンソル場とする．$r>0$ を $U=B_r(p)\subset M$，$\bar{U}=B_r(\bar{p})\subset\bar{M}$ がともに正規座標球となるようにとる．$\bar{M}_{\bar{p}}$ も $\mathfrak{m}$ と

同一視されて，恒等写像 $\Phi: M_p \to \bar{M}_{\bar{p}}$ は線型等長写像となる．

微分同相 $\varphi: U \to \bar{U}$ を

$$\varphi = \mathrm{Exp}_{\bar{p}} \circ \Phi \circ \mathrm{Exp}_p{}^{-1}$$

によって定義する．定理2.4の(3)より，各 $x, y, z \in M_p$ に対して

$$\Phi(R(x,y)z) = \bar{R}(\Phi x, \Phi y)\Phi z$$

が成り立つ．$\nabla R=0$, $\bar{\nabla}\bar{R}=0$ と合わせて，$B_r(p)$ のなかの p を始点とする測地線 γ のすべてに対して

$$(*) \qquad \Phi_\gamma(R(x,y)z) = \bar{R}(\Phi_\gamma(x), \Phi_\gamma(y))\Phi_\gamma(z)$$

が成り立つことがわかる．したがって定理1.6より φ は等長写像である．∎

§2.5 分解定理

Riemann 対称対，Riemann 対称 Lie 代数，直交対称 Lie 代数は，そのホロノミー代数 $\mathfrak{h} \subset \mathfrak{gl}(\mathfrak{m})$ が $\mathfrak{h}=\{0\}$ であるとき，**Euclid 型**または**可換型**といわれる．$\mathfrak{h}$ が $\mathfrak{m}$ に不変ベクトルをもたない，すなわち，$X \in \mathfrak{m}$, $\mathfrak{h}X=\{0\}$ ならば $X=0$ であるとき，それらは**半単純型**といわれる．

(G, K, σ, g) を Riemann 対称対，対応する Riemann 対称空間を (M, g) とする．このとき，定理2.4の(3)より，(G, K, σ, g) が Euclid 型であることと，(M, g) が平坦：$R=0$ ということとは同値である．さらに，M が単連結のときには，これは (M, g) が Euclid 空間と等長的であることと同値である．実際，(G, K, σ, g) が Euclid 型で，(M, g) が単連結であるとしよう．M の原点 o における接空間 M_o から同じ次元の Euclid 空間の原点の接空間への線型等長写像 Φ を一つとって固定する．(M, g) と Euclid 空間の Riemann 曲率テンソル場がともに0であることから，Φ に対して定理1.10の条件(∗)が満たされる．したがって，定理1.10より Φ は (M, g) から Euclid 空間への局所等長な被覆写像 φ に拡張されるが，Euclid 空間は単連結だから，φ は等長写像である．

この節の第一の目的はつぎの分解定理である．

定理2.6(分解定理) $(\mathfrak{g}, \sigma, g)$ を効果的な Riemann 対称 Lie 代数とすれば，これは，効果的な Euclid 型 Riemann 対称 Lie 代数 $(\mathfrak{g}_0, \sigma_0, g_0)$ と効果的な半単純型 Riemann 対称 Lie 代数 $(\mathfrak{g}_1, \sigma_1, g_1)$ の直和：

$$(\mathfrak{g}, \sigma, g) = (\mathfrak{g}_0, \sigma_0, g_0) \oplus (\mathfrak{g}_1, \sigma_1, g_1)$$

に一意的に分解される. ——

そのためにいくつかの補題を準備する.

一般に, $\boldsymbol{R}$ または $\boldsymbol{C}$ 上の有限次元 Lie 代数 $\mathfrak{g}$ に対して,

$$B(X, Y) = \mathrm{Tr}(ad\,X\,ad\,Y) \qquad (X, Y \in \mathfrak{g})$$

とおくと, B は $\mathfrak{g}$ 上の対称双線型形式で, $\mathfrak{g}$ の自己同型 φ で不変である. すなわち, 各 $X, Y \in \mathfrak{g}$ に対して

$$B(\varphi X, \varphi Y) = B(X, Y)$$

が成り立つ. したがって, とくに B は $\mathfrak{g}$ 不変である. すなわち, 各 $X, Y, Z \in \mathfrak{g}$ に対して

$$B([X, Y], Z) + B(Y, [X, Z]) = 0$$

が成り立つ. B を $\mathfrak{g}$ の **Killing 形式**という. $\mathfrak{g}$ の部分空間 $\mathfrak{g}'$ に対して, B の $\mathfrak{g}'$ への制限を $B_{\mathfrak{g}'}$ で表わす. **Cartan の判定条件**として, "$\mathfrak{g}$ が半単純であるための必要十分条件は B が非退化であることである" ことが知られている.

一般に, 実対称双線型形式 b に対して, $b>0$ および $b<0$ で, それがそれぞれ正定値, 負定値であることを表わす.

補題 2.1 $(\mathfrak{g}, \sigma)$ を直交対称 Lie 代数, B を $\mathfrak{g}$ の Killing 形式, $\mathfrak{g}=\mathfrak{k}+\mathfrak{m}$ をその標準分解とすると

(1) $B(\mathfrak{k}, \mathfrak{m}) = \{0\}$;

(2) $(\mathfrak{g}, \sigma)$ が効果的ならば, $B_{\mathfrak{k}}<0$ である.

証明 (1) 各 $X \in \mathfrak{k}$, 各 $Y \in \mathfrak{m}$ に対して

$$B(X, Y) = B(\sigma X, \sigma Y) = B(X, -Y) = -B(X, Y)$$

となることから, (1) を得る.

(2) §2.2 の直交対称 Lie 代数の条件 (iii)′ より, $\mathfrak{g}$ 上の内積 $\langle\ ,\ \rangle$ で, 各 $X \in \mathfrak{k}$, 各 $Y, Z \in \mathfrak{g}$ に対して

$$\langle [X, Y], Z\rangle + \langle Y, [X, Z]\rangle = 0$$

を満たすものが存在する. したがって, 各 $X \in \mathfrak{k}$ に対して, $ad_{\mathfrak{g}} X$ の固有値は $\sqrt{-1}\lambda_i$ $(\lambda_i \in \boldsymbol{R})$ の形である. よって

$$B(X, X) = -\sum_i \lambda_i^2 \leqq 0$$

である. $\mathfrak{g}$ の中心を $\mathfrak{c}$ で表わせば,

$$B(X,X)=0 \Leftrightarrow \text{すべての } \lambda_i=0 \Leftrightarrow [X,\mathfrak{g}]=\{0\}$$
$$\Leftrightarrow X\in\mathfrak{k}\cap\mathfrak{c}$$

となる．$\mathfrak{k}\cap\mathfrak{c}$ は $\mathfrak{k}$ に含まれる $\mathfrak{g}$ のイデアルだから，仮定より $\mathfrak{k}\cap\mathfrak{c}=\{0\}$，よって，$X\in\mathfrak{k}$ が $X\neq 0$ ならば $B(X,X)<0$ となる．これは $B_{\mathfrak{k}}<0$ を意味する．▮

補題 2.2　$(\mathfrak{g},\sigma)$ は効果的な直交対称 Lie 代数で，$\mathfrak{g}$ が半単純であるものとすると

(1)　$[\mathfrak{m},\mathfrak{m}]=\mathfrak{k}$;

(2)　$(\mathfrak{g},\sigma)$ は半単純型である．

証明　(1)
$$\mathfrak{k}_0=\{X\in\mathfrak{k};\ B(X,[\mathfrak{m},\mathfrak{m}])=\{0\}\}$$
とおく．補題 2.1 の (2) より

(2.9)　$$\mathfrak{k}=\mathfrak{k}_0+[\mathfrak{m},\mathfrak{m}]\quad\text{（線型空間としての直和）}$$

となる．また，補題 2.1 と B が非退化であることから，$B_{\mathfrak{m}}$ も非退化であることがわかる．したがって，
$$\{0\}=B(\mathfrak{k}_0,[\mathfrak{m},\mathfrak{m}])=B([\mathfrak{k}_0,\mathfrak{m}],\mathfrak{m})=B_{\mathfrak{m}}([\mathfrak{k}_0,\mathfrak{m}],\mathfrak{m})$$
より $[\mathfrak{k}_0,\mathfrak{m}]=\{0\}$ を得る．よって $[\mathfrak{k}_0,[\mathfrak{m},\mathfrak{m}]]=\{0\}$ となる．ゆえに
$$B([\mathfrak{k},\mathfrak{k}_0],[\mathfrak{m},\mathfrak{m}])=B(\mathfrak{k},[\mathfrak{k}_0,[\mathfrak{m},\mathfrak{m}]])=\{0\}$$
となるから，$[\mathfrak{k},\mathfrak{k}_0]\subset\mathfrak{k}_0$ を得る．$[\mathfrak{k}_0,\mathfrak{m}]=\{0\}$ と合わせて，$\mathfrak{k}_0$ は $\mathfrak{k}$ に含まれる $\mathfrak{g}$ のイデアルになることがわかる．仮定より $\mathfrak{k}_0=\{0\}$ だから，(2.9) より (1) が成り立つ．

(2)　$X\in\mathfrak{m}$，$\mathfrak{h}X=\{0\}$ と仮定する．(1) より $[\mathfrak{k},X]=\{0\}$ であるから
$$B_{\mathfrak{k}}([\mathfrak{m},X],\mathfrak{k})=B(\mathfrak{m},[X,\mathfrak{k}])=\{0\}.$$
よって，補題 2.1 の (2) より $[\mathfrak{m},X]=\{0\}$ を得る．$[\mathfrak{k},X]=\{0\}$ と合わせて，X は $\mathfrak{g}$ の中心に含まれることがわかる．半単純 Lie 代数の中心は $\{0\}$ だから，$X=0$ を得た．▮

定理 2.6 の証明　まず分解の存在を示そう．$\mathfrak{g}$ の Killing 形式を B として，
$$\mathfrak{m}_0=\{X\in\mathfrak{m};\ B(X,\mathfrak{g})=\{0\}\}$$
とおく．補題 2.1 の (1) より，これは
$$\mathfrak{m}_0=\{X\in\mathfrak{m};\ B(X,\mathfrak{m})=\{0\}\}$$
とも表わせる．B が $\mathfrak{k}$ 不変であることから

(2.10)　$$[\mathfrak{k},\mathfrak{m}_0]\subset\mathfrak{m}_0$$

となる.

$$\mathfrak{m}_1 = \{X \in \mathfrak{m};\ g(X, \mathfrak{m}_0) = \{0\}\}$$

とおくと

$$\mathfrak{m} = \mathfrak{m}_0 + \mathfrak{m}_1 \quad (g \text{ に関する直交直和})$$

になる. g の $\mathfrak{k}$ 不変性(§2.2 の Riemann 対称 Lie 代数の条件(iv)′)より

$$[\mathfrak{k}, \mathfrak{m}_1] \subset \mathfrak{m}_1 \tag{2.11}$$

を得る.

$$\mathfrak{k}_1 = [\mathfrak{m}_1, \mathfrak{m}_1] \tag{2.12}$$

とおくと, (2.11) より

$$[\mathfrak{k}, \mathfrak{k}_1] \subset \mathfrak{k}_1 \tag{2.13}$$

を得る. 補題 2.1 の (2) より $B_{\mathfrak{k}}$ が負定値であることに注意して, $\mathfrak{k}_1$ の $B_{\mathfrak{k}}$ に関する直交補空間を $\mathfrak{k}_0$ で表わせば

$$\mathfrak{k} = \mathfrak{k}_0 + \mathfrak{k}_1 \quad (\text{線型空間としての直和})$$

となる. そこで

$$\mathfrak{g}_0 = \mathfrak{k}_0 + \mathfrak{m}_0, \qquad \mathfrak{g}_1 = \mathfrak{k}_1 + \mathfrak{m}_1 \tag{2.14}$$

とおけば

$$\mathfrak{g} = \mathfrak{g}_0 + \mathfrak{g}_1 \quad (\text{線型空間としての直和})$$

になる. (2.13) より

$$B([\mathfrak{k}, \mathfrak{k}_0], \mathfrak{k}_1) = B(\mathfrak{k}_0, [\mathfrak{k}, \mathfrak{k}_1]) \subset B(\mathfrak{k}_0, \mathfrak{k}_1) = \{0\}$$

となるから

$$[\mathfrak{k}, \mathfrak{k}_0] \subset \mathfrak{k}_0 \tag{2.15}$$

を得る. また

$$B([\mathfrak{m}_0, \mathfrak{m}_1], \mathfrak{k}) = B(\mathfrak{m}_0, [\mathfrak{k}, \mathfrak{m}_1]) \subset B(\mathfrak{m}_0, \mathfrak{m}) = \{0\}$$

と補題 2.1 の (2) より

$$[\mathfrak{m}_0, \mathfrak{m}_1] = \{0\} \tag{2.16}$$

を得る. したがって, (2.12) より

$$[\mathfrak{m}_0, \mathfrak{k}_1] = \{0\} \tag{2.17}$$

となる. つぎに

$$[\mathfrak{k}_0, \mathfrak{m}_1] = \{0\} \tag{2.18}$$

を示そう. そうすれば (2.17) と同様に

$$[\mathfrak{k}_0, \mathfrak{k}_1] = \{0\} \tag{2.19}$$

を得る．(2.18)を示すには $[\mathfrak{k}_0, \mathfrak{m}_1] \subset \mathfrak{m}_0$ を示せば十分である．(2.16)より

$$B([\mathfrak{k}_0, \mathfrak{m}_1], \mathfrak{m}_0) = B(\mathfrak{k}_0, [\mathfrak{m}_1, \mathfrak{m}_0]) = \{0\},$$
$$B([\mathfrak{k}_0, \mathfrak{m}_1], \mathfrak{m}_1) = B(\mathfrak{k}_0, [\mathfrak{m}_1, \mathfrak{m}_1]) = B(\mathfrak{k}_0, \mathfrak{k}_1) = \{0\}$$

だから，$B([\mathfrak{k}_0, \mathfrak{m}_1], \mathfrak{m}) = \{0\}$．したがって，$\mathfrak{m}_0$ の定義より $[\mathfrak{k}_0, \mathfrak{m}_1] \subset \mathfrak{m}_0$ を得た．終りに

$$B_{\mathfrak{k}}([\mathfrak{m}_0, \mathfrak{m}_0], \mathfrak{k}) = B(\mathfrak{m}_0, [\mathfrak{k}, \mathfrak{m}_0]) \subset B(\mathfrak{m}_0, \mathfrak{m}) = \{0\}$$

と補題2.1の(2)より

$$[\mathfrak{m}_0, \mathfrak{m}_0] = \{0\} \tag{2.20}$$

を得る．以上の(2.10)-(2.20)によって，$\mathfrak{g}_0$, $\mathfrak{g}_1$ は σ で不変な $\mathfrak{g}$ のイデアルで，$\sigma_0 = \sigma | \mathfrak{g}_0$, $\sigma_1 = \sigma | \mathfrak{g}_1$ はそれぞれの回帰的自己同型であり，それらの標準分解が(2.14)で与えられることがわかる．$(\mathfrak{g}, \sigma)$ が効果的な直交対称 Lie 代数であることから，$(\mathfrak{g}_0, \sigma_0)$, $(\mathfrak{g}_1, \sigma_1)$ も効果的な直交対称 Lie 代数となることがわわる．ただし，$\mathfrak{g}_0$ または $\mathfrak{g}_1$ が $\{0\}$ になることはおこり得る．(2.20)より $(\mathfrak{g}_0, \sigma_0)$ は Euclid 型であるから，$\mathfrak{g}_1$ が半単純であることを証明しよう．そうすれば，補題2.2の(2)より，$(\mathfrak{g}_1, \sigma_1)$ が半単純型であることがわかって，求める分解が得られる．$\mathfrak{g}$ はイデアル $\mathfrak{g}_0$ と $\mathfrak{g}_1$ の直和であるから，$B_{\mathfrak{g}_1}$ は $\mathfrak{g}_1$ の Killing 形式に等しい．よって，$B_{\mathfrak{g}_1}$ が非退化であることを示せばよい．このためには，補題2.1の(1), (2)より，$B_{\mathfrak{m}_1}$ が非退化であることを示せば十分である．$X \in \mathfrak{m}_1$ が $B(X, \mathfrak{m}_1) = \{0\}$ を満たすとすると，$B(X, \mathfrak{m}_0) = \{0\}$ より $B(X, \mathfrak{m}) = \{0\}$ が成り立ち，$X \in \mathfrak{m}_0$ となる．したがって $X=0$ が得られ，$B_{\mathfrak{m}_1}$ は非退化である．

ここで，分解の可能性より，効果的な半単純型直交対称 Lie 代数 $(\mathfrak{g}, \sigma)$ の $\mathfrak{g}$ は半単純であることが導かれることに注意しよう．実際，$(\mathfrak{g}, \sigma)$ を効果的な Euclid 型直交対称 Lie 代数 $(\mathfrak{g}_0, \sigma_0)$ と $\mathfrak{g}_1$ が半単純である直交対称 Lie 代数 $(\mathfrak{g}_1, \sigma_1)$ の直和：

$$(\mathfrak{g}, \sigma) = (\mathfrak{g}_0, \sigma_0) \oplus (\mathfrak{g}_1, \sigma_1)$$

に分解し，$\mathfrak{g}_0 = \mathfrak{k}_0 + \mathfrak{m}_0$ を $\mathfrak{g}_0$ の標準分解とすれば，$\mathfrak{m}_0$ の各元は $(\mathfrak{g}, \sigma)$ のホロノミー代数 $\mathfrak{h}$ で不変だから，仮定より $\mathfrak{m}_0 = \{0\}$ である．$(\mathfrak{g}_0, \sigma_0)$ は効果的だから $\mathfrak{k}_0 = \{0\}$，よって $\mathfrak{g}_0 = \{0\}$ となる．したがって $\mathfrak{g} = \mathfrak{g}_1$ は半単純である．

つぎに，分解の一意性を示そう．このような分解があったとする．それぞれの

標準分解を $\mathfrak{g}=\mathfrak{k}+\mathfrak{m}$, $\mathfrak{g}_0=\mathfrak{k}_0+\mathfrak{m}_0$, $\mathfrak{g}_1=\mathfrak{k}_1+\mathfrak{m}_1$ とすれば

$$\mathfrak{g}=\mathfrak{g}_0\oplus\mathfrak{g}_1, \quad \mathfrak{k}=\mathfrak{k}_0\oplus\mathfrak{k}_1, \quad \mathfrak{m}=\mathfrak{m}_0+\mathfrak{m}_1,$$
$$[\mathfrak{m}_0,\mathfrak{m}_1]=[\mathfrak{m}_0,\mathfrak{m}_0]=\{0\}$$

である．上の注意と補題2.2の(1)より $\mathfrak{k}_1=[\mathfrak{m}_1,\mathfrak{m}_1]$ であるから，上式より

(2.21) $$\mathfrak{k}_1=[\mathfrak{m},\mathfrak{m}]$$

を得る．$B(\mathfrak{g}_0,\mathfrak{g}_1)=\{0\}$ より $B(\mathfrak{k}_0,\mathfrak{k}_1)=\{0\}$ であるから，補題2.1の(2)より

(2.22) $\mathfrak{k}_0$ は定値形式 $B_{\mathfrak{k}}$ に関する $[\mathfrak{m},\mathfrak{m}]$ の直交補空間

となる．また，補題2.2の(2)より，$(\mathfrak{g},\sigma,g)$ のホロノミー代数 $\mathfrak{h}$ の $\mathfrak{m}$ への作用に関して

(2.23) $\mathfrak{m}_0$ は $\mathfrak{m}$ の自明な部分，すなわち，$\mathfrak{h}\mathfrak{m}_0=\{0\}$ となる最大の部分空間に一致する；

(2.24) $\mathfrak{m}_1$ は $\mathfrak{m}$ の自明でない部分，すなわち，自明でない $\mathfrak{h}$ 不変 $\mathfrak{h}$ 既約部分空間で張られる部分空間に一致する．

以上の(2.21)-(2.24)により，$(\mathfrak{g}_0,\sigma_0)$, $(\mathfrak{g}_1,\sigma_1)$ は $(\mathfrak{g},\sigma)$ で一意的に決まることがわかる．∎

一般に，Riemann 対称空間 (M,g) に対して，それが平行ベクトル場をもたないとき，すなわち，M 上の滑らかなベクトル場で Riemann 接続 ∇ に関して平行なものは零ベクトル場だけであるとき，それを**半単純型**とよぶ．この用語はつぎの系1の(1), (2)より妥当であろう．

系1 (1) 効果的な直交対称 Lie 代数 $(\mathfrak{g},\sigma)$ に対して，$(\mathfrak{g},\sigma)$ が半単純型であるための必要十分条件は，$\mathfrak{g}$ が半単純となることである．このとき，標準分解 $\mathfrak{g}=\mathfrak{k}+\mathfrak{m}$ に対して

$$\mathfrak{k}=[\mathfrak{m},\mathfrak{m}]$$

が成り立つ．したがって，$\mathfrak{k}$ は $(\mathfrak{g},\sigma)$ のホロノミー代数 $\mathfrak{h}$ と同型である．

(2) (G,K,σ,g) を Riemann 対称対，これに対応する Riemann 対称空間を (M,g) とするとき，(G,K,σ,g) が半単純型であるための必要十分条件は，(M,g) が半単純型であることである．

(3) Riemann 対称空間 (M,g) に対して，(M,g) が半単純型になるための必要十分条件は，その等長変換群 $I(M,g)$ が半単純であることである．

証明 (1) 定理2.6の証明のなかで示した．

(2) (G, K, σ, g) が半単純型であるとする．$X \in \mathfrak{X}(M)$ が (M, g) の Riemann 接続に関して平行ならば，R をその Riemann 曲率テンソル場とするとき，各 $x, y \in M_o$ に対して $R(x, y)X_o=0$ となる．したがって，o における (M, g) のホロノミー代数 $\mathfrak{h}(o)$ は $\mathfrak{h}(o)X_o=\{0\}$ を満たす．よって，仮定より $X_o=0$ となる．X は平行だから $X=0$，したがって (M, g) は半単純型である．

逆の証明においては，(G, K, σ, g) が効果的であると仮定してよい．実際，

$$A=\{k \in K;\ Ad_{\mathfrak{m}}\, k \text{ は } \mathfrak{m} \text{ の恒等写像}\}$$

によって定義される G の閉正規部分群 A による商群

$$\bar{G}=G/A, \qquad \bar{K}=K/A$$

と，σ から引きおこされる $\bar{G}$ の回帰的自己同型 $\bar{\sigma}$ を考えると，その標準補空間は (G, K, σ, g) のそれと同一視される．このとき $(\bar{G}, \bar{K}, \bar{\sigma}, g)$ は効果的な Riemann 対称対で，(G, K, σ, g) と同じ Riemann 対称空間 (M, g) を引きおこし，$(\bar{G}, \bar{K}, \bar{\sigma}, g)$ が半単純型であることと (G, K, σ, g) が半単純型であることとは同値になるからである．

そこで，(G, K, σ, g) は効果的であって，(M, g) は半単純型であると仮定しよう．(G, K, σ, g) の Lie 代数 $(\mathfrak{g}, \sigma, g)$ は効果的な Riemann 対称 Lie 代数だから，定理 2.6 のように分解される．$(\mathfrak{g}, \sigma, g)$ の標準補空間を $\mathfrak{m}$ とすれば，定理 2.4 の系 1 より，$(\exp \mathfrak{m})\cdot o=M$ が成り立つ．したがって，定理 2.4 の (4) の証明のように，$\exp \mathfrak{m}$ で不変な M 上のテンソル場 T は平行であることがわかる．さて，$\mathfrak{g}_0$ の標準補空間 $\mathfrak{m}_0$ の元 X から生成されるベクトル場 $X^* \in \mathfrak{X}(M)$ を考えると，$[\mathfrak{m}, \mathfrak{m}_0]=\{0\}$ より，X^* は $\exp \mathfrak{m}$ で不変であることがわかる．したがって，上の議論より X^* は平行である．仮定より $X^*=0$，よって $X=0$ となる．すなわち，$\mathfrak{m}_0=\{0\}$ が得られた．したがって (G, K, σ, g) は半単純型である．

(3) (M, g) から §2.2 (E) で構成した効果的な Riemann 対称対 (G, K, σ, g) は $G=I^0(M, g)$ で，対応する Riemann 対称空間は (M, g) であった．(G, K, σ, g) とその Lie 代数 $(\mathfrak{g}, \sigma, g)$ に (1), (2) を適用すれば，ただちに (3) を得る．∎

定理 2.6 の大域化がつぎの系 2 で与えられる．

系 2 単連結な Riemann 対称空間 (M, g) は，Euclid 空間 (M_0, g_0) と単連結な半単純型 Riemann 対称空間 (M_1, g_1) の直積：

$$(M, g)=(M_0, g_0)\times(M_1, g_1)$$

に一意的に分解される．

証明　(M, g) から§2.2 (E) の仕方で構成された効果的な Riemann 対称対 (G, K, σ, g) の Lie 代数 $(\mathfrak{g}, \sigma, g)$ を前定理のように分解する．$(\mathfrak{g}, \sigma, g)$, $(\mathfrak{g}_0, \sigma_0, g_0)$, $(\mathfrak{g}_1, \sigma_1, g_1)$ から§2.2 (C) の仕方で構成した単連結 Riemann 対称空間をそれぞれ $(\bar{M}, \bar{g})$, (M_0, g_0), (M_1, g_1) とすれば

$$(\bar{M}, \bar{g}) = (M_0, g_0) \times (M_1, g_1)$$

となる．ところが，(M, g) は単連結であるから $(\bar{M}, \bar{g})$ は (M, g) と同一視されるから，求める分解が得られた．

一意性を示す．上のような分解があったとしよう．$p \in M$ を一つとって固定し，$p = (p_0, p_1)$，$p_0 \in M_0$，$p_1 \in M_1$ とする．

$$(M_p)_0 = (M_0 \times \{p_1\})_p, \qquad (M_p)_1 = (\{p_0\} \times M_1)_p$$

とおくと，

$$M_p = (M_p)_0 \oplus (M_p)_1 \quad \text{（直交直和）} \tag{2.25}$$

であり，$(M_p)_0$ と $(M_0)_{p_0}$ は $g|(M_p)_0 \times (M_p)_0$ と $(g_0)_{p_0}$ に関して線型等長的，$(M_p)_1$ と $(M_1)_{p_1}$ は $g|(M_p)_1 \times (M_p)_1$ と $(g_1)_{p_1}$ に関して線型等長的である．$p \in M$ における (M, g) のホロノミー代数 $\mathfrak{h}(p)$ の M_p への作用を考えると，$(M_p)_0$ は M_p の自明な部分，$(M_p)_1$ は M_p の自明でない部分に一致するから，分解 (2.25) は (M, g) から一意的に定まる．

以上のことと定理 1.10（拡張定理）から一意性が容易に導かれる．読者自ら試みられたい．∎

例 2.8　例 2.1 の Riemann 対称空間のなかでは，(S^n, g) $(n \geqq 2)$ と (H^2, g) が半単純型である．例 2.2 のコンパクト連結 Lie 群 (H, g) は，H が半単純のとき半単純型である．例 2.6 の $(G_{p,q}(\boldsymbol{F}), g)$，および例 2.7 の $(D_{p,q}(\boldsymbol{F}), g)$ は，$\boldsymbol{F} = \boldsymbol{R}$，$p = q = 1$ の場合を除いて半単純型である．

問　　題

以下の問題 1 から 7 までは，(G, K, σ, g) を Riemann 対称対，その標準分解を $\mathfrak{g} = \mathfrak{k} + \mathfrak{m}$，これに対応する Riemann 対称空間を (M, g)，その原点を $o \in M$ とし，$M_o = \mathfrak{m}$ と同一視する．

1　$\mathfrak{g}$ の Killing 形式を B，その $\mathfrak{m}$ への制限を $B_{\mathfrak{m}}$ で表わすと，(M, g) の Ricci 曲率テ

ンソル場 S は原点 o において

$$S_o = -\frac{1}{2}B_{\mathfrak{m}}$$

で与えられることを示せ．

2　P を $\mathfrak{m}$ の2次元部分空間，$\{X, Y\}$ をその g に関する一つの正規直交基底とすれば，断面曲率 $K(P)$ は

$$K(P) = g([[X, Y], X], Y)$$

で与えられることを示せ．

3　N を M の連結部分多様体とする．(M, g) の測地線 $\gamma: [0, l] \to M$ が $\gamma(0) \in N$, $\gamma'(0) \in N_{\gamma(0)}$ を満たすならばつねにそれは N の滑らかな曲線であるとき，N を (M, g) の**全測地的部分多様体**という．(M, g) の全測地的部分多様体は，g から引きおこされた Riemann 計量に関して Riemann 対称空間になることを示せ．

4　N を原点 o を含む (M, g) の全測地的部分多様体，$N_o = \mathfrak{n} \subset \mathfrak{m}$ とすれば

$$[[\mathfrak{n}, \mathfrak{n}], \mathfrak{n}] \subset \mathfrak{n}$$

となる．逆に，$\mathfrak{n}$ をこの性質を満たす $\mathfrak{m}$ の部分空間とすれば

$$N = \mathrm{Exp}_o\, \mathfrak{n}$$

は，原点 o を含む (M, g) の全測地的部分多様体で $N_o = \mathfrak{n}$ を満たす．以上のことを証明せよ．

5　問題4の N が，g から引きおこされた Riemann 計量に関して平坦であるための必要十分条件は，$\mathfrak{n}$ が可換な Lie 部分代数である，すなわち，

$$[\mathfrak{n}, \mathfrak{n}] = \{0\}$$

となることである．以上のことを証明せよ．

6　G はコンパクトであるとする．このとき，G の随伴作用で不変な $\mathfrak{g}$ 上の内積 $\langle\ ,\ \rangle$ で，各 $X, Y \in \mathfrak{m}$ に対して

$$g(X, Y) = 4\langle X, Y\rangle$$

を満たすものが存在することを示せ．つぎに，滑らかな写像 $\varphi: M \to G$ を

$$\varphi(aK) = a\sigma(a)^{-1} \qquad (a \in G)$$

によって定義し，$\langle\ ,\ \rangle$ から例 2.2 のようにして定義される G 上の両側不変な Riemann 計量を $\bar{g}$ とする．このとき以下のことが成り立つことを証明せよ．φ ははめ込みで，その像 $\hat{M}$ は $(G, \bar{g})$ の全測地的部分多様体である；$\bar{g}$ から引きおこされた $\hat{M}$ の Riemann 計量を $\hat{g}$ で表わせば，$\varphi: (M, g) \to (\hat{M}, \hat{g})$ は局所等長的な被覆写像である．

7　G 不変な M 上の微分形式は閉形式であることを証明せよ．(第1章問題2を用いよ．)

8　例 2.7 の実双曲型空間 $(D_n(\boldsymbol{R}), g)$ について，$(D_1(\boldsymbol{R}), g)$ は1次元 Euclid 空間 $(\boldsymbol{R}^1, g)$ に等長的であることを示せ．また，$n \geqq 2$ の場合には，$(D_n(\boldsymbol{R}), g) = H^n(-1)$ であることを示せ．

9　例 2.7 の $\boldsymbol{F} = \boldsymbol{C}$ または $\boldsymbol{H}$ 上の双曲型空間 $(D_n(\boldsymbol{F}), g)$ の場合，$Z \in D_n(\boldsymbol{F})$ に対して

$(D_n(\boldsymbol{F}))_Z=\boldsymbol{F}^n$ と同一視すれば，その Riemann 計量 g は

$$g_Z(X,X) = \frac{4\{(1-\|Z\|^2)\|X\|^2+\|{}^t\bar{Z}X\|^2\}}{(1-\|Z\|^2)^2} \qquad (X\in(D_n(\boldsymbol{F}))_Z)$$

で与えられることを証明せよ．ここで，$\|\ \|$ は $\boldsymbol{F}^m$ の標準的ノルムを表わす．

10　(M,g) を Riemann 対称空間，γ を $p,q\in M$ を結ぶ (M,g) の測地線分とする．(M,g) の等長変換 φ_γ はつぎの3条件を満たすとき，γ を基底とする**転送**といわれる．$\varphi_\gamma(p)=q$；$(\varphi_\gamma)_*:M_p\to M_q$ は γ に沿っての平行移動に一致する；γ を無限にのばして得られる測地線を $\tilde{\gamma}:\boldsymbol{R}\to M$ で表わすとき，$\varphi_\gamma\circ\tilde{\gamma}$ は (径数を除いて) $\tilde{\gamma}$ に一致する．γ を基底とする転送 φ_γ はただ一つ存在して，それは，γ 上の p,q の中点を m で表わすとき，$\varphi_\gamma=\sigma_m\sigma_p$ で与えられることを示せ．

11　(G,K,σ,g) を Riemann 対称対，これに対応する Riemann 対称空間を (M,g)，$X\in\mathfrak{m}=M_o$，

$$\gamma_X(t) = (\exp tX)\cdot o \qquad (t\in[0,1])$$

とするとき，測地線分 γ_X を基底とする (M,g) の転送 φ_{γ_X} は $\tau_{\exp X}$ に一致することを示せ．

第3章　半単純型 Riemann 対称空間

この章では半単純型 Riemann 対称空間の性質を調べ，それらの局所等長類による分類をおこなう．これは実半単純 Lie 代数の分類に帰着され，半単純型 Riemann 対称空間の理論とは実半単純 Lie 群の幾何学理論にほかならないことがわかる．

§3.1 de Rham 分解

まず，半単純型 Riemann 対称空間の性質をいくつかあげよう．

定理 3.1 (1) (G, K, σ, g) を効果的な Riemann 対称対，これから定義される Riemann 対称空間 (M, g) が半単純型であるとする．このとき，G は半単純で，G を M の Lie 変換群とみなしたとき

$$G = I^0(M, g)$$

が成り立つ．ここで，$I^0(M, g)$ は等長変換群 $I(M, g)$ の単位元の連結成分を表わす．

(2) (M, g) が半単純型の Riemann 対称空間ならば，点 $p \in M$ におけるホロノミー代数 $\mathfrak{h}(p)$ は

$$\mathfrak{h}(p) = \{A \in \mathfrak{gl}(M_p)\,;\ A \cdot g_p = 0,\ A \cdot R_p = 0\}$$

で与えられる．ここで，R は (M, g) の Riemann 曲率テンソル場を表わす．

(3) (M, g) を半単純型 Riemann 対称空間，$(\tilde{M}, \tilde{g})$ をその Riemann 普遍被覆多様体とすれば，$I^0(M, g)$ と $I^0(\tilde{M}, \tilde{g})$ は局所同型である．

証明 (1) M の原点 o を基点として §2.2 (E) の仕方で構成される効果的な Riemann 対称対を $(\bar{G}, \bar{K}, \bar{\sigma}, \bar{g})$ とすると

$$G \subset \bar{G} = I^0(M, g)$$

が成り立つ．(G, K, σ, g), $(\bar{G}, \bar{K}, \bar{\sigma}, \bar{g})$ の Lie 代数をそれぞれ $(\mathfrak{g}, \sigma, g)$, $(\bar{\mathfrak{g}}, \bar{\sigma}, \bar{g})$，標準分解をそれぞれ $\mathfrak{g} = \mathfrak{k} + \mathfrak{m}$, $\bar{\mathfrak{g}} = \bar{\mathfrak{k}} + \bar{\mathfrak{m}}$ とする．$(\mathfrak{g}, \sigma, g)$ と $(\bar{\mathfrak{g}}, \bar{\sigma}, \bar{g})$ はともに効果的な半単純型 Riemann 対称代数であるから，定理 2.6 の系 1 の (1) より，$\mathfrak{k}$, $\bar{\mathfrak{k}}$

はともにホロノミー代数 $\mathfrak{h}(o)$ に同型である．よって，$\dim \mathfrak{k}=\dim \bar{\mathfrak{k}}$ を得る．また，明らかに $\dim \mathfrak{m}=\dim \bar{\mathfrak{m}}$ であるから，$\dim \mathfrak{g}=\dim \bar{\mathfrak{g}}$ である．$\mathfrak{g}\subset\bar{\mathfrak{g}}$ に注意すれば $\mathfrak{g}=\bar{\mathfrak{g}}$ を得る．したがって $G=\bar{G}$ である．

(2) 任意に $o\in M$ をとって固定する．o を基点として§2.2(E)の仕方で効果的な Riemann 対称対 (G, K, σ, g) を構成すれば，その Lie 代数 $(\mathfrak{g}, \sigma, g)$ は効果的な半単純型 Riemann 対称 Lie 代数である．その標準分解を $\mathfrak{g}=\mathfrak{k}+\mathfrak{m}$ として，

$$\bar{\mathfrak{k}} = \{A\in \mathfrak{gl}(\mathfrak{m})\,;\ A\cdot g_o=0,\ A\cdot R_o=0\}$$

とおく．$K\subset I(M, g)$ だから，各 $X\in\mathfrak{k}$ に対して $ad_{\mathfrak{m}} X\in\bar{\mathfrak{k}}$ となる．そこで，単射的準同型写像 $ad_{\mathfrak{m}}:\mathfrak{k}\to\bar{\mathfrak{k}}$ によって $\mathfrak{k}$ を $\bar{\mathfrak{k}}$ の Lie 部分代数とみなすと，$\bar{\mathfrak{k}}$ は o における (M, g) のホロノミー代数 $\mathfrak{h}(o)$ にほかならない．したがって，$\mathfrak{k}=\bar{\mathfrak{k}}$ を示せば証明は終わる．

$$\bar{\mathfrak{g}} = \bar{\mathfrak{k}}+\mathfrak{m} \quad (\text{線型空間としての直和})$$

とおいて，$\bar{\mathfrak{g}}$ から自身への線型写像 $\bar{\sigma}$ を

$$\bar{\sigma}(X+Y) = X-Y \qquad (X\in\bar{\mathfrak{k}},\ \ Y\in\mathfrak{m})$$

によって定義する．定理2.5の証明のなかで示したような仕方で，$\bar{\mathfrak{g}}$ に Lie 代数の構造を入れれば，$(\bar{\mathfrak{g}}, \bar{\sigma}, g)$ は効果的な Riemann 対称 Lie 代数になる．このとき，$\mathfrak{g}$ は $\bar{\mathfrak{g}}$ の Lie 部分代数になる．$(\mathfrak{g}, \sigma, g)$ が半単純型だから $(\bar{\mathfrak{g}}, \bar{\sigma}, g)$ も半単純型である．したがって，定理2.6の系1の(1)より

$$\mathfrak{k} = [\mathfrak{m}, \mathfrak{m}], \qquad \bar{\mathfrak{k}} = [\mathfrak{m}, \mathfrak{m}]$$

が成り立つから，求める関係 $\mathfrak{k}=\bar{\mathfrak{k}}$ を得る．

(3) $G=I^0(M, g)$ の普遍被覆 Lie 群を $\tilde{G}$ とする．§2.2(C)の仕方で，Riemann 対称対 $(\tilde{G}, \tilde{K}, \tilde{\sigma}, g)$ を構成し，これに対応する単連結 Riemann 対称空間を $(\tilde{M}, \tilde{g})$ とすれば，これは (M, g) の Riemann 普遍被覆多様体である．定理2.6の系1の(2)の仕方で $(\tilde{G}, \tilde{K}, \tilde{\sigma}, g)$ を効果的化したものを $(\bar{G}, \bar{K}, \bar{\sigma}, g)$ とすれば，(1)より $\bar{G}$ は $I^0(\tilde{M}, \tilde{g})$ に一致する．G と $\bar{G}$ は局所同型だから，求める結果が得られた．∎

この定理の(3)と定理2.6の系1の(3)からただちにつぎの系が得られる．

系 Riemann 対称空間 (M, g) に対して，(M, g) が半単純型であるための必要十分条件は，その Riemann 普遍被覆多様体が半単純型になることである．——

つぎの定理に示すように，半単純型の Riemann 対称空間の局所等長類による

分類は代数的な問題に帰着される.

定理 3.2　§2.2 の対応(C)は，効果的な半単純型 Riemann 対称 Lie 代数の同型類全体の集合から，半単純型 Riemann 対称空間の局所等長類全体の集合への全単射写像を引きおこす．この対応で，$(\mathfrak{g}, \sigma, g)$ の類に (M, g) の類が対応しているとすれば，$\mathfrak{g}$ は Lie $I(M, g)$ に同型である．また，この対応で，直和の類には直積の類が対応する.

証明　効果的な半単純型 Riemann 対称 Lie 代数 $(\mathfrak{g}, \sigma, g)$ から対応(C)で得られる単連結 Riemann 対称空間 (M, g) は，定理 2.6 の系 1 の (2) より半単純型であるから，定理にいう対応が引きおこされる．逆に，単連結 Riemann 対称空間 (M, g) が与えられたとき，これから対応(E)によって得られる効果的な Riemann 対称対 (G, K, σ, g) の Lie 代数 $(\mathfrak{g}, \sigma, g)$ を考えれば，これは定理の対応の逆方向の対応を引きおこす．ところが，定理 3.1 の (1) より，これらの対応は互いに逆対応であることがわかる．残りの主張は定理 3.1 の (3) と対応(C)の定義から明らかである．▌

そこで，以後，効果的な半単純型 Riemann 対称 Lie 代数の分類を考えるが，そのためにいくつか用語を準備しよう.

$\mathfrak{g}$ を有限次元の実 Lie 代数，B をその Killing 形式とする．$B<0$，すなわち，B が負定値のとき，$\mathfrak{g}$ を**コンパクト型**という．Cartan の判定条件より，このとき $\mathfrak{g}$ は半単純である．Weyl の定理から，実半単純 Lie 代数 $\mathfrak{g}$ に対して，$\mathfrak{g}$ がコンパクト型であることと，Lie $G=\mathfrak{g}$ となるコンパクトな Lie 群 G が存在することとは同値である．このことはまた，Lie $G=\mathfrak{g}$ となる連結 Lie 群 G はすべてコンパクトであることとも同値である．$\mathfrak{g}$ は，半単純で，コンパクト型のイデアルを含まないとき，**非コンパクト型**といわれる.

Riemann 対称対 (G, K, σ, g)，直交対称 Lie 代数 $(\mathfrak{g}, \sigma)$，Riemann 対称 Lie 代数 $(\mathfrak{g}, \sigma, g)$ は，そのホロノミー代数 $\mathfrak{h}$ がその標準補空間 $\mathfrak{m}$ 上に既約に，自明でなく働くとき，**既約**であるといわれる．このとき，これらは半単純型である．ここで，g が $\mathfrak{h}$ 不変であることと Schur の補題より，与えられた既約な $(\mathfrak{g}, \sigma)$ に対して，$(\mathfrak{g}, \sigma, g)$ が Riemann 対称 Lie 代数となるような g は正の定数倍を除いて一意的であることを注意しておく.

(M, g) を Riemann 対称空間とする．各 $p \in M$ に対して，p におけるホロノ

ミー代数 $\mathfrak{h}(p)$ が M_p 上に既約に，自明でなく働くとき，(M, g) は**既約**であるといわれる．これは，(M, g) が半単純型で，定理 3.2 の対応で (M, g)（の類）に対応する（類に属する）Riemann 対称 Lie 代数が既約であることと同値である．

定理 3.3　(1)　効果的な半単純型 Riemann 対称 Lie 代数 $(\mathfrak{g}, \sigma, g)$ は，順序を除いて一意的に，効果的な既約 Riemann 対称 Lie 代数 $(\mathfrak{g}_i, \sigma_i, g_i)$ の直和:

$$(\mathfrak{g}, \sigma, g) = (\mathfrak{g}_1, \sigma_1, g_1) \oplus \cdots \oplus (\mathfrak{g}_m, \sigma_m, g_m)$$

に分解される．

(2)　$(\mathfrak{g}, \sigma, g)$ を Riemann 対称 Lie 代数，$\mathfrak{g}=\mathfrak{k}+\mathfrak{m}$ をその標準分解，B を $\mathfrak{g}$ の Killing 形式とする．このとき，$(\mathfrak{g}, \sigma, g)$ が効果的で既約であるための必要十分条件は，直交対称 Lie 代数 $(\mathfrak{g}, \sigma)$ が以下のどれか一つの条件を満たすことである．

(CⅠ)　$\mathfrak{g}$ はコンパクト型実単純 Lie 代数である．

(CⅡ)　$(\mathfrak{g}, \sigma)$ はつぎの直交対称 Lie 代数 $(\bar{\mathfrak{g}}, \bar{\sigma})$ に同型である:

$$\bar{\mathfrak{g}} = \mathfrak{g}_1 \oplus \mathfrak{g}_1, \qquad \mathfrak{g}_1 \text{ はコンパクト型実単純 Lie 代数},$$

$$\bar{\sigma}(X, Y) = (Y, X) \qquad (X, Y \in \mathfrak{g}_1).$$

(N)　$\mathfrak{g}$ は非コンパクト型実単純 Lie 代数である．

このとき，(CⅠ) または (CⅡ) の場合には

$$B_{\mathfrak{m}} < 0, \qquad g = -cB_{\mathfrak{m}} \quad (c>0),$$

(N) の場合には

$$B_{\mathfrak{m}} > 0, \qquad g = cB_{\mathfrak{m}} \quad (c>0)$$

が成り立つ．——

以後，このような直交対称 Lie 代数をそれぞれ **(CⅠ)型**，**(CⅡ)型**，**(N)型**とよび，(CⅠ)型または (CⅡ)型のものをまとめて **(C)型**とよぶことにする．

この定理の証明にはつぎの補題が必要になる．

補題 3.1　V を有限次元実線型空間，$\mathfrak{h} \subset \mathfrak{gl}(V)$ を Lie 部分代数，$\langle\ ,\ \rangle$ を V 上の内積で，各 $A \in \mathfrak{h}$，各 $u, v \in V$ に対して

$$\langle Au, v\rangle + \langle u, Av\rangle = 0$$

を満たすものとする．V_0 を V の部分空間で $\mathfrak{h}V_0=\{0\}$ となるもの，V_1 を $\mathfrak{h}$ 不変，$\mathfrak{h}$ 既約な部分空間で $\mathfrak{h}V_1 \neq \{0\}$ となるものとする．

(1)　ϕ を V から自身への線型写像で，各 $A \in \mathfrak{h}$ と可換なものとすれば，

$$\langle \phi(V_0), V_1\rangle = \{0\}.$$

(2) $\langle V_0, V_1\rangle = \{0\}$.

証明 (1) $V_1^{\perp}$ で V_1 の直交補空間を表わすと，$V_1^{\perp}$ も $\mathfrak{h}$ 不変で

$$V = V_1 + V_1^{\perp} \quad (\text{直和})$$

となる．$u\in V_0$ に対して，上の分解に関する $\phi(u)$ の V_1 成分を $\phi_1(u)$ で表わすと，線型写像 $\phi_1: V_0\to V_1$ が定義される．

$u\in V_0$ を任意にとって固定しよう．各 $v\in V_1$ と各 $A\in\mathfrak{h}$ に対して，$Au=0$ に注意すれば，

$$\langle A\phi_1(u), v\rangle = \langle A\phi(u), v\rangle = \langle \phi A(u), v\rangle = 0$$

を得るから，各 $A\in\mathfrak{h}$ に対して

$$A\phi_1(u) = 0$$

となる．$\phi_1(u)\neq 0$ と仮定すると，V_1 の $\mathfrak{h}$ 既約性より，V_1 は $\phi_1(u)$ で張られ，$\mathfrak{h}V_1=\{0\}$ となる．これは仮定に矛盾する．したがって，$\phi_1(u)=0$，すなわち $\phi(u)\in V_1^{\perp}$ でなければならない．$u\in V_0$ は任意であったから，(1)が示された．

(2) (1)の ϕ として V の恒等写像をとれば，(1)より(2)を得る．∎

定理 3.3 の証明 まず(2)を証明しよう．$(\mathfrak{g}, \sigma, g)$ を効果的な既約 Riemann 対称 Lie 代数とする．定理 2.6 の系 1 の(1)より $\mathfrak{g}$ は半単純である．

$$\mathfrak{g} = \hat{\mathfrak{g}}_1\oplus\cdots\oplus\hat{\mathfrak{g}}_l$$

を $\mathfrak{g}$ の単純イデアルへの分解とする．σ は回帰的だから，適当に添字を変えて，

$$\sigma\hat{\mathfrak{g}}_i = \hat{\mathfrak{g}}_i \quad (1\leqq i\leqq r), \qquad \sigma\hat{\mathfrak{g}}_{r+2j-1} = \hat{\mathfrak{g}}_{r+2j} \quad (1\leqq j\leqq s), \qquad r+2s = l$$

であるとしてよい．そこで

$$\mathfrak{g}_i = \hat{\mathfrak{g}}_i \quad (1\leqq i\leqq r), \qquad \mathfrak{g}_{r+j} = \hat{\mathfrak{g}}_{r+2j-1}\oplus\hat{\mathfrak{g}}_{r+2j} \quad (1\leqq j\leqq s)$$

とおくと，これらは σ で不変な半単純イデアルで

$$\mathfrak{g} = \mathfrak{g}_1\oplus\cdots\oplus\mathfrak{g}_m, \qquad \text{ここで } m = r+s$$

となる．$\sigma_i=\sigma|\mathfrak{g}_i\ (1\leqq i\leqq m)$ とおけば，各 $(\mathfrak{g}_i, \sigma_i)$ は効果的な直交対称 Lie 代数で

$$(3.1) \qquad (\mathfrak{g}, \sigma) = (\mathfrak{g}_1, \sigma_1)\oplus\cdots\oplus(\mathfrak{g}_m, \sigma_m)$$

となる．$(\mathfrak{g}, \sigma)$, $(\mathfrak{g}_i, \sigma_i)$ の標準分解をそれぞれ $\mathfrak{g}=\mathfrak{k}+\mathfrak{m}$, $\mathfrak{g}_i=\mathfrak{k}_i+\mathfrak{m}_i$ とすれば

$$\mathfrak{k}_i = \mathfrak{g}_i\cap\mathfrak{k}, \qquad \mathfrak{m}_i = \mathfrak{g}_i\cap\mathfrak{m} \qquad (1\leqq i\leqq m),$$

$$\mathfrak{k} = \mathfrak{k}_1\oplus\cdots\oplus\mathfrak{k}_m, \qquad \mathfrak{k}_i = [\mathfrak{m}_i, \mathfrak{m}_i] \qquad (1\leqq i\leqq m),$$

$$\mathfrak{m} = \mathfrak{m}_1+\cdots+\mathfrak{m}_m \quad (\text{線型空間としての直和})$$

となる．定理 2.6 の系 1 の (1) と仮定より，$\bar{\mathfrak{k}}$ は (随伴作用によって) $\mathfrak{m}$ に既約に働いているから，$m=1$ でなければならない．したがって，つぎの二つの場合がおこる．

(a) $r=0$, $s=1$, $\mathfrak{g}$ は単純でない；

(b) $r=1$, $s=0$, $\mathfrak{g}$ は単純である．

(a) の場合には，$\mathfrak{g}=\hat{\mathfrak{g}}_1\oplus\hat{\mathfrak{g}}_2$ である．

$$\bar{\mathfrak{g}}=\hat{\mathfrak{g}}_1\oplus\hat{\mathfrak{g}}_1, \quad \bar{\sigma}(X, Y)=(Y, X) \qquad (X, Y\in\hat{\mathfrak{g}}_1)$$

とおくと，$\bar{\sigma}$ は $\bar{\mathfrak{g}}$ の回帰的自己同型である．対応 $(X, Y)\mapsto(X, \sigma Y)$ $(X, Y\in\hat{\mathfrak{g}}_1)$ によって，Lie 代数としての同型写像 $\varphi:\bar{\mathfrak{g}}\to\mathfrak{g}$ が定義されて，$\sigma\circ\varphi=\varphi\circ\bar{\sigma}$ を満たす．したがって，$(\bar{\mathfrak{g}}, \bar{\sigma})$ も直交対称 Lie 代数である．その標準分解 $\bar{\mathfrak{g}}=\bar{\mathfrak{k}}+\bar{\mathfrak{m}}$ は

$$\bar{\mathfrak{k}}=\{(X, X)\,;\ X\in\hat{\mathfrak{g}}_1\}\cong\hat{\mathfrak{g}}_1,$$
$$\bar{\mathfrak{m}}=\{(X, -X)\,;\ X\in\hat{\mathfrak{g}}_1\}\cong\hat{\mathfrak{g}}_1$$

で与えられる．$\bar{\mathfrak{k}}$ と $\bar{\mathfrak{m}}$ を $\hat{\mathfrak{g}}_1$ と同一視したとき，$\bar{\mathfrak{k}}$ の $\bar{\mathfrak{k}}$ および $\bar{\mathfrak{m}}$ への作用はともに $\hat{\mathfrak{g}}_1$ の自身への随伴作用である．ところが，$ad_{\bar{\mathfrak{g}}}\bar{\mathfrak{k}}$ は $GL(\bar{\mathfrak{g}})$ のコンパクト連結 Lie 部分群を生成するから，$\hat{\mathfrak{g}}_1$ はコンパクト型でなければならない．これが (CII) の場合である．

(b) の場合には，$\mathfrak{g}$ がコンパクト型ならば (CI) の場合，非コンパクト型ならば (N) の場合になる．

逆に，$(\mathfrak{g}, \sigma, g)$ を Riemann 対称 Lie 代数で，$(\mathfrak{g}, \sigma)$ が (CI), (CII), (N) のどれかを満たすものとする．まず，(CII) を満たすときは，上の (a) の場合の記法を用いると，$\bar{\mathfrak{k}}=[\bar{\mathfrak{m}}, \bar{\mathfrak{m}}]$ が成り立ち，$(\bar{\mathfrak{g}}, \bar{\sigma})$ のホロノミー代数の作用は $\mathfrak{g}_1$ の自身への随伴作用と同値になるから，これは既約で，自明でない．よって，$(\bar{\mathfrak{g}}, \bar{\sigma}, g)$ は既約である．また，$\bar{\mathfrak{a}}$ を $\bar{\mathfrak{k}}$ に含まれる $\bar{\mathfrak{g}}$ のイデアルとすれば，$\mathfrak{g}_1$ の可換なイデアル $\mathfrak{a}_1$ が存在して

$$\bar{\mathfrak{a}}=\{(X, X)\,;\ X\in\mathfrak{a}_1\}$$

となる．$\mathfrak{g}_1$ は半単純だから $\mathfrak{a}_1=\{0\}$，すなわち $\mathfrak{a}=\{0\}$ を得る．よって，$(\bar{\mathfrak{g}}, \bar{\sigma}, g)$ は効果的である．このとき，$B<0$ だから $B_{\mathfrak{m}}<0$ である．

つぎに，(CI) または (N) の場合，すなわち $\mathfrak{g}$ が単純である場合を考えよう．この場合 $(\mathfrak{g}, \sigma, g)$ が効果的であることは明らかであろう．さらに定理 2.6 の系 1 の (1) より，$(\mathfrak{g}, \sigma, g)$ は半単純型で，$\mathfrak{k}=[\mathfrak{m}, \mathfrak{m}]$ である．(CI) の場合，$B<0$ だ

から $B_{\mathfrak{m}}<0$ である．(N)の場合は $B_{\mathfrak{m}}>0$ であることを証明しよう．$\mathfrak{m}$ から自身への線型写像 β を

$$g(\beta X, Y)=B(X, Y) \qquad (X, Y\in\mathfrak{m})$$

によって定義する．このとき，g, B の対称性と $\mathfrak{k}$ 不変性より，各 $X, Y\in\mathfrak{m}$ に対して

$$g(\beta X, Y)=g(X, \beta Y), \tag{3.2}$$

各 $X\in\mathfrak{k}$ に対して

$$\beta(ad_{\mathfrak{m}}X)=(ad_{\mathfrak{m}}X)\beta \tag{3.3}$$

が成り立つ．補題2.1の(1)より $B_{\mathfrak{m}}$ は非退化だから，β は $\mathfrak{m}$ の線型自己同型である．(3.2)より β の固有値は実数である．そこで，β の正または負の固有値に属する固有空間の直和をそれぞれ $\mathfrak{m}_+$ または $\mathfrak{m}_-$ で表わすと

$$\mathfrak{m}=\mathfrak{m}_++\mathfrak{m}_- \quad (\text{線型空間としての直和})$$

が成り立つ．(3.2), (3.3)より

$$[\mathfrak{k}, \mathfrak{m}_\pm]\subset\mathfrak{m}_\pm, \qquad g(\mathfrak{m}_+, \mathfrak{m}_-)=\{0\},$$

したがって

$$B(\mathfrak{m}_+, \mathfrak{m}_-)=\{0\}$$

を得る．

$$\begin{aligned} B_{\mathfrak{k}}([\mathfrak{m}_+, \mathfrak{m}_-], [\mathfrak{m}_+, \mathfrak{m}_-])\subset B([\mathfrak{m}_+, \mathfrak{m}_-], \mathfrak{k}) &= B(\mathfrak{m}_+, [\mathfrak{k}, \mathfrak{m}_-]) \\ &\subset B(\mathfrak{m}_+, \mathfrak{m}_-)=\{0\} \end{aligned}$$

と補題2.1の(2)より $[\mathfrak{m}_+, \mathfrak{m}_-]=\{0\}$ を得る．そこで

$$\mathfrak{g}_\pm=[\mathfrak{m}_\pm, \mathfrak{m}_\pm]+\mathfrak{m}_\pm$$

とおけば，$\mathfrak{g}_+, \mathfrak{g}_-$ はともに $\mathfrak{g}$ のイデアルで

$$\mathfrak{g}=\mathfrak{g}_+\oplus\mathfrak{g}_- \quad (\text{Lie 代数としての直和})$$

になる．$\mathfrak{g}$ は単純だから，$\mathfrak{g}=\mathfrak{g}_+$ または $\mathfrak{g}=\mathfrak{g}_-$ でなければならない．$\mathfrak{g}=\mathfrak{g}_-$ とすれば $B_{\mathfrak{m}}<0$ であるから，補題2.1より $B<0$ となる．これは $\mathfrak{g}$ が非コンパクト型であることに矛盾する．よって，$\mathfrak{g}=\mathfrak{g}_+$ でなければならない．したがって $B_{\mathfrak{m}}>0$ を得る．

終りに，$\mathfrak{g}$ が単純ならば，$(\mathfrak{g}, \sigma, g)$ は既約であることを示そう．そうすれば，さきに述べた g の一意性と合わせて，(2)の証明が完結する．$\mathfrak{m}'$ を $\mathfrak{m}$ の $\mathfrak{k}$ 不変部分空間，すなわち，$[\mathfrak{k}, \mathfrak{m}']\subset\mathfrak{m}'$ なるものとする．

$$\mathfrak{m}'' = \{X \in \mathfrak{m};\ B(X, \mathfrak{m}') = \{0\}\}$$

とおく．$B_{\mathfrak{m}}$ は定値で，$\mathfrak{k}$ で不変であるから

$$\mathfrak{m} = \mathfrak{m}' + \mathfrak{m}'' \quad (\text{線型空間としての直和}),$$
$$[\mathfrak{k}, \mathfrak{m}''] \subset \mathfrak{m}''$$

が成り立つ．さきと同じ論法で

$$\mathfrak{g} = [\mathfrak{m}', \mathfrak{m}'] + \mathfrak{m}' \quad \text{または} \quad \mathfrak{g} = [\mathfrak{m}'', \mathfrak{m}''] + \mathfrak{m}''$$

を得る．したがって，$\mathfrak{m}=\mathfrak{m}'$ または $\mathfrak{m}=\mathfrak{m}''$ である．これは $\mathfrak{m}'=\mathfrak{m}$ または $\mathfrak{m}'=\{0\}$ であることと同値である．よって $\mathfrak{k}$ は $\mathfrak{m}$ に既約に働いている．$(\mathfrak{g}, \sigma, g)$ は半単純型であるから，$\mathfrak{k}$ の $\mathfrak{m}$ への作用は自明ではない．したがって，$(\mathfrak{g}, \sigma, g)$ は既約である．

つぎに(1)の証明をしよう．(2)の証明の初めに示したように，$(\mathfrak{g}, \sigma)$ は(3.1)のように効果的な直交対称 Lie 代数 $(\mathfrak{g}_i, \sigma_i)$ の直和に分解される．いま示したように，各 $(\mathfrak{g}_i, \sigma_i)$ は既約である．さらに，各 i $(1 \leqq i \leqq m)$ に対して，$\mathfrak{k}_i$ の $\mathfrak{m}$ への作用に関して，

(3.4)　$\mathfrak{m}$ の自明な部分は $\sum_{j \neq i} \mathfrak{m}_j$ に一致する；$\mathfrak{m}$ の自明でない部分は $\mathfrak{m}_i$ に一致し，$\mathfrak{m}_i$ は既約である．

したがって，補題3.1の(2)より，

$$i \neq j \quad \text{ならば} \quad g(\mathfrak{m}_i, \mathfrak{m}_j) = \{0\}$$

を得る．$g_i = g \,|\, \mathfrak{m}_i \times \mathfrak{m}_i$ とおけば，各 $(\mathfrak{g}_i, \sigma_i, g_i)$ は効果的な既約 Riemann 対称 Lie 代数で，$(\mathfrak{g}, \sigma, g)$ はこれらの直和になる．したがって分解の存在が示された．

つぎに分解の一意性を示そう．

$$(\mathfrak{g}, \sigma, g) = (\mathfrak{g}_1', \sigma_1', g_1') \oplus \cdots \oplus (\mathfrak{g}_l', \sigma_l', g_l')$$

をもう一つのこのような分解とする．$(\mathfrak{g}_j', \sigma_j')$ の標準分解を $\mathfrak{g}_j' = \mathfrak{k}_j' + \mathfrak{m}_j'$ とすれば，やはり

$$\mathfrak{k} = \mathfrak{k}_1' \oplus \cdots \oplus \mathfrak{k}_l', \qquad \mathfrak{k}_j' = [\mathfrak{m}_j', \mathfrak{m}_j'] \quad (1 \leqq j \leqq l),$$
$$\mathfrak{m} = \mathfrak{m}_1' + \cdots + \mathfrak{m}_l'$$

が成り立つ．部分空間の族 $\{\mathfrak{m}_j'\}$ が順序を除いて族 $\{\mathfrak{m}_i\}$ に一致することを示せば十分である．例えば $\mathfrak{m}_1'$ をとる．$\mathfrak{k} = \mathfrak{k}_1 \oplus \cdots \oplus \mathfrak{k}_m$ は $\mathfrak{m}_1'$ を不変にして，$\mathfrak{m}_1'$ の上に既約に，自明でなく働くから，或る i $(1 \leqq i \leqq m)$ が存在して，$\mathfrak{m}_1'$ の上に $\mathfrak{k}_i$ が自明でなく働く．したがって(3.4)より $\mathfrak{m}_i \subset \mathfrak{m}_1'$ となる．$\mathfrak{k}$ は $\mathfrak{m}_1'$ の上に既約

に働き，$\mathfrak{m}_i$ を不変にするから，$\mathfrak{m}_i=\mathfrak{m}_1'$ を得る．したがって，$\{\mathfrak{m}_j'\}\subset\{\mathfrak{m}_i\}$ が示された．同様にして，$\{\mathfrak{m}_i\}\subset\{\mathfrak{m}_j'\}$ が示される．▮

この定理 3.3 の (2) から，以下のような用語を導入するのは自然であろう．直交対称 Lie 代数または Riemann 対称 Lie 代数は，$B_{\mathfrak{m}}<0$ または $B_{\mathfrak{m}}>0$ のとき，それぞれ**コンパクト型**または**非コンパクト型**といわれる．すると，(C) 型の直交対称 Lie 代数とは，効果的なコンパクト型既約直交対称 Lie 代数のことであり，(N) 型の直交対称 Lie 代数とは，効果的な非コンパクト型既約直交対称 Lie 代数のことである．Riemann 対称対は，その Lie 代数がコンパクト型または非コンパクト型のとき，それぞれ**コンパクト型**または**非コンパクト型**といわれる．Riemann 対称空間 (M,g) は，半単純型で，定理 3.2 の対応で (M,g) に対応する Riemann 対称 Lie 代数がコンパクト型または非コンパクト型であるとき，それぞれ**コンパクト型**または**非コンパクト型**といわれる．なお，このように Lie 代数の不変量を用いるのでなく，(M,g) の Riemann 多様体としての不変量だけを用いてコンパクト型，非コンパクト型の概念を定義することもできるが（章末の問題 1 を参照せよ），本講では，簡単のため上の定義を採用する．

すると，定理 3.3 と定理 2.6 からただちにつぎの系 1 が得られる．

系 1 (1) 効果的な半単純型 Riemann 対称 Lie 代数 $(\mathfrak{g},\sigma,g)$ は，効果的な非コンパクト型 Riemann 対称 Lie 代数 $(\mathfrak{g}_+,\sigma_+,g_+)$ と効果的なコンパクト型 Riemann 対称 Lie 代数 $(\mathfrak{g}_-,\sigma_-,g_-)$ の直和：

$$(\mathfrak{g},\sigma,g)=(\mathfrak{g}_+,\sigma_+,g_+)\oplus(\mathfrak{g}_-,\sigma_-,g_-)$$

に一意的に分解される．

(2) 効果的な Riemann 対称 Lie 代数 $(\mathfrak{g},\sigma,g)$ は，効果的な Euclid 型 Riemann 対称 Lie 代数 $(\mathfrak{g}_0,\sigma_0,g_0)$ と効果的な既約 Riemann 対称 Lie 代数 $(\mathfrak{g}_i,\sigma_i,g_i)$ の直和：

$$(\mathfrak{g},\sigma,g)=(\mathfrak{g}_0,\sigma_0,g_0)\oplus(\mathfrak{g}_1,\sigma_1,g_1)\oplus\cdots\oplus(\mathfrak{g}_m,\sigma_m,g_m)$$

に，既約なものの順序を除いて，一意的に分解される．

(3) 効果的な直交対称 Lie 代数 $(\mathfrak{g},\sigma)$ に対して，$(\mathfrak{g},\sigma)$ がコンパクト型または非コンパクト型であるための必要十分条件は，$\mathfrak{g}$ がそれぞれコンパクト型または非コンパクト型実 Lie 代数となることである．——

系 1 と定理 2.6 の系 2，定理 3.2，定理 1.2 の系より，つぎのように系 1 の大域化が得られる.

系 2 (1) 単連結な半単純型 Riemann 対称空間 (M, g) は, 単連結な非コンパクト型 Riemann 対称空間 (M_+, g_+) と単連結なコンパクト型 Riemann 対称空間 (M_-, g_-) の直積:

$$(M, g) = (M_+, g_+) \times (M_-, g_-)$$

に一意的に分解される.

(2) 単連結な Riemann 対称空間 (M, g) は, Euclid 空間 (M_0, g_0) と単連結な既約 Riemann 対称空間 (M_i, g_i) の直積:

$$(M, g) = (M_0, g_0) \times (M_1, g_1) \times \cdots \times (M_m, g_m)$$

に, 既約なものの順序を除いて, 一意的に分解される. この分解は, 単連結な Riemann 対称空間の **de Rham 分解**といわれる.

(3) 半単純型 Riemann 対称空間 (M, g) に対して, (M, g) がコンパクト型であるための必要十分条件は, $I^0(M, g)$ がコンパクトになることである. この条件はまた M がコンパクトであることとも同値である. (M, g) が非コンパクト型であるための必要十分条件は, $I^0(M, g)$ がコンパクト連結な正規部分群を含まないことである. このとき, M はコンパクトでない. ——

以上の定理 3.2, 3.3 によって, 半単純型 Riemann 対称空間の局所同型類による分類は, 効果的な既約直交対称 Lie 代数の同型類による分類に帰着された.

明らかに, 単純なコンパクト連結 Lie 群 H から例 2.5 のようにして得られる直交対称 Lie 代数 $(\mathfrak{g}, \sigma)$ は (CII) 型になるが, 実際, 以下に示すように, (CII) 型の直交対称 Lie 代数の分類は, コンパクト型の実単純 Lie 代数の分類に帰着される.

$(\mathfrak{g}, \sigma)$ を (CII) 型の直交対称 Lie 代数とする. すなわち,

$$\mathfrak{g} = \mathfrak{g}_1 \oplus \mathfrak{g}_1, \qquad \mathfrak{g}_1 \text{ はコンパクト型実単純 Lie 代数},$$
$$\sigma(X, Y) = (Y, X) \qquad (X, Y \in \mathfrak{g}_1)$$

とする. これに対して Lie 代数 $\mathfrak{g}_1$ を対応させよう. このとき, つぎの定理が成り立つ.

定理 3.4 上の対応は, (CII) 型の直交対称 Lie 代数の同型類全体の集合から, コンパクト型の実単純 Lie 代数の同型類全体の集合への全単射写像を引きおこす.

証明 $(\mathfrak{g}, \sigma)$, $(\bar{\mathfrak{g}}, \bar{\sigma})$ を (CII) 型の直交対称 Lie 代数,

$$\mathfrak{g} = \mathfrak{g}_1 \oplus \mathfrak{g}_1, \qquad \bar{\mathfrak{g}} = \bar{\mathfrak{g}}_1 \oplus \bar{\mathfrak{g}}_1$$

とする．$\varphi: (\mathfrak{g}, \sigma) \to (\bar{\mathfrak{g}}, \bar{\sigma})$ を直交対称 Lie 代数の同型写像とすれば，φ は $\mathfrak{g}$ の第1因子 $\mathfrak{g}_1$ を $\bar{\mathfrak{g}}$ の第1因子か第2因子の上に同型に移すから，$\mathfrak{g}_1$ と $\bar{\mathfrak{g}}_1$ は同型である．したがって，定理にいう対応が引きおこされる．逆に，コンパクト型実単純 Lie 代数 $\mathfrak{g}_1$ に対して，

$$\mathfrak{g} = \mathfrak{g}_1 \oplus \mathfrak{g}_1,$$
$$\sigma(X, Y) = (Y, X) \qquad (X, Y \in \mathfrak{g}_1)$$

によって(CII)型直交対称 Lie 代数 $(\mathfrak{g}, \sigma)$ を定義する．もう一つのコンパクト型実単純 Lie 代数 $\bar{\mathfrak{g}}_1$ より定義された(CII)型直交対称 Lie 代数を $(\bar{\mathfrak{g}}, \bar{\sigma})$ とし，$\varphi: \mathfrak{g}_1 \to \bar{\mathfrak{g}}_1$ を同型写像とすれば，φ の直和 $\varphi \oplus \varphi: \mathfrak{g} \to \bar{\mathfrak{g}}$ は $(\mathfrak{g}, \sigma)$ から $(\bar{\mathfrak{g}}, \bar{\sigma})$ への同型写像を与える．したがって，対応 $\mathfrak{g}_1 \rightsquigarrow (\mathfrak{g}, \sigma)$ は，定理にいう対応の逆方向の対応を引きおこす．これらの対応が互いに逆対応であることは明らかであろう．∎

(CI)型および(N)型の直交対称 Lie 代数の分類についてはのちの節で説明するが，ここでは，コンパクト型実単純 Lie 代数 $\mathfrak{g}$ とその自己同型 σ に対して，$(\mathfrak{g}, \sigma)$ が(CI)型の直交対称 Lie 代数になるための条件は§2.2の(i)′だけで十分であることだけを注意しておこう．実際，Weyl の定理と(i)′から(iii)′が導かれるからである．

例 3.1　例2.1の Riemann 対称空間のなかでは，(S^n, g) $(n \geqq 2)$ がコンパクト型で既約，(H^2, g) が非コンパクト型で既約である．例2.2のコンパクト連結 Lie 群 (H, g) は，H が半単純のときコンパクト型で，さらに H が単純のとき既約である．例えば，$H = SU(n)$ $(n \geqq 2)$，$SO(n)$ $(n \neq 1, 2, 4)$，$Sp(n)$ $(n \geqq 1)$ のとき，(H, g) は既約である．例2.6の $(G_{p,q}(\boldsymbol{F}), g)$ は，$\boldsymbol{F} = \boldsymbol{R}$，$p = q = 1$ の場合を除いてコンパクト型で，$\boldsymbol{F} = \boldsymbol{R}$，$p = q = 1$ または2の場合を除いて既約である．例2.7の $(D_{p,q}(\boldsymbol{F}), g)$ は，$\boldsymbol{F} = \boldsymbol{R}$，$p = q = 1$ の場合を除いて非コンパクト型で，$\boldsymbol{F} = \boldsymbol{R}$，$p = q = 1$ または2の場合を除いて既約である．

§3.2　非コンパクト型 Riemann 対称空間

この節では非コンパクト型 Riemann 対称空間の等長類(局所等長類でなくて)による分類が非コンパクト型実 Lie 代数の同型類による分類に帰着されることを示す．まずつぎの定理が成り立つ．

定理 3.5　(M, g) を非コンパクト型 Riemann 対称空間とする．

(1)　$G=I^0(M, g)$ の中心は単位元のみからなる．

(2)　各 $p\in M$ に対して，p における等方性部分群

$$K=\{a\in G;\ a(p)=p\}$$

は連結で，G の極大コンパクト部分群である．

(3)　各 $p\in M$ に対して，指数写像 $\mathrm{Exp}_p: M_p\to M$ は微分同相である．したがって，M は単連結で，各対称変換 σ_p の固定点は p だけである．──

この定理の証明には，つぎの代数群の極分解定理が必要となる．

補題 3.2　G を一般線型群 $GL(n, \boldsymbol{R})$ の閉部分群，$\mathfrak{g}=\mathrm{Lie}\, G\subset \mathrm{Lie}\, GL(n, \boldsymbol{R})=\mathfrak{gl}(n, \boldsymbol{R})$ とし，G は以下の2条件を満たすとする．

(a)　G は実代数群である．すなわち，以下の性質をもつ n^2 個の変数 $X_j{}^i$ $(1\leqq i, j\leqq n)$ の実多項式の系 f_α $(1\leqq\alpha\leqq N)$（これは G の定義多項式系とよばれる）が存在する：$x=(x_j{}^i)\in GL(n, \boldsymbol{R})$ が $x\in G$ となるための必要十分条件は

$$\text{各}\ \alpha\ (1\leqq\alpha\leqq N)\quad \text{に対して}\quad f_\alpha(x_j{}^i)=0$$

となることである；

(b)　${}^tG=G$．

このとき，

$$K=G\cap O(n),$$
$$\mathfrak{m}=\{X\in\mathfrak{g};\ {}^tX=X\}$$

とおくと，対応 $(k, X)\mapsto k\exp X$ で定義される $K\times\mathfrak{m}$ から G への写像は微分同相である．

証明　よく知られた $GL(n, \boldsymbol{R})$ の極分解を用いる．すなわち，

$$\mathfrak{s}(n, \boldsymbol{R})=\{X\in\mathfrak{gl}(n, \boldsymbol{R});\ {}^tX=X\}$$

とおくと，対応 $(k, X)\mapsto k\exp X$ で定義される $O(n)\times\mathfrak{s}(n, \boldsymbol{R})$ から $GL(n, \boldsymbol{R})$ への写像は微分同相である．

$a\in G$ を任意にとる．上の極分解によって

$$a=k\exp X,\qquad k\in O(n),\ \ X\in\mathfrak{s}(n, \boldsymbol{R})$$

と分解する．このとき，$k\in K$, $X\in\mathfrak{m}$ であることを示せば十分である．まず，仮定(b)より

$$p={}^taa=\exp{}^tX\,{}^tkk\exp X=\exp 2X\in G$$

となる．したがって各整数 m に対して $p^m=\exp 2mX\in G$ となる．$X\in\mathfrak{s}(n,\boldsymbol{R})$ だから，適当な $l\in O(n)$ をとって

$$lXl^{-1}=\mathrm{diag}(\lambda_1,\cdots,\lambda_n),\qquad \lambda_i\in\boldsymbol{R}$$

とできる．$lGl^{-1}\subset GL(n,\boldsymbol{R})$ も実代数群で，$f_\alpha'=f_\alpha\circ Ad\,l^{-1}$ $(1\leqq\alpha\leqq N)$ がその定義多項式系になる．f_α' において $i\neq j$ なる X_j^i を 0 とおいて得られる，X_i^i $(1\leqq i\leqq n)$ の多項式を g_α とおく．各整数 m に対して $p^m\in G$ となることから，各整数 m に対して

$$g_\alpha(\exp(2m\lambda_1),\cdots,\exp(2m\lambda_n))=0$$

となる．g_α が多項式であることから，各 $t\in\boldsymbol{R}$ に対して

$$g_\alpha(\exp(2t\lambda_1),\cdots,\exp(2t\lambda_n))=0$$

が結論される．したがって各 $t\in\boldsymbol{R}$ に対して $\exp tX\in G$，よって $X\in\mathfrak{g}\cap\mathfrak{s}(n,\boldsymbol{R})=\mathfrak{m}$ となる．これより，$k=(\exp X)^{-1}a\in G\cap O(n)=K$ も成り立つ．▌

定理 3.5 の証明　$o\in M$ を任意にとって固定する．これから§2.2 (E) の仕方で構成した効果的な Riemann 対称対を (G,K,σ,g) とする．$G=I^0(M,g)$,

$$K=\{a\in G;\ a(o)=o\}$$

で，K はコンパクトであった．$(\mathfrak{g},\sigma,g)$ をその Lie 代数，$\mathfrak{g}=\mathfrak{k}+\mathfrak{m}$ をその標準分解とする．$\mathfrak{g}$ の自己同型全体のなす群 $\mathrm{Aut}(\mathfrak{g})$ は $GL(\mathfrak{g})$ の閉部分群である．

$$\hat{G}=Ad\,G,\qquad\qquad \hat{K}=Ad_{\mathfrak{g}}K,$$
$$\hat{\mathfrak{g}}=ad\,\mathfrak{g}=\mathrm{Lie}\,\hat{G},\qquad \hat{\mathfrak{k}}=ad_{\mathfrak{g}}\mathfrak{k}=\mathrm{Lie}\,\hat{K},$$
$$\hat{\mathfrak{m}}=ad_{\mathfrak{g}}\mathfrak{m}$$

とおく．$\mathfrak{g}$ が半単純だから，$\hat{G}$ は $\mathrm{Aut}(\mathfrak{g})$ の単位元の連結成分に一致し，$\hat{\mathfrak{g}}=\mathrm{Lie}\,\mathrm{Aut}(\mathfrak{g})$ となる．$\mathfrak{g}$ の Killing 形式 B を用いて

$$\langle X,Y\rangle=-B(X,\sigma Y)\qquad (X,Y\in\mathfrak{g})$$

とおくと，$B(\mathfrak{k},\mathfrak{m})=\{0\}$，$B_{\mathfrak{k}}<0$，$B_{\mathfrak{m}}>0$ より，$\langle\ ,\ \rangle$ は $\mathfrak{g}$ 上の内積になる．さらに

(3.5)　各 $k\in K$，各 $X,Y\in\mathfrak{g}$ に対して

$$\langle Ad\,kX,Ad\,kY\rangle=\langle X,Y\rangle,$$

(3.6)　各 $X\in\mathfrak{m}$，各 $Y,Z\in\mathfrak{g}$ に対して

$$\langle[X,Y],Z\rangle=\langle Y,[X,Z]\rangle,$$

(3.7)　B を不変にする $\phi\in GL(\mathfrak{g})$ と各 $X,Y\in\mathfrak{g}$ に対して

$$\langle\phi X,Y\rangle=\langle X,\sigma^{-1}\phi^{-1}\sigma Y\rangle$$

が成り立つ．(3.5)は $K \subset G_\sigma$ より

$$\text{左辺} = -B(Ad\,kX, \sigma Ad\,kY) = -B(Ad\,kX, Ad\,k\,\sigma Y)$$
$$= -B(X, \sigma Y) = \text{右辺}$$

だから成り立つ．(3.6)は

$$\text{左辺} = -B([X, Y], \sigma Z) = B(Y, [X, \sigma Z]) = -B(Y, \sigma[X, Z])$$
$$= \text{右辺}$$

だから成り立つ．(3.7)は

$$\text{左辺} = -B(\phi X, \sigma Y) = -B(X, \phi^{-1}\sigma Y) = -B(X, \sigma(\sigma^{-1}\phi^{-1}\sigma)Y)$$
$$= \text{右辺}$$

だから成り立つ．$\dim \mathfrak{g}=n$ とし，$\mathfrak{g}$ の内積 $\langle\ ,\ \rangle$ に関する正規直交基底を一つとって，$GL(\mathfrak{g})$ を $GL(n, \boldsymbol{R})$ と同一視する．このとき，$\mathrm{Aut}(\mathfrak{g}) \subset GL(n, \boldsymbol{R})$ は実代数群である．(3.5), (3.6) より

$$\hat{K} \subset \hat{G} \cap O(n), \qquad \hat{\mathfrak{k}} = \hat{\mathfrak{g}} \cap \mathfrak{o}(n),$$
$$\hat{\mathfrak{m}} = \hat{\mathfrak{g}} \cap \mathfrak{s}(n, \boldsymbol{R})$$

が成り立ち，(3.7) より

$${}^t(\mathrm{Aut}(\mathfrak{g})) = \mathrm{Aut}(\mathfrak{g})$$

が成り立つ．したがって，補題3.2より極分解：

$$\mathrm{Aut}(\mathfrak{g}) = (\mathrm{Aut}(\mathfrak{g}) \cap O(n)) \exp \hat{\mathfrak{m}}$$

を得る．これから単位元の連結成分 $\hat{G}$ に移って，$\hat{G}$ の極分解：

$$\hat{G} = (\hat{G} \cap O(n)) \exp \hat{\mathfrak{m}}$$

が得られる．したがって，$\hat{G} \cap O(n)$ は連結である．$\hat{\mathfrak{k}} = \mathrm{Lie}(\hat{G} \cap O(n))$ であるから，$\hat{K}$ も連結で，$\hat{K} = \hat{G} \cap O(n)$ となる．結局，$\hat{G}$ の極分解：

$$\hat{G} = \hat{K} \exp \hat{\mathfrak{m}}$$

を得た．

ここで，$\hat{K}$ が $\hat{G}$ の極大コンパクト部分群であることを示そう．$\hat{L}$ を $\hat{G}$ のコンパクトな部分群で $\hat{K} \subsetneq \hat{L}$ となるものとする．$l \in \hat{L} - \hat{K}$ を一つとって

$$l = k \exp X, \qquad k \in \hat{K}, \quad X \in \hat{\mathfrak{m}}, \quad X \neq 0$$

と分解すると，$\exp X = k^{-1}l \in \hat{L}$ である．したがって，$\{\exp mX\,;\, m=1, 2, \cdots\}$ は $\hat{L}$ のなかの発散する点列となる．これは $\hat{L}$ がコンパクトであることに矛盾する．

さて，G の随伴表現 Ad は被覆写像 $G/K \to \hat{G}/\hat{K}$ を引きおこすが，$\hat{G}$ の極分解

より $\hat{G}/\hat{K}$ は $\hat{\mathfrak{m}}$ に微分同相，したがって単連結であるから，これは自明な被覆写像である．よって $K=Ad^{-1}(\hat{K})$ となる．ところが，$Ad^{-1}(\hat{K})$ は G の中心を含み，G は $M=G/K$ 上に効果的に働いているから，中心は単位元だけでなければならない．結局，$\hat{G}, \hat{K}, \hat{\mathfrak{m}}$ などはすべて $G, K, \mathfrak{m}$ などと同一視される．よって，K は G の極大コンパクト部分群であり，極分解：

$$G = K \exp \mathfrak{m}$$

が成り立つ．したがって，(2), (3) も成り立つ．∎

この定理 3.5 の (3) によって，非コンパクト型 Riemann 対称空間の局所等長類はただ一つの等長類よりなることがわかった．したがって，定理 3.2, 3.3 より，この場合には，等長類による分類が，効果的な非コンパクト型直交対称 Lie 代数の同型類による分類に帰着される．じつは，以下に示すように，後者は非コンパクト型の実 Lie 代数の同型類による分類に帰着される．これを説明するために，Cartan 型回帰的自己同型の概念を導入しよう．

$\mathfrak{g}$ を実半単純 Lie 代数，B をその Killing 形式とする．$\mathfrak{g}$ の回帰的自己同型 σ は

$$\mathfrak{k} = \{X \in \mathfrak{g};\ \sigma X = X\}, \qquad \mathfrak{m} = \{X \in \mathfrak{g};\ \sigma X = -X\}$$

とおくとき，$B_{\mathfrak{k}}<0$, $B_{\mathfrak{m}}>0$ ならば，**Cartan 型回帰的自己同型**といわれる．このとき，分解 $\mathfrak{g}=\mathfrak{k}+\mathfrak{m}$ を σ に付属する **Cartan 分解**という．例えば，$(\mathfrak{g}, \sigma)$ を効果的な非コンパクト型直交対称 Lie 代数とすれば，定理 3.3 の系 1 より，$\mathfrak{g}$ は非コンパクト型実 Lie 代数，σ は $\mathfrak{g}$ 上の Cartan 型回帰的自己同型であって，その Cartan 分解は $(\mathfrak{g}, \sigma)$ の標準分解と一致する．逆に，σ を非コンパクト型実 Lie 代数 $\mathfrak{g}$ 上の Cartan 型回帰的自己同型とすれば，$(\mathfrak{g}, \sigma)$ は効果的な非コンパクト型直交対称 Lie 代数であって，その標準分解は σ に付属する Cartan 分解 $\mathfrak{g}=\mathfrak{k}+\mathfrak{m}$ に一致する．実際，$\mathfrak{g}$ の複素化 Lie 代数 $\mathfrak{g}^C$ の実部分空間

$$\mathfrak{g}_u = \mathfrak{k}+\sqrt{-1}\,\mathfrak{m}$$

を考えると，$[\mathfrak{k}, \mathfrak{k}]\subset\mathfrak{k}$, $[\mathfrak{k}, \mathfrak{m}]\subset\mathfrak{m}$, $[\mathfrak{m}, \mathfrak{m}]\subset\mathfrak{k}$ より，$\mathfrak{g}_u$ は $\mathfrak{g}^C$ の実 Lie 部分代数となる．$B_{\mathfrak{k}}<0$, $B_{\mathfrak{m}}>0$ より，$\mathfrak{g}_u$ の Killing 形式は負定値となる．したがって，$ad_{\mathfrak{g}^C}\mathfrak{g}_u$ は $GL(\mathfrak{g}^C)$ のコンパクト連結 Lie 部分群を生成する．よって，$ad_{\mathfrak{g}}\mathfrak{k}$ も $GL(\mathfrak{g})$ のコンパクト連結 Lie 部分群を生成する．$\mathfrak{m}=\{0\}$ と仮定すると $B<0$, したがって $\mathfrak{g}$ はコンパクト型になり，$\mathfrak{g}$ が非コンパクト型であることに矛盾する．よって $\mathfrak{m}\neq\{0\}$, すなわち σ は恒等写像でない．したがって $(\mathfrak{g}, \sigma)$ は直交対称 Lie

代数である．$B_{\mathfrak{m}}>0$ より，$(\mathfrak{g},\sigma)$ は非コンパクト型であり，$\mathfrak{g}$ がコンパクト型のイデアルを含まないことから，$(\mathfrak{g},\sigma)$ は効果的である．

つぎの補題は Cartan 型回帰的自己同型の存在と或る意味での一意性を主張している．

補題 3.3 $\mathfrak{g}$ を実半単純 Lie 代数とする．

(1) $\mathfrak{g}$ 上には Cartan 型回帰的自己同型が存在する．

(2) $\sigma,\bar{\sigma}$ を $\mathfrak{g}$ 上の二つの Cartan 型回帰的自己同型とすると，$\mathfrak{g}$ の内部自己同型 α で，$\alpha\bar{\sigma}\alpha^{-1}=\sigma$ を満たすものが存在する．

証明 (1) $\mathfrak{g}^C$ を $\mathfrak{g}$ の複素化 Lie 代数，B を $\mathfrak{g}^C$ の Killing 形式とする．このとき，$\mathfrak{g}^C$ のコンパクト型実形 $\mathfrak{g}_u$ で，$\mathfrak{g}^C$ の $\mathfrak{g}_u$ に関する複素共役写像 σ（すなわち，$\sigma(X+\sqrt{-1}\,Y)=X-\sqrt{-1}\,Y$ $(X, Y\in\mathfrak{g}_u)$ で定義される写像）が $\mathfrak{g}$ を不変にするようなものを構成できる．これは，いわゆる Weyl 基底によるコンパクト型実形の構成において，Weyl 基底を注意深く選ぶことによってなされる．この事実の別証明が前篇においても与えられている．さて，σ は $\mathfrak{g}^C$ を実 Lie 代数とみなしたとき，その自己同型になっているから，$\mathfrak{g}$ の回帰的自己同型——これも σ で表わす——を引きおこす．

$$\mathfrak{k}=\{X\in\mathfrak{g};\ \sigma X=X\},\qquad \mathfrak{m}=\{X\in\mathfrak{g};\ \sigma X=-X\}$$

とおけば，$\mathfrak{g}_u=\mathfrak{k}+\sqrt{-1}\,\mathfrak{m}$ となり，$B|\mathfrak{g}_u\times\mathfrak{g}_u$ が負定値であるから，$B_{\mathfrak{k}}<0$, $B_{\mathfrak{m}}>0$ となる．したがって，σ は $\mathfrak{g}$ の Cartan 型回帰的自己同型である．

(2) $\sigma,\bar{\sigma}$ に付属する Cartan 分解をそれぞれ

$$\mathfrak{g}=\mathfrak{k}+\mathfrak{m}=\bar{\mathfrak{k}}+\bar{\mathfrak{m}}$$

とする．定理 3.5 の証明のように，内積 $\langle X, Y\rangle=-B(X,\sigma Y)$ に関する $\mathfrak{g}$ の正規直交基底をとって，$GL(\mathfrak{g})=GL(n,\boldsymbol{R})$ $(n=\dim\mathfrak{g})$ と同一視する．

$$O(B)=\{\phi\in GL(n,\boldsymbol{R});\ \text{各}\ X, Y\in\mathfrak{g}\ \text{に対して}\ B(\phi X,\phi Y)=B(X, Y)\}$$

とおき，$\mathfrak{o}(B)=\mathrm{Lie}\,O(B)$ とする．$\mathfrak{g}$ の自己同型群 $\mathrm{Aut}(\mathfrak{g})$ は $O(B)$ の部分群である．$O(B)\subset GL(n,\boldsymbol{R})$ は実代数群で，(3.7) より ${}^t(O(B))=O(B)$ が成り立つから，補題 3.2 より極分解：

$$O(B)=(O(B)\cap O(n))\exp(\mathfrak{o}(B)\cap\mathfrak{s}(n,\boldsymbol{R}))$$

を得る．

さて，$\mathfrak{g}$ 上の 2 次形式 B に関する慣性法則から，$\phi\bar{\mathfrak{k}}=\mathfrak{k}$ および $\phi\bar{\mathfrak{m}}=\mathfrak{m}$ を満た

す $\phi\in O(B)$ が存在する．この ϕ を上の極分解により

$$\phi = k\exp X,\qquad k\in O(B)\cap O(n),\quad X\in \mathfrak{o}(B)\cap\mathfrak{s}(n,\boldsymbol{R})$$

と分解する．

$$\alpha = k^{-1}\phi = \exp X$$

とおく．ここで，(3.7) より ${}^t\alpha=\sigma^{-1}\alpha^{-1}\sigma$, ${}^tk=\sigma^{-1}k^{-1}\sigma$ であるが，${}^t\alpha=\alpha$, ${}^tk=k^{-1}$ より

$$\text{(3.8)}\qquad \sigma\alpha = \alpha^{-1}\sigma,\qquad \sigma k = k\sigma$$

を得る．(3.8) より $k\mathfrak{k}=\mathfrak{k}$, $k\mathfrak{m}=\mathfrak{m}$ となるから，$\alpha\bar{\mathfrak{k}}=\mathfrak{k}$, $\alpha\bar{\mathfrak{m}}=\mathfrak{m}$ を得る．したがって，$\alpha\bar{\sigma}=\sigma\alpha$ が成り立つから，$X\in \mathrm{Lie}\,\mathrm{Aut}(\mathfrak{g})$ を示せば証明は終わる．(3.8) より $\alpha\bar{\sigma}=\alpha^{-1}\sigma$, よって $\alpha^2=\sigma\bar{\sigma}^{-1}$ を得るから

$$\alpha^2 = \exp 2X\in \mathrm{Aut}(\mathfrak{g}),\qquad X\in\mathfrak{s}(n,\boldsymbol{R})$$

となる．$\mathrm{Aut}(\mathfrak{g})\subset GL(n,\boldsymbol{R})$ も実代数群で ${}^t(\mathrm{Aut}(\mathfrak{g}))=\mathrm{Aut}(\mathfrak{g})$ を満たすから，ふたたび補題 3.2 より $2X\in\mathrm{Lie}\,\mathrm{Aut}(\mathfrak{g})$ となる．したがって $X\in\mathrm{Lie}\,\mathrm{Aut}(\mathfrak{g})$ を得る．▮

定理 3.6 効果的な非コンパクト型直交対称 Lie 代数 $(\mathfrak{g},\sigma)$ に Lie 代数 $\mathfrak{g}$ を対応させることによって，効果的な非コンパクト型直交対称 Lie 代数の同型類全体のなす集合から，非コンパクト型実 Lie 代数の同型類全体のなす集合への全単射写像が引きおこされる．

証明 定理にいう対応が定義されることはすでに示した．逆に，非コンパクト型実 Lie 代数 $\mathfrak{g}$ に対して，その Cartan 型回帰的自己同型 σ を一つとれば，さきに示したように，$(\mathfrak{g},\sigma)$ は効果的な非コンパクト型直交対称 Lie 代数となる．この対応 $\mathfrak{g}\rightsquigarrow(\mathfrak{g},\sigma)$ が，定理にいう対応の逆方向の対応を引きおこすことを示そう．$\bar{\mathfrak{g}}$ をもう一つの非コンパクト型実 Lie 代数，$\bar{\sigma}$ をその一つの Cartan 型回帰的自己同型，$\varphi:\mathfrak{g}\to\bar{\mathfrak{g}}$ を同型写像とする．このとき，$\varphi^{-1}\circ\bar{\sigma}\circ\varphi$ も $\mathfrak{g}$ の Cartan 型回帰的自己同型だから，補題 3.3 より，$\mathfrak{g}$ の自己同型 α で $\alpha(\varphi^{-1}\circ\bar{\sigma}\circ\varphi)\alpha^{-1}=\sigma$ を満たすものが存在する．そこで，$\psi=\varphi\circ\alpha^{-1}$ とおけば，$\psi:\mathfrak{g}\to\bar{\mathfrak{g}}$ は同型写像で $\bar{\sigma}\circ\psi=\psi\circ\sigma$ を満たすから，$(\mathfrak{g},\sigma)$ と $(\bar{\mathfrak{g}},\bar{\sigma})$ は同型である．

以上の二つの対応が互いに逆対応であることは定義より明らかだから，定理が証明された．▮

とくに (N) 型の直交対称 Lie 代数だけを考えれば，つぎの系を得る．

系　対応 $(\mathfrak{g},\sigma)\rightsquigarrow\mathfrak{g}$ は，(N)型の直交対称 Lie 代数の同型類全体の集合から，非コンパクト型実単純 Lie 代数の同型類全体の集合への全単射写像を引きおこす．

§3.3 双対性

以下，一般に，実 Lie 代数 $\mathfrak{g}$ に対して，その複素化 Lie 代数を $\mathfrak{g}^{C}$ で表わし，複素 Lie 代数 $\mathcal{G}$ に対して，それを実 Lie 代数とみなしたものを $\mathcal{G}_{\boldsymbol{R}}$ で表わす．この記法のもとに，つぎの補題が成り立つ．

補題 3.4　(1)　実半単純 Lie 代数 $\mathfrak{g}$ に対して，$\mathfrak{g}$ が単純で $\mathfrak{g}^{C}$ が単純でないための必要十分条件は，複素単純 Lie 代数 $\mathcal{G}$ で $\mathcal{G}_{\boldsymbol{R}}=\mathfrak{g}$ となるものが存在することである．このとき，$\mathfrak{g}$ は非コンパクト型実 Lie 代数で，その Cartan 型回帰的自己同型は $\mathcal{G}$ の或るコンパクト型実形に関する複素共役写像である．

(2)　対応 $\mathcal{G}\rightsquigarrow\mathcal{G}_{\boldsymbol{R}}$ は，複素単純 Lie 代数 $\mathcal{G}$ の同型類全体の集合から，$\mathfrak{g}^{C}$ が単純でない実単純 Lie 代数 $\mathfrak{g}$ の同型類全体の集合への全単射写像を引きおこす．

証明　(1)　$\mathfrak{g}$ が単純で $\mathfrak{g}^{C}$ が単純でないとする．$\mathfrak{g}$ は半単純だから，$\mathfrak{g}^{C}$ も半単純である．仮定より，$\mathfrak{g}^{C}$ の単純イデアル $\mathcal{G}$ で $\mathcal{G}\neq\mathfrak{g}^{C}$ なるものが存在する．$\mathfrak{g}^{C}$ の $\mathfrak{g}$ に関する複素共役写像を $X\mapsto\bar{X}$ で表わし，

$$\mathfrak{a}=(\mathcal{G}+\bar{\mathcal{G}})\cap\mathfrak{g},\qquad \mathfrak{b}=(\mathcal{G}\cap\bar{\mathcal{G}})\cap\mathfrak{g}$$

とおくと，$\mathfrak{a},\mathfrak{b}$ はともに $\mathfrak{g}$ のイデアルで，$\mathfrak{a}\neq\{0\}$，$\mathfrak{b}\neq\mathfrak{g}$ を満たす．$\mathfrak{g}$ は単純だから，$\mathfrak{a}=\mathfrak{g}$，$\mathfrak{b}=\{0\}$，すなわち

$$(\mathcal{G}+\bar{\mathcal{G}})\cap\mathfrak{g}=\mathfrak{g},\qquad (\mathcal{G}\cap\bar{\mathcal{G}})\cap\mathfrak{g}=\{0\}$$

でなければならない．したがって

$$\mathfrak{g}^{C}=\mathcal{G}\oplus\bar{\mathcal{G}}\quad\text{(Lie 代数としての直和)}$$

となる．$\pi^{+}:\mathfrak{g}^{C}\to\mathcal{G}$，$\pi^{-}:\mathfrak{g}^{C}\to\bar{\mathcal{G}}$ を各因子への射影とすれば，これらは複素 Lie 代数としての準同型写像である．π^{+} を $\mathfrak{g}\subset\mathfrak{g}^{C}$ へ制限すれば，実 Lie 代数としての同型写像

$$\pi^{+}:\ \mathfrak{g}\longrightarrow\mathcal{G}_{\boldsymbol{R}}$$

が得られる．

逆に，複素単純 Lie 代数 $\mathcal{G}$ が存在して $\mathfrak{g}=\mathcal{G}_{\boldsymbol{R}}$ となっているとする．$\mathcal{G}$ の $\sqrt{-1}$ 倍に対応する，$\mathfrak{g}$ から自身への実線型写像を J で表わすと，

(3.9) $$J^2 = -I,$$ ここで I は $\mathfrak{g}$ の恒等写像を表わす；

各 $X, Y\in\mathfrak{g}$ に対して

(3.10) $$[X, JY] = J[X, Y]$$

が成り立つ．J を $\mathfrak{g}^C$ へ複素線型に拡張したものも J で表わして

$$\mathcal{G}^{\pm} = \{X\in\mathfrak{g}^C;\ JX=\pm\sqrt{-1}X\}$$

とおく．(3.9), (3.10) より，$\mathcal{G}^{\pm}$ は $\mathfrak{g}^C$ のイデアルで，

(3.11) $$\mathfrak{g}^C = \mathcal{G}^{+}\oplus\mathcal{G}^{-}\ \ (\text{Lie 代数としての直和}),\qquad \bar{\mathcal{G}}^{+} = \mathcal{G}^{-}$$

となる．したがって，$\mathfrak{g}^C$ は単純でない．

$\mathfrak{g}$ が単純であることを示そう．$\mathfrak{a}$ を $\{0\}$ でない $\mathfrak{g}$ のイデアルとすると，(3.10) より $[\mathfrak{g}, \mathfrak{a}]=[J\mathfrak{g}, \mathfrak{a}]=J[\mathfrak{g}, \mathfrak{a}]\subset J\mathfrak{a}$ だから

$$[\mathfrak{g}, \mathfrak{a}]\subset\mathfrak{a}\cap J\mathfrak{a}$$

を得る．$\mathcal{G}$ の中心は $\{0\}$ だから，左辺 $\neq\{0\}$ で，右辺は $\mathfrak{g}=\mathcal{G}_{\boldsymbol{R}}$ の J 不変なイデアルであるから，$\mathfrak{a}\cap J\mathfrak{a}=\mathfrak{g}$ でなければならない．よって $\mathfrak{a}=\mathfrak{g}$ となる．したがって，$\mathfrak{g}$ は自明なイデアルをもたない．すなわち，$\mathfrak{g}$ は単純である．

このとき，$\mathcal{G}$ のコンパクト型実形 $\mathfrak{k}$ に関する複素共役写像 σ は $\mathfrak{g}$ の Cartan 型回帰的自己同型である．実際，

$$\mathfrak{k} = \{X\in\mathfrak{g};\ \sigma X=X\},\qquad J\mathfrak{k} = \{X\in\mathfrak{g};\ \sigma X=-X\}$$

であって，$\mathfrak{g}$, $\mathfrak{k}$ の Killing 形式をそれぞれ B, B' とすれば，各 $X, Y\in\mathfrak{k}$ に対して

$$B(X, Y) = 2B'(X, Y),\qquad B(JX, JY) = -2B'(X, Y)$$

が成り立つからである．補題3.3より，$\mathfrak{g}$ の Cartan 型回帰的自己同型はすべてこのようにして得られる．上の式より B は非退化であるが，$B<0$ ではないから，$\mathfrak{g}$ は非コンパクト型である．

(2) まず，$\mathcal{G}$ を複素半単純 Lie 代数，$\mathfrak{g}=\mathcal{G}_{\boldsymbol{R}}$ とするとき，(3.11) の分解の各因子 $\mathcal{G}^{\pm}$ は $\mathcal{G}$ に同型であることを示そう．$\pi^{\pm}:\mathfrak{g}^C\to\mathcal{G}^{\pm}$ を射影準同型写像とすると，これは実 Lie 代数としての同型写像 $\pi^{\pm}:\mathfrak{g}\to\mathcal{G}^{\pm}$ を引きおこす．このとき，各 $X\in\mathfrak{g}$ に対して

$$\pi^{\pm}(JX) = \pm\sqrt{-1}X$$

が成り立つから，$\mathcal{G}\cong\mathcal{G}^{+}$ である．したがって $\mathcal{G}^{-}=\bar{\mathcal{G}}^{+}$ も半単純であるから，$\mathcal{G}^{-}$ は実形をもつ．一つの実形に関する $\mathcal{G}^{-}$ の複素共役写像を τ とすれば，各 $X\in\mathfrak{g}$ に対して

$$\tau(\pi^-(JX)) = \sqrt{-1}X$$

が成り立つから，結合 $\tau\circ\pi^-$ によって $\mathcal{G}\cong\mathcal{G}^-$ となる.

さて，(2)を証明するには，$\mathcal{G}_1, \mathcal{G}_2$ を複素単純 Lie 代数とするとき，$(\mathcal{G}_1)_{\boldsymbol{R}}\cong(\mathcal{G}_2)_{\boldsymbol{R}}$ ならば $\mathcal{G}_1\cong\mathcal{G}_2$ であることを示せば十分である. $\mathcal{G}_1, \mathcal{G}_2$ に対する(3.11)の分解を

$$((\mathcal{G}_1)_{\boldsymbol{R}})^{\boldsymbol{C}} = \mathcal{G}_1{}^+\oplus\mathcal{G}_1{}^-, \qquad ((\mathcal{G}_2)_{\boldsymbol{R}})^{\boldsymbol{C}} = \mathcal{G}_2{}^+\oplus\mathcal{G}_2{}^-$$

とすれば，仮定より

$$\mathcal{G}_1{}^+\oplus\mathcal{G}_1{}^- \cong \mathcal{G}_2{}^+\oplus\mathcal{G}_2{}^-$$

である. よって，いま示したことから

$$\mathcal{G}_1\oplus\mathcal{G}_1 \cong \mathcal{G}_2\oplus\mathcal{G}_2$$

となる. これから $\mathcal{G}_1\cong\mathcal{G}_2$ を得る. ▌

この補題を非コンパクト型実 Lie 代数に適用すれば，つぎの定理が得られる.

定理 3.7 (1) (N)型の直交対称 Lie 代数$(\mathfrak{g}, \sigma)$は以下の二つの類に分けられる.

(N I) $\mathfrak{g}$ は非コンパクト型実単純 Lie 代数で，$\mathfrak{g}^{\boldsymbol{C}}$ が複素単純 Lie 代数であるもの; σ は $\mathfrak{g}$ の Cartan 型回帰的自己同型.

(N II) $\mathfrak{g}=\mathcal{G}_{\boldsymbol{R}}$，ここで，$\mathcal{G}$ は複素単純 Lie 代数; σ は $\mathcal{G}$ の或るコンパクト型実形に関する複素共役写像.

以後，これらの直交対称 Lie 代数を，それぞれ **(N I)型**，**(N II)型**とよぶ.

(2) (N I)型の直交対称 Lie 代数の同型類全体の集合は，$\mathfrak{g}^{\boldsymbol{C}}$ が単純であるような非コンパクト型実単純 Lie 代数 $\mathfrak{g}$ の同型類全体の集合と1対1に対応する. (N II)型の直交対称 Lie 代数の同型類全体の集合は，複素単純 Lie 代数の同型類全体の集合と1対1に対応する. ——

さて，一般に，$(\mathfrak{g}, \sigma)$を半単純型直交対称 Lie 代数,

$$\mathfrak{g} = \mathfrak{k}+\mathfrak{m}$$

をその標準分解とする.

$$[\mathfrak{k}, \mathfrak{k}]\subset\mathfrak{k}, \qquad [\mathfrak{k}, \mathfrak{m}]\subset\mathfrak{m}, \qquad [\mathfrak{m}, \mathfrak{m}]\subset\mathfrak{k}$$

であった. $\mathfrak{g}$ の複素化 Lie 代数 $\mathfrak{g}^{\boldsymbol{C}}$ の実部分空間 $\mathfrak{g}^*$ を

(3.12) $\qquad \mathfrak{g}^* = \mathfrak{k}^*+\mathfrak{m}^*, \qquad$ ここで $\mathfrak{k}^* = \mathfrak{k}, \quad \mathfrak{m}^* = \sqrt{-1}\mathfrak{m}$

によって定義する. 標準分解の上の性質から，やはり

$$[\mathfrak{k}^*, \mathfrak{k}^*] \subset \mathfrak{k}^*, \qquad [\mathfrak{k}^*, \mathfrak{m}^*] \subset \mathfrak{m}^*, \qquad [\mathfrak{m}^*, \mathfrak{m}^*] \subset \mathfrak{k}^*$$

が成り立つ．したがって，$\mathfrak{g}^*$ は実 Lie 代数になって，$\mathfrak{g}^C$ の一つの実形である．また，

$$\sigma^*(X+Y) = X-Y \qquad (X \in \mathfrak{k}^*,\ Y \in \mathfrak{m}^*)$$

によって定義される $\mathfrak{g}^*$ から自身への実線型写像 σ^* は $\mathfrak{g}^*$ の回帰的自己同型になって，$(\mathfrak{g}^*, \sigma^*)$ は直交対称 Lie 代数になる．$(\mathfrak{g}^*, \sigma^*)$ の標準分解は (3.12) で与えられる．$(\mathfrak{g}^*, \sigma^*)$ は $(\mathfrak{g}, \sigma)$ に**双対**な直交対称 Lie 代数といわれる．$[\mathfrak{m}, \mathfrak{m}] = [\mathfrak{m}^*, \mathfrak{m}^*]$ であって，これらの $\mathfrak{m}, \mathfrak{m}^*$ への随伴作用は同値であるから，$(\mathfrak{g}^*, \sigma^*)$ も半単純型である．同じ理由で，$(\mathfrak{g}, \sigma)$ が既約ならば $(\mathfrak{g}^*, \sigma^*)$ も既約である．また，$(\mathfrak{g}, \sigma)$ が効果的ならば $(\mathfrak{g}^*, \sigma^*)$ も効果的である．$\mathfrak{g}$ と $\mathfrak{g}^*$ の Killing 形式は $\mathfrak{g}^C$ の Killing 形式の制限として得られるから，$(\mathfrak{g}, \sigma)$ がコンパクト型ならば $(\mathfrak{g}^*, \sigma^*)$ は非コンパクト型であり，$(\mathfrak{g}, \sigma)$ が非コンパクト型ならば $(\mathfrak{g}^*, \sigma^*)$ はコンパクト型である．また，$(\mathfrak{g}^*, \sigma^*)$ に双対な直交対称 Lie 代数は $(\mathfrak{g}, \sigma)$ に一致する．このことから，$(\mathfrak{g}, \sigma)$ と $(\mathfrak{g}^*, \sigma^*)$ は**互いに双対**であるともいわれる．$(\mathfrak{g}, \sigma)$ と $(\bar{\mathfrak{g}}, \bar{\sigma})$ が同型ならば，$(\mathfrak{g}^*, \sigma^*)$ と $(\bar{\mathfrak{g}}^*, \bar{\sigma}^*)$ は同型であることも明らかであろう．

以上の議論から，つぎの定理の前半 (1) が得られる．

定理 3.8 (1) 双対な直交対称 Lie 代数を対応させることによって，効果的なコンパクト型直交対称 Lie 代数の同型類全体の集合と，効果的な非コンパクト型直交対称 Lie 代数の同型類全体の集合との間に 1 対 1 の対応が得られる．この対応で，既約なものの類には既約なものの類が対応する．

(2) この対応で，(C I) 型，(C II) 型の直交対称 Lie 代数の類には，それぞれ (N I) 型，(N II) 型の直交対称 Lie 代数の類が対応する．

証明 (2) の証明のためには (C II) 型と (N II) 型が対応することを示せば十分である．

$(\mathfrak{g}, \sigma)$ を (N II) 型の直交対称 Lie 代数とする．すなわち，複素単純 Lie 代数 $\mathcal{G}$ とそのコンパクト型実形 $\mathfrak{k}$ が存在して，$\mathfrak{g} = \mathcal{G}_{\boldsymbol{R}}$，$\sigma$ は $\mathcal{G}$ の $\mathfrak{k}$ に関する複素共役写像となっているとする．補題 3.4 の記法を用いると

$$\mathfrak{g}^* = \mathfrak{k} + \sqrt{-1}J\mathfrak{k} \subset \mathfrak{g}^C,$$

$$\sigma^*(X+\sqrt{-1}JY) = X-\sqrt{-1}JY \qquad (X, Y \in \mathfrak{k})$$

となる．実線型写像 $\varphi_1 : \mathfrak{k} \to \mathfrak{g}^*$，$\varphi_2 : \mathfrak{k} \to \mathfrak{g}^*$ を

$$\varphi_1(X) = \frac{1}{2}(X - \sqrt{-1}JX) \qquad (X \in \mathfrak{k}),$$

$$\varphi_2(X) = \frac{1}{2}(X + \sqrt{-1}JX) \qquad (X \in \mathfrak{k})$$

によって定義すると，(3.9), (3.10) より，φ_1, φ_2 はともに単射的な実 Lie 代数としての準同型写像になる．

$$\mathfrak{g}_1 = \varphi_1(\mathfrak{k}), \qquad \mathfrak{g}_2 = \varphi_2(\mathfrak{k})$$

とおくと，(3.9), (3.10) より，$\mathfrak{g}_1$, $\mathfrak{g}_2$ はともに $\mathfrak{g}^*$ のイデアルであって，

$$\mathfrak{g}^* = \mathfrak{g}_1 \oplus \mathfrak{g}_2 \quad (\text{Lie 代数としての直和})$$

となる．$\mathcal{G}$ が複素単純であるから，$\mathfrak{k}$ はコンパクト型実単純 Lie 代数である．$\mathfrak{g}_1$, $\mathfrak{g}_2$ はともに $\mathfrak{k}$ に同型で，定義より σ^* は $\mathfrak{g}_1$ と $\mathfrak{g}_2$ を入れかえるから，$(\mathfrak{g}^*, \sigma^*)$ は (CII) 型である．

逆に，$(\mathfrak{g}, \sigma)$ を (CII) 型の直交対称 Lie 代数とする．すなわち，コンパクト型実単純 Lie 代数 $\mathfrak{g}_1$ が存在して，$\mathfrak{g}=\mathfrak{g}_1\oplus\mathfrak{g}_1$，$\sigma(X, Y)=(Y, X)$ $(X, Y \in \mathfrak{g}_1)$ となっているとする．このとき

$$\mathfrak{g}^* = \{(X, X)+\sqrt{-1}(Y, -Y)\,;\ X, Y \in \mathfrak{g}_1\} \subset \mathfrak{g}^C,$$

$$\sigma^*((X, X)+\sqrt{-1}(Y, -Y)) = (X, X)-\sqrt{-1}(Y, -Y) \qquad (X, Y \in \mathfrak{g}_1)$$

である．$\mathcal{G}=\mathfrak{g}_1{}^C$ とし，$\mathcal{G}$ の $\mathfrak{g}_1$ に関する複素共役写像を τ で表わす．線型写像 $\varphi : \mathfrak{g}^* \to \mathcal{G}_{\boldsymbol{R}}$ を

$$\varphi((X, X)+\sqrt{-1}(Y, -Y)) = X+\sqrt{-1}\,Y \qquad (X, Y \in \mathfrak{g}_1)$$

によって定義すると，φ は Lie 代数としての同型写像であって，$\tau\circ\varphi=\varphi\circ\sigma^*$ を満たす．よって $(\mathfrak{g}^*, \sigma^*)$ は $(\mathcal{G}_{\boldsymbol{R}}, \tau)$ と同型である．ここで，(1) より $(\mathfrak{g}^*, \sigma^*)$ は効果的な非コンパクト型既約直交対称 Lie 代数だから，$\mathfrak{g}^*$ は実単純，よって $\mathcal{G}$ は複素単純である．したがって，$(\mathfrak{g}^*, \sigma^*)$ は (NII) 型である．▌

例 3.2 例 2.6 の $G_{p,q}(\boldsymbol{F})$ の直交対称 Lie 代数と例 2.7 の $D_{p,q}(\boldsymbol{F})$ のそれは互いに双対である．ただし，$\boldsymbol{F}=\boldsymbol{R}$, $p=q=1$ の場合は除く．例 2.4 の (H^2, g) の直交対称 Lie 代数と (S^2, g) のそれとは互いに双対である．一般に，(S^n, g) の直交対称 Lie 代数は，$(P_n(\boldsymbol{R}), g)$ のそれと同じだから，$(D_n(\boldsymbol{R}), g)$ の直交対称 Lie 代数と互いに双対である．ただし，$n=1$ の場合は除く．

例 3.3 $n\geqq 2$ に対して

$$G = SL(n, \boldsymbol{R}), \qquad K = SO(n),$$
$$\sigma(a) = {}^t a^{-1} \qquad (a \in G)$$

とおくと，σ は G の回帰的自己同型で $G_\sigma = K$ となる．$\mathfrak{g} = \mathrm{Lie}\, G$ と標準補空間 $\mathfrak{m}$ は

$$\mathfrak{g} = \mathfrak{sl}(n, \boldsymbol{R}) = \{X \in M_n(\boldsymbol{R}) ;\ \mathrm{Tr}\, X = 0\},$$
$$\mathfrak{m} = \{X \in M_n(\boldsymbol{R}) ;\ {}^t X = X,\ \mathrm{Tr}\, X = 0\}$$

で与えられる．$\mathfrak{m}$ 上の内積 g として，$\mathfrak{g}$ の Killing 形式の $\mathfrak{m}$ への制限をとれば，

$$g(X, Y) = 2n\, \mathrm{Tr}\, {}^t XY \qquad (X, Y \in \mathfrak{m})$$

となる．このとき，(G, K, σ, g) は概効果的な既約非コンパクト型 Riemann 対称対となる．つぎに，

$$G^* = SU(n), \qquad K^* = SO(n),$$
$$\sigma^*(a) = \bar{a} \qquad (a \in G^*)$$

とおくと，σ^* は G^* の回帰的自己同型で $(G^*)_{\sigma^*} = K^*$ となる．$\mathfrak{g}^* = \mathrm{Lie}\, G^*$ と標準補空間 $\mathfrak{m}^*$ は

$$\mathfrak{g}^* = \mathfrak{su}(n) = \{X \in M_n(\boldsymbol{C}) ;\ {}^t\bar{X} + X = 0,\ \mathrm{Tr}\, X = 0\},$$
$$\mathfrak{m}^* = \{X \in M_n(\boldsymbol{C}) ;\ {}^t X = X,\ \mathrm{Tr}\, X = 0,\ \bar{X} + X = 0\}$$

で与えられる．

$$g^*(X, Y) = 2n\, \mathrm{Tr}\, {}^t X\bar{Y} \qquad (X, Y \in \mathfrak{m}^*)$$

とおけば，$(G^*, K^*, \sigma^*, g^*)$ も概効果的な既約コンパクト型 Riemann 対称対である．このとき，これらから定まる直交対称 Lie 代数 $(\mathfrak{g}, \sigma)$ と $(\mathfrak{g}^*, \sigma^*)$ は互いに双対である．

例 3.4 $n \geqq 1$ に対して，例 2.6 の記法を用いて

$$SL(n, \boldsymbol{H}) = \{a \in M_n(\boldsymbol{H}) ;\ N(a) = 1\}$$

と定義する．$SL(n, \boldsymbol{H})$ は Lie 群で，その Lie 代数は

$$\mathfrak{sl}(n, \boldsymbol{H}) = \{X \in M_n(\boldsymbol{H}) ;\ T(X) = 0\}$$

と同一視される．$U(n, \boldsymbol{H})$ は $SL(n, \boldsymbol{H})$ の部分群である．

$$G = SL(n, \boldsymbol{H}), \qquad K = U(n, \boldsymbol{H}) \cong Sp(n),$$
$$\sigma(a) = {}^t\bar{a}^{-1} \qquad (a \in G)$$

とおくと，σ は G の回帰的自己同型で，$G_\sigma = K$ となる．$\mathfrak{g} = \mathrm{Lie}\, G$ と標準補空間 $\mathfrak{m}$ は

$$\mathfrak{g} = \mathfrak{sl}(n, \boldsymbol{H}),$$
$$\mathfrak{m} = \{X \in M_n(\boldsymbol{H})\,;\ {}^t\bar{X}=X,\ T(X)=0\}$$

で与えられる．$\mathfrak{m}$ 上の内積 g として，$\mathfrak{g}$ の Killing 形式の $\mathfrak{m}$ への制限をとれば

$$g(X, Y) = 8n \operatorname{Re} \operatorname{Tr} {}^tX\bar{Y} \qquad (X, Y \in \mathfrak{m})$$

となる．このとき，(G, K, σ, g) は概効果的な既約非コンパクト型 Riemann 対称対である．つぎに

$$G^* = SU(2n),$$
$$\sigma^*(a) = J\bar{a}J^{-1} \qquad (a \in G),$$
$$\text{ここで}\quad J = \operatorname{diag}\Bigl(\underbrace{\begin{bmatrix} 0 & -1 \\ 1 & 0 \end{bmatrix}, \cdots, \begin{bmatrix} 0 & -1 \\ 1 & 0 \end{bmatrix}}_{n\text{ 個}}\Bigr)$$

とおくと，σ^* は G^* の回帰的自己同型である．

$$K^* = (G^*)_{\sigma^*}$$

とおくと，例2.6の表現 $\rho: M_n(\boldsymbol{H}) \to M_{2n}(\boldsymbol{C})$ は同型写像 $\rho: K \to K^*$ を引きおこすから，K^* は $Sp(n)$ に同型である．$\mathfrak{g}^* = \operatorname{Lie} G^*$ と標準補空間 $\mathfrak{m}^*$ は

$$\mathfrak{g}^* = \mathfrak{su}(2n) = \{X \in M_{2n}(\boldsymbol{C})\,;\ {}^t\bar{X}+X=0,\ \operatorname{Tr} X=0\},$$
$$\mathfrak{m}^* = \{X \in \mathfrak{su}(2n)\,;\ XJ=J{}^tX\}$$

で与えられる．

$$g^*(X, Y) = 4n \operatorname{Tr} {}^tX\bar{Y} \qquad (X, Y \in \mathfrak{m}^*)$$

とおけば，$(G^*, K^*, \sigma^*, g^*)$ は概効果的な既約コンパクト型 Riemann 対称対である．このとき，これらから定まる直交対称 Lie 代数 $(\mathfrak{g}, \sigma)$ と $(\mathfrak{g}^*, \sigma^*)$ は互いに双対である．

問　題

1　Riemann 対称空間 (M, g) が平坦，半単純型，コンパクト型，非コンパクト型であることは，以下のように，その Ricci 曲率テンソル場 S によって特徴づけられることを示せ．

平坦	$\Leftrightarrow$	S がいたるところ 0,
半単純型	$\Leftrightarrow$	S がいたるところ非退化,
コンパクト型	$\Leftrightarrow$	S がいたるところ正定値,
非コンパクト型	$\Leftrightarrow$	S がいたるところ負定値.

(第2章問題1を用いよ.)

2　(M,g) を既約な Riemann 対称空間, これに対応する効果的な既約 Riemann 対称 Lie 代数を $(\mathfrak{g},\sigma,g)$, $\mathfrak{g}$ の Killing 形式を B とする. $(\mathfrak{g},\sigma,g)$ の標準補空間 $\mathfrak{m}$ と $o\in M$ における接空間 M_o と同一視して, $\mathfrak{m}$ の2次元部分空間 P に関する断面曲率 $K(P)$ を考える. P の g に関する正規直交基底 $\{X, Y\}$ を一つとる. このとき,

(M,g) がコンパクト型; $g=-cB_{\mathfrak{m}}$ $(c>0)$ の場合

$$K(P) = -cB([X,Y],[X,Y]) \geqq 0,$$

(M,g) が非コンパクト型; $g=cB_{\mathfrak{m}}$ $(c>0)$ の場合

$$K(P) = cB([X,Y],[X,Y]) \leqq 0$$

となることを示せ. (第2章問題2を用いよ.)

3　$\dim M\geqq 2$ の Riemann 対称空間 (M,g) に対して,

$$\begin{aligned}
&\text{平坦} && \Leftrightarrow \text{すべての断面曲率} = 0,\\
&\text{コンパクト型} && \Rightarrow \text{すべての断面曲率} \geqq 0,\\
&\text{非コンパクト型} && \Rightarrow \text{すべての断面曲率} \leqq 0.
\end{aligned}$$

が成り立つことを示せ. (問題2を用いよ.)

4　$(\mathfrak{g},\sigma,g)$ を効果的なコンパクト型 Riemann 対称 Lie 代数, $\mathfrak{g}=\mathfrak{k}+\mathfrak{m}$ をその標準分解, $ad_{\mathfrak{m}}\mathfrak{k}$ の生成する $GL(\mathfrak{m})$ の連結 Lie 部分群を $\hat{K}$ とする. $\mathfrak{a},\bar{\mathfrak{a}}$ を $\mathfrak{m}$ の極大可換 Lie 部分代数とすれば, 或る $k\in\hat{K}$ が存在して $k\mathfrak{a}=\bar{\mathfrak{a}}$ となることを証明せよ. (G がコンパクト, K が連結である Riemann 対称対 (G,K,σ,g) で, その Lie 代数が $(\mathfrak{g},\sigma,g)$ となるものをとって, $\mathfrak{a}$ で生成される G の連結 Lie 部分群を A とすれば, A は輪環部分群になる. $X\in\mathfrak{a}$ を, 1径数部分群 $\{\exp tX; t\in \boldsymbol{R}\}$ を含む最小の閉部分群が A となるようにとると, $\mathfrak{a}=\{Y\in\mathfrak{m}; [X,Y]=0\}$ となる. $\bar{X}\in\bar{\mathfrak{a}}$ を同じ性質をもつものとするとき, $[Ad\,k_0X,\bar{X}]=0$ となる $k_0\in K$ を見出せば十分である. G の随伴作用で不変な $\mathfrak{g}$ 上の内積 $\langle\ ,\ \rangle$ を一つとって, K 上の滑らかな関数 f を $f(k)=\langle Ad\,kX,\bar{X}\rangle$ によって定義する. f が $k_0\in K$ で最大値をとるとすると, k_0 が求めるものになることを示せ.)

5　一般の Riemann 対称 Lie 代数 $(\mathfrak{g},\sigma,g)$ または直交対称 Lie 代数 $(\mathfrak{g},\sigma)$ に対しても, 問題4と同じ結果が成り立つことを証明せよ. (問題4と双対性を用いよ.) $\mathfrak{m}$ の極大可換 Lie 部分代数の次元を $(\mathfrak{g},\sigma,g)$ または $(\mathfrak{g},\sigma)$ の**階数**という.

6　(M,g) を Riemann 対称空間, $A,\bar{A}$ は (M,g) の平坦な全測地的部分多様体で極大であるものとする. このとき, $\varphi\in I^0(M,g)$ が存在して $\varphi A=\bar{A}$ となることを示せ. (問題5と第2章問題5を用いよ.) (M,g) の平坦な全測地的部分多様体で極大であるものの次元を (M,g) の**階数**という. §2.3の例, 例3.3, 例3.4の例についてその階数を求めよ.

7　H をコンパクト連結 Lie 群, $T,\bar{T}$ を H の極大輪環部分群とするとき, $a\in H$ が存在して $aTa^{-1}=\bar{T}$ となることを示せ. また, H の指数写像 $\exp:\mathfrak{h}\to H$ $(\mathfrak{h}=\mathrm{Lie}\,H)$ は全射的であることを示せ.

8　$\dim M\geqq 2$ の Riemann 対称空間 (M,g) に対して, その断面曲率がすべて正である

ための必要十分条件は，M がコンパクトでその階数が1であることである．このとき，(M, g) の定数曲線でない測地線はすべて単純な滑らかな閉曲線で，その長さは一定である．これらを証明せよ．

9　(M, g) を非コンパクト型 Riemann 対称空間とすれば，任意の2点 $p, q \in M$ に対して，p と q を結ぶ測地線 γ で $L(\gamma) = d(p, q)$ となるものが（径数を除いて）ただ一つ存在することを証明せよ．

10　(M, g) を非コンパクト型 Riemann 対称空間，$p \in M$ をその1点，等長変換群を $I(M, g)$，このなかの p を固定する等方性部分群を $I_p(M, g)$ とする．$\mathfrak{g} = \mathrm{Lie}\, I(M, g)$，$\mathfrak{k} = \mathrm{Lie}\, I_p(M, g)$，$\mathrm{Aut}(\mathfrak{g})$ を $\mathfrak{g}$ の自己同型群とし，

$$\mathrm{Aut}(\mathfrak{g}, \mathfrak{k}) = \{\alpha \in \mathrm{Aut}(\mathfrak{g})\ ;\ \alpha\mathfrak{k} = \mathfrak{k}\}$$

とおく．このとき，$Ad : I(M, g) \to \mathrm{Aut}(\mathfrak{g})$ は同型写像で，$I_p(M, g)$ から $\mathrm{Aut}(\mathfrak{g}, \mathfrak{k})$ への同型写像を引きおこすことを証明せよ．（定理1.10を用いよ．）

11　問題10において標準補空間を $\mathfrak{m}$ とすれば，$(\varphi, X) \mapsto \varphi \exp X$ $(\varphi \in I_p(M, g),$ $X \in \mathfrak{m})$ によって定義される写像 $I_p(M, g) \times \mathfrak{m} \to I(M, g)$ は微分同相であることを証明せよ．（補題3.2を用いよ．）

12　(M, g) を半単純型 Riemann 対称空間とすると，$I^0(M, g)$ の各元は，対称変換の偶数個の積で書き表わされることを証明せよ．（第2章問題10, 11を用いよ．）

13　コンパクト型実単純 Lie 代数 $\mathfrak{g}$ の複素化 Lie 代数 $\mathfrak{g}^C$ はつねに複素単純であることを証明せよ．

第4章　Hermite 対称空間

この章では，Hermite 多様体で Riemann 対称空間と同じような性質をもつもの，すなわち，各点において，Hermite 多様体としての自己同型になっている対称変換が存在するものを扱う．大部分は Riemann 対称空間の場合と同様に議論を進めることができるので，詳しい証明は繰り返さず，Riemann 対称空間の場合と著しく異なる部分だけを詳しく説明することにする．

§4.1　Hermite 対称空間と Hermite 対称対

(M, g)を Hermite 多様体とする．(M, g)の基底にある Riemann 多様体を$(M_{\boldsymbol{R}}, g)$で表わす．各$p \in M$に対して，$(M_{\boldsymbol{R}}, g)$に関する適当な正規座標球$B_r(p)$をとれば，その上の測地的対称変換σ_pが，((M, g)から引きおこされた Hermite 多様体構造に関して）$B_r(p)$の自己同型，すなわち$B_r(p)$の等長的正則同相になるとき，(M, g)は**局所 Hermite 対称空間**といわれる．このとき，Riemann 多様体$(M_{\boldsymbol{R}}, g)$は局所 Riemann 対称空間である．

Hermite 多様体(M, g)は，各点$p \in M$に対して，(M, g)の回帰的自己同型$\sigma_p \in A(M, g)$で，pがσ_pの孤立固定点であるようなものが存在するとき，**Hermite 対称空間**といわれる．このとき，$(M_{\boldsymbol{R}}, g)$は Riemann 対称空間で，各σ_pは$(M_{\boldsymbol{R}}, g)$の対称変換になっている．Hermite 対称空間(M, g)の連結な開集合は，(M, g)から引きおこされた Hermite 多様体構造に関して，局所 Hermite 対称空間である．

Hermite 対称空間または局所 Hermite 対称空間の直積は，またそれぞれ Hermite 対称空間または局所 Hermite 対称空間になる．

例 4.1　§1.9 であげた Hermite 多様体，複素 Euclid 空間$(\boldsymbol{C}^n, g)$，Poincaré 上半平面(H^2, g)，Fubini-Study 空間$(P_n(\boldsymbol{C}), g)$は，いずれも Hermite 対称空間である．これを確かめるには，例 2.1 の場合のように，これらの Hermite 多様体の1点$o \in M$において，正則同相である対称変換σ_oを構成すればよい．

$(\boldsymbol{C}^n, g)$ の場合，その基底 Riemann 多様体 $(\boldsymbol{R}^{2n}, g)$ は Riemann 対称空間で，$o=0$ における対称変換

$$\sigma_o(p) = -p \qquad (p \in \boldsymbol{C}^n)$$

は正則同相である．(H^2, g) の場合も，基底 Riemann 多様体は Riemann 対称空間で，$o=\sqrt{-1}$ における対称変換

$$\sigma_o(z) = -1/z \qquad (z \in \boldsymbol{C},\ \ \mathrm{Im}\, z>0)$$

は正則同相である．$(P_n(\boldsymbol{C}), g)$ の場合，一般に，${}^t(z_1, \cdots, z_{n+1}) \in \boldsymbol{C}^{n+1}-\{0\}$ の $\boldsymbol{C}^{n+1}-\{0\}/\boldsymbol{C}^*=P_n(\boldsymbol{C})$ における類を $[z_1, \cdots, z_{n+1}]$ で表わして，

$$o = [\underbrace{0, \cdots, 0}_{n\,個}, 1]$$

ととる．$(P_n(\boldsymbol{C}), g)$ の基底 Riemann 多様体も Riemann 対称空間で，その o における対称変換 σ_o は

$$\sigma_o = \mathrm{diag}(\underbrace{-1, \cdots, -1}_{n\,個}, 1)C \in U(n+1)/C = PU(n+1) = A(P_n(\boldsymbol{C}), g),$$

すなわち

$$\sigma_o[z_1, \cdots, z_n, z_{n+1}] = [-z_1, \cdots, -z_n, z_{n+1}]$$

で与えられるから，これが求めるものである．

例2.3であげた，種数が2以上のコンパクトな Riemann 面 (M, g) については，(H^2, g) が Hermite 対称空間であるから，(M, g) は局所 Hermite 対称空間である．

定理 4.1　(M, g) を Hermite 多様体，J を M の複素構造テンソル場，∇, R をそれぞれ $(M_{\boldsymbol{R}}, g)$ の Riemann 接続，Riemann 曲率テンソル場とする．

(1)　(M, g) が局所 Hermite 対称空間であるための必要十分条件は

$$\nabla R = 0, \qquad \nabla J = 0$$

がともに成り立つことである．いいかえれば，$(M_{\boldsymbol{R}}, g)$ が局所 Riemann 対称空間であることと，(M, g) が Kähler 多様体であることの二つが成り立つことである．

(2)　(M, g) が局所 Hermite 対称空間で，単連結，完備ならば，(M, g) は Hermite 対称空間である．

証明　(1)　(M, g) が局所 Hermite 対称空間であるとする．まず，定理2.2より $\nabla R=0$ である．つぎに，各 $p \in M$ に対して，測地的対称変換 σ_p は ∇ の局所的な自己同型であるから，各 $x, y \in (M_{\boldsymbol{R}})_p$ に対して

$$(\nabla_{(\sigma_p)_*x}J)((\sigma_p)_*y)=(\sigma_p)_*((\nabla_xJ)(y))$$

が成り立つ．ところが，$(\sigma_p)_{*p}=-I_p$ だから

$$(\nabla_xJ)(y)=-(\nabla_xJ)(y),$$

したがって，$(\nabla_xJ)(y)=0$ を得る．p は任意であったから $\nabla J=0$ を得る．

逆に，$\nabla R=0$, $\nabla J=0$ であるとしよう．$p\in M$ を任意にとって固定し，$B_r(p)$ を p のまわりの正規座標球とする．定理 1.12 において，$(\bar{M},\bar{g})=(M,g)$, $\bar{p}=p$, $\Phi=-I_p$ ととる．仮定より，定理 1.12 の条件 (＊), (＊＊) が満たされ，定理 1.12 より，$B_r(p)$ 上の測地的対称変換は Hermite 多様体としての自己同型である．p は任意であったから，(M,g) は局所 Hermite 対称空間である．

(2) $p\in M$ を任意にとって固定する．定理 1.13 において，$(\bar{M},\bar{g})=(M,g)$, $\bar{p}=p$, $\Phi=-I_p$ ととる．$\nabla R=0$, $\nabla J=0$ より，定理 1.13 の条件 (＊), (＊＊) が満たされ，定理 1.13 より

$$\sigma_p(p)=p,\qquad (\sigma_p)_{*p}=-I_p$$

を満たす $\sigma_p\in A(M,g)$ が一意的に存在する．σ_p は回帰的で，p を孤立固定点としてもつ．p は任意であったから，(M,g) は Hermite 対称空間である．∎

Kähler 多様体の Riemann 曲率テンソル場の性質 (1.24) よりつぎの系を得る．

系 Hermite 対称空間 (M,g) の各点 $p\in M$ に対して，p における $(M_{\boldsymbol{R}},g)$ のホロノミー代数 $\mathfrak{h}(p)$ は

$$\mathfrak{h}(p)\cdot J_p=\{0\}$$

を満たす．ここで，・は定理 2.5 で定義した作用を表わす．

定理 4.2 (M,g) を Hermite 対称空間とする．

(1) (M,g) は完備である．

(2) (M,g) は等質 Hermite 多様体である．

(3) (M,g) の Hermite 普遍被覆多様体 $(\tilde{M},\tilde{g})$ も Hermite 対称空間である．

——

(1) は定理 2.2 の (1) より明らかである．(2), (3) は定理 2.2 の (2), (3) と同様に証明される．

(G,K,σ,g) を Riemann 対称対，$\mathfrak{m}$ をその標準補空間とする．J を $\mathfrak{m}$ 上の複素構造，すなわち，$\mathfrak{m}$ から自身への線型写像で

$$J^2=-I_{\mathfrak{m}},\qquad \text{ここで } I_{\mathfrak{m}} \text{ は } \mathfrak{m} \text{ の恒等写像}$$

となるものとする．さらに，J はつぎの2条件を満たすものとする．

（v） 各 $X, Y \in \mathfrak{m}$ に対して

$$g(JX, JY) = g(X, Y),$$

（vi） 各 $k \in K$ に対して

$$J(Ad_{\mathfrak{m}}\, k) = (Ad_{\mathfrak{m}}\, k)J.$$

このような (G, K, σ, g, J) を **Hermite 対称対**とよぶ．これは，J を忘れて得られる Riemann 対称対 (G, K, σ, g) が効果的または概効果的であるとき，それぞれ**効果的**または**概効果的**とよばれる．

$(G_1, K_1, \sigma_1, g_1, J_1)$, $(G_2, K_2, \sigma_2, g_2, J_2)$ を二つの Hermite 対称対とする．

$$(G, K, \sigma, g) = (G_1, K_1, \sigma_1, g_1) \times (G_2, K_2, \sigma_2, g_2)$$

とし，その標準補空間 $\mathfrak{m} = \mathfrak{m}_1 + \mathfrak{m}_2$ の上の複素構造 J を

$$(4.1) \qquad J(X_1 + X_2) = J_1(X_1) + J_2(X_2) \qquad (X_1 \in \mathfrak{m}_1,\ X_2 \in \mathfrak{m}_2)$$

によって定義すれば，J を加えた (G, K, σ, g, J) は Hermite 対称対になる．これを $(G_1, K_1, \sigma_1, g_1, J_1)$ と $(G_2, K_2, \sigma_2, g_2, J_2)$ の**直積**といい，$(G_1, K_1, \sigma_1, g_1, J_1) \times (G_2, K_2, \sigma_2, g_2, J_2)$ で表わす．

(G, K, σ, g, J), $(\bar{G}, \bar{K}, \bar{\sigma}, \bar{g}, \bar{J})$ を二つの Hermite 対称対とする．Riemann 対称対としての同型写像 $\varphi: (G, K, \sigma, g) \to (\bar{G}, \bar{K}, \bar{\sigma}, \bar{g})$ が，さらに

$$(4.2) \qquad \varphi \circ J = \bar{J} \circ \varphi$$

を満たしているとき，φ を (G, K, σ, g, J) から $(\bar{G}, \bar{K}, \bar{\sigma}, \bar{g}, \bar{J})$ への**同型写像**という．同型写像が存在するとき，(G, K, σ, g, J) と $(\bar{G}, \bar{K}, \bar{\sigma}, \bar{g}, \bar{J})$ は**同型**であるといい，$(G, K, \sigma, g, J) \cong (\bar{G}, \bar{K}, \bar{\sigma}, \bar{g}, \bar{J})$ で表わす．

$(\mathfrak{g}, \sigma, g)$ を Riemann 対称 Lie 代数，$\mathfrak{g} = \mathfrak{k} + \mathfrak{m}$ をその標準分解とする．J を $\mathfrak{m}$ 上の複素構造で，つぎの2条件を満たすものとする．

（v）′ 各 $X, Y \in \mathfrak{m}$ に対して

$$g(JX, JY) = g(X, Y),$$

（vi）′ 各 $X \in \mathfrak{k}$ に対して

$$J(ad_{\mathfrak{m}}\, X) = (ad_{\mathfrak{m}}\, X)J.$$

このような $(\mathfrak{g}, \sigma, g, J)$ を **Hermite 対称 Lie 代数**とよぶ．これは，J を忘れて得られる Riemann 対称 Lie 代数 $(\mathfrak{g}, \sigma, g)$ が効果的であるとき，**効果的**であるといわれる．

$(\mathfrak{g}_1, \sigma_1, g_1, J_1)$, $(\mathfrak{g}_2, \sigma_2, g_2, J_2)$ を二つの Hermite 対称 Lie 代数とする．$(\mathfrak{g}, \sigma, g) = (\mathfrak{g}_1, \sigma_1, g_1) \oplus (\mathfrak{g}_2, \sigma_2, g_2)$ とし，その標準補空間上の複素構造 J を (4.1) によって定義すれば，$(\mathfrak{g}, \sigma, g, J)$ は Hermite 対称 Lie 代数になる．これを $(\mathfrak{g}_1, \sigma_1, g_1, J_1)$ と $(\mathfrak{g}_2, \sigma_2, g_2, J_2)$ の**直和**といい，$(\mathfrak{g}_1, \sigma_1, g_1, J_1) \oplus (\mathfrak{g}_2, \sigma_2, g_2, J_2)$ で表わす．

$(\mathfrak{g}, \sigma, g, J)$ と $(\bar{\mathfrak{g}}, \bar{\sigma}, \bar{g}, \bar{J})$ を二つの Hermite 対称 Lie 代数とする．Riemann 対称 Lie 代数としての同型写像 $\varphi: (\mathfrak{g}, \sigma, g) \to (\bar{\mathfrak{g}}, \bar{\sigma}, \bar{g})$ が，さらに (4.2) を満たしているとき，φ を $(\mathfrak{g}, \sigma, g, J)$ から $(\bar{\mathfrak{g}}, \bar{\sigma}, \bar{g}, \bar{J})$ への**同型写像**という．同型写像が存在するとき，$(\mathfrak{g}, \sigma, g, J)$ と $(\bar{\mathfrak{g}}, \bar{\sigma}, \bar{g}, \bar{J})$ は**同型**であるといい，$(\mathfrak{g}, \sigma, g, J) \cong (\bar{\mathfrak{g}}, \bar{\sigma}, \bar{g}, \bar{J})$ で表わす．

$(\mathfrak{g}, \sigma)$ を直交対称 Lie 代数とする．その標準補空間上の内積 g と複素構造 J が存在して，$(\mathfrak{g}, \sigma, g, J)$ が Hermite 対称 Lie 代数となるとき，$(\mathfrak{g}, \sigma)$ を **Hermite 型**とよぶ．

(A) (G, K, σ, g, J) を Hermite 対称対とする．Riemann 対称対 (G, K, σ, g) の Lie 代数を $(\mathfrak{g}, \sigma, g)$ とすれば，$(\mathfrak{g}, \sigma, g, J)$ は Hermite 対称 Lie 代数になる．これを (G, K, σ, g, J) の **Lie 代数**とよぶ．

この対応 $(G, K, \sigma, g, J) \rightsquigarrow (\mathfrak{g}, \sigma, g, J)$ において，同型な Hermite 対称対には同型な Hermite 対称 Lie 代数が対応し，概効果的な Hermite 対称対には効果的な Hermite 対称 Lie 代数が対応し，Hermite 対称対の直積には Hermite 対称 Lie 代数の直和が対応する．

(B) (G, K, σ, g, J) を Hermite 対称対とする．Riemann 対称対 (G, K, σ, g) より §2.2 (B) の仕方で構成される Riemann 対称空間を (M', g) とする．M' の原点 o における接空間は標準補空間 $\mathfrak{m}$ と同一視される．このとき，M' 上の G 不変な (1,1) 型テンソル場で o において J に一致するもの——これも J で表わす——が一意的に存在する．実際

$$J_{a \cdot o}(x) = (\tau_a)_* J((\tau_a)_*^{-1} x) \qquad (x \in M'_{a \cdot o},\ \ a \in G)$$

とおけば，(2.1) と条件 (vi) より，J が矛盾なく定義されて，求めるものになる．さらに，$\mathfrak{m}$ 上で $J(-I_{\mathfrak{m}}) = (-I_{\mathfrak{m}})J$ であることから，テンソル場 J は各対称変換 σ_p によっても不変になることを注意しておこう．条件 (v) より，(M', g, J) は概 Hermite 多様体になる．J は G 不変なテンソル場であるから，定理 2.4 の (4) より，g の Riemann 接続 ∇ に関して平行: $\nabla J = 0$ である．したがって，定理 1.14

より，(M', g, J) がその基底概 Hermite 多様体となるような Kähler 多様体 (M, g) がただ一つ存在する．各対称変換 σ_p は (M, g) の複素構造テンソル場 J を不変にするから，M の正則同相である．したがって，(M, g) は Hermite 対称空間である．

上の構成における Kähler 多様体 (M, g) の存在は，Lie 群 G にはその滑らかな Lie 群としての構造と整合する実解析 Lie 群の構造が入るという事実を用いれば，証明の容易な，実解析多様体に対する Newlander-Nirenberg の定理(第1章問題18参照)を用いて証明されることを注意しておこう．

この対応 $(G, K, \sigma, g, J) \rightsquigarrow (M, g)$ において，同型な Hermite 対称対には同型な Hermite 対称空間が対応し，Hermite 対称対の直積には Hermite 対称空間の直積が対応する．

(C)　$(\mathfrak{g}, \sigma, g, J)$ を Hermite 対称 Lie 代数とする．Riemann 対称 Lie 代数 $(\mathfrak{g}, \sigma, g)$ から §2.2 (C) の仕方で構成した，$\tilde{G}$ が単連結である Riemann 対称対を $(\tilde{G}, \tilde{K}, \tilde{\sigma}, g)$ とすると，$(\tilde{G}, \tilde{K}, \tilde{\sigma}, g, J)$ は Hermite 対称対になる．これから上の (B) の仕方で構成した Hermite 対称空間を (M, g) とすると，(M, g) は単連結である．

この対応 $(\mathfrak{g}, \sigma, g, J) \rightsquigarrow (M, g)$ において，同型な Hermite 対称 Lie 代数には同型な単連結 Hermite 対称空間が対応し，Hermite 対称 Lie 代数の直和には単連結 Hermite 対称空間の直積が対応する．

(D)　(M, g) を Hermite 対称空間とする．定理 4.2 の(3)より，(M, g) の Hermite 普遍被覆多様体 $(\tilde{M}, \tilde{g})$ は Hermite 対称空間である．

対応 $(M, g) \rightsquigarrow (\tilde{M}, \tilde{g})$ において，同型な Hermite 対称空間には同型な単連結 Hermite 対称空間が対応し，Hermite 対称空間の直積には単連結 Hermite 空間の直積が対応する．

(E)　(M, g) を Hermite 対称空間とする．(M, g) の自己同型群 $A(M, g)$ は，定理 1.11 より，M に働く Lie 変換群である．$A(M, g)$ の単位元の連結成分 $A^0(M, g)$ を G とする．定理 4.2 の (2) より G は M に可移的に働く．1 点 $o \in M$ をとって，これを固定する．

$$K = \{a \in G\,;\ a(o) = o\}$$

とおけば，定理 1.11 より，K は G のコンパクトな部分群であって，滑らかな多

様体として $M=G/K$ と同一視される．§2.2(E)の場合と同様に，$o\in M$ における対称変換 σ_o を用いて

$$\sigma(a)=\sigma_o a\sigma_o^{-1} \qquad (a\in G)$$

によって，G の回帰的自己同型 σ を定義し，その微分によって定義される $\mathfrak{g}=\mathrm{Lie}\,G$ の自己同型も σ で表わす．

$$\mathfrak{m}=\{X\in\mathfrak{g}\,;\ \sigma X=-X\}$$

を M_o と同一視して，

$$g(X,Y)=g_o(X,Y) \qquad (X,Y\in\mathfrak{m}),$$
$$J(X)=J_o(X) \qquad (X\in\mathfrak{m})$$

とおくと，(G,K,σ,g,J) は効果的な Hermite 対称対になる．

§2.2(E)の場合と同様にして，この対応 $(M,g)\rightsquigarrow(G,K,\sigma,g,J)$ によって，同型な Hermite 対称空間には同型な Hermite 対称対が対応することが示される．

つぎの定理も定理2.3と同様にして証明される．

定理 4.3 構成(A),(B),(C),(D)より，可換な図式

$$\begin{array}{ccc}
\{\text{Hermite 対称対}\}/\cong & \xrightarrow{\text{(B)}} & \{\text{Hermite 対称空間}\}/\cong \\
\text{(A)}\downarrow & & \downarrow\text{(D)} \\
\{\text{Hermite 対称 Lie 代数}\}/\cong & \xrightarrow[\text{(C)}]{} & \{\text{単連結 Hermite 対称空間}\}/\cong
\end{array}$$

が引きおこされる．各写像はすべて全射的である．

定理 4.4 (M,g) を局所 Hermite 対称空間とすると，各 $p\in M$ に対して，p の連結開近傍 U と，或る Hermite 対称空間 $(\bar{M},\bar{g})$ の連結開集合 $\bar{U}$ が存在して，(U,g) と $(\bar{U},\bar{g})$ は Hermite 多様体として同型になる．

証明 $(M_{\boldsymbol{R}},g)$ の Riemann 接続を ∇，Riemann 曲率テンソル場を R，M の複素構造テンソル場を J とする．$\mathfrak{m}=(M_{\boldsymbol{R}})_p$ とおく．定理2.5の記法を用いて

$$\mathfrak{k}=\{A\in\mathfrak{gl}(\mathfrak{m})\,;\ A\cdot g_p=0,\ A\cdot R_p=0,\ A\cdot J_p=0\}$$

と定義する．

$$\mathfrak{g}=\mathfrak{k}+\mathfrak{m} \quad (\text{線型空間としての直和})$$

の上に定理2.5の仕方で括弧積 [,] を定義すると，定理4.1の系より $\mathfrak{g}$ は Lie 代数になる．

$$K=\{\phi\in GL(\mathfrak{m})\,;\ \phi\cdot g_p=g_p,\ \phi\cdot R_p=R_p,\ \phi\cdot J_p=J_p\}$$

とおくと，K は $GL(\mathfrak{m})$ のコンパクトな部分群で，Lie $K=\mathfrak{k}$ となる．σ, g を定理 2.5 のように定義し，$\mathfrak{m}$ から自身への線型写像 J を

$$J(x)=J_p(x) \qquad (x\in\mathfrak{m})$$

によって定義すると，定理 2.5 と同様に，$(\mathfrak{g}, \sigma, g, J)$ が効果的な Hermite 対称 Lie 代数になることが証明される．$(\mathfrak{g}, \sigma, g, J)$ から (C) の仕方で構成した単連結 Hermite 対称空間を $(\bar{M}, \bar{g})$ とする．$\bar{p}\in\bar{M}$ を原点，$\bar{\nabla}, \bar{R}, \bar{J}$ をそれぞれ $(\bar{M}_{\boldsymbol{R}}, \bar{g})$ の Riemann 接続，Riemann 曲率テンソル場，$\bar{M}$ の複素構造テンソル場とする．$\nabla R=0$, $\bar{\nabla}\bar{R}=0$, $\nabla J=0$, $\bar{\nabla}\bar{J}=0$ より定理 1.12 を適用することができて，定理 2.5 と同様に，同型写像 $\varphi: B_r(p)\to B_r(\bar{p})$ を構成することができる．▌

§4.2　Hermite 対称対の例

例 4.2　複素 Euclid 空間 $(\boldsymbol{C}^n, g)$ に対しては

$$G=\left\{\begin{bmatrix}\alpha & \beta\\ 0 & 1\end{bmatrix};\ \alpha\in U(n),\ \beta\in\boldsymbol{C}^n\right\}\subset GL(n+1, \boldsymbol{C}),$$

$$K=\left\{\begin{bmatrix}\alpha & 0\\ 0 & 1\end{bmatrix};\ \alpha\in U(n)\right\}\cong U(n),$$

$$\sigma\begin{bmatrix}\alpha & \beta\\ 0 & 1\end{bmatrix}=\begin{bmatrix}\alpha & -\beta\\ 1 & 0\end{bmatrix} \qquad \left(\begin{bmatrix}\alpha & \beta\\ 0 & 1\end{bmatrix}\in G\right)$$

とおくと，σ は G の回帰的自己同型で，$G_\sigma=K$ が成り立つ．標準補空間 $\mathfrak{m}$ は

$$\mathfrak{m}=\left\{\begin{bmatrix}0 & x\\ 0 & 0\end{bmatrix};\ x\in\boldsymbol{C}^n\right\}\subset\mathfrak{gl}(n+1, \boldsymbol{C})$$

となる．

$$g\left(\begin{bmatrix}0 & x\\ 0 & 0\end{bmatrix}, \begin{bmatrix}0 & y\\ 0 & 0\end{bmatrix}\right)=\langle x, y\rangle=\mathrm{Re}\,{}^t x\bar{y} \qquad (x, y\in\boldsymbol{C}^n),$$

$$J\begin{bmatrix}0 & x\\ 0 & 0\end{bmatrix}=\begin{bmatrix}0 & \sqrt{-1}x\\ 0 & 0\end{bmatrix} \qquad (x\in\boldsymbol{C}^n)$$

とおくと，(G, K, σ, g, J) は効果的な Hermite 対称対である．G は §1.9 で述べた仕方で $\boldsymbol{C}^n$ に可移的に働く．$o\in\boldsymbol{C}^n$ を例 4.1 でとった原点 0 とすれば，対応 $aK\mapsto a\cdot o$ $(a\in G)$ によって，滑らかな多様体として $G/K=\boldsymbol{C}^n$ と同一視され，(G, K, σ, g, J) に対応する Hermite 対称空間が $(\boldsymbol{C}^n, g)$ となる．

Poincaré 上半平面 (H^2, g) に対しては，(G, K, σ, g) を例 2.4 のなかで述べた

Riemann 対称対とし，

$$J\begin{bmatrix}\xi & \eta \\ \eta & -\xi\end{bmatrix} = \begin{bmatrix}\eta & -\xi \\ -\xi & -\eta\end{bmatrix} \qquad \left(\begin{bmatrix}\xi & \eta \\ \eta & -\xi\end{bmatrix} \in \mathfrak{m}\right)$$

とおくと，(G, K, σ, g, J)は概効果的な Hermite 対称対であって，1次分数変換による同一視のもとで，これに対応する Hermite 対称空間が(H^2, g)になる．

例 4.3 例2.6のうち，$\boldsymbol{F}=\boldsymbol{C}$ の場合の Riemann 対称対(G, K, σ, g)と，これに対応する Riemann 対称空間$(G_{p,q}(\boldsymbol{C}), g)$を考えよう．この場合，$G_{p,q}(\boldsymbol{C})$には以下のようにして複素多様体の構造が入れられる．$GL(p+q, \boldsymbol{C})$は自然な仕方で$G_{p,q}(\boldsymbol{C})$に可移的に働く．例2.6のように，$e_{q+1}, \cdots, e_{p+q}$ で $\boldsymbol{C}$ 上張られる p 次元の部分空間を原点 $o \in G_{p,q}(\boldsymbol{C})$ ととれば，o を固定する $a \in GL(p+q, \boldsymbol{C})$ 全体のなす部分群は，複素閉部分群

$$GL(q, p\,; \boldsymbol{C}) = \left\{\begin{bmatrix}\overset{q}{\alpha} & \overset{p}{0} \\ \gamma & \delta\end{bmatrix}\begin{matrix}\}q \\ \}p\end{matrix} \in GL(p+q, \boldsymbol{C})\right\}$$

に一致する．したがって，包含準同型写像 $G=SU(p+q)\to GL(p+q, \boldsymbol{C})$から，滑らかな多様体としての同一視

$$G_{p,q}(\boldsymbol{C}) = GL(p+q, \boldsymbol{C})/GL(q, p\,; \boldsymbol{C})$$

が引きおこされる．右辺の商複素多様体としての構造によって，$G_{p,q}(\boldsymbol{C})$に複素多様体の構造を入れる．すると，$GL(p+q, \boldsymbol{C})$の右辺への作用は正則であるから，$GL(p+q, \boldsymbol{C})$の $G_{p,q}(\boldsymbol{C})$への自然な作用は正則である．とくに，$G=SU(p+q)$は $G_{p,q}(\boldsymbol{C})$に正則同相として働いている．したがって，$G_{p,q}(\boldsymbol{C})$の複素構造テンソル場 J は G 不変である．原点 o における接空間 $\mathfrak{m}$ の上で，J は

$$J\begin{bmatrix}0 & Z \\ -{}^t\bar{Z} & 0\end{bmatrix} = \begin{bmatrix}0 & \sqrt{-1}Z \\ \sqrt{-1}\,{}^t\bar{Z} & 0\end{bmatrix} \qquad (Z \in M_{q,p}(\boldsymbol{C})) \tag{4.3}$$

によって与えられる．$\mathfrak{m}$ 上の Riemann 計量 g は

$$g\left(\begin{bmatrix}0 & Z \\ -{}^t\bar{Z} & 0\end{bmatrix}, \begin{bmatrix}0 & W \\ -{}^t\overline{W} & 0\end{bmatrix}\right) = 4\,\mathrm{Re}\,\mathrm{Tr}({}^tZ\overline{W}) \qquad (Z, W \in M_{q,p}(\boldsymbol{C}))$$

で与えられていたから，各 $X, Y \in \mathfrak{m}$ に対して

$$g(JX, JY) = g(X, Y)$$

が成り立つ．g, J はともに G 不変なテンソル場だから，g は $G_{p,q}(\boldsymbol{C})$上の Hermite 計量である．また，原点 o における対称変換 σ_o は

$$s = \mathrm{diag}\,(\underbrace{-1, \cdots, -1}_{q\text{ 個}}, \underbrace{1, \cdots, 1}_{p\text{ 個}}) \in GL(p+q, \boldsymbol{C})$$

による $G_{p,q}(\boldsymbol{C})$ への自然な作用に一致するから，$G_{p,q}(\boldsymbol{C})$ の正則同相である．各対称変換 σ_p は $\sigma_p = \tau_a \sigma_o \tau_a{}^{-1}$ $(a \in G)$ の形だから，やはり $G_{p,q}(\boldsymbol{C})$ の正則同相である．したがって，$(G_{p,q}(\boldsymbol{C}), g)$ は Hermite 対称空間である．

われわれの Riemann 対称対 (G, K, σ, g) に，(4.3) によって定義された J を合わせて得られる (G, K, σ, g, J) は概効果的な Hermite 対称対になり，これに対応する Hermite 対称空間が $(G_{p,q}(\boldsymbol{C}), g)$ となることは明らかであろう．とくに，$p=1$, $q=n$ の場合が Fubini-Study 空間 $(P_n(\boldsymbol{C}), g)$ にほかならない．

例 4.4　例 2.7 のうち，$\boldsymbol{F}=\boldsymbol{C}$ の場合の Riemann 対称対 (G, K, σ, g) と，これに対応する Riemann 対称空間 $(D_{p,q}(\boldsymbol{C}), g)$ を考えよう．この場合に，$D_{p,q}(\boldsymbol{C})$ は $M_{q,p}(\boldsymbol{C})$ の開集合だから，$D_{p,q}(\boldsymbol{C})$ は自然な仕方で複素多様体になる．$G = SU(p, q\,; \boldsymbol{C})$ の $D_{p,q}(\boldsymbol{C})$ への作用は 1 次分数変換 (2.5) で与えられているから，$D_{p,q}(\boldsymbol{C})$ の正則同相である．したがって，$D_{p,q}(\boldsymbol{C})$ の複素構造テンソル場 J は G 不変である．原点 o における接空間 $\mathfrak{m}$ の上で，J は

$$J\begin{bmatrix} 0 & Z \\ {}^t\bar{Z} & 0 \end{bmatrix} = \begin{bmatrix} 0 & \sqrt{-1}\,Z \\ -\sqrt{-1}\,{}^t\bar{Z} & 0 \end{bmatrix} \qquad (Z \in M_{q,p}(\boldsymbol{C})) \tag{4.4}$$

によって与えられる．$\mathfrak{m}$ 上の Riemann 計量 g は

$$g\left(\begin{bmatrix} 0 & Z \\ {}^t\bar{Z} & 0 \end{bmatrix}, \begin{bmatrix} 0 & W \\ {}^t\overline{W} & 0 \end{bmatrix}\right) = 4\,\mathrm{Re}\,\mathrm{Tr}({}^tZ\,\overline{W}) \qquad (Z, W \in M_{q,p}(\boldsymbol{C}))$$

で与えられていたから，前例と同様に，g は $D_{p,q}(\boldsymbol{C})$ 上の Hermite 計量であることがわかる．また，原点 0 における対称変換は

$$\sigma_0(Z) = -Z \qquad (Z \in D_{p,q}(\boldsymbol{C}))$$

であるから，$D_{p,q}(\boldsymbol{C})$ の正則同相である．したがって，前例と同様にして，$(D_{p,q}(\boldsymbol{C}), g)$ が Hermite 対称空間であることがわかる．

われわれの Riemann 対称対に，(4.4) によって定義された J を合わせて得られる (G, K, σ, g, J) は概効果的な Hermite 対称対になり，これに対応する Hermite 対称空間が $(D_{p,q}(\boldsymbol{C}), g)$ となる．

§4.3　Hermite 対称 Lie 代数の分解

Hermite 対称対 (G, K, σ, g, J) または Hermite 対称 Lie 代数 $(\mathfrak{g}, \sigma, g, J)$ は，J

を忘れて得られる Riemann 対称対 (G, K, σ, g) または Riemann 対称 Lie 代数 $(\mathfrak{g}, \sigma, g)$ が Euclid 型，半単純型，既約，コンパクト型，非コンパクト型であるとき，それぞれ **Euclid 型**，**半単純型**，**既約**，**コンパクト型**，**非コンパクト型**といわれる．また，Hermite 対称空間 (M, g) は，基底にある Riemann 対称空間 $(M_{\boldsymbol{R}}, g)$ が半単純型，既約，コンパクト型，非コンパクト型であるとき，それぞれ**半単純型**，**既約**，**コンパクト型**，**非コンパクト型**といわれる．

(G, K, σ, g, J) を Hermite 対称対，対応する Hermite 対称空間を (M, g) とするとき，(G, K, σ, g, J) が Euclid 型であることと，(M, g) が平坦な Kähler 多様体であることとは同値であるが，さらに，M が単連結のときには，これは (M, g) が複素 Euclid 空間と同型であることと同値である．これは，Riemann 対称空間の場合と同様な論法で，定理 1.10 の代りに定理 1.13 を用いて証明される．

Riemann 対称 Lie 代数の場合と同様に，つぎの分解定理が成り立つ．

定理 4.5 効果的な Hermite 対称 Lie 代数 $(\mathfrak{g}, \sigma, g, J)$ は，効果的な Euclid 型 Hermite 対称 Lie 代数 $(\mathfrak{g}_0, \sigma_0, g_0, J_0)$ と効果的な半単純型 Hermite 対称 Lie 代数 $(\mathfrak{g}_1, \sigma_1, g_1, J_1)$ の直和:

$$(\mathfrak{g}, \sigma, g, J) = (\mathfrak{g}_0, \sigma_0, g_0, J_0) \oplus (\mathfrak{g}_1, \sigma_1, g_1, J_1)$$

に一意的に分解される．

証明 効果的な Riemann 対称 Lie 代数 $(\mathfrak{g}, \sigma, g)$ は，定理 2.6 によって，効果的な Euclid 型 Riemann 対称 Lie 代数 $(\mathfrak{g}_0, \sigma_0, g_0)$ と効果的な半単純型 Riemann 対称 Lie 代数 $(\mathfrak{g}_1, \sigma_1, g_1)$ の直和:

$$(\mathfrak{g}, \sigma, g) = (\mathfrak{g}_0, \sigma_0, g_0) \oplus (\mathfrak{g}_1, \sigma_1, g_1)$$

に一意的に分解される．このとき，$(\mathfrak{g}, \sigma, g)$ の標準補空間 $\mathfrak{m}$ は各因子の標準補空間 $\mathfrak{m}_0$ と $\mathfrak{m}_1$ の直和:

$$\mathfrak{m} = \mathfrak{m}_0 + \mathfrak{m}_1$$

である．$V = \mathfrak{m}$，$(\mathfrak{g}, \sigma, g)$ のホロノミー代数 $\mathfrak{h}$，$\mathfrak{m}$ 上の内積 g に補題 3.1 を適用する．定理 4.1 の系より J は $\mathfrak{h}$ の各元と可換だから，補題 3.1 の (1) より

$$g(J\mathfrak{m}_0, \mathfrak{m}_1) = \{0\}$$

を得る．J は g に関する線型等長写像だから，$J\mathfrak{m}_0 = \mathfrak{m}_0$，$J\mathfrak{m}_1 = \mathfrak{m}_1$ となる．そこで $J_0 = J|\mathfrak{m}_0$，$J_1 = J|\mathfrak{m}_1$ とおけば，求める分解が得られる．分解の一意性は，Riemann 対称 Lie 代数としての分解の一意性から明らかである．∎

$(\mathfrak{g}, \sigma)$ を Hermite 型直交対称 Lie 代数とする．すなわち，標準補空間 $\mathfrak{m}$ 上の内積 g と複素構造 J が存在して，$(\mathfrak{g}, \sigma, g, J)$ が Hermite 対称 Lie 代数となるものとする．$(\mathfrak{g}, \sigma)$ に双対な直交対称 Lie 代数 $(\mathfrak{g}^*, \sigma^*)$ に対して

$$g^*(\sqrt{-1}X, \sqrt{-1}Y) = g(X, Y) \qquad (X, Y \in \mathfrak{m}),$$
$$J^*(\sqrt{-1}X) = \sqrt{-1}J(X) \qquad (X \in \mathfrak{m})$$

と定義すれば，$(\mathfrak{g}^*, \sigma^*, g^*, J^*)$ は Hermite 対称 Lie 代数になる．ゆえに $(\mathfrak{g}^*, \sigma^*)$ も Hermite 型直交対称 Lie 代数である．したがって，定理 3.8 よりつぎの定理が得られる．

定理 4.6 双対な直交対称 Lie 代数を対応させることによって，効果的な Hermite 型のコンパクト型直交対称 Lie 代数の同型類全体の集合と，効果的な Hermite 型の非コンパクト型直交対称 Lie 代数の同型類全体の集合との間に，1 対 1 の対応が得られる．

定理 4.7 (1) 効果的な半単純型 Hermite 対称 Lie 代数 $(\mathfrak{g}, \sigma, g, J)$ は，順序を除いて一意的に，効果的な既約 Hermite 対称 Lie 代数 $(\mathfrak{g}_i, \sigma_i, g_i, J_i)$ の直和:

$$(\mathfrak{g}, \sigma, g, J) = (\mathfrak{g}_1, \sigma_1, g_1, J_1) \oplus \cdots \oplus (\mathfrak{g}_m, \sigma_m, g_m, J_m)$$

に分解される．

(2) Hermite 対称 Lie 代数 $(\mathfrak{g}, \sigma, g, J)$ が効果的で既約であるための必要十分条件は，$(\mathfrak{g}, \sigma)$ が Hermite 型直交対称 Lie 代数で，以下のどれか一つを満たすことである．

(HC) $\mathfrak{g}$ はコンパクト型実単純 Lie 代数である．

(HN) $\mathfrak{g}$ は非コンパクト型実単純 Lie 代数である．

以後，これらの Hermite 型直交対称 Lie 代数を，それぞれ **(HC) 型**，**(HN) 型**の直交対称 Lie 代数とよぶ．

(3) 定理 4.6 の双対対応によって，(HC) 型の直交対称 Lie 代数と (HN) 型の直交対称 Lie 代数とが対応する．

証明 (1) 定理 3.3 の (1) から，$(\mathfrak{g}, \sigma, g)$ は順序を除いて一意的に，効果的な既約 Riemann 対称 Lie 代数 $(\mathfrak{g}_i, \sigma_i, g_i)$ の直和:

$$(\mathfrak{g}, \sigma, g) = (\mathfrak{g}_1, \sigma_1, g_1) \oplus \cdots \oplus (\mathfrak{g}_m, \sigma_m, g_m)$$

に分解される．このとき，$(\mathfrak{g}, \sigma, g)$ の標準補空間 $\mathfrak{m}$ は各因子の標準補空間 $\mathfrak{m}_i$ の直和:

$$\mathfrak{m} = \mathfrak{m}_1 + \cdots + \mathfrak{m}_m$$

である．$V=\mathfrak{m}$, $(\mathfrak{g}_i, \sigma_i, g_i)$ のホロノミー代数 $\mathfrak{h}_i$, $\mathfrak{m}$ 上の内積 g, $\mathfrak{m}$ 上の複素構造 J に補題 3.1 の (1) を適用すれば，各 i, j $(i \neq j)$ に対して

$$g(J\mathfrak{m}_i, \mathfrak{m}_j) = \{0\}$$

を得る．したがって，$J\mathfrak{m}_i = \mathfrak{m}_i$ となる．そこで $J_i = J|\mathfrak{m}_i$ とおけば，求める分解が得られる．分解の一意性は $(\mathfrak{g}, \sigma, g)$ の分解の一意性から得られる．

(2) 定理 3.3 の (2)，定理 3.8，定理 4.6 より，(CII) 型の直交対称 Lie 代数 $(\mathfrak{g}, \sigma)$ は Hermite 型でないことを示せば十分である．このとき，$\mathfrak{g}=\mathfrak{g}_1 \oplus \mathfrak{g}_1$, $\mathfrak{g}_1$ はコンパクト型実単純 Lie 代数で，その標準分解 $\mathfrak{g}=\mathfrak{k}+\mathfrak{m}$ は

$$\mathfrak{k} = \{(X, X)\,;\ X \in \mathfrak{g}_1\}, \qquad \mathfrak{m} = \{(X, -X)\,;\ X \in \mathfrak{g}_1\}$$

で与えられていた．もし，$(\mathfrak{g}, \sigma)$ が Hermite 型であるとすれば，$\mathfrak{m}$ の複素構造 J で $ad_{\mathfrak{m}}\,\mathfrak{k}$ で不変なものが存在する．このような J は，$\mathfrak{g}_1$ の複素構造 J_1 で，各 $X \in \mathfrak{g}_1$ に対して

$$(ad\,X)J_1 = J_1(ad\,X)$$

を満たすものによって

$$J(X, -X) = (J_1X, -J_1X) \qquad (X \in \mathfrak{g}_1)$$

と表わされる．したがって，或る複素単純 Lie 代数 $\mathcal{G}$ が存在して $\mathfrak{g}_1 = (\mathcal{G})_{\boldsymbol{R}}$ となる．補題 3.4 より，このとき $\mathfrak{g}_1$ は非コンパクト型であるから，これは矛盾である．したがって，$(\mathfrak{g}, \sigma)$ は Hermite 型ではない．

(3) は上の議論から明らかであろう．▌

定理 4.5 と定理 4.7 からつぎの系が得られる．

系 (1) 効果的な半単純型 Hermite 対称 Lie 代数 $(\mathfrak{g}, \sigma, g, J)$ は，効果的な非コンパクト型 Hermite 対称 Lie 代数 $(\mathfrak{g}_+, \sigma_+, g_+, J_+)$ と，効果的なコンパクト型 Hermite 対称 Lie 代数 $(\mathfrak{g}_-, \sigma_-, g_-, J_-)$ の直和：

$$(\mathfrak{g}, \sigma, g, J) = (\mathfrak{g}_+, \sigma_+, g_+, J_+) \oplus (\mathfrak{g}_-, \sigma_-, g_-, J_-)$$

に一意的に分解される．

(2) 効果的な Hermite 対称 Lie 代数 $(\mathfrak{g}, \sigma, g, J)$ は，効果的な Euclid 型 Hermite 対称 Lie 代数 $(\mathfrak{g}_0, \sigma_0, g_0, J_0)$ といくつかの効果的な既約 Hermite 対称 Lie 代数 $(\mathfrak{g}_i, \sigma_i, g_i, J_i)$ の直和：

$$(\mathfrak{g}, \sigma, g, J) = (\mathfrak{g}_0, \sigma_0, g_0, J_0) \oplus (\mathfrak{g}_1, \sigma_1, g_1, J_1) \oplus \cdots \oplus (\mathfrak{g}_m, \sigma_m, g_m, J_m)$$

に，既約なものの順序を除いて，一意的に分解される．

§4.4　半単純型 Hermite 対称空間

この節では，半単純型 Hermite 対称空間の同型類による分類が，或る種の (Hermite 型といわれる) Lie 代数の分類に帰着されることを示す．まず，つぎの定理が成り立つ．

定理 4.8　(M, g) を半単純型 Hermite 対称空間とすると，自己同型群 $A(M, g)$ の単位元の連結成分 $A^0(M, g)$ は，等長変換群 $I(M_{\boldsymbol{R}}, g)$ の単位元の連結成分 $I^0(M_{\boldsymbol{R}}, g)$ に等しい．

証明　1点 $o \in M$ をとって，(M, g) から §4.1 (E) の仕方で構成した効果的な Hermite 対称対を (G, K, σ, g, J)，$G = A^0(M, g)$，とする．効果的な Riemann 対称対 (G, K, σ, g) に対応する Riemann 対称空間が $(M_{\boldsymbol{R}}, g)$ で，これは半単純型である．したがって，定理 3.1 の (1) より $G = I^0(M_{\boldsymbol{R}}, g)$ となる．▌

定理 4.9　(M, g) を半単純型 Hermite 対称空間とする．

(1)　$G = A^0(M, g) = I^0(M_{\boldsymbol{R}}, g)$ の中心は単位元のみからなる．

(2)　各 $p \in M$ に対して，p における等方性部分群

$$K = \{a \in G;\ a(p) = p\}$$

はコンパクト連結であって，G の或る輪環部分群 T の中心化群に一致する．すなわち，

$$K = \{a \in G;\ \text{各 } t \in T \text{ に対して } at = ta\}$$

となる．

(3)　M は単連結である．

証明　1点 $o \in M$ を任意にとって固定する．§4.1 (E) の仕方で構成した効果的な Hermite 対称対を (G, K, σ, g, J)，$G = A^0(M, g)$，とし，その Lie 代数を $(\mathfrak{g}, \sigma, g, J)$，その標準分解を $\mathfrak{g} = \mathfrak{k} + \mathfrak{m}$ とする．$(M_{\boldsymbol{R}}, g)$ の Riemann 曲率テンソル場の $\mathfrak{m} = (M_{\boldsymbol{R}})_o$ における値を R で表わす．定理 3.1 の (2) より，$o \in M$ における $(M_{\boldsymbol{R}}, g)$ のホロノミー代数 $\mathfrak{h}$ は

$$\mathfrak{h} = \{A \in \mathfrak{gl}(\mathfrak{m});\ A \cdot g = 0,\ A \cdot R = 0\}$$

で与えられる．このとき $J \in \mathfrak{h}$ が成り立つ．実際，各 $X, Y \in \mathfrak{m}$ に対して，Hermite 対称対の条件 (v), (1.24), (1.25) より

$$(J\cdot g)(X, Y) = -g(JX, Y)-g(X, JY) = 0,$$
$$(J\cdot R)(X, Y) = JR(X, Y)-R(X, Y)J-R(JX, Y)-R(X, JY) = 0$$

となるからである．定理 2.6 の系 1 の (1) より，$ad_{\mathfrak{m}}:\mathfrak{k}\to\mathfrak{h}$ は同型写像であって，

$$J = ad_{\mathfrak{m}} Z$$

となる $Z\in\mathfrak{k}$ がただ一つ存在する．各 $k\in K$ に対して，Hermite 対称対の条件 (vi) より，$J(Ad_{\mathfrak{m}} k)=(Ad_{\mathfrak{m}} k)J$ が成り立つから，$ad_{\mathfrak{m}}(Ad\, kZ)=ad_{\mathfrak{m}} Z$ となる．Z の一意性から，各 $k\in K$ に対して

$$Ad\, kZ = Z \tag{4.5}$$

が成り立つ．したがって $[Z,\mathfrak{k}]=\{0\}$ となるが，$(ad_{\mathfrak{m}} Z)^2=-I_{\mathfrak{m}}$ であるから

$$\mathfrak{k} = \{X\in\mathfrak{g};\ [Z, X]=0\} \tag{4.6}$$

となる．つぎに，定理 4.7 の系の (1) によって $(\mathfrak{g}, \sigma, g, J)$ を分解して

$$(\mathfrak{g}, \sigma, g, J) = (\mathfrak{g}_+, \sigma_+, g_+, J_+)\oplus(\mathfrak{g}_-, \sigma_-, g_-, J_-)$$

とする．各因子の標準分解を $\mathfrak{g}_\pm=\mathfrak{k}_\pm+\mathfrak{m}_\pm$ とすれば

$$\mathfrak{g} = \mathfrak{g}_+\oplus\mathfrak{g}_-, \qquad \mathfrak{k} = \mathfrak{k}_+\oplus\mathfrak{k}_-, \qquad \mathfrak{m} = \mathfrak{m}_+ + \mathfrak{m}_-$$

が成り立つ．

$$Z = Z_+ + Z_-, \qquad Z_\pm\in\mathfrak{k}_\pm$$

とすれば，(4.6) より

$$\mathfrak{k}_\pm = \{X\in\mathfrak{g}_\pm;\ [Z_\pm, X]=0\} \tag{4.7}$$

となる．$\mathfrak{g}^C$ の実部分 Lie 代数 $\mathfrak{g}_u$ を

$$\mathfrak{g}_u = (\mathfrak{k}_+ + \sqrt{-1}\,\mathfrak{m}_+)\oplus\mathfrak{g}_-$$

によって定義すれば，$\mathfrak{g}_u$ は $\mathfrak{g}^C$ のコンパクト型実形である．また

$$\mathfrak{k} = \{X\in\mathfrak{g}_u;\ [Z, X]=0\} \tag{4.8}$$

が成り立つ．

さて

$$\hat{G} = Ad\, G, \qquad \hat{K} = Ad\, K$$

とおく．$\hat{K}$ は $\hat{G}$ のコンパクトな部分群である．$\mathfrak{gl}(\mathfrak{g}^C)$ の Lie 部分代数 $ad\,\mathfrak{g}^C$ で生成された $GL(\mathfrak{g}^C)$ の連結 Lie 部分群を $\hat{G}^C$ で表わす．$\mathfrak{g}^C$ が半単純だから，$\hat{G}^C$ は $\mathfrak{g}^C$ の自己同型群 $\mathrm{Aut}(\mathfrak{g}^C)\subset GL(\mathfrak{g}^C)$ の単位元の連結成分に等しい．$GL(\mathfrak{g})\subset GL(\mathfrak{g}^C)$ とみなして，$\hat{G}\subset\hat{G}^C$ とみなす．さらに

$$\hat{G}_u = \{a\in\hat{G}^C;\ a\mathfrak{g}_u=\mathfrak{g}_u\}$$

とおく．$\mathrm{Aut}(\mathfrak{g}^C)$ を $GL((\mathfrak{g}^C)_{\boldsymbol{R}})$ の実代数群とみなして，定理3.5の証明の σ の代りに $\mathfrak{g}^C$ の $\mathfrak{g}_u$ に関する複素共役写像をとって同じ議論をおこなうと，$\hat{G}_u$ が連結で $\hat{G}^C$ の極大コンパクト部分群であることがわかる．

以下，群 A とその部分群 B に対して，A における B の中心化群を $C_A(B)$ で表わす．すなわち，

$$C_A(B)=\{a\in A;\ 各\ b\in B\ に対して\ ab=ba\}$$

とする．

さて，1径数部分群 $\{Ad\exp tZ\,;t\in\boldsymbol{R}\}$ を含む最小の $\hat{G}$ の閉部分群を $\hat{T}$ とすれば，$\hat{T}\subset\hat{K}$ であるから，これは輪環部分群である．すると，(4.5) より

$$\hat{K}\subset C_{\hat{G}}(\hat{T})$$

であって，(4.6) より，$\hat{K}$ と $C_{\hat{G}}(\hat{T})$ は同じ単位元の連結成分をもつ．$C_{\hat{G}}(\hat{T})$ の各元は $Z_\pm$ を固定し，したがって，(4.7) より $\mathfrak{k}_\pm$ を不変にする．$\mathfrak{m}_\pm$ は $\mathfrak{g}_\pm$ のなかの Killing 形式に関する $\mathfrak{k}_\pm$ の直交補空間だから，これは $\mathfrak{m}_\pm$ も不変にする．したがって，これは $\mathfrak{g}_u$ を不変にする．よって

$$C_{\hat{G}}(\hat{T})\subset C_{\hat{G}_u}(\hat{T})$$

が成り立つ．(4.8) より $C_{\hat{G}_u}(\hat{T})$ も $\hat{K}$ と同じ単位元の連結成分をもつ．ところが，Hopf の定理——コンパクト連結な Lie 群において輪環部分群の中心化群は連結である——より $C_{\hat{G}_u}(\hat{T})$ は連結だから，$\hat{K}$ は連結で，

$$\hat{K}=C_{\hat{G}}(\hat{T})$$

となる．

つぎに，$ad_{\mathfrak{g}}\mathfrak{g}_\pm$ で生成される $\hat{G}$ の連結 Lie 部分群を $\hat{G}_\pm$，$\{Ad\exp tZ_\pm\,;t\in\boldsymbol{R}\}$ を含む最小の $\hat{G}_\pm$ の閉部分群を $\hat{T}_\pm$（$\hat{T}$ と同様に輪環部分群である），$\hat{K}_\pm=C_{\hat{G}_\pm}(\hat{T}_\pm)$ とする．上と同じ理由で，$\hat{K}_\pm$ はコンパクト連結である．すると

$$\hat{G}=\hat{G}_+\times\hat{G}_-,\qquad \hat{K}=\hat{K}_+\times\hat{K}_-$$

となるから，同一視

$$\hat{G}/\hat{K}=\hat{G}_+/\hat{K}_+\times\hat{G}_-/\hat{K}_-$$

を得る．第1因子は非コンパクト型 Riemann 対称空間だから，定理3.5より単連結である．第2因子 $\hat{G}_-/\hat{K}_-$ も単連結であることを示そう．$\hat{G}_-$ の普遍被覆群を $\tilde{G}_-$ とすれば，Weyl の定理から $\tilde{G}_-$ はコンパクトである．$\mathrm{Lie}\,\tilde{G}_-=\mathfrak{g}_-$ と同一視して，$\tilde{G}_-$ の1径数部分群 $\{\exp tZ_-\,;t\in\boldsymbol{R}\}$ を含む最小の $\tilde{G}_-$ の閉部分群を $\tilde{T}_-$

とすれば，これも $\tilde{G}_-$ の輪環部分群である．被覆写像 $Ad:\tilde{G}_-\to\hat{G}_-$ に関する $\hat{K}_-$ の逆像 $Ad^{-1}(\hat{K}_-)$ を $\tilde{K}_-$ で表わせば

$$\tilde{K}_- = C_{\tilde{G}_-}(\tilde{T}_-)$$

となる．よって，Hopf の定理より $\tilde{K}_-$ は連結である．したがって $\tilde{G}_-/\tilde{K}_-$ は単連結である．自然な同一視 $\tilde{G}_-/\tilde{K}_-=\hat{G}_-/\hat{K}_-$ があるから，$\hat{G}_-/\hat{K}_-$ も単連結である．

結局，$\hat{G}/\hat{K}$ が単連結であることがわかった．したがって，$Ad:G\to\hat{G}$ より引きおこされる被覆写像 $G/K\to\hat{G}/\hat{K}$ は自明な被覆写像になる．あとは定理 3.5 の (1) と同様にして，G の中心が単位元のみからなること，すなわち (1) が示される．したがって $G=\hat{G}$，$K=\hat{K}$ と同一視されるから，(2), (3) も成り立つ．∎

証明からつぎのこともわかるので記しておこう．

系 $(\mathfrak{g},\sigma,g,J)$ を効果的な半単純型 Hermite 対称 Lie 代数，$\mathfrak{g}=\mathfrak{k}+\mathfrak{m}$ をその標準分解とすると，$J=ad_{\mathfrak{m}}Z$ となる $Z\in\mathfrak{k}$ がただ一つ存在し，$\mathfrak{k}$ は

$$\mathfrak{k} = \{X\in\mathfrak{g};\ [Z,X]=0\}$$

によって与えられる．——

半単純型 Hermite 対称空間が単連結であることから，定理 3.2 と同様にして，つぎの分類定理が証明される．

定理 4.10 §4.1 の対応 (C) は，効果的な半単純型 Hermite 対称 Lie 代数の同型類全体の集合から，半単純型 Hermite 対称空間の同型類全体の集合への全単射写像を引きおこす．この対応で，$(\mathfrak{g},\sigma,g,J)$ の類に (M,g) の類が対応しているとすれば，$\mathfrak{g}$ は Lie $A(M,g)$ に同型である．また，この対応で，直和の類には直積の類が対応する．——

大域的な分解定理は以下のように定式化される．

定理 4.11 (1) 単連結な Hermite 対称空間は，複素 Euclid 空間 (M_0,g_0) と半単純型 Hermite 対称空間 (M_1,g_1) の直積：

$$(M,g)=(M_0,g_0)\times(M_1,g_1)$$

に一意的に分解される．

(2) (M,g) を半単純型 Hermite 対称空間とする．(M,g) は既約 Hermite 対称空間 (M_i,g_i) の直積：

$$(M,g)=(M_1,g_1)\times\cdots\times(M_m,g_m)$$

に，順序を除いて一意的に分解される．また，(M,g) は非コンパクト型 Hermite

対称空間 (M_+, g_+) とコンパクト型 Hermite 対称空間 (M_-, g_-) の直積：

$$(M, g) = (M_+, g_+) \times (M_-, g_-)$$

に一意的に分解される．

(3) 単連結な Hermite 対称空間 (M, g) は，複素 Euclid 空間 (M_0, g_0) と既約 Hermite 対称空間 (M_i, g_i) の直積：

$$(M, g) = (M_0, g_0) \times (M_1, g_1) \times \cdots \times (M_m, g_m)$$

に，既約なものの順序を除いて，一意的に分解される．この分解は，単連結な Hermite 対称空間の **de Rham 分解**といわれる．——

証明は半単純型 Hermite 対称空間は単連結であることを考慮に入れて，Riemann 対称空間の場合と同様におこなわれる．ただし，分解の一意性を示すときには定理 1.10 の代りに定理 1.13 を用いる．

定理 4.7 の (1) と定理 4.9 より，半単純型 Hermite 対称空間の同型類による分類は，効果的な既約 Hermite 対称 Lie 代数の同型類による分類に帰着されるが，さらに，つぎの定理が成り立つので，後者は効果的な既約 Hermite 型直交対称 Lie 代数の同型類の分類に帰着される．

定理 4.12　$(\mathfrak{g}, \sigma, g, J)$, $(\mathfrak{g}, \sigma, \bar{g}, \bar{J})$ を，同じ直交対称 Lie 代数 $(\mathfrak{g}, \sigma)$ をもつ，二つの効果的な既約 Hermite 対称 Lie 代数とすると，或る $c>0$ が存在して，$(\mathfrak{g}, \sigma, cg, J)$ と $(\mathfrak{g}, \sigma, \bar{g}, \bar{J})$ は同型になる．

証明　$(\mathfrak{g}, \sigma)$ について成り立てば，これに双対な $(\mathfrak{g}^*, \sigma^*)$ についても成り立つから，$(\mathfrak{g}, \sigma)$ は (HC) 型の直交対称 Lie 代数であるとしてよい．$\mathfrak{g}=\mathfrak{k}+\mathfrak{m}$ を $(\mathfrak{g}, \sigma)$ の標準分解とする．$\mathfrak{m}$ の複素化を $\mathfrak{m}^C$ とし，g, J を複素線型に $\mathfrak{m}^C$ まで拡張したものも g, J で表わして

$$\mathfrak{m}^{\pm} = \{X \in \mathfrak{m}^C;\ JX = \pm\sqrt{-1}X\}$$

とおくと，g は $\mathfrak{m}^+ \times \mathfrak{m}^-$ 上で非退化で

$$\mathfrak{m}^C = \mathfrak{m}^+ + \mathfrak{m}^- \quad (\text{線型空間としての直和})$$

となる．$\mathfrak{g}$ の括弧積 $[\ ,\ ]$ を $\mathfrak{g}^C$ に複素双線型に拡張したものも $[\ ,\ ]$ で表わし，$\mathfrak{k}$ の複素化を $\mathfrak{k}^C$ で表わすと，$[\mathfrak{k}^C, \mathfrak{m}^{\pm}] \subset \mathfrak{m}^{\pm}$ となる．そこで，$ad_{\mathfrak{m}^+} : \mathfrak{k}^C \to \mathfrak{gl}(\mathfrak{m}^+)$ を

$$(ad_{\mathfrak{m}^+} X)\, Y = [X, Y] \qquad (X \in \mathfrak{k}^C,\ \ Y \in \mathfrak{m}^+)$$

で定義する．すると，$(\mathfrak{g}, \sigma)$ が効果的であることと，各 $X^{\pm} \in \mathfrak{m}^{\pm}$, $Y \in \mathfrak{k}^C$ に対して

$$g([Y, X^+], X^-) + g(X^+, [Y, X^-]) = 0$$

が成り立つことから，$ad_{\mathfrak{m}^+}$ は単射的になることがわかる．また，$\mathfrak{k}$ が($ad_{\mathfrak{m}}$ によって) $\mathfrak{m}$ に既約に働いていることから，$\mathfrak{k}^C$ は($ad_{\mathfrak{m}^+}$ によって) $\mathfrak{m}^+$ に既約に働くことがわかる．したがって，Schur の補題から，$\mathfrak{k}$ の中心 $\mathfrak{t}$ の次元は高々 1 である．ところが，定理 4.9 の系より，$ad_{\mathfrak{m}} Z=J$ となる $Z\in\mathfrak{k}$ がただ一つ定まって

$$\mathfrak{k}=\{X\in\mathfrak{g};\ [Z,X]=0\} \tag{4.9}$$

となるから，$\mathfrak{t}$ は 1 次元で，Z で張られる．$\bar{J}$ についても $ad_{\mathfrak{m}}\bar{Z}=\bar{J}$ となる $\bar{Z}\in\mathfrak{t}$ がただ一つ定まるが，$J^2=\bar{J}^2=-I_{\mathfrak{m}}$ であるから

$$\bar{Z}=\pm Z$$

でなければならない．したがって，$\mathfrak{g}$ の自己同型 φ で

$$\varphi Z=-Z,\qquad \varphi\sigma=\sigma\varphi$$

を満たすものが存在することを示せば，内積の一意性と合わせて，定理の証明が得られる．

$\mathfrak{t}$ を含む $\mathfrak{g}$ の極大可換 Lie 部分代数 $\mathfrak{a}$ を一つとる．コンパクト型半単純 Lie 代数の自己同型の拡張定理から，$\mathfrak{g}$ の自己同型 φ で

$$\varphi\mathfrak{a}=\mathfrak{a},\qquad \varphi|\mathfrak{a}=-I_{\mathfrak{a}},\qquad \text{ここで } I_{\mathfrak{a}} \text{ は } \mathfrak{a} \text{ の恒等写像}$$

を満たすものが存在する．$\varphi Z=-Z$ であるから (4.9) より φ は $\mathfrak{k}$ を不変にし，したがって，Killing 形式に関する直交補空間 $\mathfrak{m}$ を不変にする．よって $\varphi\sigma=\sigma\varphi$ が成り立ち，求める自己同型 φ が得られた．∎

さて，効果的な既約 Hermite 型直交対称 Lie 代数を分類するには，定理 4.6 の双対性によって，非コンパクト型のものを分類すればよいが，定理 3.6 と同様に，後者の分類は或る種の実 Lie 代数の分類に帰着される．これを説明するために，Hermite 型実 Lie 代数の概念を導入しよう．

$\mathfrak{g}$ を実単純 Lie 代数とする．σ をその一つの Cartan 型回帰的自己同型，$\mathfrak{g}=\mathfrak{k}+\mathfrak{m}$ を σ に付属する Cartan 分解とする．$\mathfrak{k}$ の中心が $\{0\}$ でないとき，$\mathfrak{g}$ は **Hermite 型**であるといわれる．補題 3.4 より Cartan 型回帰的自己同型は内部自己同型に関して共役であるから，この定義は σ のとり方によらない．つぎに，実 Lie 代数 $\mathfrak{g}$ は，半単純で，各単純因子が Hermite 型実単純 Lie 代数であるとき，**Hermite 型**であるといわれる．Hermite 型実 Lie 代数はつねに非コンパクト型である．

このとき，つぎの定理が成り立つ．

定理 4.13　対応 $(\mathfrak{g},\sigma)\rightsquigarrow\mathfrak{g}$ によって，効果的な Hermite 型の非コンパクト型直交対称 Lie 代数の同型類全体の集合から，Hermite 型実 Lie 代数の同型類全体の集合への全単射写像が引きおこされる．

とくに，(HN) 型の直交対称 Lie 代数の同型類全体の集合は Hermite 型実単純 Lie 代数の同型類全体の集合と 1 対 1 に対応する．

証明　定理 4.7 から，効果的な Hermite 型の非コンパクト型直交対称 Lie 代数は，(HN) 型の直交対称 Lie 代数の直和に分解されるから，定理 3.6 より後半の主張を証明すれば十分である．$(\mathfrak{g},\sigma)$ を (HN) 型の直交対称 Lie 代数とすれば，ある g, J が存在して $(\mathfrak{g},\sigma,g,J)$ が効果的な既約 Hermite 対称 Lie 代数になる．このとき $\mathfrak{g}$ は実単純で σ はその Cartan 型回帰的自己同型である．したがって定理 4.9 の系より $\mathfrak{g}$ は Hermite 型実単純 Lie 代数である．逆に，$\mathfrak{g}$ を Hermite 型実単純 Lie 代数としよう．σ を $\mathfrak{g}$ の一つの Cartan 型回帰的自己同型とし，$\mathfrak{g}=\mathfrak{k}+\mathfrak{m}$ を σ に付属する Cartan 分解とする．このとき $(\mathfrak{g},\sigma)$ は効果的な既約直交対称 Lie 代数であった．したがって，$\mathfrak{m}$ 上に $\mathfrak{k}$ の随伴作用に関して不変な内積 g が存在する．$\mathfrak{m}$ の複素化を $\mathfrak{m}^C$，$\mathfrak{m}^C$ の $\mathfrak{m}$ に関する複素共役写像を $X\mapsto\bar{X}$ で表わす．g を $\mathfrak{m}^C$ 上へ複素双線型に拡張したものも g で表わして，$\mathfrak{m}^C$ 上の Hermite 内積 $(\ ,\ )$ を

$$(X,Y)=g(X,\bar{Y})\qquad (X,Y\in\mathfrak{m}^C)$$

によって定義する．各 $X\in\mathfrak{k}$ は $(\ ,\ )$ を不変にするから $ad_{\mathfrak{m}^C}X$ は $\mathfrak{m}^C$ の半単純な線型写像である．$\mathfrak{k}$ の中心を $\mathfrak{t}$ とすれば，$\mathfrak{t}$ は可換だから $ad_{\mathfrak{m}^C}\mathfrak{t}$ は同時対角化が可能で，$\mathfrak{m}^C$ は以下のように分解される．

$$\mathfrak{m}^C=\mathfrak{m}_0+\sum_{\lambda\neq 0}(\mathfrak{m}_\lambda+\bar{\mathfrak{m}}_\lambda)\quad ((\ ,\ )\text{ に関する直交直和}),$$

ここで，λ は $\mathfrak{t}$ 上の 0 でない実線型形式で，$\mathfrak{m}_\lambda$ と $\mathfrak{m}_0$ は

$$\mathfrak{m}_\lambda=\{X\in\mathfrak{m}^C;\ \text{各 } Z\in\mathfrak{t} \text{ に対して } [Z,X]=\sqrt{-1}\lambda(Z)X\},$$

$$\mathfrak{m}_0=\{X\in\mathfrak{m}^C;\ [\mathfrak{t},X]=\{0\}\}$$

で定義される部分空間である．このとき，$\mathfrak{m}\cap\mathfrak{m}_0$ と各 $\mathfrak{m}\cap(\mathfrak{m}_\lambda+\bar{\mathfrak{m}}_\lambda)$ は $\mathfrak{k}$ 不変な $\mathfrak{m}$ の部分空間だから，$(\mathfrak{g},\sigma)$ の既約性から

$$\mathfrak{m}^C=\mathfrak{m}_\lambda+\bar{\mathfrak{m}}_\lambda,\qquad g(\mathfrak{m}_\lambda,\mathfrak{m}_\lambda)=\{0\},\qquad \lambda\neq 0$$

でなければならない．そこで，$\lambda(Z)=1$ を満たす $Z\in\mathfrak{t}$ をとって $J=ad_{\mathfrak{m}}Z$ とお

けば，$(\mathfrak{g}, \sigma, g, J)$ は Hermite 対称 Lie 代数になる．したがって，$(\mathfrak{g}, \sigma)$ は Hermite 型直交対称 Lie 代数である．$\mathfrak{g}$ は非コンパクト型実単純であったから，$(\mathfrak{g}, \sigma)$ は (HN) 型である．▌

この定理と，定理 4.12 の証明のなかの議論から，つぎの系は明らかであろう．

系 $\mathfrak{g}$ を Hermite 型実単純 Lie 代数，$\mathfrak{g}=\mathfrak{k}+\mathfrak{m}$ を $\mathfrak{g}$ の Cartan 型回帰的自己同型に付属する Cartan 分解とすると，$\mathfrak{k}$ の中心の次元は 1 である．

§4.5 対称有界領域

$D \subset \boldsymbol{C}^n$ を $\boldsymbol{C}^n$ の有界領域とする．各 $p \in D$ に対して，D の回帰的正則同相 σ_p で，p が σ_p の孤立固定点であるようなものが存在するとき，D を**対称有界領域**という．

g を D の Bergman 計量とすれば，g は Kähler 計量であって，各正則同相で不変だから，(D, g) は Hermite 対称空間である．したがって，各対称変換 σ_p は一意的である．D の正則同相群 $\mathrm{Aut}(D)$ は，Hermite 多様体 (D, g) の自己同型群 $A(D, g)$ と一致するから，$I(D_{\boldsymbol{R}}, g)$ の閉部分群である．(D, g) は非コンパクト型 Hermite 対称空間である．これを示すために，(D, g) の Hermite 普遍被覆多様体 $(\tilde{D}, \tilde{g})$ をとって，これを定理 4.11 によって

$$(\tilde{D}, \tilde{g}) = (M_0, g_0) \times (M_+, g_+) \times (M_-, g_-)$$

と直積分解する．複素 Euclid 空間の部分 (M_0, g_0) の次元を n_0 とすれば，被覆写像の $M_0 \times \{p_+\} \times \{p_-\}$ $(p_+ \in M_+,\ p_- \in M_-)$ への制限は $\boldsymbol{C}^{n_0}$ 全体から有界領域 D への正則写像とみなせるが，このような写像は定数写像しかないから，$n_0=0$ である．したがって，複素 Euclid 空間の部分 (M_0, g_0) はない．また，被覆写像の $\{p_+\} \times M_-$ $(p_+ \in M_+)$ への制限は，コンパクト連結複素多様体 M_- から $\boldsymbol{C}^n$ への正則写像とみなせるが，このような写像も定数写像しかないから，コンパクト型の部分 (M_-, g_-) もない．よって，(D, g) は非コンパクト型である．

したがって，§4.4 の諸定理から，$\mathrm{Aut}(D)$ の単位元の連結成分 $\mathrm{Aut}^0(D)$ は $I^0(D_{\boldsymbol{R}}, g)$ に一致する，よって $\mathrm{Aut}(D)$ は D に可移的に働く；$\mathrm{Aut}^0(D)$ の中心は単位元だけからなる；D は単連結である；各対称変換 σ_p の固定点は p だけである；などが導かれる．

逆に，(M, g) を非コンパクト型 Hermite 対称空間，その複素次元を n とすれ

ば，M は C^n のある対称有界領域 D と正則同相になる．(Harish-Chandra: Representations of semi-simple Lie groups VI, Amer. J. Math. 78 (1956), 564-628.) これはおよそ以下のようにして証明される．

1点 $o\in M$ を固定し，§4.1 (E) の構成で得られる効果的な Hermite 対称対を (G, K, σ, g, J)，その Lie 代数を $(\mathfrak{g}, \sigma, g, J)$，その標準分解を $\mathfrak{g}=\mathfrak{k}+\mathfrak{m}$ とする．定理4.9の系より $J=ad_{\mathfrak{m}}Z$ となる $Z\in\mathfrak{k}$ が存在して

$$\mathfrak{k} = \{X\in\mathfrak{g};\ [Z, X]=0\}$$

となる．$ad\,Z$ の $\mathfrak{g}^C$ における固有値は $0, \sqrt{-1}, -\sqrt{-1}$ だけであるから

$$\mathfrak{m}^{\pm} = \{X\in\mathfrak{g}^C;\ [Z, X]=\pm\sqrt{-1}X\}$$

とおくと，$\mathfrak{m}^{\pm}$ は $\mathfrak{g}^C$ の可換な Lie 部分代数で，線型空間としての直和分解

$$\mathfrak{g}^C = \mathfrak{k}^C+\mathfrak{m}^++\mathfrak{m}^-,\qquad \mathfrak{m}^C = \mathfrak{m}^++\mathfrak{m}^-$$

が得られる．また

$$\mathfrak{u} = \mathfrak{k}^C+\mathfrak{m}^-$$

とおくと，$\mathfrak{u}$ は $\mathfrak{g}^C$ の Lie 部分代数である．$\mathfrak{g}^C$ の実形 $\mathfrak{g}$ に関する複素共役写像を σ^* で表わす．

$$\mathfrak{g}^* = \mathfrak{k}+\sqrt{-1}\mathfrak{m}$$

とおく．$\mathfrak{g}^*$ は $\mathfrak{g}^C$ の一つのコンパクト型実形であった．$\mathfrak{g}^C$ の $\mathfrak{g}^*$ に関する複素共役写像も σ で表わす．これは $\mathfrak{g}$ 上でもとの回帰的自己同型 σ に一致している．$G^C\subset GL(\mathfrak{g}^C)$ を，$ad\,\mathfrak{g}^C\subset\mathfrak{gl}(\mathfrak{g}^C)$ で生成された $GL(\mathfrak{g}^C)$ の連結複素 Lie 部分群とする．このとき，$\mathfrak{g}^C$ 上の σ^* および σ は自然に G^C 上の実 Lie 群としての自己同型に拡張される．これらも σ^* および σ で表わす．随伴表現 ad により $\mathrm{Lie}\,G^C=\mathfrak{g}^C$ と同一視され，$G=A^0(M, g)$ の中心が単位元だけからなることから，G は $\mathfrak{g}$ で生成された G^C の連結 Lie 部分群と同一視される．$\mathfrak{u}$ で生成される G^C の連結複素 Lie 部分群 U は閉部分群になる．実際

$$U = \{a\in G^C;\ a\mathfrak{u}=\mathfrak{u}\} \tag{4.10}$$

となる．$\mathfrak{g}^*$ で生成される G^C の連結 Lie 部分群 G^* は，定理4.9で示したように，G^C の一つの極大コンパクト部分群である．$M^*=G^*/K$ とおく．このとき，

$$G^*U = G^C,\qquad U\cap G^* = K$$

が示されて，したがって，滑らかな多様体としての同一視

$$M^* = G^*/K = G^C/U$$

が得られる．右辺の複素多様体としての構造を用いて M^* に複素多様体の構造を入れれば，M^* は M に双対な Hermite 対称空間になる．正確にいえば，§4.3 のように，$\mathfrak{m}^*=\sqrt{-1}\,\mathfrak{m}$ の上の g^*, J^* を定義すると，$(G^*, K, \sigma^*, g^*, J^*)$ が効果的なコンパクト型 Hermite 対称対になって，これに対応する Hermite 対称空間の基底複素多様体が M^* になる．さて，このとき

$$G\cap U=K$$

が示されて，したがって，正則な埋め込み

$$\varphi\colon\ M=G/K\longrightarrow G^C/U=M^*$$

が定義される．M と M^* の次元は同じだから，φ の像 $\varphi(M)$ は M^* の開集合である．φ はつぎの意味において G 同変な埋め込みである——φ によって M を M^* の開部分多様体とみなせば，$G=A^0(M, g)$ の各元は M^* の正則同相に一意的に拡張される．しかし，この埋め込みは Riemann 多様体としての局所等長写像ではない．この埋め込み φ は **Borel の埋め込み**といわれる．つぎに，対応 $X\mapsto(\exp X)\,U$ によって定義される写像 $\iota:\mathfrak{m}^+\to M^*$ が正則な埋め込みで，$\varphi(M)\subset\iota(\mathfrak{m}^+)$ が成り立つことが示される．したがって，正則な埋め込み

$$\psi\colon\ M\longrightarrow\mathfrak{m}^+$$

が，関係

$$\varphi(p)=\iota(\psi(p))\qquad(p\in M)$$

によって定義される．この埋め込み ψ は **Harish-Chandra の埋め込み**といわれる．ψ の像 $\psi(M)$ は以下のように記述される．$X\in\mathfrak{m}$ に対して，$\mathfrak{g}$ 上の内積

$$\langle X, Y\rangle=-B(X, \sigma Y)\qquad(X, Y\in\mathfrak{g})$$

から定まるノルムに関する，$\mathrm{ad}\,X$ の作用素ノルムを $|X|$ で表わす．つぎに，実線型空間としての同型写像 $\pi^+:\mathfrak{m}\to\mathfrak{m}^+$ を

$$\pi^+(X)=\frac{1}{2}(X-\sqrt{-1}\,JX)\qquad(X\in\mathfrak{m})$$

によって定義し，$\mathfrak{m}^+$ 上の実線型空間としてのノルム $\|\ \|$ を

$$\|\pi^+(X)\|=\frac{1}{2}|X|\qquad(X\in\mathfrak{m})$$

によって定義する．このとき，Harish-Chandra の埋め込みの像は

$$\psi(M)=\{X\in\mathfrak{m}^+;\ \|X\|<1\}$$

によって与えられる．したがって，$\psi(M)$ は複素線型空間 $\mathfrak{m}^+$ の有界領域である．

以上の議論と §4.4 の結果から，つぎの定理が得られる．

定理 4.14　対称有界領域 D に対して，$\mathfrak{g}=\mathrm{Lie\,Aut}(D)$ を対応させることによって，対称有界領域の正則同相類全体の集合から，Hermite 型実 Lie 代数の同型類全体の集合への全単射写像が引きおこされる．

例 4.5　例 4.4 の $D_{p,q}(\boldsymbol{C})$ は pq 次元の複素線型空間 $M_{q,p}(\boldsymbol{C})$ の有界領域で，対称有界領域である．これは **(I) 型の対称有界領域**といわれる．ただし Bergman 計量に対応する $\mathfrak{m}$ 上の内積 g は，例 4.4 のものの代りに $2(p+q)\,\mathrm{Re\,Tr}({}^t Z\,\overline{W})$ をとらなければならない．(問題 10 を参照せよ．以下の例の Bergman 計量についても同様.)　この場合，M^* は複素 Grassmann 多様体 $G_{p,q}(\boldsymbol{C})$ で，

$$\mathfrak{g}^C = \mathfrak{sl}(p+q, \boldsymbol{C}),$$

$$\mathfrak{m}^+ = \left\{\begin{bmatrix} 0 & Z \\ 0 & 0 \end{bmatrix} \in \mathfrak{g}^C;\ Z \in M_{q,p}(\boldsymbol{C})\right\}$$

となる．$\mathfrak{m}^+$ を $M_{q,p}(\boldsymbol{C})$ と同一視すれば，例 2.7 の $D_{p,q}(\boldsymbol{C})$ の表示は，じつは Harish-Chandra の埋め込みにほかならない．

例 4.6　$n \geqq 1$ に対して

$$D = \{Z \in M_n(\boldsymbol{C});\ 1_n - {}^t\bar{Z}Z > 0,\ {}^tZ = Z\}$$

とおく．D は例 4.5 の $D_{n,n}(\boldsymbol{C})$ の閉部分集合で，n 次対称複素正方行列のなす $n(n+1)/2$ 次元の複素線型空間の有界領域である．D は n 次の **Siegel 円板**といわれている．

$$A = \begin{bmatrix} 0 & 1_n \\ -1_n & 0 \end{bmatrix}, \qquad s = \begin{bmatrix} 0 & 1_n \\ 1_n & 0 \end{bmatrix},$$

$$G = \{a \in GL(2n, \boldsymbol{C});\ s\bar{a}s^{-1} = a,\ {}^taAa = A\}$$

とおく．G は通常の記法による $Sp(n, \boldsymbol{R})$ に同型である．$a \in GL(2n, \boldsymbol{C})$ が $a \in G$ となるための条件は，

$$a = \begin{bmatrix} \alpha & \beta \\ \bar{\beta} & \bar{\alpha} \end{bmatrix}, \qquad \alpha, \beta \in M_n(\boldsymbol{C}) \tag{4.11}$$

の形であって，

$${}^t\alpha\bar{\alpha} - {}^t\beta\bar{\beta} = 1_n, \qquad {}^t\bar{\beta}\alpha = {}^t\alpha\bar{\beta} \tag{4.12}$$

を満たすことである．このことから，$G \subset SU(n, n; \boldsymbol{C})$ であり，また，$Z \in D$,

$a \in G$ に対して

$$a \cdot Z = (\alpha Z + \beta)(\bar{\beta} Z + \bar{\alpha})^{-1}$$

もまた $a \cdot Z \in D$ となることがわかる．したがって，G は1次分数変換によって D に働く．G は D に可移的に働き，$0 \in D$ を固定する等方性部分群 K は

$$K = \left\{ \begin{bmatrix} \alpha & 0 \\ 0 & \bar{\alpha} \end{bmatrix};\ \alpha \in U(n) \right\} \cong U(n)$$

で与えられる．

$$\sigma(a) = {}^t\bar{a}^{-1} \qquad (a \in G)$$

とおくと，σ は G の回帰的自己同型で，$G_\sigma = K$ となる．$\mathfrak{g} = \mathrm{Lie}\, G$ は

$$\mathfrak{g} = \left\{ \begin{bmatrix} A & B \\ \bar{B} & \bar{A} \end{bmatrix};\ A, B \in M_n(\boldsymbol{C}),\ {}^t\bar{A} = -A,\ {}^tB = B \right\}$$

で与えられ，標準補空間 $\mathfrak{m}$ は

$$\mathfrak{m} = \left\{ \begin{bmatrix} 0 & Z \\ \bar{Z} & 0 \end{bmatrix};\ Z \in M_n(\boldsymbol{C}),\ {}^tZ = Z \right\}$$

となる．$\mathfrak{m}$ 上の内積 g と複素構造 J を

$$g\left(\begin{bmatrix} 0 & Z \\ \bar{Z} & 0 \end{bmatrix}, \begin{bmatrix} 0 & W \\ \overline{W} & 0 \end{bmatrix} \right) = 2(n+1)\, \mathrm{Re}\, \mathrm{Tr}({}^tZ\, \overline{W}),$$

$$J \begin{bmatrix} 0 & Z \\ \bar{Z} & 0 \end{bmatrix} = \begin{bmatrix} 0 & \sqrt{-1} Z \\ -\sqrt{-1} \bar{Z} & 0 \end{bmatrix}$$

によって定義すると，(G, K, σ, g, J) は概効果的な Hermite 対称対で，これに対応する Hermite 対称空間が (D, g) となる．ここで g は D の Bergman 計量を表わす．したがって D は対称有界領域である．D は **(III) 型の対称有界領域**ともいわれている．

$$G^* = \{a \in U(2n);\ {}^taAa = A\} = Sp(n),$$

$$\sigma^*(a) = s\bar{a}s^{-1} \qquad (a \in G^*)$$

とおくと，σ^* は G^* の回帰的自己同型で，$(G^*)_{\sigma^*} = K$ となる．$\mathfrak{g}^* = \mathrm{Lie}\, G^*$ と標準補空間 $\mathfrak{m}^*$ は

$$\mathfrak{g}^* = \{X \in \mathfrak{u}(2n);\ {}^tXA + AX = 0\} = \mathfrak{sp}(n),$$

$$\mathfrak{m}^* = \left\{ \begin{bmatrix} 0 & Z \\ -\bar{Z} & 0 \end{bmatrix};\ Z \in M_n(\boldsymbol{C}),\ {}^tZ = Z \right\}$$

で与えられる．$\mathfrak{m}^*$ 上の内積 g^* と複素構造 J^* を

$$g^*\left(\begin{bmatrix} 0 & Z \\ -\bar{Z} & 0 \end{bmatrix}, \begin{bmatrix} 0 & W \\ -\overline{W} & 0 \end{bmatrix}\right) = 2(n+1)\,\mathrm{Re}\,\mathrm{Tr}({}^tZ\overline{W}),$$

$$J^*\begin{bmatrix} 0 & Z \\ -\bar{Z} & 0 \end{bmatrix} = \begin{bmatrix} 0 & \sqrt{-1}Z \\ \sqrt{-1}\bar{Z} & 0 \end{bmatrix}$$

で定義すると，$(G^*, K, \sigma^*, g^*, J^*)$ は概効果的な Hermite 対称対で，$(\mathfrak{g}^*, \sigma^*)$ と $(\mathfrak{g}, \sigma)$ は互いに双対な直交対称 Lie 代数である．

$$G^C = \{a \in GL(2n, \boldsymbol{C})\,;\ {}^taAa = A\} = Sp(n, \boldsymbol{C}),$$

$$U = \left\{\begin{bmatrix} \alpha & 0 \\ \gamma & \delta \end{bmatrix} \in G^C\right\}$$

とおくと，$(G^*, K, \sigma^*, g^*, J^*)$ から定まる複素多様体 $M^* = G^*/K$ は複素商多様体 G^C/U と同一視される．M^* は集合として，行列 A によって定義される $\boldsymbol{C}^{2n}$ 上の交代形式——これも A で表わす——に関する極大全等方的部分空間 V（各 $u, v \in V$ に対して $A(u, v) = 0$ となる部分空間 V で極大なもの，これらはみな n 次元である）の全体の集合 $G(A)$ と同一視される．実際，G^C は自然な仕方で $G(A)$ に可移的に働き，$e_{n+1}, \cdots, e_{2n}$ で張られる n 次元の部分空間 $o \in G(A)$ を不変にする元のなす G^C の部分群が U に一致するからである．$G(A)$ は複素 Grassmann 多様体 $G_{n,n}(\boldsymbol{C})$ の閉複素部分多様体であって，この M^* と $G(A)$ との同一視は正則同相である．

$\mathfrak{g}^C = \mathfrak{sp}(n, \boldsymbol{C})$ の Lie 部分代数 $\mathfrak{m}^+$ は

$$\mathfrak{m}^+ = \left\{\begin{bmatrix} 0 & Z \\ 0 & 0 \end{bmatrix} \in \mathfrak{g}^C;\ Z \in M_n(\boldsymbol{C}),\ {}^tZ = Z\right\}$$

となる．$\mathfrak{m}^+$ を n 次対称複素正方行列のなす複素線型空間と同一視すれば，Harish-Chandra の埋め込みは，はじめに記した D の表示に一致する．

例 4.7　$n \geqq 2$ に対して

$$D = \{Z \in M_n(\boldsymbol{C})\,;\ 1_n - {}^t\bar{Z}Z > 0,\ {}^tZ = -Z\}$$

とおく．D も例 4.5 の $D_{n,n}(\boldsymbol{C})$ の閉部分集合で，n 次交代複素正方行列のなす $n(n-1)/2$ 次元の複素線型空間の有界領域である．

$$S = \begin{bmatrix} 0 & 1_n \\ 1_n & 0 \end{bmatrix}, \qquad H = \begin{bmatrix} -1_n & 0 \\ 0 & 1_n \end{bmatrix},$$

$$G = \{a \in SL(2n, \boldsymbol{C})\,;\ {}^taSa = S,\ {}^t\bar{a}Ha = H\}$$

とおく．G も $SU(n, n\,; \boldsymbol{C})$ の部分群である．

$$a = \begin{bmatrix} \alpha & \beta \\ \gamma & \delta \end{bmatrix}, \qquad \alpha, \beta, \gamma, \delta \in M_n(\boldsymbol{C})$$

が ${}^t aSa = S$ を満たすための条件は

$$(4.13) \qquad {}^t\gamma\alpha + {}^t\alpha\gamma = 0, \quad {}^t\gamma\beta + {}^t\alpha\delta = 1_n, \quad {}^t\delta\beta + {}^t\beta\delta = 0$$

となる．(4.13) より，$a \in G$, $Z \in D$ に対して

$$a \cdot Z = (\alpha Z + \beta)(\gamma Z + \delta)^{-1}$$

もまた $a \cdot Z \in D$ となることがわかる．G も D に可移的に働き，$0 \in D$ における等方性部分群 K も

$$K = \left\{ \begin{bmatrix} \alpha & 0 \\ 0 & \bar{\alpha} \end{bmatrix};\ \alpha \in U(n) \right\} \cong U(n)$$

となる．G の回帰的自己同型 σ を

$$\sigma(a) = {}^t\bar{a}^{-1} \qquad (a \in G)$$

によって定義すれば，$G_\sigma = K$ であって，$\mathfrak{g} = \mathrm{Lie}\, G$ と標準補空間 $\mathfrak{m}$ は

$$\mathfrak{g} = \left\{ \begin{bmatrix} A & B \\ -\bar{B} & \bar{A} \end{bmatrix};\ A, B \in M_n(\boldsymbol{C}),\ {}^t\bar{A} = -A,\ {}^tB = -B \right\},$$

$$\mathfrak{m} = \left\{ \begin{bmatrix} 0 & Z \\ -\bar{Z} & 0 \end{bmatrix};\ Z \in M_n(\boldsymbol{C}),\ {}^tZ = -Z \right\}$$

となる．$\mathfrak{m}$ 上の内積 g と複素構造 J を

$$g\left(\begin{bmatrix} 0 & Z \\ -\bar{Z} & 0 \end{bmatrix}, \begin{bmatrix} 0 & W \\ -\overline{W} & 0 \end{bmatrix} \right) = 2(n-1)\,\mathrm{Re}\,\mathrm{Tr}({}^tZ\overline{W}),$$

$$J\begin{bmatrix} 0 & Z \\ -\bar{Z} & 0 \end{bmatrix} = \begin{bmatrix} 0 & \sqrt{-1}Z \\ \sqrt{-1}\bar{Z} & 0 \end{bmatrix}$$

によって定義すれば，(G, K, σ, g, J) は概効果的な Hermite 対称対で，これに対応する Hermite 対称空間が Bergman 計量 g に関する Kähler 多様体 (D, g) に一致する．対称有界領域 D は **(II) 型の対称有界領域**といわれる．

$$G^* = \{a \in SU(2n)\,;\ {}^taSa = S\} \cong SO(2n),$$
$$\sigma^*(a) = HaH^{-1} \qquad (a \in G^*)$$

とおくと，σ^* は G^* の回帰的自己同型で，$(G^*)_{\sigma^*} = K$ となる．$\mathfrak{g}^* = \mathrm{Lie}\, G^*$ と標準補空間 $\mathfrak{m}^*$ は

$$\mathfrak{g}^* = \{X \in \mathfrak{u}(2n)\,;\ {}^tXS + SX = 0\} \cong \mathfrak{o}(2n),$$

$$\mathfrak{m}^* = \left\{\begin{bmatrix} 0 & Z \\ \bar{Z} & 0 \end{bmatrix};\ Z \in M_n(\boldsymbol{C}),\ {}^tZ = -Z\right\}$$

で与えられる．$\mathfrak{m}^*$ 上の内積 g^*，複素構造 J^* を前例と同様に定義すれば，$(G^*, K, \sigma^*, g^*, J^*)$ は概効果的な Hermite 対称対で，$(\mathfrak{g}^*, \sigma^*)$ と $(\mathfrak{g}, \sigma)$ とは互いに双対である．

$$G^{\boldsymbol{C}} = \{a \in SL(2n, \boldsymbol{C});\ {}^taSa = S\} \cong SO(2n, \boldsymbol{C}),$$

$$U = \left\{\begin{bmatrix} \alpha & 0 \\ \gamma & \delta \end{bmatrix} \in G^{\boldsymbol{C}}\right\}$$

とおくと，$(G^*, K, \sigma^*, g^*, J^*)$ から定まる複素多様体 $M^* = G^*/K$ は，複素商多様体 $G^{\boldsymbol{C}}/U$ と同一視される．M^* は前例と同様に，以下のように，複素 Grassmann 多様体 $G_{n,n}(\boldsymbol{C})$ の複素部分多様体と同一視される．$\boldsymbol{C}^{2n}$ の $e_{n+1}, \cdots, e_{2n}$ で張られる n 次元部分空間を $o \in G_{n,n}(\boldsymbol{C})$ で表わす．行列 S で定義される $\boldsymbol{C}^{2n}$ 上の対称形式——これも S で表わす——に関する極大等方的部分空間 V（各 $u, v \in V$ に対して $S(u, v) = 0$ となる部分空間 V で極大なもの，これらはみな n 次元である）の全体の集合の，$G_{n,n}(\boldsymbol{C})$ のなかでの o を含む連結成分を $G_0(S)$ で表わすと，$G_0(S)$ は $G_{n,n}(\boldsymbol{C})$ の閉複素部分多様体になる．このとき，前例と同じような対応で，M^* と $G_0(S)$ は複素多様体として同一視される．

前例と同様に，はじめに記した D の表示は Harish-Chandra の埋め込みにほかならない．

例 4.8 つぎに (IV) 型といわれる対称有界領域について述べる．細かい計算は省略する．読者自ら試みられたい．$n \geqq 1$ に対して

$$D = \left\{z \in \boldsymbol{C}^n;\ {}^tz\bar{z} < \frac{1}{2}(1 + |Q(z)|^2) < 1\right\}$$

とおく．ここで，Q は

$$Q(z) = {}^tzz \qquad (z \in \boldsymbol{C}^n)$$

で定義される $\boldsymbol{C}^n$ 上の 2 次形式である．D は $\boldsymbol{C}^n$ の有界領域である．

$$s = \begin{bmatrix} & & 1 \\ & 1_n & \\ 1 & & \end{bmatrix}, \qquad S = \begin{bmatrix} & & -1/2 \\ & 1_n & \\ -1/2 & & \end{bmatrix},$$

$$O(S) = \{a \in GL(n+2, \boldsymbol{C});\ s\bar{a}s^{-1} = a,\ {}^taSa = S\}$$

とおく．$O(S)$ の単位元の連結成分を G とする．G は例 2.7 の $SU^0(2, n; \boldsymbol{R})$ に

同型である．$a\in G$ は

$$a=\begin{bmatrix} \bar{\bar{\delta}} & \bar{\bar{\gamma}} & \bar{\lambda} \\ \bar{\beta} & \alpha & \beta \\ \bar{\lambda} & \gamma & \delta \end{bmatrix}\begin{matrix}\}1\\ \}n\\ \}1\end{matrix}, \qquad \alpha\in M_n(\boldsymbol{R})$$

（列のサイズは左から $1, n, 1$）

の形をしている．$z\in D$ に対して

$$a\cdot z=(\alpha z+\beta+\bar{\beta}Q(z))(\gamma z+\delta+\bar{\lambda}Q(z))^{-1}$$

とおくことによって，G は D に働く．上の形の変換は**2次分数変換**といわれている．G は D に可移的に働き，$0\in D$ における等方性部分群 K は

$$K=\left\{\begin{bmatrix} \bar{\delta} & & \\ & \alpha & \\ & & \delta \end{bmatrix};\ \alpha\in SO(n),\ \delta\in \boldsymbol{C},\ |\delta|=1\right\}\cong SO(n)\times SO(2)$$

となる．G の回帰的自己同型 σ を

$$\sigma(a)=t\bar{a}t^{-1} \qquad (a\in G), \quad ここで\ t=\begin{bmatrix} & & -1 \\ & 1_n & \\ -1 & & \end{bmatrix}$$

によって定義すると，$G_\sigma=K$ であって，$\mathfrak{g}=\mathrm{Lie}\, G$ と標準補空間 $\mathfrak{m}$ は

$$\mathfrak{g}=\left\{\begin{bmatrix} \bar{d} & 2{}^tB & 0 \\ \bar{B} & A & B \\ 0 & 2{}^t\bar{B} & d \end{bmatrix};\ A\in M_n(\boldsymbol{R}),\ {}^tA+A=0,\ B\in \boldsymbol{C}^n,\ d\in \boldsymbol{C},\ d+\bar{d}=0\right\},$$

$$\mathfrak{m}=\left\{\begin{bmatrix} 0 & 2{}^tz & 0 \\ \bar{z} & 0 & z \\ 0 & 2{}^t\bar{z} & 0 \end{bmatrix};\ z\in \boldsymbol{C}^n\right\}$$

となる．$\mathfrak{m}$ 上の内積 g と複素構造 J を

$$g\left(\begin{bmatrix} 0 & 2{}^tz & 0 \\ \bar{z} & 0 & z \\ 0 & 2{}^t\bar{z} & 0 \end{bmatrix}, \begin{bmatrix} 0 & 2{}^tw & 0 \\ \bar{w} & 0 & w \\ 0 & 2{}^t\bar{w} & 0 \end{bmatrix}\right)=4n\,\mathrm{Re}\,{}^tz\bar{w},$$

$$J\begin{bmatrix} 0 & 2{}^tz & 0 \\ \bar{z} & 0 & z \\ 0 & 2{}^t\bar{z} & 0 \end{bmatrix}=\begin{bmatrix} 0 & 2\sqrt{-1}\,{}^tz & 0 \\ -\sqrt{-1}\,\bar{z} & 0 & \sqrt{-1}\,z \\ 0 & -2\sqrt{-1}\,{}^t\bar{z} & 0 \end{bmatrix}$$

によって定義すれば，(G, K, σ, g, J) は概効果的な Hermite 対称対で，これに対する Hermite 対称空間が，Bergman 計量に関する Kähler 多様体 (D, g) に一致

する．対称有界領域 D は(IV)型の**対称有界領域**といわれる．

$$G^* = \{a \in SL(n+2, \boldsymbol{C})\,;\ {}^t aSa=S,\ t\bar{a}t^{-1}=a\} \cong SO(n+2),$$
$$\sigma^*(a) = s\bar{a}s^{-1} \qquad (a \in G^*)$$

とおくと，σ^* は G^* の回帰的自己同型で，$(G^*)_{\sigma^*}{}^0=K$ となる．$\mathfrak{g}^*=\mathrm{Lie}\,G^*$ と標準補空間 $\mathfrak{m}^*$ は

$$\mathfrak{g}^* = \left\{\begin{bmatrix} \bar{d} & 2{}^tB & 0 \\ -\bar{B} & A & B \\ 0 & -2{}^t\bar{B} & d \end{bmatrix};\ A \in M_n(\boldsymbol{R}),\ {}^tA+A=0,\ B \in \boldsymbol{C}^n,\ d \in \boldsymbol{C},\ d+\bar{d}=0\right\},$$

$$\mathfrak{m}^* = \left\{\begin{bmatrix} 0 & 2{}^tz & 0 \\ -\bar{z} & 0 & z \\ 0 & -2{}^t\bar{z} & 0 \end{bmatrix};\ z \in \boldsymbol{C}^n\right\}$$

によって与えられる．$\mathfrak{m}^*$ 上の内積 g^* と複素構造 J^* を前と同様に定義すれば，$(G^*, K, \sigma^*, g^*, J^*)$ は概効果的な Hermite 対称対で，$(\mathfrak{g}^*, \sigma^*)$ と $(\mathfrak{g}, \sigma)$ とは互いに双対である．

$$G^C = \{a \in SL(n+2, \boldsymbol{C})\,;\ {}^taSa=S\} \cong SO(n+2, \boldsymbol{C}),$$

$$U = \left\{\begin{bmatrix} \overbrace{\alpha}^{n+1} & \overbrace{0}^{1} \\ \gamma & \delta \end{bmatrix}\begin{matrix}\}n+1 \\ \}1\end{matrix} \in G^C\right\}$$

とおくと，$(G^*, K, \sigma^*, g^*, J^*)$ から定まる複素多様体 $M^*=G^*/K$ は複素商多様体 G^C/U と同一視される．M^* はまた，$P_{n+1}(\boldsymbol{C})$ のなかの2次超曲面

$$Q_n(\boldsymbol{C}) = \{[z_0, \cdots, z_{n+1}] \in P_{n+1}(\boldsymbol{C})\,;\ z_1{}^2+\cdots+z_n{}^2-z_0z_{n+1}=0\}$$

とも同一視される．実際，G^C が自然な仕方で，$Q_n(\boldsymbol{C})$ の上に正則に可移的に働き，点 $o=[0, \cdots, 0, 1] \in Q_n(\boldsymbol{C})$ を固定する元のなす G^C の部分群が U に一致するからである．

$$\mathfrak{m}^+ = \left\{\begin{bmatrix} 0 & 2{}^tz & 0 \\ 0 & 0 & z \\ 0 & 0 & 0 \end{bmatrix};\ z \in \boldsymbol{C}^n\right\}$$

を $\boldsymbol{C}^n$ と同一視すれば，はじめに記した表示が Harish-Chandra の埋め込みにほかならない．

以上の例の対称有界領域 (D, g) は，(IV)型の $n=2$ のものを除いて既約である．

問　　題

1　Kähler 多様体 (M, g) が一定の正則断面曲率 k をもつならば，各 $x, y, z, w \in (M_{\boldsymbol{R}})_p$ に対して

$$\langle R(z, w)y, x\rangle = \frac{k}{4}\{\langle x, z\rangle\langle y, w\rangle - \langle x, w\rangle\langle y, z\rangle + \langle x, Jz\rangle\langle y, Jw\rangle - \langle x, Jw\rangle\langle y, Jz\rangle + 2\langle x, Jy\rangle\langle z, Jw\rangle\}$$

を満たすことを証明せよ．ここで，R は Riemann 曲率テンソル場，J は複素構造テンソル場を表わす．(右辺を $\bar{R}(x, y, z, w)$ とおくと $\bar{R}$ も Riemann 曲率テンソル場の性質 (α)，(β)，(γ)，(δ) に対応する性質と (1.25) に対応する性質をもつことを示し，つぎにこのような 4 重線型形式 $\bar{R}$ は $\bar{R}(x, Jx, x, Jx)$ だけで定まることを示せ.)

2　正則断面曲率一定の Kähler 多様体は，局所 Hermite 対称空間であることを示せ.(問題 1 を用いよ.)

3　以下の Hermite 対称空間 (M, g) の正則断面曲率は一定 k であることを示せ.

$k=0$:　$(M, g)=(\boldsymbol{C}^n, g)$：複素 Euclid 空間，

$k>0$:　$M=P_n(\boldsymbol{C})$，g は Fubini–Study 計量の $1/k$ 倍，

$k<0$:　$M=D_n(\boldsymbol{C})$，g は例 2.7 の Riemann 計量の $-1/k$ 倍.

逆に，単連結，完備，正則断面曲率一定 k の Kähler 多様体は上のものに同型であることを証明せよ．(定理 1.13 を用いよ.)

4　(M, g) を既約 Hermite 対称空間，これに対応する効果的な既約 Hermite 対称 Lie 代数を $(\mathfrak{g}, \sigma, g, J)$，$\mathfrak{g}=\mathfrak{k}+\mathfrak{m}$ をその標準分解とする．$\mathfrak{g}^{\boldsymbol{C}}$ の Killing 形式を B，$\mathfrak{g}^{\boldsymbol{C}}$ の $\mathfrak{g}$ に関する複素共役写像を $X\mapsto\bar{X}$ で表わして，$\mathfrak{k}^{\boldsymbol{C}}$ のノルム $\|X\|$ を $\|X\|^2=-B(X, \bar{X})$ で定義する．$\mathfrak{m}=(M_{\boldsymbol{R}})_o$ の J 不変な 2 次元部分空間 P に関する正則断面曲率 $K(P)$ を考える．$X\in P$，$g(X, X)=1$ を一つとって，$X^+=(1/2)(X-\sqrt{-1}JX)\in\mathfrak{m}^{\boldsymbol{C}}$ と書く．このとき，

(M, g) がコンパクト型；$g=-cB_{\mathfrak{m}}$ $(c>0)$ の場合

$$K(P) = 4c\|[X^+, \bar{X}^+]\|^2 > 0,$$

(M, g) が非コンパクト型；$g=cB_{\mathfrak{m}}$ $(c>0)$ の場合

$$K(P) = -4c\|[X^+, \bar{X}^+]\|^2 < 0$$

となることを示せ.

5　Hermite 対称空間に対して

平坦	$\Leftrightarrow$	すべての正則断面曲率 $=0$，
コンパクト型	$\Leftrightarrow$	すべての正則断面曲率 >0，
非コンパクト型	$\Leftrightarrow$	すべての正則断面曲率 <0

であることを証明せよ．(問題 4 を用いよ.)

6　Poincaré 上半平面 (H^2, g) は Hermite 多様体として $(D_1(\boldsymbol{C}), g)$ に同型であることを示せ．(第 1 章問題 9 を参照せよ.)

7　S^2 から $P_1(\boldsymbol{C})$ への写像 φ をつぎのように定める．S^2 の南極 ${}^t(0, 0, -1)$ を中心と

する，S^2-{南極} から xy 平面への立体射影を ϖ とする．xy 平面を Gauss 平面 $\boldsymbol{C}$ と同一視して，

$$\varphi(p) = \begin{cases} [\varpi(p), 1] & p \in S^2\text{-}\{\text{南極}\} \text{ のとき} \\ [1, 0] & p \in S^2 \text{ が南極のとき} \end{cases}$$

とする．このとき，φ は 2 次元単位球面 (S^2, g) から 1 次元 Fubini-Study 空間 $(P_1(\boldsymbol{C}), g)$ への等長写像であることを示せ．

8　$(\mathfrak{g}, \sigma)$ が効果的な Hermite 型の半単純型直交対称 Lie 代数のとき，σ は $\mathfrak{g}$ の内部自己同型であることを示せ．

9　(M, g) を非コンパクト型 Hermite 対称空間とすれば，M の正則同相群のコンパクト開位相に関する単位元の連結成分 $\mathrm{Aut}^0(M)$ は，Lie 変換群で $I^0(M_{\boldsymbol{R}}, g)$ に一致することを示せ．

10　D を対称有界領域，g をその Bergman 計量，(D, g) に対応する効果的な Hermite 対称 Lie 代数を $(\mathfrak{g}, \sigma, g, J)$，$B$ を $\mathfrak{g}$ の Killing 形式，$\mathfrak{g}=\mathfrak{k}+\mathfrak{m}$ をその標準分解とする．このとき，

$$g = \frac{1}{2}B_{\mathfrak{m}}$$

が成り立つことを示せ．(第1章問題 17 を用いよ.)

11　(M, g) をコンパクト型 Hermite 対称空間とすれば，M は複素射影空間の複素部分多様体に正則同相であることを証明せよ．(§4.5 の Borel の埋め込みの説明の表示 $M = G^{\boldsymbol{C}}/U$ を用いる．$\dim_{\boldsymbol{C}} M=n$，$\dim_{\boldsymbol{C}} \mathfrak{u}=m$ とすれば $\dim \mathfrak{g}^{\boldsymbol{C}}=m+n$ で，$\mathfrak{u} \in G_{m,n}(\boldsymbol{C})$ とみなせる．(4.10) を用いて，対応 $aU \mapsto a\mathfrak{u}$ $(a \in G^{\boldsymbol{C}})$ が正則な埋め込み $M \to G_{m,n}(\boldsymbol{C})$ を定義することを示せ．これに Plücker の埋め込み $G_{m,n}(\boldsymbol{C}) \to P_{\binom{n+m}{m}-1}(\boldsymbol{C})$ を結合させればよい.)

12　2 次超曲面 $Q_n(\boldsymbol{C})$ は，滑らかな多様体として，実 Grassmann 多様体 $G_{2,n}(\boldsymbol{R})$ の普遍被覆多様体であることを示せ．

13　§4.5 の例の対称有界領域 (I) 型，(II) 型，(III) 型，(IV) 型の，Riemann 対称空間としての階数は，それぞれ p, $[n/2]$, n, 2 であることを示せ．

14　n 次対称複素正方行列のなす複素線型空間の領域

$$\mathfrak{S} = \{Z \in M_n(\boldsymbol{C})\,;\ {}^tZ=Z,\ \mathrm{Im}\, Z>0\}$$

から n 次の Siegel 円板 D への写像 φ が

$$\varphi(Z) = (Z-\sqrt{-1}\,1_n)(Z+\sqrt{-1}\,1_n)^{-1} \qquad (Z \in \mathfrak{S})$$

によって定義され，φ は $\mathfrak{S}$ から D への正則同相を与えることを示せ．$\mathfrak{S}$ は n 次の **Siegel 上半平面**といわれ，φ は **Cayley 変換**といわれる．

参　考　書

さらに進んでこの方面の勉強をされたい読者には

[1] S. Kobayashi-K. Nomizu: Foundations of Differential Geometry Ⅰ, Ⅱ, Interscience, New York, 1963, 1969;

[2] S. Helgason: Differential Geometry, Lie Groups, and Symmetric Spaces, Academic Press, New York, 1978;

[3] 伊勢幹夫: 対称空間の理論 Ⅰ, Ⅱ, 数学第11巻 (1959), 76-93, 第13巻 (1961), 88-107

などを読まれることをおすすめしたい. [1]は, 対称空間の解説を含む, 微分幾何学の標準的教科書である. [2]は, 対称空間の理論の標準的教科書で, 叙述がていねいなことで定評がある. [3]は, 短いが優れたこの方面の解説である.

半単純型の Riemann 対称空間の局所等長類による分類, および半単純型の Hermite 対称空間の同型類による分類は, 本文に述べた原理にもとづいて実行できて, 分類表を作ることができる. その方法はいろいろあるが,

[4] S. Murakami: Sur la classification des algèbres de Lie réelles et simples, Osaka J. Math. **2** (1965), 291-307

の方法が最も簡明であろう. 分類表は例えば[2], [3]にのっている. 本書には, 紙数の関係で分類表をのせなかったが, 等長変換群が古典群であるものは, すべて本文中に例としてあげておいた.

欧文索引

和文索引

ア行

カ行

サ 行

タ 行

ナ 行

ハ 行

マ 行

ヤ 行

ラ 行

■岩波オンデマンドブックス■

リー群論

1992年 5月21日　第1刷発行
2015年 7月10日　オンデマンド版発行

著　者　伊勢幹夫（いせみきお）　竹内　勝（たけうち まさる）

発行者　岡本　厚

発行所　株式会社　岩波書店
〒101-8002 東京都千代田区一ツ橋 2-5-5
電話案内 03-5210-4000
http://www.iwanami.co.jp/

印刷／製本・法令印刷

ISBN 978-4-00-730236-7　　Printed in Japan